"十二五"职业教育国家规划教材

经全国职业教育教材审定委员会审定

高职高专旅游类专业系列教材

YANHUI SHEJI

YU GUANLI

宴会设计与管理

（第五版）

叶伯平 ◎ 编著

清华大学出版社

北京

内 容 简 介

本书阐述了宴会知识、宴会物品设计、宴会场境设计、宴会格局设计、宴会菜单设计、宴会餐台设计、宴会服务设计、宴会运营管理与宴饮文化知识 9 方面的内容。

本书以素质培养为基础，以能力培养为核心，紧密追踪餐饮管理与宴会管理发展的前沿，在课程教学体系使用模块构建、项目导向、案例导入、任务驱动、流程结构、思维训练等体例，实行教、学、做一体化模式，注重创新意识和实践能力的培养；写作构思上坚持理论够用、突出实践应用的原则，有很强的针对性、适用性和拓展性。全书内容简明扼要，逻辑严密清晰，文字通俗易懂，操作流程清晰，操作规范明确，汇集了两百多个有关宴会的典型案例，具有很强的实践操作性。

本书可作为高职高专餐饮管理专业与烹饪管理专业的教材，也可作为餐饮业管理人员和资深餐饮服务员的业务用书和中等职业学校餐饮管理专业的教学参考用书。

图书在版编目（CIP）数据

宴会设计与管理/叶伯平编著. —5 版. —北京：清华大学出版社，2017（2022.1重印）
高职高专旅游类专业系列教材
ISBN 978-7-302-48161-4

Ⅰ. ①宴… Ⅱ. ①叶… Ⅲ. ①宴会-设计-高等职业教育-教材 ②宴会-商业管理-高等职业教育-教材 Ⅳ. ①TS972.32 ②F719.3

中国版本图书馆 CIP 数据核字（2017）第 208529 号

责任编辑：邓 婷
封面设计：刘 超
版式设计：魏 远
责任校对：何士如
责任印制：杨 艳

出版发行：清华大学出版社
　　　　网　　址：http://www.tup.com.cn，http://www.wqbook.com
　　　　地　　址：北京清华大学学研大厦 A 座　　邮　　编：100084
　　　　社 总 机：010-62770175　　　　邮　　购：010-62786544
　　　　投稿与读者服务：010-62776969，c-service@tup.tsinghua.edu.cn
　　　　质量反馈：010-62772015，zhiliang@tup.tsinghua.edu.cn
印 装 者：小森印刷霸州有限公司
经　　销：全国新华书店
开　　本：185mm×230mm　　印　　张：24.75　　字　　数：494 千字
版　　次：2007 年 2 月第 1 版　2017 年 10 月第 5 版　印　　次：2022 年 1 月第 12 次印刷
印　　数：38001～41000
定　　价：54.80 元

产品编号：073961-02

编委会

编　著　叶伯平

参　编　林　敏　解海渊　易宏进

　　　　邸琳琳　陈为新　张　杰

第五版前言

退休近十年，在颐养天年、含饴弄孙的同时，始终坚守于我研究的专业领域，一直忙于备课讲学、编撰教材，并积极参与上海老教授协会组织的各项发挥余热的科教活动与社区街道组织的让离退休老干部发挥正能量的公益活动，始终乐此不疲地在老有所为。2013年12月，我编著出版了《宴会设计与管理（第四版）》一书，经全国职业教材审定委员会审定成为"十二五"职业教育国家规划教材；2015年1月又编撰出版了本科教材《宴会概论》一书。今年初，清华大学出版社邓婷编辑希望我着手修改本书，出版第五版，我愉快地接受了任务，着手进行本书的修订。

近年来，餐饮行业面临着艰难窘境：限制"三公消费"使高档餐饮市场明显萎缩；食品危机后的市民对食品安全的恐慌心理；餐饮企业的人才、食材、水电煤等因素的高成本支出；宏观经济调整的下行压力等"四大原因"，使餐饮业，尤其是高档餐饮企业遭遇前所未有的巨大冲击。同时，我国餐饮行业在市场结构和商业模式上发生了深层次的变化，整个市场在波动和震荡中前行。随着大吃大喝的奢靡之风得到有效遏制，餐饮市场呈现"健康理性消费、反对铺张浪费"的良好氛围。大众餐饮阔步走向前台，民众宴会逐渐走向兴旺，快餐和小吃生意火爆，"网红"食品时时爆出冷门，吃客们愿意花数小时排长队来满足好奇心和食欲，新的宴会形式、新的菜品菜式、新的食材与口味层出不穷。这些新的业态成为餐饮行业发展的主力军。高端餐饮市场也在转型与调整中趋于理性，逐渐在"高品质而非高价位"中找到方向。一些企业积极改变经营策略，向家宴、团餐、早餐等方面拓展市场，瞄准特殊人群提供定制服务，实施多品牌集约复制、网络营销，寻找新的增长点。餐饮业的这些变化是一种理性的回归，是一种结构的优化。国家进一步推进厉行节约各项措施的制度化、规范化、长效化，强化食品安全卫生监督约束，推动厉行节约的常态化管理。餐饮行业已步入精细化的科学管理时代，原来粗放式、作坊式的管理就能挣钱的环境很难再现。面对充斥餐饮行业的用工荒、人力成本的不断提高，食材成本的不断攀升，食品安全条例的严格执行，原料的可追溯性等经营形势，对传统的管理模式进行变革势在必行。在外部信息技术的冲击下和企业内部管理理念的创新中，众多餐饮企业正不断探索新的服务方式，推动商业模式创新，运用互联网、促进线上线下融合，挖掘潜在消费需求，朝着日渐成熟的现代餐饮业迈进。因此，餐饮经营管理要善于转型升级、不断创新，树立自己的企业品牌，增强企业的核心竞争力。

遵循餐饮业的大形势与发展趋势来修改上一版教材，这是本次修改的核心。全书逻辑框架基本未动，坚持"适中、适用、适宜、适合"的原则，突出实践应用操作。按照出版社的要求，强化了宴会管理方面的内容，新增了许多管理领域内最新理论与理念的有关内容，增选了我近年来收集到的许多宴会案例和国际、国内有影响的国宴案例。在宴会设计的理念、方法与案例的文字表述上更简练、内容表现上更贴近行业需要和发展趋势。为控制文字总量、节省版面，删除了原教材中的要点提示和思考训练中的部分练习题，只保留了研讨分析和操作实训的内容。

本书的设计思路是：以学生的职业为导向，以宴会设计与管理的基本操作程序为依据，以工作任务和操作技能为脉络展开阐述与教学。教材采用模块组合方法，以素质塑造为基础，以能力培养为核心，以目标为导向，以任务为驱动，以项目为引领，以流程为结构进行编写，力争使本教材既有理论的先进性，又有实践的操作性。希望执教老师在本课程的教学中注重实践、实训和实习，综合采用如课堂讲授（创设问题情景、案例教学）、互动研讨（组织学生小组讨论、组织辩论、知识竞赛）、实践教学（模拟实训、志愿者服务活动、酒店实习、撰写论文或感想）、多媒体教学（观看宴会图片、录像）等多种形式和途径，形成理论与实践互动、课堂和酒店互通的教学模式，达到教学之目的。

本书的内容来自于相关学者的专业书籍、专业报纸杂志的相关文章与国内著名旅游企业经验的汇集，以及我近四十年来从事旅游教育研修的理论升华和参与酒店管理实践的体会总结。在此谨向有关文献的编著者与资料的提供者表示衷心的感谢。为把好本书的质量关，我请了多位酒店高级职业经理人进行商讨、研磨与审核。在这里要特别感谢我的学生：原任安徽合肥安港大酒店有限公司董事长、现任安徽邦诺资产管理有限公司总经理林敏先生，原任首旅集团酒店管理集团高管、现任安徽医健新安护理院有限公司总经理解海渊先生，北京新世纪青年饮食有限公司董事长兼总经理易宏进先生与中共安徽煤监局安全技术中心党支部书记邸琳琳女士。二十多年来，无论是在学校教学相长式的研磨探讨与刻苦学习，还是在酒店彻夜畅谈管理实务与领导艺术，他们丰富而深刻的职业生涯经历，生动而鲜活的管理实践与领导艺术，给了我许多理论上的启迪与实践上的支撑。同时，也要感谢我的同事与好友陈为新副教授、张杰讲师，他们做了不少资料收集工作。更由衷地感谢邓婷编辑，十多年来在我多本教材的出版过程中，在申报"十二五"职业教育国家规划教材过程中，给了我许多帮助和支持。

对本书中不妥或疏漏之处，诚望业内同仁和广大读者不吝赐教。

叶伯平

2017 年 5 月于上海寓所

目 录

 项 目 一

宴会知识概述

学习目标：

知识目标： 1. 认知宴会、筵席的含义、特征、作用、类型和异同点。

2. 认知宴会设计的作用、内容、要素和设计程序。

3. 认知中国古代、当代与文化名宴。

能力目标： 1. 根据宴会基础知识和宴会设计知识，初步掌握宴会设计的主要内容。

2. 了解中国历代名宴案例，从中汲取精华。

【导入案例】

"第一夫人"与宴会及厨艺

一个国家的"第一夫人"仪态万千、活动频繁，彰显的是文明国度对女性的尊重。而"第一夫人"对本国美食的热忱推广，传播的是国家形象与文化。欧美政界有"第一夫人厨艺决定丈夫政治前途"的说法。"第一夫人"最早被用来称呼美国总统华盛顿的夫人玛莎。她曾多次为丈夫举办私人宴会，把政要请到家里，边享用美食边商讨国家大事。"玛莎的家宴"在历史上相当出名。因此，"夫人"一词总是与盛筵、厨艺相联系。

奥巴马在美国总统大选之际，他的夫人米歇尔与竞选人麦凯恩的夫人辛迪在美食杂志上先进行了一轮厨艺大比拼。米歇尔提供的作品是柠檬柑橘味奶油甜酥饼，与众不同之处是酥饼里加入了意大利苦杏酒；而辛迪交出的烘焙作品是燕麦黄油甜曲奇。有意思的是烹饪比赛的结果往往与总统大选结果不谋而合。劳拉·布什曾以燕麦巧克力饼击败克里夫人的南瓜香料曲奇，而一直被称厨艺不佳的希拉里·克林顿，也曾连续两次以一款碎巧克力曲奇而胜出！

日本首相鸠山由纪夫的热爱料理的太太鸠山幸与韩国李明博夫人金润玉相聚，切磋的是怎样制作地道的泡菜。当两位"第一夫人"盘腿坐在地上，红艳艳的酸爽泡菜被金润玉用手直接送到鸠山幸嘴里时，这一幕颇具历史意义。20国集团首尔峰会时，金润玉亲自制定菜谱款待各国政要，食材包括有横城韩牛、莞岛鲍鱼、盈德大蟹、公州栗子、保宁银杏、南海鳀鱼、加平松子、汉堃山香菇等。同时，她还向各位元首夫人赠送了自己撰写的《韩食故事》一书。"韩食"正是她的事业一部分，金润玉曾穿着雍容华贵的服饰亮相首尔剧场观赏舞台剧《拌饭》：因为配了辣椒酱的韩式拌饭，被韩国专家定位于向全球推广的第一韩食。

模块一　宴会基础知识

任务一　宴会含义

（1）宴会。宴会是人们为了一定的社会交往目的，集饮食、社交、娱乐于一体而举行的饮食聚会活动。从字义上分析，"宴：安也"（《说文解字》），本义是"安逸""安闲""安乐"，引申为宴乐、宴享；"会"的本义是聚合、集合，在宴会中衍化成了"众人参加的宴饮活动"。中国从古至今，宴会有着不同的名称，如筵宴、燕饮①、筵席、宴席、酒席、酒宴、酒会、招待会和茶话会，称谓虽不同，但含义大体相同。

（2）筵席②。又称为宴席、酒席。筵席是人们为了某种社交目的，以一定规格的一整套酒菜食品和宴饮礼仪来款待客人的整桌酒菜。由于筵席是宴会的核心，因而可将这两个词视为同义词。现代宴会来源于古代筵席。殷商时期没有桌椅，宴请时主宾席地而坐。筵与席是铺在地上的坐具。用芦苇或竹子编织比较粗糙的称之为筵，铺在地上；然后再把编织精致小巧的席，铺在筵上，酒菜放在席上，每块席就是一个餐位。筵与席的区别是：筵大席小，筵长席短，筵粗糙席精致，筵铺在地面、席放置筵上。铺席是为了体现宴会的等级与规格，若席与筵同设，既表示富有，又体现对客人的尊重。人们在这种座具上设置食物，席地而食，称为筵席。以后，筵席一词逐渐由宴饮的坐具演变为宴席的专称。由于筵席必备酒水，所以又称酒席。

（3）筵席与宴会的区别（见表1-1）。

表 1-1　筵席与宴会的区别

区 别 点	筵 席	宴 会
内涵侧重不同	● 筵席含义窄 ● 强调"席"，是具有一定规格质量的一整套菜品，引申为整桌酒菜的代称	● 宴会含义广，是个大范畴 ● 强调"会"，是众人参加的宴饮聚会
内容形式不同	● 仅指丰盛菜肴的组合，强调菜品内容 ● 烹饪技艺与服务艺术的集中反映，是酒店名菜、名点的汇展和饮食文化的高度表现形式 ● 有"菜点与服务的组合艺术"的说法	● 既强调注重菜品内容，又注重聚餐形式 ● 除了"吃喝"外，还有宏大的场面和隆重的礼仪等诸多内容
人数规模不同	● 参加人数较少，桌数少，一般1～2桌 ● 传统筵席为8人方桌台面；现代以圆桌居多，一般以10人一桌为主，意味着十全十美、团团圆圆	● 参加人数众多、规模大、场面宏大 ● 以"桌"为单位，3桌以上可称宴会 ● 根据桌数多少，分为小型宴会（10桌以下）、中型宴会（10～30桌）和大型宴会（30桌以上）
场面安排不同	● 注重席位座次安排，代表着就餐者不同身份、辈分或职位 ● 席位身份有主宾、随从、陪客与主人	● 强调场景设计与台型设计，突出主桌或主宾席区 ● 主桌的席次座次安排与筵席相同

---

① 宴与燕，在古时二者有区别，一般性聚饮谓之宴，私亲故旧聚饮谓之燕；燕必举乐，侑食还在其次，而宴就不一定有娱乐活动。

② 本教材凡是特指一桌整套菜点时均用筵席一词，其余则用宴会一词。

续表

区 别 点	筵 席	宴 会
经营环节不同	● 经营管理环节简单 ● 仅须经过筵席预订、菜单设计、台面设计、菜点制作和接待服务等环节	● 经营管理环节复杂 ● 除筵席经营环节外，还包括宴会场境设计、台型设计、宴会程序设计、礼仪设计、娱乐策划、宴会运营管理等内容

任务二　宴会特征

（一）宴会基本特征

（1）聚餐式。共食聚餐是宴会的形式特征。这种就餐方式体现了中国儒家文化"和为贵"的理念。中式宴会一般采用圆桌形式，众人围桌而坐，多席同室而设，含有平等、团圆的内涵。10人一桌意味"十全十美"。赴宴者有主人、陪客，主宾、随从之分，全场又有主席、二席……之别，主宾在同一时空品尝同一个"碗里的"菜点，比吃同一个"锅里的"感情更深切，在愉悦欢快的气氛中亲密交谈、共同进餐，呈现团圆、祥和的氛围。

（2）规格化。规格档次是宴会的内容特征。菜肴因时选菜、因需配菜、因人调菜、因技烹菜，制作精美、调配匀称；菜品配套成龙、丰盛多样、分类组合、前后衔接、依次推进；餐具精美雅丽。在宴会场境布置、宴会节奏掌控、员工形象选择、服务程序配合等方面考量周全，使宴会环境优美、风格统一、工艺丰富、配菜科学、形式典雅、气氛祥和、礼仪规范、议程井然、接待热情，情趣怡然，给人以美的享受。

（3）社交性。社交性是宴会的社会特征。宴会已渗透到社会生活的各个领域，人们为各种社交目的与交流感情，或为公、或为私、或为情、或为事，如国家庆典、国际交往、亲朋聚会、欢度佳节、红白喜事、饯行接风、酬谢恩情、疏通关系、乔迁置业、商业谈判等而欢聚一堂设宴，为共同主题，聚亲朋好友，品佳肴美味，满口腹之福，谈心中之事，增人际了解，深情感友谊，达社交目的。

（二）筵席基本特征

（1）酒为筵席之魂，菜为酒水而设。筵席必备酒，"酒食合欢""无酒不成席"，所以又称酒席。人们称办宴为"办酒"，请客为"请酒"，赴宴为"吃酒"。没有酒，表达不了诚意、显示不出隆重，会使筵席显得冷冷清清，毫无喜庆气氛。由于酒可刺激食欲，助兴添欢，宴请自始至终都是在互相祝酒、敬酒中进行。美酒佳肴，相辅相成，才能显得协调欢乐。从筵席编排的程序来看，先上冷碟是劝酒，跟上热菜是佐酒，辅以甜食和蔬菜是解酒，配备汤品和果茶是醒酒，安排主食是压酒，随上蜜脯是化酒。筵席以利于佐酒的松脆香酥、调味偏淡的菜肴和汤羹占较大的比重，饭点则少而精。这样既使客人高兴喝酒，活跃气氛，又避免了客人酒醉伤身，不欢而散。

（2）菜肴品种繁多，讲究搭配顺序。筵席被称作是"菜品的组合艺术"，多选用山珍海味和名蔬佳果为食材，重视原料调配、刀口错落、色泽变换、技法区别、味型层次、质地差异、餐具组合与品种衔接。菜点工艺精湛，讲究火候与调味。菜品组合讲究冷热、荤素、咸甜、浓淡、酥软、干湿的调和，同时也讲究菜点上席顺序，这样使筵席气氛由高潮转入低潮，再转入高潮，犹如一部乐章，抑扬顿挫，显示出筵席的丰富多彩。

（3）讲究筵席礼仪，彰显饮食文化。"设宴待嘉宾，无礼不成席"，中国筵席既是酒席、菜席，也是礼席、仪席，讲究气势，注重铺排，强调礼仪，彰显文采。餐室雅丽，餐具华美，菜点精美，服务周到，气氛隆重。筵席安排从尊重、方便客人出发，充分体现中华民族待客以礼的传统美德。现代筵席保留着许多古代礼节与仪式，如发送请柬、车马迎宾、门前恭候、问安致意、敬烟献茶、专人陪伴、入席彼此让座、斟酒杯盏高举、布菜"请"字当先、退席"谢"字出口等。改革开放后也引进融合了许多国际礼仪，形成了具有中国特色的宴饮礼仪。

（三）宴会文化特征

（1）精品追求。"精"是宴会文化的内在品质。孔子的"食不厌精，脍不厌细"反映了我们的祖先对于宴饮的精品意识，孔子提出"割不正不食"，这块肉切得不方正、不合适是不吃的；"不得其酱不食"，吃菜肴时没有好的调料也不吃。古人对饮食的讲究在中华文化领域里占据了非常重要的位置，当然，这可能仅仅局限于某些贵族阶层。但是这种精品意识作为一种文化精神，却越来越广泛、深入地渗透、贯彻到整个宴会活动过程中。食材精挑、原料精选、切配精细、工艺精到、烹制精湛、餐具精美、菜点精致、酒水精醇、氛围精雅、服务精良，人员精心、礼仪精进……无不追求精益求精。宴会是全方位、全过程地体现着一个"精"字。

（2）美轮美奂。"美"是宴会文化的审美特征。中国"中和为美"的美学思想就是在总结了美食中的"味之和"及音乐的"乐之和"、政治伦理上的"中庸之和"等基础上升华出来的。美是中华宴饮的魅力，贯穿于宴会活动过程的每一个环节。味美是核心，孙中山先生说"辨味不精，则烹调之术不妙"，将对味的审美视作烹调的第一要义。美还体现在菜点的色美、形美、嗅觉美、质地美与意境美，还表现于器皿美、席面美、装饰美、氛围美、环境美、人员形象美等诸多方面。宴会竭力追求着精食、佳茗、美器、可人、良辰、美景、韵事等多方面的完美统一，体现了与宴者的价值观念与审美情趣。近代，学习、借鉴西方宴会文化的长处，中华宴饮文化创新了宴会的内容、形式，充分体现了各国宴饮文化之间的"各美其美，美人之美，美美与共，天下大美"的美好境界。

（3）情感交融。"情"是宴会文化的社会心理功能。吃喝活动是人际情感交流的媒介，人们边吃边喝边聊天，交流信息，沟通情感。朋友离合、送往迎来，可在餐桌上表达惜别与欢迎的心情；感情风波、人际误解，也可借酒菜平息，宴会是一种极好的心理按摩。中华宴饮之所以具有"抒情"功能，是因为"饮德食和、万邦同乐"的哲学思想和由此而产生的具有民族特点的饮食方式。

（4）礼仪隆重。"礼"是宴会文化的伦理道德体现。"夫礼之初，始诸饮食"。食礼世代相传，成为中华民族好客尚礼的饮食文化的组成部分。宴会礼仪内容广泛，餐厅的布置、待客的迎往送来、座席的方向位次、台面的点缀美化、箸匙的排列、上菜的顺序、菜肴的摆放、菜品的命名等都体现着礼。如要求酒菜丰盛、仪典庄重、场面宏大、气氛热烈，讲究仪容修饰、衣冠整洁、表情谦恭、谈吐文雅、气氛融洽、相处真诚等。尊重宾主的民族习惯、宗教信仰、身体状况和嗜好忌讳等。

"精、美、情、礼"四大特征分别从不同角度概括了宴会所蕴含的餐饮品质、审美体验、情感沟通和人际关系等独特的文化意蕴，也反映了宴会文化与中华文化的密切联系。精与美，侧重于筵席的形象和品质；情与礼，则侧重于饮食的心态、习俗和社会功能。它们相互依存、互为因果。唯其精，才能有其美；唯其美，才能激发情；唯有情，才能有符合时代风尚的礼。四者环环相生、完美统一，形成中华宴会文化的最高境界。

（四）筵席菜点特征

一桌丰盛筵席的菜点构成要求形式丰富多彩、富于变化，色、香、味、形、器、声要合理搭配，做到荤素、咸甜、浓淡、干稀、质地、色泽相辅相成，浑然一体。这样，筵席菜点才会有节奏感和动态美，既灵活多样、充满生气，又增加美感、促进食欲。

（1）选料广博多样，如鸡、鸭、鱼、肉、豆、菜、果等。原料是菜肴风味多样化的基础，还可提供多种不同的营养素。原料不同，口味各异。

（2）切配精细各异，如丝、条、块、片、丁、球、整只。刀法精妙，可制成各种优美的象形形态，如葡萄形、玉米形、荔枝形、松鼠形、飞燕形、青蛙形、蝴蝶形等。

（3）烹法考究多种，如炒、烧、烩、烤、煎、炖、拌等。菜肴在口味上有浓、有淡，色彩上有深、有浅，质感上有脆、有嫩，既丰富多彩又不落俗套。

（4）造型美观精致，如动物、植物、几何形与实物等造型。菜形清丽，与宴会主题有机组合，给人栩栩如生的感觉，起到美化菜肴、烘托气氛、显示技艺、增进食欲的作用。

（5）色彩搭配协调，如赤、橙、黄、绿、青、蓝、紫等。原材料的天然色泽，经过烹饪后所产生的色泽合理组合，使菜肴既鲜艳悦目，又层次分明。

（6）味型丰富多彩，如酸、甜、辣、咸、鲜、香、复合味等。调理得当，菜式丰富多彩，滋味醇正多样，口味变化起伏，"五滋六味，滋味无穷"。

（7）质感富于变化，如软、烂、嫩、酥、脆、滑、糯、肥等。随菜选料、因料施艺，使每个菜形成不同的质感，宴席才显得富于变化，食乐无穷。

（8）器皿配备统一，如盘、碗、杯、碟、盅、钵、象形等。使菜肴与器皿合理搭配，美食美器，相得益彰；扬菜之长，补菜之短，起好陪衬作用。

（9）品种衔接配套，如菜、点、羹、汤、酒、果、甜品。宴会菜肴的种类包括冷盘、热炒、大菜、点心、饭汤、水果等，各品种相互搭配、均衡统一。

（10）营养成分合理，如脂肪、蛋白质、淀粉、维生素、矿物质、纤维素、水、微量元素等。营养成分全面合理，满足客人生理需求，保证客人身心健康。

任务三　宴会作用

中国被世界誉为"烹饪王国"。中国的餐饮是一座取之不尽、用之不竭、深不可测的宝藏。饮食不仅是解渴充饥、维持生命之必需，更是待人处事、人际交往之必需。中国人爱吃、善吃、更会吃。中国人讲的"三把刀"，第一把就是厨刀，开门七件事（柴、米、油、盐、酱、醋、茶），件件都与吃相关。家庭最繁忙的事是一日三餐，街市最多的店是饮食店，众口最难调的是口味。人们见面要问吃，客人来了要留吃，红白喜事要吃，逢年过节要吃。食材范围广泛：天上飞的、地上爬的、河里游的、地里长的，什么都吃。制作方法多样：烧、煮、烘、焖、炸、烤、烩、爆、蒸、炖、煨等多达近百种。吃的引申义极为丰富：谋职业为"吃某某饭"（如"吃洋行饭""吃皇粮的"……）、被人欺负说"吃亏"、被打巴掌叫"吃耳光"、诉讼是"吃官司"、中枪弹为"吃花生米"、非分之想比喻为"吃天鹅肉"……

中国自古就有"民以食为天""食以礼为先""礼以筵为尊""筵以乐为变"的说法。宴会起源、形成与发展取决于一定的物质基础（基本解决了衣不蔽体、食不果腹的窘况）和一定的先决条件（如祭祀、礼俗、宫室、器具与节庆等硬软件条件），同时又有主观社会交往需要。宴会成为一种综合性的社会交往活动，蕴含着深厚的文化、科学、艺术与技能，蕴含着中国人认识事物、理解事物的哲理，是中华饮食文化的主旋律之一。在人的一生中，从孩子出生就要办满月酒宴开始，感谢亲朋好友的贺喜，向亲友送红蛋表示喜庆，寄寓着传宗接代的厚望，表示着生命的延续。以后孩子周岁时要办宴，以确定将来的发展趋向；16岁时要办宴，告别花季年华；18岁时要办宴，庆贺成年；结婚时要办宴，庆贺成家；到了60大寿，更要觥筹交错地庆贺一番，表示已基本完成了人生的任务，可以颐养天年了。在社会活动中，迎来送往、谢师答恩、升迁换位、求助于人、开张择业、商务洽谈，甚至各种政治、外交活动中都要办宴，这种宴请是"醉翁之意不在酒"，它借"吃"这种形式表达了一种丰富的心理内涵与社会功能，吃的文化已经超越了"吃"的本身，获得了更为深刻的社会意义。2013年《今日文摘》上所刊登许杰的文章说得好：中国人的饭，叫饭局。"局"原本是下棋之术语，引申出"情势、处境"，再引申出"赌博、聚会、圈套"的意思。吃饭事小，设局事大。晏子在饭局上"二桃杀三士"，蔺相如在渑池会上屈秦王，开赵国数十年之太平。同样久负盛名的有"鸿门宴""煮酒论英雄""火烧庆功楼""杯酒释兵权"等，每一个饭局都是人与人之间的较量。饭局之妙不在饭而尽在局。饭局在中国是一个人的社会身份认同体系。设饭局和赴宴请，都是为了关系。心理学家总结出饭局中人的各色心理，翻译成大白话就是：我请你吃饭/我来吃你的饭，是为了满足我的心理需求，如获得别人的赞赏或称赞；维持我们的和谐关系；维护我的面子；使比我强的人对我留下良好印象；使比我弱的人依附于我；得罪了人可以找到台阶化解冲突；找到解决困境的途径，如此等等。

欧洲外交界有句俗谚："世间万物定于餐桌，而支配人类的是宴会"。西方国家元首厨师俱乐部创建者吉乐·布拉加尔说："如果男人存在政见分歧，一桌丰盛可口的菜肴就能让他们团结起来。"这两句话形象而生动地说明了宴会的作用与意义。宴会是经济发展的必然产物，宴会蕴涵着政治、文化、心理等社会意义，成为人类文化不可或缺的重要组成部分。

【案例1-1】中国香港前途谈判里的餐桌交锋

英国剑桥大学解密的档案中，有披露1982年首相撒切尔夫人访华谈判香港前途的文件。英方坚持当年与清政府签订的割让协议有效，除新界之外，中国无权收回香港岛及九龙半岛。邓小平则坚持3条不平等条约全部无效，中国将不惜一切代价收回香港。会谈气氛很僵。除了这些严肃话题外，文件中还披露了一些与宴会有关的趣闻轶事。

撒切尔夫人计划在人民大会堂举办答谢晚宴，她十分精打细算，在4款分别人均50元、75元、100元、140元人民币的菜单中，打算选用最便宜的50元的那份菜单。时任英国驻华大使柯利达认为太过寒酸，建议选75元那份，并建议使用银器餐具提高档次。难得铁娘子最后软化，接纳了建议。中国台湾中大历史系逯耀东教授撰写的探讨陆、港、台三地饮食文化的文集《出门访古早》书中记载了这次宴会的菜单：冷盘、熏马哈鱼、三丝鱼翅汤、富贵鱼唇、彩贝藏珠壳鲍鱼、烤羊肉串、奶油龙须菜、鸽脯海参、草菇丝瓜、燕窝京凤凰、煨水果、点心、冰淇淋。从中可见，不但有鱼翅和海参，还有燕窝和鲍鱼仔，难怪柯利达认为可以过关。可惜的是，虽然英方如此苦心安排，但碰上了朝鲜领导人金日成访华，中方领导人都参加了朝鲜的晚宴，而出席英方的晚宴最终只有一位中方领导人。

在国际外交舞台上，每一个姿态、每一个细节，往往都被视为饶有深意，就算吃什么菜色、吃得好不好，也会惹来无限联想。据逯耀东记述，谈判期间，双方还因晚宴菜品而闹出一场政治小风波。那是 1983 年 9 月的第 6 次会谈，气氛仍然不佳，会后中方也没在门口送客。到了晚上，中方做东在北京饭店宴客，吃得很一般，菜单如下：冷盘、黄茸豆曲汤、三丝鱼肚、干烹大虾、香酥鸡腿、海米烧白菜、脆皮瓦块鱼、黄焖鸭块、冰糖雪耳、点心 2 道。这是一桌以鸡鸭鱼虾为主的十分普通的菜品，如果由当时香港的京菜馆来办理，大概 500 元即可。消息传回香港，大家都意会到中英双方在谈判上触礁，人心惶惶，之后甚至导致了"九月风暴"金融震动。北京方面见状，立即出手补救，其中补救手段之一，就是在 11 月第 7 次会谈时，选择了北京最著名的粤菜馆"大三元"宴客。厨师是从广州专程飞过来的特级厨师。菜点丰盛，包括：脆皮乳猪全体、鲜菇扒带子、玉兰花鸡球、鸡丝烩三蛇、茄汁煎牛排、名牌太爷鸡、红烧鲜水鱼、上汤焗禾花雀、翡翠鳜鱼球、点心 2 道。这是一桌达标的粤式筵席，虽没有鱼翅，但代之以太史蛇羹，那正是主人心思所在。当时正是秋冬之际，席上加了蛇羹、禾花雀、水鱼三味野味来进补，富有时令特色。宴会结束，港督尤德爵士向中方首席代表握手道谢时说了一句意味深长的话："终于吃了一席很好的广东菜。"作为一个老练的外交官出身的殖民地总督，想必他已经察觉到了中方通过一席豪华的粤式筵席所带出的政治信息，又怎能不投桃报李，美言几句呢？

（资料来源：蔡子强. 南方人物周刊，2013（10）

任务四 宴会类型

（一）宴会分类

1. **按饮食风格、菜式组成和使用餐具划分**

（1）中式宴会。以中式菜品和中国酒水为主，餐桌为圆桌，餐具是最具代表性的筷子，中式台面布置，席间背景音乐播放民乐等，就餐方式为共餐式，采用中国式的服务程序、服务礼仪和环境气氛布置等，反映浓郁的中华民族特色饮食文化。

（2）西式宴会。以欧美菜式和西洋酒水为主，使用刀、叉等西式餐具，餐桌为长方形，西式台面布置，席间播放西洋背景音乐等，分食制就餐式，采用西式服务程序和服务礼仪。西式宴会形式多样，如正式宴会、自助餐会、冷餐酒会、鸡尾酒会等。根据菜式与服务方式的不同，又可细分为法式宴会、俄式宴会、英式宴会和美式宴会等。随着日、韩菜式的兴起，日、韩式宴会在我国亦被纳入西式宴会的范畴。

（3）中西合璧宴会。它是融合中西的菜式格局、菜肴风味、环境布局、厅堂风格、台面设计、餐具用品、筵席摆台、服务方式和特点的一种新型宴会，使人耳目一新，深受宾客欢迎。餐具有筷子、有刀叉；就餐方式由客人自主取菜，采用各吃方式，厨师现场烹调、切割和派菜。其形式有中西合璧正式宴会、鸡尾酒会、冷餐会、自助餐会等。分为立餐（不设座）和座餐（设座或部分设座）两种形式，现在流行的是全部设座。

2．按宴会是否正式规范划分

（1）正式宴会，也称宴会席。在正规场合举行，礼仪程序严格，气氛热烈隆重，就餐环境高雅，设施设备高档，台型设计完美，菜单设计精美，菜品规格高调，员工形象愉悦，席间服务细腻，注重礼貌礼节。① 按性质分，第一类是公务正式宴会，如国宴、地方政府宴；第二类是民间正式宴会，如婚宴、高档商务宴、公司大型宴会等。② 按形式分，有餐桌服务式宴会与茶话会、招待会。

（2）非正式宴会，也称便宴、便餐席。它是宴会的简化形式，用于非正式场合的日常友好交往宴请。这类宴会不讲究聚餐场所与布置，不讲究礼仪程序和接待规格，不拘形式，不排席位，不作正式讲话，气氛轻松、活泼、亲切、自由；菜品经济实惠，肴馔不求配套，菜单根据宾主爱好确定（可临时换菜、加菜、点菜）；可自行服务。形式有团体包餐、家宴、零点宴。

3．按接待规格和隆重程度划分

（1）国宴。国宴是以国家名义举行的最高规格的礼宴，由国家元首或政府首脑为国家庆典、新年贺喜与重大活动而招待各国使节或各界知名人士的举国盛宴，或为来访的外国领导人或世界名人举行的正式迎送宴会。宴会厅格局高雅有序，气氛热烈隆重，主席台悬挂国旗，请柬、菜单和席位卡上均印有国徽；礼仪程序严格，出席者身份规格高、代表性强，宾主均按身份排位就座；设乐队演奏国歌及席间乐，国家领导人发表重要讲话或致辞祝酒；菜单设计精美，服务细腻周到。国宴的形式有：① 庆典类国宴，如国庆招待会。形式多为正式宴会或中西自助餐，场面宏大，主桌人数较多。② 欢迎（送）国宴。宴会厅内悬挂两国国旗。宴会开始时先奏宾客方国歌，然后奏本国国歌。主、宾先后致辞，席间乐队演奏乐曲。宴会时间掌握在45～75分钟以内，菜单：1冷菜、4热菜、1汤、3点心、1水果、1主食。主桌通常是各吃。规格不能随意变更。③ 接待类国宴。为国际或国内的重大活动而举行的宴会。如为感谢外国专家，为表彰全国劳动模范、科技界精英，为在我国举行的大型国际峰会，为大型国际体育赛事等而举行国宴款待。④ 迎春茶话会。在中国传统节日春节，为迎接新年而举行，邀请各界人士同欢同庆，相互拜年，气氛欢快，伴有演出，以茶水、点心、小吃、水果为主。

（2）政务宴。政务宴是政府和团体等有关部门为欢迎应邀来访的宾客，或来访宾客为答谢主人而举行的正式宴会。除不挂国旗、不奏国歌以及出席规格不同外，其余安排大体与国宴相同。宾主同样按身份排位就座，礼仪比较严格，席间一般都有致辞或祝酒，有时也安排乐队演奏席间乐。

（3）事务宴。政府部门、企事业单位、社会团体因交流合作、庆功庆典、祝贺纪念等有关活动事项而举行的宴会。

（4）便宴。详见非正式宴会内容。

（5）家宴。在家中由家人或厨师烹调、家人共同招待客人的筵席，是最不正式、日常应用最广的一种宴会形式，最能增进人与人之间的情感交流。国家领导人以私人名义招待外国客人的宴会也称涉外家宴或称私人宴会，这种宴会不拘泥严格的外交礼仪，宾主可以自由交谈，但一定要营造出家庭的氛围，菜式要有当地特色。

4．按宴会主题与内容划分（此类宴会最多）

（1）商务宴。出于商务目的而举办的宴会。随着我国改革开放程度的加强，市场经济的确立，商务宴会在社会经济交往中日益频繁，成为我国酒店的主营业务之一。

（2）亲情宴。以体现情感交流为主题的私人宴请，目的有亲朋相聚、洗尘接风、红白喜事、添丁祝寿、逢年过节等，形式有婚宴、生日宴（寿宴）、节日宴等。

（3）庆贺宴。具有纪念、庆典、祝贺意义的宴会，如乔迁之喜宴、开业庆典宴、庆功封赏宴、婚宴、金榜题名宴、毕业庆典宴，具有较浓郁的喜庆气氛。

（4）欢聚宴。① 友人相会团聚宴。宴请频率高、次数多、要求多，主人身份不明确，客人身份差异较大，但是很平等。菜式随意，氛围轻松，菜肴档次高低差异很大。就餐环境以小包房为主，追求就餐环境、氛围和情趣。② 嘉年华会或尾牙宴。行业每年一度的年会活动后的用餐。参加宴会的人数不易控制，时多时少，宴会的要求不是很高，但出席的客人社会地位较高。服务要规范化，出菜较快，通常要求有停车场地。这类宴会的举办者喜新厌旧心理强烈，对酒店的特色要求较高。

5．公务宴按宴请形式划分

（1）正式宴会。宴会为正餐。详见正式宴会内容。

（2）招待会。这是一种灵活简便、经济实惠的宴请形式。这类宴会以饮为主，以吃为辅，自助选食，站立进餐（也有设座式），便于广泛接触、交友，发布消息，收集信息。招待会的形式有：① 冷餐会，又称自助餐，是一种立餐形式，不设座位。供应的食品以冷菜为主，兼有少量热菜。菜点十分丰富，酒水饮料品种繁多。菜点连同餐具陈设在菜台上，供客人自取。参加人数可多可少，时间也较为灵活。宾主间可广泛交际，客人可自由走动、交谈。这种形式多为政府部门、企业、商贸界举行人数众多的盛大庆祝会、欢迎会、开业典礼等活动所采用。② 酒会，又称鸡尾酒会。招待品以酒水、饮料为主，略备小吃。一般不设座，客人可随意走动。时间灵活，宾客来去自由，不受约束。气氛和谐热烈，轻松愉快，交际面广。近年来，庆祝各种节日、欢迎代表团访问或各种开幕、闭幕典礼以及文艺、体育招待演出前后，都会采用酒会形式。

（3）茶话会。这是一种最简单的招待形式，多为社会团体纪念和庆祝活动所采用。通常设在会议厅或客厅内举行，不用餐厅。厅内设茶几、座椅，周围摆设花卉。一般不排席位，但有贵宾出席时可考虑将主人与贵宾安排坐在一起，其他人随意就座。饮品以茶为主，略备茶点、水果，不设酒馔。茶叶、茶具的选择，应考虑季节、茶会主题、宾客风俗与喜好等因素，体现地方特色。一般用陶瓷器皿，不用玻璃杯，也不用热水瓶。外国人出席，一般用红茶、咖啡和冷饮招待。茶会期间，宾主共聚一堂，品茶叙谈，气氛和谐轻松，席间安排一些短小的文艺节目助兴。

（4）工作进餐。这是现代国际交往中经常采用的一种非正式宴请形式（有时由参加者各自付费），利用进餐时间（早、中、晚均可），边吃边谈，省时简便。这种形式的宴请纯属工作性质，不请配偶。

6. 按宴会价格档次划分

（1）豪华宴会。以高档、稀有特产精品为原料，山珍海味达60%左右，工艺菜比重大，常以全席形式出现，菜名典雅，盛器名贵，配置知名美酒，席面雄伟壮观。多接待显要人物或贵宾，礼仪隆重。价格昂贵。

（2）高档宴会。多取原料精华，山珍海味约占40%，配置知名度较高的风味特色菜品，花色彩拼和工艺大菜占较大比重，餐具华美，命名雅致，席面丰富多彩，环境豪华，服务讲究，礼仪隆重，文化气质浓郁。多接待知名人士或外宾、归侨。价格较高。

（3）中档宴会。原料为优质的鸡鸭鱼虾肉、时令蔬果与精细粮豆制品等，配置20%的山珍海味，以地方名菜为主，重视风味特色，餐具整齐，席面丰满，格局较为讲究，餐厅环境和服务较好。常用于较隆重的庆典和公关宴会。价格适中。

（4）普通宴会。原料以常见的鸡、鸭、鱼、肉、蛋、蔬菜等为主，10%左右的低档山珍海味充当头菜，菜肴制作简单，注重实惠，讲究口味，菜名朴实。多用于民间的婚寿喜庆以及企事业单位的社交活动。价格较低。

7. 按宴会规模划分

（1）小型宴会。规模在10桌以下。

（2）中型宴会。规模在11～30桌。

（3）大型宴会。规模在31桌以上。大型（含特大型）宴会有特定的主题，人数众多，工作量大，要求高，组织者必须具有较高的组织能力。

（4）特大型宴会。规模在100桌以上。

（其他分类标准可参照宴会、筵席命名的内容）

8. 我国古代传统宴会类型

（1）游宴。或备酒果登高，或携馔肴聚集于名胜之地饮宴游乐，官宦和文人学士多有此好。历代不少诗人的优秀作品，都是在游宴时兴致所至、命笔而成的。

（2）船宴。设宴于游船上，宫廷和官府多用这种形式饮宴。五代时，后蜀主孟昶的花蕊夫人有《官词》百首，记船宴的就有八首。南宋都城临安的"湖船"，即为举办船宴的场所。清顾禄《桐桥倚棹录》、李斗《扬州画舫录》等书都有关于船宴的记载。

（3）军宴。《资治通鉴》记：唐"宣宗大中十一年延心知之，因承勖军宴"，说的便是设宴于军中的宴会。

（4）曲宴。多指宫中私下举行的筵宴。曲宴的礼仪较为简单，参加的人也不多，吃喝都较随意，可以像曹植诗中描绘过的那样"缓带倾遮羞"。

（5）其他宴会。如高宴（泛指盛大的宴会）、玳筵（以玳瑁装饰坐具的盛宴）、金华宴（富丽的酒宴）、琼筵（珍美的筵席）、玄熟（帝王的御宴或道教称仙境的宴会）、红筵（即盛宴）、玄宴、幽宴（在幽静的处所举行宴会）等。

（二）宴会（筵席）命名

（1）菜品风味。以菜肴地方风味为特征，菜品纯正，风味地道，乡情浓烈，配有地域特征的环境布置，个性鲜明的餐具摆设，体现中国饮食文化的博大精深、品种繁多、风味各异的鲜明特色。如川菜风味宴、粤菜风味宴等；每种风味又可细分，如川菜可分为成都菜席、重庆菜席、自贡菜席等。著名的地方风味宴有运河宴、长江宴、长白宴、岭南宴、巴蜀宴等。

（2）原料大类。选用同一大类原料为主料，配以不同的辅料与烹法，做到"主料不变中有变，变中主料不能变"，充分发挥一物多吃的神韵，每只菜品所变的仅是配料、调料、烹调方法和造型，因而风味谐调、情趣盎然。要求原料充足、品种较多，是某类原料的产地或集散地。如山珍宴、海鲜宴、野味宴，通过用烧、炒、蒸、炖、煨、煲、铁板烧等方法烹制出的各种异禽野味菜肴，色、香、味俱全，真是"野味飘香引客来"。

（3）主要用料。① 全席宴，所有菜品均为一种原料，或者以具有某种共同特性的原料为主料烹制而成，如全鸡席、全鸭席、全猪席、全牛席、全羊席、全鱼席、全素席等。全席宴有时特指"满汉全席"。② 强调某些地方土特产品，或是突出民族饮膳风情，或是照顾宗教人士的生活习俗。如北京烤鸭宴、安吉百笋宴、云南百虫宴、海南椰子宴、烟台海参宴、东莞荔枝宴、漳州柚子宴、长江刀鱼宴、江南河蟹宴、山区菌菇宴、淮南豆腐宴等。制作时要注意有些主料的季节性、地域性很强，不能不顾季节、地域，否则会适得其反。

（4）头道主菜。头道主菜是筵席的台柱与"帅菜"，统帅全席菜点，其他菜品"云从龙、风从虎"，鱼贯而行，要求用料名贵、烹制精美，体现筵席的档次，如燕菜宴、鱼翅宴、海参宴、烤鸭宴等。

（5）菜品数目。如八大席、重九席、三扣九蒸席、五福捧寿席、六六大顺席、八仙过海席等。从菜肴的数量反映出筵席的规格，数量越多档次越高，在乡镇民间较为流行。在旅游点的农家宴上有时还会采用这种筵席，满足了人们企求丰盛的心态，兼顾了乡风民俗。

（6）烹饪技法。根据不同食材原料与调料的特点，采用不同的烹法，产生不同的菜肴风味，如铁板系列宴、砂锅系列宴、烧烤系列宴、火锅系列宴等。

（7）食品功能。根据食品原料、菜点营养与功能特色作为筵席主题，如延年益寿宴、滋阴养颜宴、美容健身宴等。这种筵会命名目前较为流行，人们举办宴会招待亲朋好友，不但注重形式，还注重营养、养生等要求。

（8）席面布置。利用台面艺术化的布置，偏重台面与菜点组合，菜肴艺术，席名典雅，寓意吉祥，有很强的象征意义，人情味浓厚。如孔雀开屏席、万紫千红席、百鸟朝凤席、返璞归真席等。

（9）风景名胜。用著名景区的名胜风景命名，菜式做工考究、工艺装饰很强，配合宴会厅内布置的书画，使人有一种流连忘返的感觉，在旅游城市中是很有特色的筵席。如长安八景宴、洛阳八景宴、洞庭君山宴、羊城八景宴、西湖十景宴等。

（10）周边环境。充分利用酒店或周边的环境，以景色为主，配合当地的特产，营造出一个特殊的用餐氛围，很有特色与情趣。如田园风光席、皇家宫廷席、山城景色席、湖上船舫席等。

（11）时令季节。按照季节规律调味配菜，给人耳目一新之感；还可以中医学的"季节进补说"做指导，配置食医结合的滋补菜和药膳菜，强调饮食养生。春天来临，万物复苏，举办春回大地宴；夏日炎炎，推出系列清凉食品，举办盛夏之夜宴；秋天硕果累累，推出金秋硕果宴；冬季，北国是冰雪世界，哈尔滨曾推出过冬季冰花宴等。

（12）节日欢庆。在国家或民俗的节假日举行主题新颖、风格各异的宴会。特定的季节、特定的环境、特定的文化氛围，是这类宴会的主、宾共同喜好与感兴趣的氛围。如除夕宴（即团年饭，俗称年夜饭）、元宵花灯宴、情人节的情人宴、迎春宴、端午粽子宴、中秋赏月宴、欢度国庆宴、圣诞平安宴等。

（13）生日寿辰。如满月喜庆宴、百天庆贺宴、周岁快乐宴、十岁风华宴、二十成才宴、花甲延年宴、百岁高寿宴等。生日宴主要突出喜庆祝贺、健康长寿、延年益寿的意义与气氛。菜名典雅吉祥，如全家福、满堂春、龙凤配、罗汉斋，讲究菜品掌故、席面铺设和装潢美化，能从心理和观感上取悦客人。

（14）文化传承。① 依据古今名人命名，如西施宴（无锡水秀饭店）、东坡宴、包公宴（合肥梅山迎宾馆）、板桥宴（江苏兴化宾馆）、乾隆御膳宴（无锡湖滨饭店）、孔府宴、宫保席、谭家席、梅兰宴（江苏泰州宾馆）、大千席、马祖宴（福建莆田）等。② 根据古代名著设计，如红楼宴是以曹雪芹《红楼梦》中记述的肴馔而烹饪制作的宴会，三国宴、水浒宴、金瓶宴、随园宴、射雕宴等。③ 依据名城命名，如荆州楚菜席、开封宋菜席、洛阳水席、成都田席等，突出地域文化特色。这类筵席的设计需要有深厚的中国传统文化底蕴。

（15）历史渊源。仿古宴会，将古代具有特殊意义的一些宴会注入现代文化而产生的新型宴会，继承了我国历代名宴的形式、礼仪、菜品制作的精华，进行改进与创新。如秦淮明菜宴是挖掘研制明代菜谱与民间传说、诗词典故融为一炉而成，随园宴以清代袁枚《随园食单》中菜点研制创作而成，西安饭庄的盛唐皇宴是在研制仿唐菜点基础上历经数年而成。

（16）民族特色。如蒙古族的全羊席、朝鲜族的狗肉宴、白族的乳扇宴、傣族的昆虫宴，最为有名的是满汉全席等。从就餐环境、原料构成、烹调方法等突出民族特色、体现民族风情。

（17）宗教信仰。按照宗教禁忌，严格选择原料与制作技法，在宴会厅、台面的布置中也应考虑这种因素。如清真宴、全素宴，素宴中负有盛名的是厦门南普陀素宴、扬州鉴真素宴、上海功德林素宴。

（18）喜庆纪念。① 民间宴：如婚宴有百年好合宴、龙凤呈祥宴、珠联璧合宴、金玉良缘宴、永结同心宴、百年好合宴、山盟海誓宴、花好月圆宴等；如乔迁之喜等庆祝宴；如纪念×××大学建校 100 周年宴、纪念×××诞辰 120 周年宴等。② 公务宴：如国家、政府重大节日或事件举办的国庆招待宴、庆祝香港回归十周年宴、庆祝西藏铁路通车竣工宴等。

（19）迎来送往。人们为了给亲朋好友接风洗尘或欢送话别而举办的宴会。接风洗尘宴要突出热烈、喜庆的气氛，体现主人热情好客以及对宾客的尊敬与重视；围绕友谊、祝愿和思念的主题来设计。其特点是规模小、喜安静、重叙谈、讲面子。如欢迎××先生接风洗尘宴、欢送××先生话别宴等，强调人际礼仪与情感沟通。

（20）酬谢感恩。为了表示感谢曾经得到过的帮助，或为了表示感谢即将得到的帮助而举行的宴会。这类宴会特点是为了表达自己的诚意，故宴会要求高档、豪华，环境优美、清静。① 谢师宴。学生毕业、学徒满师，新生活将要开始，为了表达对老师、师傅的感激，并再次聆听老师的临别赠言而举办的宴会。要求环境清静优雅，菜式清淡秀丽，道数不多，选料讲究，上菜速度不快，服务规范。② 答谢宴。为表示对他人的帮助或请求他人帮助而设宴感谢。菜肴和服务要让客人感受到主人的殷勤与诚意。③ 升迁宴。因职务变化、工作的变迁，原共事的同仁相聚相送，新单位同事的欢迎而举行的聚会。此类宴会比较放松，菜式比较随意，饮酒较多，用餐时间较长。

（21）举办时辰。有早茶、午宴、晚宴，宴会前鸡尾酒会、宴会后酒会。比较正式的宴会一般都安排在晚上举行。早茶和午宴是带有工作性质的餐会，交谈、会谈是这类宴会中的主要内容之一。

（22）宴会出品。宴会（有菜有酒有水果，以菜点为主）、酒会（有菜有酒有水果，但较为简单，以酒水为主）、茶话会（无菜无酒，以茶水为主，略备茶点与水果）。

（23）举办地点。在酒店内举办的宴会、外卖式（不在本酒店举行）宴会。

（24）有否座位。设座式宴会、不设座式（站立式）宴会。

（25）改革创新。如中西合璧宴、游船水产宴、山珍野味宴等，给客人新、奇、特的感觉，深受客人的欢迎。

（26）外来菜肴。有条件的酒店或聘请外国名厨料理，或请有关专家指导，或渲染本店餐饮风味菜式，以外来菜为主题的筵席，可作套餐、零点，也可用自助餐形式，如法式宴、日式宴、泰式宴等。

任务五　宴会设计

【案例 1-2】亚洲银行行长会议 2002 年 5 月 10 日晚宴宴会计划书

时间：2002 年 5 月 10 日晚 19:30—20:30

地点：上海科技城 2 楼宴会厅

人数：出席亚洲银行行长会议的 VIP，共计 212 人

桌数：1 桌主桌 16 人；普通桌 20 桌，每桌 10 人（其中 2 桌 8 人）。共计 21 桌。

特殊要求：＿＿＿人不吃蒜，＿＿＿人不吃牛肉，＿＿＿人全素，＿＿＿人水果宴。

1．场地布置

（1）台型排列（见图 1-1）。桌排号为：1～21。

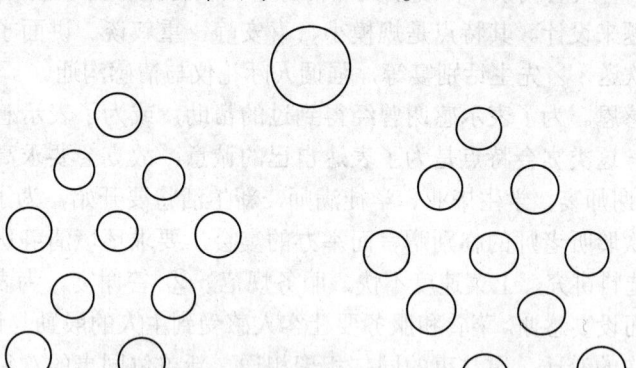

图 1-1　宴会台型图

（2）桌面铺台（见图 1-2）。VIP 主桌：台面直径 3.60m（白台布、黄台裙、米色口

布、灰筷套、银圈），中心铺花台、活动工作台4只。副桌：台面直径2.3m（米黄台布、黄台裙、米黄椅套、米色口布、灰筷套、黄口布圈），中心装饰鲜花。工作台12只。

（3）各位铺台（见图1-3）。

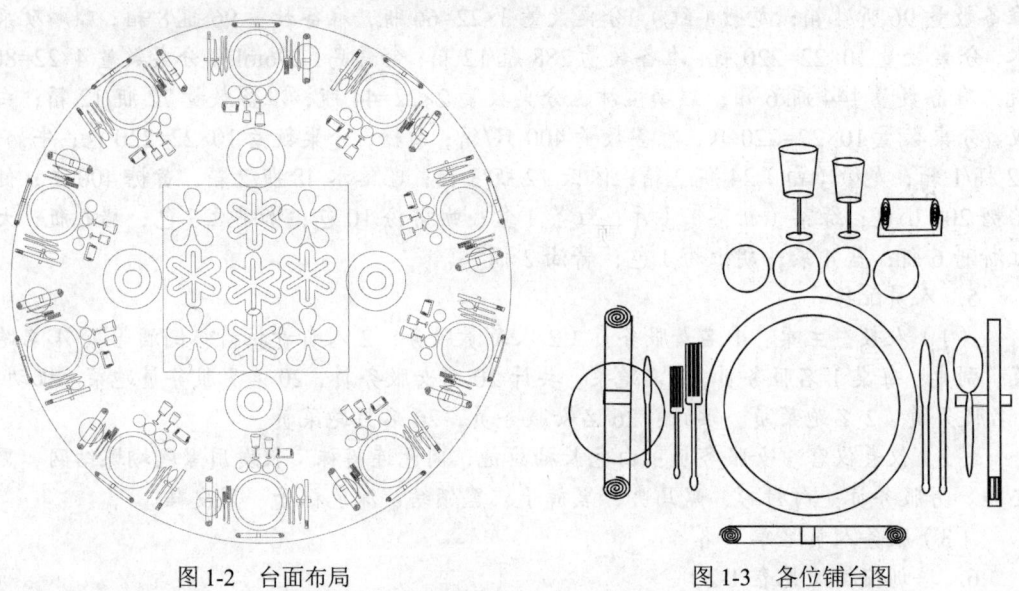

图1-2　台面布局　　　　　　　　　　　　　　图1-3　各位铺台图

（4）中心台饰。方型白玫瑰西方园林式插花。

（5）舞台背景。中心为古董摆件，两边为投影幕，宴会中放映上海新貌影片。

2. 晚宴菜单

迎宾海鲜盆，风味四小碟（瑶柱辣椒酱、橄榄仁、橄榄菜、三丝卷），龙井炖血燕，锦江脆皮鸡，蟹膏溜塘鲤，蚝皇鲜鲍鱼，水果粟子粉。

3. 餐具准备

（1）主桌铺台。11寸银看盆16只，11寸编边盆16只，水杯16只，红酒杯16只，6寸编边面包盆16只，白脱刀16把，每人每羹16把，筷架16只，银头筷子16把（穿筷套），小刀叉16副，大刀叉16副，银毛巾碟16只，小方巾16块，银席位卡20只，牙签20根。工作台水果叉20把，点心羹40把，派羹10套，毛巾40块，圆托4只，酒刀1把，冰水壶2只，咖啡杯、碟20套，糖、奶盅4套，备用口布4块。

（2）副桌铺台。11寸银看盆10只，10寸金边盆10只，水杯10只，红酒杯10只，6寸金边面包盆10只，白脱刀10把，每人每羹10把，筷架10只，漆筷10把（穿筷套），小刀叉10副，大刀叉10副，银毛巾碟10只，小方巾10块，银席位卡10只，牙签10根。

（3）工作台。水果叉10把，点心羹20把，派羹1套，毛巾10块，圆托1只，酒刀 1 把，冰水壶 1 只，咖啡杯、碟 10 套，糖、奶盅 1 套，备用口布 3 块。

4. 酒水与调料准备

可乐，分桌数量 5×22=110 听，准备数量 168 听/7 箱；七喜，分桌数量 2×22=44 听，准备数量 96 听/4 箱；龙徽（红），分桌数量 3×22=66 瓶，准备数量 96 瓶/8 箱；麒麟矿泉水，分桌数量 10×22=220 瓶，准备数量 288 瓶/12 箱；金青岛（296ml），分桌数量 4×22=88 瓶，准备数量 144 瓶/6 箱；麒麟橙汁，分桌数量 2×22=44 瓶，准备数量 72 瓶/12 箱；白脱，分桌数量 10×22=220 只，准备数量 400 只/箱；白糖，分桌数量 10×22=220 包；牛奶，12 桶/1 箱；龙徽（白）24 瓶/2 箱；依云 72 瓶/3 箱；巴黎水 48 瓶/2 箱；黄糖 400 支；健怡糖 200 小包；绿茶（新茶）半斤；红茶 1 盒；咖啡粉 10 包；咖啡豆 3 包；醋 6 瓶；大红浙醋 6 瓶；盐 4 袋；胡椒粉 1 包；酱油 2 桶。

5. 人员配备

（1）人数。主桌：4 名女服务员（2 人负责服务，2 人负责拉椅、倒酒等）、4 名跑菜。副桌：每桌 1 名服务员，1 名跑菜。共计 20 名女服务员，20 名男服务员跑菜。机动：2 名服务员、2 名跑菜员。共计：26 名女服务员，26 名男跑菜员。

（2）仪表仪容。女服务员：白色长袖旗袍、肉色连裤袜、长发用黑色蝴蝶结网、黑皮鞋。男服务员：白衬衫、黑马夹、黑裤子、黑领结、深色袜子、黑皮鞋。

（3）服务人员名单。略。

6. 培训安排（见表 1-2）

表 1-2　培训安排

日　　期	时　　间	内　　容	地　　点	负 责 部 门	备　　注
5 月 8 日	9:00	外借人员报到和本酒店服务员集中	培训教室	人事部	
	9:30	服务员集中动员	培训教室		
	10:30	服务要求讲解	培训教室	现场总指挥	
	13:00-17:00	餐具准备	二楼宴会厅	管事部经理	
5 月 9 日	13:30-14:00	服务员报到	科技城 5 号门	人事部	
	14:10-17:30	准备工作	科技城 2 楼宴会厅	现场总指挥	员工出入口进出
5 月 10 日	09:00	服务员报到	科技城 5 号门		
	09:30	铺台准备工作			
	11:30	用餐			
	17:00	更衣，仪表仪容准备			
	18:00	岗前检查			
	18:15	酒水准备			
	18:45	各就位			

7. 时间安排

5月10日14:00以前：所有准备工作结束。17:30：服务员到岗。16:00：检查准备工作，要求全部餐具到位，负责人×××。16:30：补课。16:30：用餐。17:00：更衣，仪表仪容准备。17:30：检查仪表仪容，负责人×××。17:40：仪表仪容不合格者补课。17:50：值台服务员进入岗位做最后检查；将同声传译设备放在椅子上。18:10：分发酒水；负责人×××。18:15：上冷菜、面包。18:30：倒葡萄酒；值台服务员站在指定位置面向大门迎候客人来到。18:45：打开宴会厅的4个入口大门，客人入场。19:00：市领导进入宴会厅入座。19:15：开始讲话。19:30：讲话结束，收取同声传译设备放在工作台下筐内，开始倒饮料。19:45：上燕窝，每人每，跟瓷匙，6寸垫盆。20:00：上烤鸡，每人每。20:10：上鱼，每人每。20:20：上鲍鱼，每人每。20:35：上点心，每人每。20:45：上水果。20:50：上茶、咖啡。21:00：结束。

8. 上菜要求

（1）走菜必须严格按照既定路线进出。两人一排按顺序出发，注意队形整齐。上菜结束进厨房时，二人一排。进厨房不按秩序，先上完菜者先退。在回厨房途中，注意与前面的人成一直线，不准超越。走菜进出都必须高托。

（2）走菜员走到餐桌边，托着盘，配合上菜。上菜过程中，走菜员站在上菜者的右面，上完一个客人的菜后，上菜者向后退一步，走菜员向前进一步，始终保持这种状态。

（3）上菜位置站在客人右面，有小料，先上小料。上菜时，如果两位客人紧挨着讲话，可以左上左撤。撤盆时必须征得客人同意后。如客人没用完，可以先跳过，为下一位客人服务，最后，再回来为未用完的客人服务。

（4）上完面包后倒红酒，酒杯倒四分满。斟酒时不用托盘，左手拿毛巾。

（5）倒软饮料时，注意托盘中高瓶在内，低罐在外。空瓶放在工作台下面。放空瓶或捡地上东西时，不准弯腰俯身，应采取半蹲式。

（6）服务顺序从主客开始，按顺时针进行。

（7）客人提出特别要求，由走菜员到主桌厨房去拿，拿时报上桌号。

（8）盐、胡椒、酱、醋、辣酱放在工作台上。客人提出后送上。客人用完后撤回原处。

（9）工作台按要求摆放，随时保持干净整齐。酒瓶、饮料商标向外。如需添加餐具、饮料、茶水，可在大厅东南角与西南角处取。

（10）如遇客人打翻酒水，值台员应立即用1块干口布吸干桌上残留的饮料后，另铺一块口布。

（11）脏盆直接由走菜员带入洗碗间。

9. 结束收尾工作安排

（1）晚宴结束收尾工作人员、工具及任务。① 瓷器、保温车、垃圾、银看盆。人员6男7女。工具：保温车3辆、平板车2部、垃圾及垃圾桶4只。银看盆102只，瓷器类：11寸白盆300只、黄底黄口汤碗连盖210套、7寸盆210只、调羹210只、金边双格碟210只、白脱盅195只、2.75寸碟820只、金边12寸盆180只、金边10寸盆750只、金边7寸盆210只、金边三件套茶盅25套、咖啡杯210套、酱醋壶10副、盐胡椒盅10副、瓷奶盅25只、烟盆130只。② 台面、椅子、服务车、托盘。人员9男。工具：服务车4辆。圆托盘25只、大方托盘40只。钢椅子210把。10人台子18组、36人台子1组、8人台子2组、条台80只。③ 饮料。人员5男。④ 银盖头：人员4人。5只筐及纸箱220只，茄克壶40只。⑤ 口布、台布、椅套、口布圈、小毛巾，台裙。人员6女1男。工具：台布车2部、台裙车5部。⑥ 刀叉、筷子、筷套。人员3男3女。工具：平板车1部。银器类：大刀叉、小刀叉、水果叉、点心羹、白脱刀、茶羹、咖啡羹、筷子、口布圈各22套或把、筷架200只、毛巾碟200只、冰桶连夹2套、国产点心羹200把；不锈钢类：大刀叉200套、小刀叉400套、点心羹200把、茶羹400把、派羹叉10副、毛巾夹20把；筷子200双。⑦ 玻璃器皿。人员3男5女。工具：水桶2只、杯车2部、平板车1部。玻璃水杯250只。玻璃红葡萄酒杯250只。玻璃冰桶连夹9套。酒钻20把。玻璃咖啡壶20把。竹毛巾蓝20只。铜茶壶18把、银台号牌18只、银冰桶连夹2套。

（2）晚宴结束收尾工作要求。结束时，女服务员站在门口欢送客人。所有结束工作等待客人全部离去后关上大门进行。男服务员把桌上的瓷器与玻璃器收进厨房。值台女服务员将椅套取下理齐，并将装饰绳10根一扎，所有口布10块一扎堆放在一起，撤下台裙。走菜者把椅子10个一叠叠起。放在上菜位置。所有脏银器、筷子不送厨房，放在工作台上的筐内，统一收集。

10. 厨房工作安排

（1）人员组成。总负责：行政总厨。厨师共23名，炉灶5人、切配3人、冷盆7人、中点2人、西点2人、雕刻4人。厨房餐具由管事部负责，由切配大厨督导。排菜由切配大厨负责，行政总厨督导。消毒水、毛巾、筷子、调羹、小汤碗、口罩、一次性手套白大褂等，由炉灶大厨负责，行政总厨督导。

（2）餐具准备。于5月10日上午餐与管事部联系，落实全部厨房餐具。5月10日下午14:00前全部清洗完毕，清点数量、消毒、存封。宴会餐具种类：迎宾海鲜盆，10寸金边盆220只；风味四小碟，2.75寸金边、黄边碟850只；龙井炖雪燕、皇帝黄小汤碗（连盖、带底座、带汤勺）220套，双格碟220套；锦江脆皮鸡，10寸金边盆220只；蟹膏溜塘鲤，10寸金边盆220只；蚝皇鲜鲍鱼，10寸白盆220只；水果栗子粉，10寸金边盆220只。以上所有餐具于5月10日晚在食品检验人员的督导下启封盛入保暖箱内保

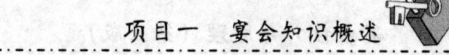

洁保温（注：主桌餐盆全部用白盆）。

（3）宴会操作具体安排。5月8日上午10:00到科技会馆，各厨房做消毒卫生工作。5月8日下午准备好用具、调料，用具及调料由炉灶大厨负责，食品联系由行政总厨与采购部统一协调，保证一流的调料、食品、蔬菜。采购部做到采购原料有"三证"。5月9日在酒店做各种准备工作。5月10日上午9:00到科技会馆进厨房加工。

（4）菜肴操作。迎宾海鲜盘（风味四小吃）：由冷菜大厨负责，行政总厨督导。5月9日在东锦江做各种准备工作。5月10日上午9:00到科技会馆进厨房加工。5月10日下午13:00前做好宴前准备工作。下午17:50开始装盆。龙井炖雪燕：由行政总厨负责，5月9日上午进货，5月10日上午9:00到科技会馆进厨房加工，5月10日下午13:00前做好宴前准备工作，5月10日下午18:00准备出菜（以通知出菜时间为准）。锦江脆皮鸡：由行政总厨负责，5月9日上午进货，送至冷库（冷冻）；5月10日下午13:00加工准备，入冰箱冷藏；5月10日下午17:50做准备工作；5月10日下午18:25出菜（视具体情况出菜）。膏蟹溜塘鲤：由行政总厨负责，5月9日上午进货，送至冷库（冷冻）；5月10日下午13:00加工入冰箱冷藏；5月10日做出菜前的准备工作；5月10日下午18:35出菜（视具体情况出菜）。蚝皇鲜鲍鱼：由行政总厨负责，5月9日准备原料，上午9:00到货；5月10日下午14:00进行加工。5月11日下午18:15做宴前准备工作；5月10日下午18:40出菜（视具体情况出菜）。水果栗子粉：由行政总厨负责，西点大厨负责装盆；5月9日上午栗子磨成粉，准备黄油薄片，巧克力刮出，然后冷藏保存；5月10日上午12:00准备好杂粮面包、软面包和法棍面包，组装到科技馆完成；水果于5月10日上午9:00前到货，中午12:00前清洗消毒完毕，下午18:00进入专间准备工作；5月10日下午18:30前做好出菜前准备工作，5月10日下午18:40出菜（视具体情况出菜）。

（5）收尾工作。宴会菜上完后，厨房立即进行整理清洁工作，将剩余的每道菜点归纳整理：由管事部辅助。未动用的原料保鲜装好，以备可以继续利用。已经加工，但未上席的菜点保鲜装齐，酌情给予其他厨房使用，并做好登记。借用的器皿、用具清点归类送还管事部。白大褂、口罩收齐，交布件间洗涤。做好各工种的清洁卫生收尾工作。

（6）注意事项。5月10日9:00，全体人员全部出发到达科技会馆，饭店确保运输车辆，运输途中由保安部派人押运。任务期间饭店必须确保运输车辆运行状况良好。

（一）宴会设计内涵

1. 宴会设计要求

宴会设计是根据客人要求和酒店物质条件、技术条件等多种因素，对宴会场境、宴会物品、筵席台面、宴会台型、宴会菜单、宴会服务与宴会流程等诸多方面进行精心设计、统筹规划，制定出具体实施方案的管理活动过程。宴会设计要求主题突出、特色鲜明、安全舒适、美观和谐、核算科学。对酒店管理来说，宴会设计具有计划作用、指挥作用与保证作用。

2．宴会设计内容

（1）场境设计，包括环境选择、场地布置、艺术品陈列、餐厅美化和桌椅摆放等。

（2）台面设计，包括餐具设计、餐台设计，大型宴会还需进行台型设计。

（3）菜单设计，包括菜点构成、营养、味型、色泽、质地、原料、烹调方法、数量、酒水以及菜单的形式、外观等内容。

（4）程序设计，包括接待程序、宴会议程、席间乐曲与娱乐助兴、赠送礼品。重大宴会的时间设计要落实到以分为单位。

（5）服务设计，包括服务方式，服务程序，员工服饰，行为举止与礼仪规范，人员培训、组织调配与协调。

（6）安全设计。对宴会进行中可能出现的各种不安全因素的预防和设计，包括顾客人身与财物安全、食品原料安全、服务过程安全设计和意外事件处置预警设计等。

【案例 1-3】胡锦涛瀛台夜宴连战

中国国民党荣誉主席连战夫人连方瑀曾撰文回忆，2005 年 4 月 29 日连战访问大陆时，时任中共中央总书记胡锦涛瀛台夜宴的往事：瀛台夜宴，虽然是因政治而起，却是一顿完全不政治的晚餐，菜肴丰富而不奢华。先上 5 个凉拼：烤叉烧肉、虾子茭白、芥末鸭掌、姜汁瓜条、蛋黄鸡卷。再来是 5 道热食：清汤燕菜、全家福、清炒虾球、东坡肉、锡包鳕鱼、鲜磨芥菜；甜菜是桂花汤圆；点心是荠菜水饺、萝卜丝饼、火腿粽子、豌豆黄；饮料则为茅台、长城干红、鲜果汁。当晚受邀的除了我们夫妇，还有 3 位中国国民党副主席也参加了晚宴。席间，大家谈笑风生，气氛温馨，像一场家庭聚会。大家享用美食，大多选择茅台佐酒。胡总书记曾在贵州工作过 4 年、甘肃 14 年、西藏 3 年，可想而知他的酒量很好。这餐饭，真是宾主尽欢。尤其令人感动的是，胡总书记特别送给战哥一份珍贵的礼物。那是 1941 年，台湾被日本人占领期间，战哥的祖父连雅堂先生因为不愿意做亡国奴、做日本人，特别写了一张申请书，希望恢复中国国籍。这份申请书的正本原存放在南京第二档案馆，胡总书记特别将影印件送给战哥保存。这真是一份意想不到、弥足珍贵的礼物，战哥收到这份礼物时，惊讶、意外、兴奋、感动的神情，也感染了与会的每个人。瀛台夜宴不是家宴，胜似家宴。这一方式，被外界普遍认为是最高规格待遇。

（资料来源：《报刊文摘》2014 年 11 月 21 日）

3．宴会设计人员应具备的知识

（1）菜点酒水知识。了解各类菜系特点、知晓名菜名点知识和酒水知识，掌握本酒店的菜品格局，熟知每道菜的主料、辅料及调味品的产地、特点与制作原理，烹调方法，味型特点，营养成分，价格等知识，掌握不同菜点的组合以及搭配效果。

（2）成本核算知识。掌握每个菜点和一桌筵席的成本核算。根据客人宴会价格标准，对菜点直接成本和宴会的间接成本做出精确核算，确保毛利率和盈利。

（3）营养安全知识。掌握食品营养卫生与安全知识，了解食品原材料的营养构成、烹调对各营养素的影响，菜肴各类营养素的合理搭配和科学组合，各种身体状况和各营养素之间的关系等。

（4）心理民俗知识。"十里不同风，百里不同俗"。掌握不同国家、不同地区、不同民族、不同职业、不同人群的饮食风俗习惯知识，懂得顾客餐饮消费心理需求，投其所好，避其所忌。

（5）美学文学知识。宴会厅房的空间与环境布局、员工的礼仪与风度、食品与器具、菜肴的色彩与装盘、菜名的命名、菜单的设计与制作、宴会的时间与节奏、菜肴的创新等方面，都需要设计人员具备较强的审美观念和一定的文学修养。

（6）服务管理知识。宴会设计与实施是一个完整的管理过程，必须有丰富的餐饮服务与管理的经验及技能。掌握宴会服务规律与流程，懂得餐饮管理运行规律，熟悉本酒店内部管理程序和业务流程，掌握领导艺术，严格管事、理人、安心。

（资料来源：方爱平. 宴会设计与管理[M]. 武汉：武汉大学出版社，1999.）

（二）宴会设计要素

1. 时间要素

（1）订餐时间，即客人来酒店订餐的时间。订餐至开宴期间，要做好宴会预订、确认、跟踪和准备工作，避免发生意外，确保宴会如期进行。当订餐与开宴间隔时间较长时，可安排一些工艺复杂、耗费时间的工艺菜、功夫菜；如临时预订宴会，如零点宴会则首先确保及时开餐，可安排制作工艺简单一些的菜肴。

（2）办宴时间，即举办宴会的日期，要落实到年、月、日、星期×与餐别。根据餐饮业的淡旺季、节假日与平时的不同时段，早茶、中餐与晚宴的不同餐别等因素与特点来设计宴会菜单和宴会程序。季节不同，菜点用料有别；餐别不同，准备条件有异。

（3）持续时间，宴会程序的繁简、宴会规模的大小、宴会档次的高低决定了一场宴会举办的持续时间，而宴会举办时间的长短又决定了不同服务方式和服务内容的安排。重要宴会活动内容的安排与上菜时间要以分钟为单位，保证前后衔接紧密。

（4）生产时间，包括原料初加工的时间，冷菜的生产与装盆时间，热菜的烹饪时间，传菜上席时间，服务时间，各部门、各岗位、各环节的生产与协调时间等。合理安排不同的烹饪时间、上菜时间、服务时间与协调时间的各种菜点，保证在既定的时间内按时出菜。

2．人员要素

（1）办宴意图。客人办宴意图就是宴会主题。在环境布置、宴会程序、台面设计、菜点风格、服务方式等方面，设计符合宴会主题的富有特色与风格的产品。

（2）客人身份。① 主人。宴会的东道主，宴会中的一切计划活动及安排均由主人决策与决定。② 主宾。宴会的中心人物。主人与主宾常安排在宴会、筵席最显要的位置，宴饮中的一切计划与活动都要围绕主宾来进行。③ 陪客。主人请来陪伴客人、有"半个主人"身份的人，在奉酒敬菜、交谈交际、烘托宴会气氛、协助主人待客中起着积极作用。④ 随从。主宾带来的客人，伴随着主宾。

（3）赴宴人数。赴宴人数决定宴会规模与管理，直接影响宴会在场地安排、整体布局、菜点制作、服务方式等方面的差异。有些工艺菜，如拔丝菜，单桌单份烹调尚能保证质量，但人数多了就无法满足要求。

（4）饮食习俗。必须充分考虑客人，尤其是主人与主宾的职业、职位、性别、年龄、地区、民族以及宴饮目的、饮食习俗、消费习惯，激其所欲，供其所需，适其所向，补其所缺，投其所好，避其所忌。

3．价格要素

（1）宴会标准。宴会消费标准决定了宴会规格、原料档次、菜肴品质、烹调方法及服务方式。定价方法：① 每席售价。按一桌筵席价格来设计。② 人均消费价。按每人平均消费价格乘以总人数来设计。③ 宴会包售价。按这场宴会的消费总额来设计。

（2）成本核算。酒店菜单成本核算必须在确定消费价格与执行酒店毛利率的前提下进行，应仔细核算各种原料、人工、管理、每桌筵席、每个菜点等直接成本与间接成本，以保证酒店能获得预定的毛利率和正常盈利。

4．出品要素

（1）菜点酒水。这是宴会设计的重点。根据客人需求与价格，设计出品构成，明确菜点道数，设计菜肴的营养、味型、色泽、质地和厨房的原料、烹调方法、装盆艺术等内容。

（2）操作流程。① 宴会程序，包括宴会接待程序，宴会进行程序，宴会内容程序，如席间娱乐安排，宴会安全的预警机制（大型宴会这一点尤其重要）。② 服务流程。根据宴会档次、服务方式、服务技能、上菜顺序等要素设计服务流程与服务方式。

5．条件要素（限制性因素）

（1）生产条件。宴会设计的硬件因素，是宴会设计的前提与基础。五类条件：场地类、家具类、餐具类、设施类（如各种不同功能的厨房炊具）与原料类（食材、调料须考虑时令季节与产地及酒店的库存的有无与多少），可根据酒店已有条件或创造条件进行设计。

（2）人力资源。宴会设计的软件因素。宴会设计者与宴会管理者的学识水平、工作经验、专业技能是宴会设计与管理成功与否的关键；厨师是宴会菜品的生产者，是出产高

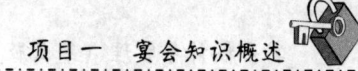

质量菜点的关键；服务员是在一线为客服务的实施者，构成了宴会的人文环境，包括员工强烈的服务意识、积极的职业心态、良好的职业习惯、娴熟的职业技能和愉悦的职业形象。

（三）宴会设计程序（见表1-3）

表1-3　宴会设计程序

程　序		要　求
获取信息	信息内容	准确、详细地收集办宴主题、时间、价格、对象、出品、条件、特殊要求等方面的信息
	获取途径	一由顾客提供，二靠酒店主动收集
分析研究	认真分析	选用富有经验的宴会设计人员全面、认真分析研究信息资料，了解其需求、特点和作用
	精心构思	突出宴会主题，满足顾客要求，具有独特个性，富有创新精神
起草方案	专人起草	综合多方面的意见和建议，由专人负责起草设计草案。可制定出2～3套可行性方案供选择讨论。设计方案既要切合实际，又要富有创意
	初步审定	由相关领导初步审定草案
修改定稿	倾听意见	倾听酒店相关部门与办宴单位的意见与建议，对草案进行反复修改，尽量满足其合理要求
	审批定稿	由酒店主管领导或宴会举办单位负责人最后定稿
贯彻执行	下达方案	召集各部门负责人开会，以书面形式向有关部门和个人下发设计方案，交代任务，明确职责，分工负责
	坚决执行	根据设计方案，敦促落实执行
	及时调整	执行中如果情况发生变化，及时予以调整
总结提高	总结经验	宴会结束后，诚实地总结工作经验与教训，以利再战
	立卷归档	把宴会设计方案、总结材料等文件立卷归档

模块二　中国名宴简介

任务一　中国历代名宴简介

（一）中国古代名宴简介

【案例1-4】周代八珍宴

记载于《周礼·天官》的周代八珍宴是我国现存最早的一张完整宴会菜单。周天子在进餐时"食用六谷，膳用六牲，饮用六清，馐用百有二十品，珍用八物，酱用百有二十瓮"。"珍用八物"是 8 种当时称得上珍贵食品与高超的烹饪方法。此菜单由 6 菜 2 饭组成，是为周朝皇帝食用而烹制的。

（1）淳熬：肉酱盖浇饭。将煎好的肉酱放在旱稻做出的饭上，然后再浇水油脂。

（2）淳母：肉酱黄小米盖浇饭。将煎好的肉酱放在黄米做的饭上，然后再浇水油脂。

（3）炮豚：煨烤炸炖乳猪。

（4）炮牂：煨烤炸炖羊羔。

此为两个菜，方法相同，原料不同，一为乳猪、一为羊羔。做法是：取乳猪、母羊羔，宰杀后剖开腹部，去掉内脏后塞满枣，用芦苇裹起来，外涂黏泥，放在火上烧烤。等泥烤干，剥下，去掉皮上灰膜，再抹上调好的米粉糊，放在油锅里炸。炸好后切成片状，配好香料，放于鼎内。再把小鼎放在大汤锅里，用慢火连续炖 3 天 3 夜，然后用酱醋调味食用。

（5）捣珍：烧牛、羊、鹿里脊。取牛或羊、鹿、麋、獐的里脊肉，先反复捶打，再去掉筋膜；烹熟，刮去外膜，使肉柔软；再用酱醋等调味食用。

（6）渍：酒糟牛羊肉。取用刚宰杀好的新鲜牛羊肉，逆着肉的纹路横向切成薄片，放在好酒中浸渍一天，加酱、醋、梅酱等调料食用。

（7）熬：五香牛肉干。将肉捶松，除去筋膜，铺在芦帘上，撒上剁碎的桂皮和生姜细末，再用盐腌制，晒干后可食用。

（8）肝膋：网油包烤狗肝。取狗肝一副，用狗的网油把狗肝包起来，然后沾湿放在火上烤，待外表全部烤成焦黄色，不必加香料即可食用。

此份菜单深刻地影响了后世宴会的命名方法，八珍成为珍贵食品的代名词。根据地区和物产的不同，陆续出现了名目繁多的八珍宴、八珍席等筵席；很多筵席以八道菜肴为组合数量，如八热炒、八冷菜、八大菜；以八珍命名的八珍菜肴，如八珍鱼翅、八宝辣酱等。历史上，具有特色的八珍宴有以下几种。

（1）龙凤八珍席（又名天厨八珍）：龙肝（多用白马、鳝鱼、娃娃鱼或穿山甲替代）、凤髓（多用锦鸡、乌鸡、孔雀或飞龙替代）、豹胎（亦用兔胎替代）、鲤尾、鸮炙（烤猫头鹰）、猩唇、熊掌、酥酪蝉（羊脂酥油点）。

（2）参翅八珍席（亦称水陆八珍、海陆八珍）：参（海参）、翅（鱼翅）、骨（鲨鱼或鲟鱼头部软骨）、肚（黄鱼或鲴鱼的膘）、窝（燕窝）、掌（熊掌）、蟆（蛤士蟆）、筋（鹿蹄筋）。

（3）山八珍席：熊掌、鹿茸、象拔（即象鼻子，亦可用犀牛鼻、犴鼻替代）、驼峰、果子狸、豹胎、狮乳（雌狮子的乳房）、猴脑（猴子的脑髓）。

（4）水八珍席：鱼翅、鲍鱼、鱼唇、海参、鳖裙边、江瑶柱（干贝）、鱼脆（又称明骨，即鲟鳇鱼鼻骨）、蛤士蟆。

（5）禽八珍席：红燕、飞龙（东北特产的榛鸡）、鹌鹑、天鹅、乳鸽、鹧鸪、野鸭、仙鹤。

（6）草八珍席：猴头（猴头菌）、银耳、竹笙、驴窝菌（一种菌类）、羊肚菌（一种菌类）、香菇、口蘑、鸡枞（云南特产的鲜菇）。

（7）正式八珍席：豹胎、龙肝、凤髓、松江鲈、猴子脑、猩猩唇、熊人掌、孔雀舌。

（8）普通八珍席：冬菇、鱼唇、鳖肚、植物一种、鸭肾、虾球、鲍鱼、鸡球。

（9）海味八珍席：鱼翅、海参、鱼肚、海菜、干贝、鱼唇、鲍鱼、鱿鱼。

（10）禽兽八珍席：象鼻、猩唇、熊掌、驼峰、猴脑、鹿尾、豹胎、燕窝。

（11）水乡八珍席：菱、藕、芋、柿、虾、蟹、蝉熬、萝卜。

【案例1-5】战国楚宫宴

屈原《楚辞·招魂》和《大招》详细记载反映荆楚宫廷饮食习俗风貌的宴会。"室家遂宗，食多方些。稻粢穱麦，挐黄粱些。大苦咸酸，辛甘行些。肥牛之腱，臑若芳些。和酸若苦，陈吴羹些。胹鳖炮羔，有柘浆些。鹄酸臇凫，煎鸿鸧些。露鸡臛蠵，厉而不爽些。粔籹蜜饵，有餦餭些。瑶浆蜜勺，实羽觞些。挫糟冻饮，酎清凉些。华酌既陈，有琼浆些。归来反故室，敬而无妨些。"从屈原记述的战国楚宫宴的情景中可以看到为外出归家的亲人设宴的盛况，全家欢聚在故乡，品尝着精美的食物。主食有大米、小米、新麦和高粱。菜品有煨得又烂又香的肥牛腱子肉。切好的菜和肉所做成吴国式的汤羹。炖鳖裙、烤羔羊，调味用新榨的甘蔗浆。酸味熬大雁，清炖野鸭是盛在缸里。油煎天鹅肉，煎得又酥又黄。卤鸡用火烤，还上一道龟羊汤。做菜五味并用，甜酸咸甘辣，口味多样。点心用米面煎成饼，糯米和白面扭成环，然后浇上蜂蜜。酒在筵席进行中穿插着上案，有冰酒、吴国酒酿、馨香的白曲酒。献酒的酒具名为羽觞，精雕细漆。这份菜单表明，荆楚烹饪技术之精湛已达到相当高的水平。后世酒宴中的荤素搭配、菜点搭配、菜酒搭配与此一脉相承，沿用至今。

【案例1-6】先秦酬酢宴

先秦酬酢宴是我国有文字记述的最早强调饮食礼仪的一种宴会。该宴会有献宾之礼。燕礼开始，主人辞谢下堂，宾随主下。主人在斟酒之前，先下堂洗手、洗酒具，以示尊重和洁净。主客双方洗毕，一起上堂。先由主人取酒爵到宾客席前请敬，称为"献"；宾拜谢过后接过爵入席坐下作食前祭祀，意在纪念先世创造这些食物之人。宾祭毕，将爵中之酒饮尽，称赞酒的甘美，拜谢主人，主人答拜。次由宾还敬，称为"酢"。再由主人把酒注入觯或爵后，先自饮而后劝宾客随着饮，称"酬"。合起来称为"一献之礼"，又称"三爵之礼"。如今宴请也有叫酬酢的。主宾的献酬礼完成后，是国君自上而下地为臣下进酒劝饮，即所谓"四举旅酬"。整个过程如同接力赛，一环扣一环，紧凑而热烈，程序漫长而繁复。在《礼记》中有着宴会程序的记载，首先饮酒，然后上肉菜，最后吃饭，与现在的程序大致一样。书中对菜点摆放的顺序与位置也做了详细的记载。如在有 16 种菜肴的宴会上，菜肴被分别排成 4 行，每行 4 个；带骨的菜肴放在座位的左边，切的纯肉放在右边；饭食靠在食者左方，羹汤则放在右方；切细的和烧烤的肉类放远些，醋和酱类放近些，葱姜等佐料放在旁边；酒与饮料和羹汤放在同一方向。如果陈设干牛肉脯等，那就弯曲的在左，挺直的在右。

【案例1-7】文会宴

文会宴又称文酒会、文字饮，是中国古代文人借饮酒吟诗、作文、会友、进行文学创作和相互交流的一种方式。形式自由活泼，内容丰富多彩，追求环境雅致和文学情趣。文会一词最早出现在《论语·颜渊》"君子以文会友"，历史上许多著名的文学和艺术作品都是在文会宴上创作出来的。如曹操、曹丕、曹植父子就常和文人聚宴，曹植曾写过《箜篌引》，著名的《兰亭集序》就是晋朝的王羲之在兰亭一次名为"袚禊"的大规模文人集会写下的，与会者曲水流觞、临流赋诗、各抒怀抱。唐代李白、杜甫、白居易等诗人常和文友聚宴，留下许多佳作。文会之风直到清代还在盛行。文会宴有以下特点：一是追求雅致的环境和情趣。如王羲之等人的兰亭集会就是在"崇山峻岭、茂林修竹、清流激湍"的环境中举行的。据《开元天宝遗事》记载，唐玄宗时的文臣苏颋与李义有一次在八月十五日晚于宫中值宿，"诸学士玩月，备文酒之宴"。当时"长天无云，月色如昼"，苏颋便建议撤去灯烛，在月光下欢宴。二是把饮宴与交流诗文结合起来。文会的主旨是以文会友，饮宴只是手段，起调节气氛的作用。据《扬州画舫录》记载，清朝扬州的诗文之会常在小玲珑山馆、休园中举行，"至会期，于园中各设一案，上置笔二，墨一，端砚一，水注一，笺纸四，诗韵一，茶壶一，碗一，果盒茶食盒各一。"另外有珍美酒肴供应。与会者诗写成后，可刻印出交流，还可听曲娱乐，气氛活跃。

【案例1-8】唐代烧尾宴

唐朝初期社会安定，经济发展，四邻友好，举国上下一派歌舞升平的繁荣景象。有"冠盖满京华"之称的国都长安，更是财富集中，人才荟萃，成为中西方文化交流的中心。"烧尾宴"就是这个时期丰富的饮食资源和高超的烹调技术的集中表现。烧尾宴是唐朝士子们初登荣进或官位升迁而举行的宴会，是我国庆贺宴的代表。何谓烧尾？一说：当时流行"鱼跳过龙门后，天上会有火焰将其尾巴烧掉，使之改换新颜成真龙。"二说：士人升迁，地位变化，但劣根犹存，尾巴仍在，所以要把它烧掉。及第或晋升立竿见影就能改变命运，相当于鲤鱼跳龙门，于是唐朝流行烧尾宴。据《封氏闻见录》记载，唐代凡书生首次做官，或做官得到升迁，亲友部属前往祝贺，主人必须设盛宴招待客人，同庆同贺，谓之"烧尾"。另据《辨物小志》说，有朝廷大臣被提拔升官或封侯加爵，要"献食于天子"，也称"烧尾"。

最著名的烧尾宴是唐中宗景龙三年，即公元709年，长安杜陵人韦巨源被任命为尚书左仆射，而恰好又遇上了过年的当口，于是这位与皇上媳妇同姓而又善于拍马的当朝权贵，在除夕当天大排数百道菜肴的烧尾宴宴请唐中宗大快朵颐。《清异录》"韦巨源食谱"中记载了一份不完全的宴请皇帝的烧尾宴食单，美味陈列，佳肴重叠，其中奇异菜点58种，所列食品名目繁多，水陆杂陈。品种有饭、粥、点心、脯、鲊、酱、菜肴、羹汤等。菜单取名华丽，制法不同，风味多样。饭食、面点达二十多种，有单笼金乳丝（笼制酥点）、曼陀样夹饼（烤炉饼）、御黄王母饭（多味盖浇饭）、婆罗门轻高面（由西域传入的笼蒸面）、火焰盏口（花色点心）、唐安（斗花膏饼）、汉宫棋（煮印花圆面片）、巨胜奴（酥蜜寒具）、贵妃红（加味红酥）、生进二十四气馄饨（花形、馅料各异）、见风消（油浴饼）、水晶龙凤糕、天花饆饠、素蒸音声部、生进鸭花汤饼等。菜肴有白龙臛（治鳢肉）、乳酿鱼、葱醋鸡（入笼）、吴兴连带鲊、八仙盘（剔鹅作八副）、仙人脔（乳沦鸡）、箸头春（炙活鹌子）、五牲盘、遍地锦装鳖（羊脂、鸭卵脂副）、汤浴绣丸（肉糜治，隐卵花）等。菜品取材有山珍海味、家畜飞禽，如北方的熊、鹿、驴，南方的狸、虾、蟹、蛙、鳖。具体菜品有用活虾炙煎的"光明虾炙"，用羊、鹿舌合拌的"升平炙"，用活鹌鹑炙成的"箸头春"，鱼白烹制的"凤凰胎"，鱼子制成的"金粟平"，鳖配上羊油、鸭蛋制成"遍地锦装鳖"，以及"蒸腌熊掌""暖寒花酿驴""冷蟾儿羹"等。最霸道的菜只能看不能吃，这种工艺菜被称为"看菜"。"素蒸音声部"用素菜和蒸面做成了一群蓬莱仙子般的歌女舞女，共有70件，是何等的华丽壮观。"同心生结脯"是韦仆射亲自督阵设计出来的溜须拍马菜，将生牛肉切成薄片，打一个同心结，风干后成为肉脯，意指将自己和皇帝的心暧昧地连接起来，用这种方式献媚也是空前绝后了。一道"水炼犊"更是让唐中宗李显赞不绝口。这道菜用整只小牛清炖，要求"炙尽火力"，把肉炖烂。这道菜先不说要用多大的锅盛装小牛，光是将整只小牛炖烂所需的柴火就不知要多少。这顿除夕豪门盛宴让中宗皇帝回宫后两天没吃饭，对韦家的烧尾宴菜肴念念不忘。不过第二年的六月，这位皇帝就被自己的媳妇韦皇后和女儿安乐公主毒死在皇宫之中，这顿烧尾宴算得上是早到几个月的"断头饭"了。

【案例1-9】升学宴

（1）鹿鸣宴。升学宴在古代已盛行，还有"文科"与"武科"之分。文科中榜后，要举行鹿鸣宴专场宴会。《鹿鸣》本是描写周天子宴请群臣的场景，后被引申为贵族宴会宾客。据《新唐书·选举志》记载，鹿鸣宴是唐代地方官员为本地新科举人举办的一种宴席，时间一般安排在发榜次日。因宴会上要先演奏《诗经》中的《鹿鸣》之曲，随后朗读《鹿鸣》之歌，显示某公才华横溢而得名。这种以鹿为喻，展示君子旷达之风的胸怀，是要中榜的寒窗学子心怀感恩。明清时，每逢乡试发榜第二天，各省巡抚主持鹿鸣宴，宴请考官和新科举人，席间唱《鹿鸣诗》，跳魁星舞，以示庆贺。明万历年间，有个叫徐显卿的官员请画师画了一套 26 册页的画，记录下人生中 26 个重要时刻，其中就有一幅《鹿鸣彻歌》图。

（2）琼林宴。琼林宴起源于宋代，是皇帝宴请新科进士的宴会，因最初在琼林苑举办而得名。琼林原为宋代名苑，在汴京（今开封）城西，宋徽宗政和二年以前，在琼林苑宴请新及第的进士，相沿统称为琼林宴。后一度改为闻喜宴，元明清称"恩荣宴"。

（3）曲江宴。农历三月初三是上巳节，传统中这一天人们要在水边"休禊"——洗涤污垢，祭祀祖先。上巳节是唐代三大节日之一，而唐新科进士正式放榜之日恰好就在上巳之前，因此会举办大型游宴，且因为皇帝亲自参加而显得格外隆重。筵席设在长安东南角的曲江，大家一边观赏曲江边的春色，一边饮酒作诗。"轩车双阙下，宴会曲江滨。金石何铿锵，簪缨亦纷纶。"（唐代李泌诗）由于新科进士也会赴宴，因此也称为"探花宴"。为了讨个好彩头，樱桃是宴会中不可缺少的，此时又正值樱桃成熟的季节，历史上把这宴会又称为"樱桃宴"。

（4）鹰扬宴。鹰扬宴是武科考乡试发榜后而设的宴会。鹰扬取自《诗经》，乃是威武如鹰飞扬之意，既是对新科武举人的勉励，又是考官们的自诩。清制，武乡试发榜后，考官和考中武举者要共同赴宴庆贺，其宴就称为鹰扬宴。

（5）会武宴。会武宴是武殿试传胪后宴请进士与兵部。殿试不同于乡试，故会武宴的规模比鹰扬宴要气派得多，排场浩大。今天的谢师宴、升迁宴等多带有它的遗风，但是却赋予了它新的含意，带有祝贺、期望、重温教诲的内涵。

（资料来源：李小米《燕赵晚报》2016 年 5 月 19 日；胡盈《文汇报》2017 年 3 月 24 日）

【案例 1-10】宋代皇寿宴

皇寿宴兴于唐、盛于宋，是为皇帝庆贺生辰的宴会。宴会程序：开宴时钟鼓齐鸣，乐曲高奏，以示开始，然后以饮 9 杯寿酒为序，将祝寿礼仪、菜肴美点和文娱节目有机穿插起来。第 1 杯寿酒：唱"中腔"，跳"雷心庆"舞，在笙管笛箫的伴奏下百官献寿。第 2 杯寿酒：同上，节奏渐慢。第 3 杯寿酒：杂技表演，同时奉上 4 道菜。第 4 杯寿酒：杂剧、小品表演，上炙子骨头、索粉、胡饼佐饮。第 5 杯寿酒：琵琶独奏与舞蹈表演，上群仙炙、天花饼、莲花肉饼等菜点，筵会再掀高潮。第 6 杯寿酒：蹴鞠比赛，上假鼋鱼和蜜浮酥捺花。第 7 杯寿酒：歌舞杂剧表演，再上炊羊胡饼与炙金肠。第 8 杯寿酒：唱"踏歌"（中国踢踏舞），跳舞，再奉假沙鱼，独下馒头、肚儿羹。第 9 杯寿酒：相扑表演，上水饺和簇竹下饭，乐起，叩谢圣恩。宴会气氛热烈隆重，音乐、舞蹈、体育竞技交映生辉，宴饮、娱乐互相穿插，结合完美。该宴会规模宏大，参加者多在万人以上，以彰显与民同乐之意。

【案例1-11】中国史上有菜单可查的最丰盛的筵席

绍兴二十一年（公元1115年）十月，宋高宗皇帝赵构临幸清河郡王张俊府第，张俊大摆筵席，侍奉高宗，成为中国历史上有菜单可查的最丰盛的一桌筵席。南宋人周密在《武林旧事》中不仅列举了席间的两百多道菜，连上菜的顺序也记录下来，其中41道菜使用鱼、虾、蜗牛、鹅、猪肉、羊肉、鸽肉做成，使用煎、烤、炸、煮等方法；另有42道菜为水果和蜜饯，9道菜为各种材料熬制成的粥品，29道菜为干鱼，还有15种饮料，19种糕饼，59种点心。不过奇怪的是这份食单没有提到茶，因为茶在唐朝是稀罕的奢侈品，甚至在北宋也不常见。

【案例1-12】元代诈马宴

诈马宴是元代宫廷或亲王在行使重大政事活动、盛大节庆时所举行的宴会，又名质孙宴或着衣宴。"诈马"是波斯语外衣的直译，"质孙"是蒙古语颜色的直译。诈马宴摆全羊大菜，用象舞助兴，欢宴3日，不醉不休。参宴者必须穿皇帝赏赐、由穆斯林工匠织造的织金锦缎缝制的"质孙服"，一日一换，颜色一致。大宴上，皇帝还常给大臣赏赐，有时也商议军国大事。诈马宴的问世，有着复杂的经济、政治、文化、军事、民族、风俗背景。其一，元朝统治者崇尚武功，喜爱狩猎，重视宴乐。举凡新皇即位、群臣奉尊号、帝王寿诞、册立皇后和太子、诸王朝会，或元旦、祭祀、春搜秋弥等重大活动，均要举行诈马大宴庆贺，每年约计十余次，每次一般是3天。其二，质孙服是分等级的，按权位和功劳由皇帝赏赐，这是一种政治殊荣，没有质孙服就不能参加诈马宴。天子质孙服，冬10等、夏15等；百官质孙服，冬9等、夏14等。其三，质孙服的色彩崇拜反映了蒙古王公的治国方针。蒙古族的传统宗教——萨满教认为白色有善的寓意，故元代以白为吉色，质孙服也以白为贵。红色是当时的国教——喇嘛教的颜色标志，黄色象征着生养万物的土地，蓝色代表青天和神明，青色则与蒙古族的图腾——苍狼有关，绿色在伊斯兰教中象征着和平。因此质孙服有红、黄、蓝、青、绿诸色，在不同场合分别使用，说明元朝对各种宗教实行的是宽容、利用政策。其四，制作质孙服的衣料织金锦缎是中亚、波斯著名的纺织品，镶嵌着玉石、珠宝，多由回族商人从西域等地贩来。这说明元朝重视回民，当时丝绸之路依然畅通，中国与波斯、中亚之间有着密切的科学文化技术交流。这种大宴展现蒙古王公重武备、重衣饰、重缮宴的习俗，较之宋皇寿筵气派更大。一种宴席同时用波斯语、阿拉伯语、蒙古语、汉语命名，并流传下来，这在中国筵宴史上是绝无仅有的，因此很有研究价值。

【案例1-13】清代千叟宴

千叟宴是我国清代朝廷为在全国弘扬敬老之风，为年老的重臣和社会贤达人士举办的一种尊老宴会。参加宴会的都是60岁以上的朝廷重臣和社会贤达人士，宴会规模超过千人。据文献记载，清代共举办过4次千叟宴：第一次在康熙五十二年（1713年）康熙皇帝花甲大庆时举行，赴宴者4 240人，意在"享祚绵长，与民同乐"。第二次在清康熙六十一年（1722年）康熙皇帝亲政60年时举办，赴宴者1 000余人，席上康熙作《千叟宴诗》，群臣奉和。第三次在乾隆五十年（1785年），《四库全书》编成，年过七旬的乾隆喜得五世元孙时举办，赴宴者3 900余人，还有少数民族和属国使节中的老者参加，均得乾隆的赏赐。第四次在乾隆六十年，即嘉庆元年（1796年），年逾八旬的乾隆举行"归政大典"前夕举办，赴宴者5 900余人，106岁的熊国沛和100岁的邱成龙被赏六品顶戴，8名90岁以上的乡民被赏七品顶戴。4次"千叟宴"均由礼部主持，光禄寺供置，精膳司部署，准备工作冗繁。首先，各地申报参加宴会的人员要列出履历与功绩，逐层审批后由皇帝钦定。再行文知会，限令宴会半月前进京，操练进宫、面圣的礼仪，宴会结束后再由专人护送回籍。仅此一项，前后便须忙碌年余。其次，需要准备大量服装、食品及宴会器具礼品之类，其中仅赏赐的物品就有恩赉、诗刻、如意、寿杖、朝珠、缯绮、貂皮、文玩、银牌等数十种，多达万余件。再次，台面布置、菜点制作、礼仪训练、安全保卫、接待服务、人役调配，动用的军民达数万之众。刘桂林《清代宫廷大宴·千叟宴》记录的菜单：一等席面：火锅2个（银锡各一）、猪肉片1个、羊肉片1个、鹿尾烧鹿肉1盘、羊肉1盘、荤菜4碗、蒸食寿意1盘、炉食寿意1盘、螺丝盒小菜2个、乌木筋1只，另备肉丝烫饭。二等席面：火锅2个（俱为铜制）、猪肉片1个、羊肉片1个、羊肉1盘、烧肉1盘、蒸食寿意1盘、炉食寿意1盘、螺丝盒小菜2个、乌木筋2只，另备肉丝烫饭。宴会其礼之盛，可谓空前绝后。宴会分成二等，分别接待王公贵族、一二品大臣、高寿老人、外国使节与三至九品官员和其他老人。仪程井然，开宴前，全体人员在指定位置肃立静候。然后高奏中和韶乐，皇帝出轿升座。再奏丹陛大乐，众人分班行三跪九叩和一叩之礼，依次入席。接着奏丹陛清乐，"就位进茶"，每人饮毕留下玉杯，叩头谢恩。再下面是"展揭宴幕"，即给皇帝献上菜点、果奶15品后，再揭开800余桌的席布。以后又经过更为琐细的"奉觞上寿"，才能正式开席。紧跟其后的是一品大员和90岁以上的老人在御座前下跪，接受皇帝亲赐的卮酒；其他王公大臣接受皇子、皇孙、皇曾孙的敬酒和献食，一般官员和老人接受侍卫的敬酒。饮毕酒杯也归各人所得，又要叩头谢恩。然后执盒上膳，开始吃饭，期间笙歌不停。宴毕再行一跪三叩礼，皇帝在中和韶乐声中回宫，众人垂首恭送，再去领赏。赏赐亦分等级，同样多次叩头谢恩。老人们离京时也是如此，走一路叩一路，直到家门。

【案例1-14】清代满汉全席

满汉全席出现于清代康熙、乾隆年间。康熙大帝南巡，驻扎扬州，始设满汉全席；乾隆皇帝六次南巡，扬州官绅接驾依然用满汉全席。从此满汉全席声名远扬，各地竞相仿制，列为接待京城钦差、百官的必备宴会。扬州满汉全席堪称中华第一满汉全席，在原料选择、烹调方法、工艺技法、菜式设计、器皿选用、进餐程式等方面，上承八珍、下启名宴，集烹饪之大成，《扬州画舫录》《调鼎集》《随园食单》《扬州竹枝词》等书多有记载。满汉全席是我国筵宴发展史上的一个高峰，以菜点精美、礼仪讲究、场面豪华在国内外享有盛名。

（1）选料广，工艺精。用料档次高、广而博，以燕窝、鱼翅、烧猪、烤鸭四大名菜领衔，汇集了四方异馔和各族珍味，从山珍海味、奇禽异兽到名贵菌草、上品蔬果，如鲍鱼、熊掌、飞龙、驼峰、麋鹿、猴头菇、人参、发菜、竹荪菌等无所不包，应有尽有。菜品被称为"无上品"。

（2）风味兼，满汉集。菜点集满汉两族之精华于一席，兼容南北饮食文化底蕴。满席具有北方游牧民族特色，以牛羊肉为主，兼收山珍野味，风格质朴，因技法偏重于烧烤，因而又名"大烧烤席"；汉席以淮扬风味为主，荟萃江南风味精华，以江鲜、河鲜、海鲜为主，技法多样，风格雅丽，清新多姿。

（3）规格高，菜品多。菜品丰富多彩，冷荤、热炒、大菜、羹汤、茶酒、饭点、果品、蜜饯成龙配套，多而不杂，丰而不俗。大小菜有多达108种，其中南、北菜各54种，面点大小花色品种44道。各种佳肴美点加在一起，多的有182种，少的也有64种。一餐不能尽食，要分多次进餐，有分午、晚、夜3餐吃，有分2个晚上吃，还有分3天3次吃完的。

（4）菜带菜，席套席。全部菜品以几道主菜为轴心，分门别类组成若干小、精、全的席面，有节奏地依次推进，如同百鸟朝凤、众星捧月。后来人们把其中某些小席抽出略加调整、充实就变成燕菜席、鱼翅席、烤鸭席、乳猪席。

（5）程式繁，礼仪重。有着严谨的礼仪、程序和格局。官府中举办满汉全席时，首先要奏乐、鸣炮、行礼，然后服务人员要按"亮、安、定、收"四大程序进行工作。

（6）"出身好"，来头大。满汉全席是美味佳肴、山珍海味的代名词，虽说皇家宴请没有鲍参翅肚，不过是清末流行于宫外的各种版本（如扬州式、京式、粤式、川版、晋式、鄂式、豫式、港澳式等）的满汉菜肴而已，但毕竟荟萃了各地的饮食精华。满汉全席一直被餐饮界推崇为中国筵席的经典之作，名师们以能够有机会亲自参与制作此宴为荣。

北京仿膳饭庄制作的满汉全席是1978年仿膳饭庄应日本富士贸易株式会社的请求，由清宫"抓炒王"的高足王景春制作，菜品有一百多种。王师傅身怀绝技，曾举办满汉全席多次，蜚声食坛。随着时代的发展，满汉全席已由繁变简，摈除了不必要的排场，简化了接待礼仪。如现在北京"仿膳饭庄"承办的满汉全席已改进为每天 2 次进食，每次 6 道大菜（取意"六六大顺"），每道大菜随配 2~4 道副菜（意为"带子上朝"），既满足了餐饮市场的需要，也使满汉全席走向民间、走向大众。

（资料来源：汪朗．满汉全席并非宫廷大宴[N]．解放日报，2013-10-04．）

【案例1-15】慈禧60大寿万寿宴

万寿宴是清朝帝王的寿诞宴，是内廷大宴之一，后妃王公，文武百官，无不以进寿献寿礼为荣，其间名食美馔不可胜数。如遇大寿，则庆典更为隆重盛大，系派专人专司，衣物首饰、装潢陈设、乐舞宴饮一应俱全。光绪二十年十月初十日慈禧60大寿，于光绪十八年就颁布上谕，寿日前月余，筵宴即已开始。仅江西烧造的绘有万寿无疆字样和吉祥喜庆图案的各种釉彩碗、碟、盘等瓷器，就达 29 170 余件。整个庆典耗费白银近 1 000 万两，在中国历史上是空前绝后的。其菜单是：丽人献茗：庐山云雾。乾果 4 品：奶白枣宝、双色软糖、糖炒大扁、可可桃仁。蜜饯 4 品：菠萝、红果、葡萄、马蹄。饽饽 4 品：金糕卷、小豆糕、莲子糕、豌豆黄。酱菜 4 品：桂花辣酱芥、紫香乾、什香菜、暇油黄瓜。攒盒 1 品：龙凤描金攒盒龙盘柱。随上：五香酱鸡、盐水里脊、红油鸭子、麻辣口条、桂花酱鸡、番茄马蹄、油焖草菇、椒油银耳。前菜 4 品：万字珊瑚白菜、寿字五香大虾、无字盐水牛肉、疆字红油百叶。膳汤 1 品：长春鹿鞭汤。御菜 4 品：玉掌献寿、明珠豆腐、首乌鸡丁、百花鸭舌。饽饽 2 品：长寿龙须面、百寿桃。御菜 4 品：参芪炖白凤、龙抱凤蛋、父子同欢、山珍大叶芹。饽饽 2 品：长春卷、菊花佛手酥。御菜 4 品、金腿烧圆鱼、巧手烧雁鸢、桃仁山鸡丁、蟹肉双笋丝。饽饽 2 品：人参果、核桃酪。御菜 4 品：松树猴头蘑、墨鱼羹、荷叶鸡、牛柳炒白蘑。烧烤 2 品：挂炉沙板鸡、麻仁鹿肉串。膳粥 1 品：稀珍黑米粥。水果 1 品：应时水果拼盘一品。告别香茗：茉莉雀舌毫。

（二）中国文化名宴简介

【实例1-16】先秦全牛宴

公元前 627 年某天，郑国商人弦高赶着牛到洛邑去卖，偏巧遇到了前来灭掉郑国的秦国大军。有着很高敏感性的弦高当即决定冒充使者，行缓兵之计。于是他以国家外交官身份奉上牛皮 4 张、猛牛 12 头以犒劳秦军。对该军指挥官孟明视说：我们大王听说贵军过来非常高兴，派我先带些薄礼打打牙祭。另外，我们准备好了宾馆和保卫人员，希望大家玩得开心。同时，私下派人快回郑国汇报，做好防范准备。孟明视吃完全牛宴，发现郑国已有准备，下令撤军，回去的路上顺便把滑国灭了。然而夹在中间的晋国新上任的大王在秦军路过崤山时，将秦军一锅端了。全牛宴成了秦军的断头宴，这就是历史上有名的崤之战。

【案例1-17】楚庄王太平宴

春秋战国时期，"一鸣惊人"的楚庄王在渐台大宴群臣，将宴会命为太平宴，直到太阳落山还未结束。庄王见群臣意犹未尽，命人点上蜡烛，继续上菜，意欲欢度今宵，还叫来许姬和姜氏为大家轮流敬酒。群臣受宠若惊，起身拜谢。不料一阵怪风吹灭所有蜡烛，有一位臣下乘黑欲非礼许姬，许姬情急之下将此人帽缨揽在手中，于是该人"惊惧放手"。许姬回到庄王身边密报此事请求核对帽缨查人。庄王听罢大声命令："且慢掌灯，酒喝到这份上，咱们也别管什么君臣礼仪了。来！大家尽情畅饮，顺便把那讨厌的帽缨摘了吧。"待百官摘去帽缨，蜡烛才点燃照亮宴会，大家都在猜测庄王用意何在。太平宴散会之后许姬微词庄王，庄王答曰：我把大家叫来喝酒，是想沟通感情。酒后失态谁都会发生，查办那人也易如反掌。那样走个形式，保全了你的名节，却伤了大家的心，花这么多钱的宴会白张罗了。我们这么恩爱，用得着计较那些吗？许姬也是深明事理，听罢不禁叹服。数年后晋楚争霸，在一场关键时刻的战斗中，庄王看到一士冲杀敌阵，忘死作战。阵前问他：我并没有厚待你，为什么甘心为我送死？那人道出真相：大王，我就是几年前在太平宴上非礼你老婆的混蛋，您得到证据却故意没有治我的罪。我当万死以报主恩。说罢又冲入阵地，帮助楚国扭转了战局。后代文人心生感慨，把太平宴改为"绝缨宴"，赋诗一首："暗中牵袂醉中情，玉手如风已绝缨。尽说君王江海量，蓄鱼水忌十分清。"

【案例1-18】秦末鸿门宴

《史记·项羽本纪》记载，公元前206年秦末群雄并起，刘邦率军10万进咸阳自立为王，并封关拒绝其他义军入内，激怒了迟到一步的西楚霸王项羽，他随即率军40万进驻鸿门（今陕西临潼）以示威胁。由于兵力对比悬殊，刘邦只好前往鸿门谢罪。项羽见其卑躬屈节，消气后设宴相待。宴会上，范增不愿放虎归山，遂命项庄舞剑，伺机刺杀刘邦。情急之中刘邦的妹夫樊哙带剑执盾闯宴，以大嚼生猪肉、大饮烈性酒的气势震慑项营将士，刘邦以上厕所为由趁机骑着快马逃脱。此后，"鸿门宴"就被视作杀机四伏的谈判宴，变成"宴无好宴，会无好会"的代称。司马迁是从政治斗争的角度来描述此宴的，因而对宴会的陈设、肴馔及礼仪几乎未作什么介绍，所以鸿门宴的菜单和程序至今仍是一个难解之谜。

【案例1-19】南唐《韩熙载夜宴图》

南唐李煜即位后，鸩杀了一些北方来的大臣，猜忌心同样也落在了韩熙载身上。韩熙载是北方人，其父被后唐明宗所杀，遂逃奔南方。李煜即位时，他已经是三朝元老，名望很高。为了考察韩熙载是否忠心，李煜命画家顾闳中潜入韩家了解。不过，在政坛混迹多年的韩熙载已是惊弓之鸟，他预见到南唐将被北方统一，灰心于政事，选择了一贯的花天醉地来表达自己"既不会出仕，也不会出事"的心迹。顾闳中不愧是名家，将韩熙载的夜宴场景尽揽在心，《韩熙载夜宴图》问世了，后来名列十大传世名画之一。比起历来的大宴宾客，韩家夜宴算不上突出，有美食美女、有文人政客、有歌舞管弦。听弦、赏舞、小憩、清吹、别离，人们的快然自足，侍婢的殷勤为乐，门客们与妻妾打成一片，唯独主人公愁眉紧锁、面有难色。然而就是这样一次平凡之宴，埋藏着主人公复杂的心情。这是一场回天无力的夜宴，韩熙载是在夜夜笙歌的风流场里等待亡国的丧钟。

【案例1-20】宋太祖杯酒释兵权

宋太祖赵匡胤建立宋朝后，于公元961年的一天在宫中宴请宿将石守信、王审琦等人喝酒叙旧。酒至半酣，他突然令一旁伺候的太监撤去，语重心长地说了一番话："我老赵有今天全是各位的功劳，现在天下安定，你们又忠心耿耿，我本该在皇帝位置好好干下去，但我也有难处，当年你们把龙袍披在我身上，我才迫不得已冒着骂名当这个皇帝。现在你们有那么多的部下，要是再把龙袍披在你们身上，你们想不干，行吗？"众人听罢顿感大祸临头，一时磕头如捣蒜："我们都是粗人，没考虑到这些。清皇上明示！"说到此，赵匡胤亮出底牌："这样吧，大家劳累一辈子，该享受一下富贵了。你们出权，我出好处，票子、房子、妻子、车子随便你们拿。到地方去做个闲官不是更好？"众人纷纷点赞，回家整理铺盖去了。次日上朝，与宴武将们纷纷递上辞呈，称自己年老多疾，请求返老还乡。赵匡胤见状心花怒放，于是"无奈"予以恩准，收回兵权，大加赏赐。史上把这次未动干戈的权力交接称为"杯酒释兵权"。一场平凡无奇、崇尚简朴的宴会堪称宴会之最高艺术。在一代开国天子的手中，宴会回归了它应有的本色——沟通、交易、双赢。

【案例1-21】孔府家宴

孔子"食不厌精，脍不厌细"的饮食名言代代相传，孔府孔氏子孙在饮食方面较圣人有过之而无不及，因此，经过历代厨役的劳动，创造了独具特色的孔府宴会饮食与日常家餐。清朝乾隆时代，孔府菜成为官府菜。一类是孔府家宴，用于接待贵宾、上任、生辰家日、婚丧喜寿时的特备筵席。遵照君臣父子的等级，筵席有不同的规格。一等家宴是用于接待皇帝和钦差大臣的"满汉全席"，按清代国宴规格设置，使用全套银餐具，上菜196道，全是山珍海味。喜庆寿宴，在筵席上有四个用江米面做成的圆柱体"高摆"，像支粗大的蜡烛，外面用各种干果拼成图案和"寿比南山"字形，每柱一个字摆在银盘上，成为筵席的特殊装饰品，庄重高雅。孔府菜中有不少掌故，"孔府一品锅"是衍圣公为当朝一品官而得名；"带子上朝""怀抱鲤"寓意辈辈为官、代代上朝。"神仙鸭子"是大件菜，为保持原味，将鸭子装进砂锅后，上面糊一张纸、隔水蒸制。为了精确地掌握时间，在蒸制时烧香，共3炷香的时间即成，故名"神仙"。相传这是被逼出来的，衍圣公要求此菜做成立即趁热上桌，不得延误，要熟烂，又要准时，厨师想出点香计时的方法，成为烹饪中的美谈。孔府有一种与火不接触的独特自烤菜，如烤花篮鳜鱼：把炮制干净的鳜鱼调味、造型后，网油，再包面饼，把鱼包封严密，放在铁钩上，下用木炭火两面烤熟，其鲜味不失，色白而嫩。食者知其味，不知其法，曾是孔府秘不外传的名菜制法。烤鸭、烤乳猪在孔府都被列为宴席菜，被称为"红烤菜"，指烤出的菜红润光亮。孔府筵席菜肴丰富多彩，选料广泛，技法全面，餐台布置豪华，至今在孔府还保存有一套清代制作的银质满汉席餐具，计 404 件，可上 196 道菜。孔府筵席风格独特，具有严谨庄重、讲究礼仪的风格。筵席环境是中国传统的庭院建筑，回廊环绕，花木繁茂，幽雅安静，有时筵席是与唱戏同时进行的。孔府的另一类菜肴是"家常菜"，从米粥、煎饼、咸菜、豆腐到豆芽、香椿、鸡蛋、茄子，这些来自民间的常食小吃，经过孔府厨师的精巧制作，成为孔府的独特菜品，其原则是"精菜细作，细菜精炒"。

【案例 1-22】红楼宴

曹雪芹在《红楼梦》里描述了众多丰富多彩的饮食文化活动，为我们描绘了一个完整的红楼宴饮文化体系，如表 1-4 所示。

表 1-4　红楼宴饮文化体系

分　类	具 体 体 现
规模	有小宴、大宴、盛宴
时间	有午宴、晚宴、夜宴
主题	有生日宴、寿宴、增寿宴、省亲宴、接风宴、家宴、合欢宴、诗宴、灯谜宴、梅花宴、海棠宴、螃蟹宴等
季节	有中秋宴、端阳宴、元宵宴等
地点	有劳园宴、太虚幻境宴、大观园宴、大厅宴、小厅宴、怡红院夜宴等
菜品	有几百种描写详尽、色香味俱佳的菜品，吸收融合了满汉文化、南北文化
文化	有各种宴会诗、祝酒词和劝酒令

根据中国古典名著《红楼梦》中对宴会与菜肴的描写而研制的筵席称为红楼宴。坐落于北京中山公园内西侧今雨轩的红楼宴，包括红楼大宴、红楼盛宴、红楼家宴、红楼生日宴、红楼季节宴 5 种。特点是每道菜都有出处，菜的整体风味与淮扬菜接近，兼有北菜风味，清淡爽口，甜而不腻，每道菜都是色香味形俱佳。吃饭前先用铜盆净手，上菜后再聆听服务人员介绍这道菜出自《红楼梦》的哪一回，什么人物吃过。这时顾客品尝的就不仅仅是菜肴了，连带着把红楼文化也温习了一番。最为著名的红楼宴是江苏红楼宴，它是在扬州名厨和红学家及美食家的指导下，以《红楼梦》所描写的菜肴为依据而创造出来的名宴佳肴。它集红楼菜之精华于一席，融观赏、品尝、谈菜为一体，给人以精神上的享受。

【案例1-23】江苏泰州宾馆的"梅兰宴"

京剧艺术大师梅兰芳先生是江苏泰州人，1994年江苏泰州宾馆为了纪念梅先生100周年诞辰，推出了梅兰宴。宴会菜品选取了梅先生日常饮食和1956年春回乡演出时所喜食的部分名菜名点，共有21道菜肴，9道点心、小吃和粥品，根据不同季节，分别选择。此宴的热菜、汤菜、甜菜之名均以梅兰芳先生在各个时期所演出过的18个优秀京剧剧目命名，寓意深刻，品味高雅，从菜单到菜肴、从餐具到氛围都成了文化精品。梅兰宴菜单如下：冷菜：天女散花。主盘为梅兰争妍，外围10只花碟，分别是山花肴蹄、茭白白兰、凤尾月季、紫菜卷花、醋香大丽、鸭脯理菊、心地睡莲、素鸭菊花、牡丹鹅颈、绣球芦笋。热菜：龙凤呈祥、玉堂春色、霸王别姬、贵妃醉酒、双凤还巢、桂英挂帅、锦枫取参、断桥相会、嫦娥奔月。汤菜：游园惊梦。甜菜：碑亭避雨。点心：金玉良缘、清炸玉笋、玉脂长寿。水果：时果拼盆。其他的菜品还有：红玉擂鼓、牛郎织女、黛玉怜花、艳容斥君、太真外传、奇双巧会等菜肴，以及清蒸狮子头、松子酥鸡、八宝刀鱼、鲜肉蟹点、海陵烧饼、四季烧卖、双色麻饼、三鲜煮面、鱼汤刀面、韭黄春卷、五味干丝等以及核桃粥。整个筵席主题分明，独具特色。冷菜围绕"天女散花"主题，用肴肉、茭白等各种菜料组成了10朵艳丽的花卉，一花一菜，一菜一味，恰如其分地表现了天女从空中洒落朵朵鲜花之意境。整席菜点以淮扬风味为主调，发扬了用料考究、制作严谨、刀工精细、注重火候、追求本味、清鲜平和、菜品雅丽、形质兼美等特点。采用多种烹调方法精心制作，有炝、卤、腌、拌、炒、爆、炸、熘、烧、烩、焖、蒸、糟等各种传统工艺，有些菜要运用好几种烹调方法来完成。菜点婀娜多姿的装盘形态，圆润清丽的风味特色，与梅派艺术有异曲同工之妙，含义深蕴，充分体现了梅派艺术的雍容华贵的气派，使食家"看菜名忆戏情，观景象听其声，赏菜型明其意，视色彩闻其香，品其味入其境"，沉浸在浓郁的文化氛围之中。菜点造型新颖独特、生动形象，每道菜造型各异。其特点是采用围、配的技艺，以菜围菜，这种组合装盘的手法，既有宫廷菜的风格，又有传统菜的格式。如"霸王别姬"早已成为一道地方名菜，而在梅兰宴中，其在用料、制作、造型、装盘的工艺方面与之完全不同。其做法是将甲鱼切块，运用泰州传统制法，调入五香味，进行红烧。在甲鱼壳上做出霸王的脸谱，盖在甲鱼肉块上四周围绣球鸡，间隔放上菜心，既反映了人物性格，又突出了虞姬之美。这种独特的装盘艺术，在造型上把菜肴与京剧紧紧连在一起，给人留下深刻的印象。

筵席设在泰州宾馆的梅兰厅，厅内陈设极为考究，环境典雅，情调和谐。两边有大幅梅花、兰花玻璃屏，墙壁上陈挂着梅先生不同时期的生活、戏装照片，摆放镶有"梅"字和梅花图案的椅台。每上一道菜，影像屏上就出现与之相适应的梅先生演出的精彩片段，以及介绍制作该菜的含义和风味特色。身着朵朵梅花旗袍、举止彬彬有礼的服务小姐在席间频频微笑，规范而细微地为客人服务。客人们一边举杯品饮，一般欣赏梅派的高雅艺术，令人心旷神怡、联想翩翩，全部感官沉浸、陶醉在美的艺术享受之中。这种菜戏合一的整体表现形式在中国宴饮文化史上尚属首例，是烹饪百花园中的一朵奇葩。

（资料来源：华国梁，马健鹰. 中国烹饪文化[M]. 长沙：湖南科学技术出版社，2004.）

【案例1-24】素席三大名宴——厦门南普陀素宴

我国传统素席可分为寺院素菜、宫廷素菜与民间素菜三个流派。寺院素菜讲究"全素"，禁用五荤（大蒜、小蒜、葱、韭菜、洋葱）调味，且大多禁用蛋类。供帝王享用的宫廷素席，追求奇珍的用料、考究的烹调技法和美观的外形。民间素席追求用料广泛，美味而经济。全素派与以荤托素派是我国传统素菜发展的两大方向。全素派追求清净用料，绝对排除肉类、蛋类"小五荤"，甚至乳类制品。以荤托素派力求好的味道，用料广泛，可用蛋类。而现代科学的素食以仿真为风格，可谓神形兼备、以假乱真，它的美味堪与荤食大菜相媲美，甚至更胜一筹。福建厦门南普陀寺的素宴，源于供佛素斋。素宴上匠心独具的菜肴遵循佛教饮食传统宗旨，坚持素菜素料，素菜制作，素菜素名；选料严格，选用植物油、面类、豆类、蔬菜、蘑菇、木耳和水果为原料，经过厨师的精工巧制，每道菜都有不同的味道，不同的主题；质地纯美，加工精细，讲究色、香、味、形、神、器，含有丰富的营养成分；菜谱命名雅致，别有情趣，如丝雨菰云、半月沉江、香泥藏珍、罗汉上蔬、南海金莲等。这些独具风味的素菜曾激起许多知名人士的豪情雅兴。文学家、诗人郭沫若畅游南普陀寺品尝素菜时，当即为之题诗吟咏；中国佛教协会前会长赵朴初先生也将他特别赞赏的一道菜肴命名为"丝雨菰云"。

【案例1-25】素席三大名宴——扬州鉴真素宴

鉴真和尚为唐代佛教分律学高僧，住持扬州大明寺讲经传律。应日本僧人荣睿、普照、玄朗邀请，鉴真东渡扶桑弘法，历时10年，6次东渡5次失败，历经波折终成始愿。宋代欧阳修、苏东坡在任扬州太守时，常在大明寺平山堂设诗文酒会。"坐花载月""风流宛在""过江诸山到此堂下，太守之宴与众宾欢"等匾额、楹联集中反映其时盛况。历代文人视平山堂雅集为平生快事，韩琦、梅尧臣、王安石、秦少游、孔尚任、王士祯、朱彝尊、袁枚、曹寅、卢雅雨、郑板桥……都在此风雅吟唱。因此，大明寺的素宴带有宫廷素菜的韵味，现代的鉴真素宴，是淮扬素宴的一个组成部分，特点是素有荤名，素有荤味，素有荤形。鉴真素宴菜单：冷菜：主盘松鹤延年围碟、素鸭脯、素火腿、素肉、炝黄瓜、拌参须、萝卜卷、发菜卷、果味条。热菜：宫灯大玉、炒素鸡丁、三丝卷筒鸡、芝麻果炸、金针鱼翅。大菜：罗汉上素、醋熘鳝丝、三鲜海参、烧素鳝段、蟹粉狮子头、干炸蒲棒、香酥大排、扇面白玉。甜菜：八宝山药。汤菜：清汤鱼圆。点心：人参饼、草帽蒸饺、春蚕吐丝、果汁蹄莲。水果：时果拼盘。

【案例1-26】素席三大名宴——上海功德林素宴

功德林素食初创于1922年，当年杭州常寂寺高维均法师见上海佛教寺院很多，信佛者日增，便命徒弟赵云韶在上海开一家供应正宗菜斋饭的"功德林"素菜馆（取佛门"慈悲为怀，功德无量"之意）。为适应上海素食食客的口味，功德林从江、浙聘来名厨，取扬帮精工细作之特点，集各帮精华锦翠之长，形成独特的素菜风味。擅长用烧荤菜的方法制作素菜，将蔬果笋和面筋豆制品做成鸡鸭鱼虾的形状而又口味清香，色、香、味、形俱全，如烤鸭、清炒虾仁、糖醋鳜鱼等。如炒鳝糊，用上等冬菇，剪成鳝鱼条状，拌菱粉油炸，再浇以热油，清香味美，滑润爽口。炒虾仁用土豆制作，用面粉拌匀入油锅炸，再配以冬菇、红萝卜丁、青豆煸炒后浇麻油，看去真如虾仁，色鲜味美。用豆腐皮制成的素火腿、素鸡等菜肴，都具有肥糯甘香的特点。尤其是名菜八宝鸭，将去皮蒸熟的通心莲、笋肉、水发香菇、松子肉、核桃肉、蘑菇、青豆、胡萝卜等均切成绿豆般大小，用麻油加姜汁、料酒、味精、糖等在锅中炒匀，拌入糯米饭，成为八宝馅心，再用豆腐衣卷包馅心成为鸭腿状，鸭身、鸭头、鸭颈等用豆腐衣捏成。成形后放入油锅炸至外脆内软，再用香菇汤、酱油、糖等佐料勾薄芡，淋麻油后即成。功德林的每道素菜都经过一番精心设计，素菜荤烧可谓达到了乱真的地步，其菜肴口味清淡、鲜嫩、爽滑，受欢迎的名品有五香烤麸、茄汁鱼片、三鲜鱼片、糖醋黄鱼、罗汉全斋、金镶豆腐、奶油芦笋等。因听说佛祖释迦牟尼从小饮牛乳长大，又请来西餐厨师帮助设计出奶油蛋糕、色拉、浓汤等西式素菜，使功德林日常的一百多品食谱又添一品，引来外国侨民品尝。

【案例1-27】全聚德烤鸭宴

始建于1864年的"全聚德"是北京市著名的老字号餐馆，全聚德烤鸭及其独具特色的饮食文化已成为中华饮食文化的重要组成部分，作为中国筵席的代表享誉海内外，有"不吃烤鸭席，白来北京城"之说。烤鸭席以烤鸭为主菜，辅以舌、脑、心、肝、肠、翅、掌、脯等制成的冷热菜式和点心，"盘盘见鸭，味各不同"。烤鸭采用挂炉、明火烧果木的方法烤制而成，皮质酥脆、肉质鲜嫩，飘逸着果木清香，鸭体形态丰盈饱满，全身呈均匀的枣红色，油光润泽，配以荷叶饼、葱、酱食之，腴美醇厚，赏心悦目，回味无穷。整个筵席的风味以北京菜和山东菜为主，兼有宫廷风味和清真风味，还吸收了南方各省的烹调方法，包容广泛，丰盛大方。特色菜点有：卤鸭胗、盐水鸭肝、麻辣鸭膀丝、罐焖鸭丝鱼翅、烩鸭四宝、鸭舌乌鱼蛋、水晶鸭宝、火燎鸭心、干烧四鲜、鸭三白、雀巢鸭宝、黄油煎鸭肝、青椒鸭丁、干烧鸭脯鲍鱼、小鸭酥（此为面点，形如小鸭，外皮层多，质感酥松，馅心细腻甜香，枣味突出）、鸭丝春卷、鸭油萝卜丝饼。

（三）中国地方特色宴简介

【案例1-28】洛阳水席

洛阳水席是河南省洛阳市的传统名宴，它始于唐代洛阳寺院为承应官府而办的花素大宴，后被引进官府成为官席，再辗转流传到民间，逐步形成荤素参半的格局。筵席整

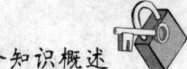

体格调保持齐全完整，历经千年而不失传。此席美称很多，因其头菜系用特大萝卜仿制的牡丹状燕窝，风味奇异，曾博得武则天的赞赏，故名"牡丹燕菜席"；因当地有家"真不同饭店"供应水席五十余年，技艺精熟，众口交赞为"真不同水席"；洛阳人逢年过节、婚丧寿庆都习惯用此席款待宾客，因此又叫"豫西喜宴"。其特点有以下几个。

（1）有汤有水。取名"水席"，一是当地气候较为干燥，民间膳食多用汤羹，此席全部热菜都带有汤汤水水，用汤盘或汤碗盛装，有点类似烩菜，民间称为"汤炒"；二是24道肴馔顺序推进，每吃完一道菜，撤席后再上一道，像流水一样连续不断。

（2）灵活多变。席单可以依据原料、季节和客人口味相应变化，翻出不少花样。有荤有素（素菜荤做，以假作真）、有冷有热、有咸有甜、有酸有辣。标准灵活多变、可高可低、可简可繁、可粗可细、可丰可俭，因人而定。

（3）程序严格。水席全席共设24道菜，包括8个冷盘、4个大件、8个中件、4个压桌菜。上菜先后顺序严格，一大件带两中件入席，名曰"带子上朝"，搭配合理。最后鲜汤压桌，名为送客汤，表示菜已上毕。

【案例1-29】两淮长鱼宴

长鱼即黄鳝，《诗经》中有对捕鳝的生动描述，清代徐珂的《清稗类钞》对两淮长鱼席有翔实记叙："同光年间，淮安多名庖，治鳝尤有名，胜于扬州之厨人，且能以全席之肴，皆以鳝为之，多者可致几十品。盘也、碟也，所盛皆鳝也。而味各不同，谓之全鳝席。号称有一百有八品者，则有纯以牛羊豕鸡鸭所为者含计之也"。其时，淮厨治鳝多有绝妙之处，口碑广为流传。两淮长鱼宴菜单：冷菜：炝虎尾、炸酥鱼、炝班肠、姜丝鳝鱼、卤荔枝鳝鱼、炝麻线鳝鱼。炒菜：软兜鳝鱼、生炒蝴蝶片、熘鳝鱼圆、银丝鳝鱼。大菜：红酥鳝鱼、煨脐门、乌龙凤翅、荷包鳝鱼、抽梁换柱、粉蒸鳝鱼、叉烤鳝鱼方、锅贴鳝背、干炸鳝鱼卷、爆鳝卷、酥炸脆鳝、清汤绣球鳝鱼。

【案例1-30】荆楚鱼席

湖北有"千湖之省"的美称，独特的地理环境，形成了鄂菜以"水产为本，鱼鲜为主"的特色，以团头鲂、鮰、鳜、鳊、鲫、青鱼、鳝、乌鳢、春鱼、甲鱼10大名贵淡水鱼作为烹饪原料，拥有数百种风味鱼菜，几十种风味鱼席，鱼的烹饪技术冠绝天下，成为中华食苑中一朵瑰丽的奇葩。湖北鱼席源远流长，在《楚辞·大招》中开列的筵席单中就有河鲜菜式，已初具河鲜席的雏形，成为我国鱼席的源头。现今湖北鱼席有两种类型：一种是单料全鱼席，即整桌筵席只用一种鱼作为主料，如武汉鱼席，汉川鳡鱼席，江陵鳝鱼席、沔阳青鱼席、鳜鱼席等；另一种是多料鱼席，以鱼和其他水产品为主料，以禽、蛋、肉、奶、蔬、果、菌、笋等为辅，如大中华鱼席、老通城鱼席等。单料鱼席工艺精湛，多料鱼席富于变化。多数鱼席则以少量名贵、稀异鱼菜"领衔"，较多的乡土鱼菜相辅，既高低兼顾，又使鱼席有一定的知名度。鱼类等水鲜原料的质地大都柔软细腻，含水量大，因此对火候的把握要求较高，鱼菜不适用炖、煨等时间长的烹调方法。做菜受到一定的限制，制作鱼菜可在技法上变换花样，可用氽炸、茸糊、塑型等，如一尾鳜鱼通过特殊的刀工处理，可以变幻出松鼠、金狮、葡萄、菠萝等图案或鱼丸、鱼糕、鱼片、鱼丝、鱼粥等菜式，不仅"形变"而且"味变"，使整个鱼席异彩纷呈。

【案例 1-31】四川田席

田席是四川农村民间为红白喜事而设的鱼席，因设在晒场或农家院落中而得名。田席形式多样，有"九大碗""肉八碗""七星剑"，还有九个围碟、四个热炒、九碗正菜等品级更高一些的筵席。其中"九大碗"最为普遍。九是一个美好的数字，九九长寿、天长地"久"，因此"九大碗"成了乡村田席的代名词。田席所用动物性原料以猪肉为主，配以鸡、鸭、鱼及蔬菜；烹调方式以蒸为主，能够批量生产、规范制作。因田席规模不等，常有客人因路远或有事不能及时赶到，于是采用"流水席"的就餐形式，即只要 8 个客人坐满四方桌（八仙桌）就开一席，也有采取"翻台"的形式。

清代的"九大碗"田席配有围碟。大菜：大杂烩、酥肉、折烩鸡、银鱼、羊肉、笋子肉、海带肉、红肉、烧白。围碟八个：花生米、甘蔗、桃仁、橘子、排骨、盐蛋、鸡杂、羊尾巴。

清代的"肉八碗"席单为：围碟八个：核桃仁、花生米、甘蔗、樱桃、熏蛋、排骨、高丽肉、香干肉丝。大菜：大杂烩、慈姑鸡、大酥肉、海带肉、茗笋肉、蒸肉、烧白、红肉。正宗川菜食单，是先大菜后围碟，系正宗开法，"肉八碗"席单则是先围碟后大菜，这前后颠倒的顺序是改正派开法。

"七星剑"即七碗菜，菜式是：白煮肉、白菜焖鱿鱼、樱桃肉、盐白菜炒肉丝、炒猪肝、吊子杂烩、鸭血火锅。"七星剑"为正式大席之前的筵席，故用不着将正席前一顿搞得那么丰盛，以不浪费、够吃为原则，菜肴种类少一些，级别自然也要低一些，但菜肴的味道要好，且适于下饭。

花夜酒和出阁宴也属于四川农村的田席范畴，很有地域风俗特色。花夜酒一般是以"七星剑"的形式安排的，这种形式已在当地流传多年了，它是四川等地汉族家庭女儿出嫁前夜置办的庆贺酒席，主要是招待媒人、亲眷与邻里，旨在为女儿送行。出阁宴也叫打发酒，是川西农村姑娘出嫁之日娘家所设的庆贺筵席，大都采用田席九大碗形式，以蒸扣菜式为主，已经流传一千余年了。

传统意义上的田席在今日已经大大变化了。随着生活水平的提高，在乡下吃"田席"还是在城里吃"海鲜酒楼"感觉已差不多了。普通农家的田席菜单：冷菜：红油鸡块、炸麻圆、胡豆拌折耳根、泡顺风。热菜：鱿鱼什绵、爆炒麻辣虾、红烧鸡兔、白汁青鳝、

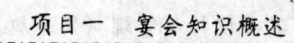

香辣虾、炝锅蟹、青笋烧鸡翅、豆瓣武昌鱼、泡椒墨鱼仔、火锅黄腊丁、蒸五香油烫鸭、白果炖鸡、甜烧白、咸烧白、东坡肘子。饭菜：蒜薹肉丝、跳水泡菜。

【案例1-32】金陵船宴

金陵船宴是江苏南京市秦淮河上的游宴。金陵船宴自古有之，唐诗人杜牧有"烟笼寒水月笼沙，夜泊秦淮近酒家"的名句，就是描述十里秦淮数百画舫天下所无的灯火璀璨、昼夜不绝与银河争辉的盛况。与姑苏船宴、太湖船宴相比，金陵船宴另是一番气象。第一，客人上船多在晚饭以后，边打牌、边听歌、边请酒、边消暑，正宴多在子时，三更之后方散。第二，时兴中式冷餐酒会，一桌8～10道菜预先陈列，客人随用随取，可早可晚，没有时间限制。第三，讲究人各一份的分食制，皆用小碟盛放，要求精致、清秀、素雅，注重造型与命名。第四，游客们多是轮流做东，有多少客人上船就包上多少天，每晚的菜式不可重复，技术难度较大。第五，在大型的边杆船上，常特邀名店中的名厨轮番主理，同行之间竞争激烈，彼此争奇斗艳。

【案例1-33】阳谷乡宴

鲁西平原古城阳谷民风淳朴，这里的乡宴颇为讲究。阳谷乡宴是齐鲁风情饮食文化的生动体现，如同陈年佳酿，甘美醇香。当地流传的顺口溜形象地概括了阳谷乡宴的特色："茶食果子先打底（来客后奉茶点。小宴是一杯清茶，两道进门点心；大宴则摆出四干碟、四鲜碟、四果碟），递酒安席三、二、一（宾主起立连干三杯叫"桃园三结义"；然后坐下小叙，略品菜肴再饮二杯，这是"好事要成双"；稍后再干一杯为"一心要敬你"，六杯下肚方可开怀畅饮），三碗四扣八铃铛（指菜式组合，三碗即整鱼、整肉、整鸡鸭三大件，扣为四蒸碗，八铃铛指六热炒二汤），琉璃丸子露绝技（只有会做琉璃丸子的厨师方可操办乡宴，如这道菜做砸了，3年之内不得操刀办席），文腹武背有讲究（上鲤鱼时的礼节，文士相聚则鱼腹朝向主宾，武士相聚则鱼背朝向主宾，不使产生"文人相轻"的错觉和"鱼腹藏剑、存有歹意"的误会），鸡头鱼尾大吉利（上菜编排顺序，即鸡鸭开头、猪肉居中、鲤鱼收尾。鸡者，吉也，开席报喜；鲤者，利也，收席见彩，寓意祥和开泰，皆大欢喜）。"

【案例1-34】太原全面席

"世界面食在中国，中国面食在太原"。太原全面席是中国名特宴席之一，由太原市太原面食店推出，全席菜面、饮料共计56种，洋洋大观。席间观赏刀削面、揪片、剔尖表演，显现"味压九州美食乡，山珍海味难比鲜"的神韵。

【案例1-35】纳西族三叠水

三叠水的宴会名称来自于云南少数民族纳西族居住地的地理环境现象，水由上往下一层一层流。对各层水的使用，有非常严格的规定：第一叠是喝的，第二叠洗食品，第三叠洗衣服。三叠水宴会菜单也象征着秩序与规范的礼仪活动：第一叠：迎宾礼。果脯：6 样；蜜饯：6 样；点心：丽江粑粑、小月饼、米酒汤圆、玉米粑粑。第二叠：风味小吃。风干露、炸乳扇卷、炸水蜻蜓、火夹乳饼、酸辣小干鱼、玉湖鸭蛋、风味吹肝、油煎凉粉、家制香肠、云腿蛇皮菜、鸡丝粉皮卷、蛋酥蚕茧、炸粉皮、炸干腐。第三叠：热烈欢聚。天麻炖脑花、刺尖菜炖火腿脚、雪水红鳟鱼、鲜辣大红肉、白参鸡、火丝树花菜、绿色蛇皮菜、很浦肉片、元跨草囊、风味龙爪菜、白峰菌煮豆腐、百年好合、韭菜粉皮、小瓜煮洋芋、丽江火锅、丽江风味水焖粑粑（辣子酱）、酥油茶、水果拼盆。

【案例 1-36】其他地方特色宴

中国地域辽阔、历史悠久，在几千年的历史长河中，留下了很多非常有特色的名宴名席。如根据地域特产创制的泰山药膳宴、泰山野菜宴；湖北麻城的三道面饭（烧卖、汤面饺、发糕）；岭南蛇宴以万蛇、金蛇、三锦索蛇和乌梢蛇等的肉、皮、肝做主料，配以鸡鸭鱼肉、山珍海味与蔬果药材，调制出多种蛇羹，组成筵席，深受两广、闽南与港台人的欢迎；根据民间流传的"八仙故事"创制的八仙宴；根据古代著名文学家的饮食文化艺术而开发的东坡宴、板桥宴；安徽安庆是黄梅戏的发源地，当地开发了黄梅文化系列，其中有黄梅宴；根据中国古代文学作品开发的三国宴、西游瓜果宴；根据我国历史创制的唐千秋宴、徐州汉宫宴。还有许多宗教筵席，如大乘佛教有灵隐寺素席，小乘佛教有布朗族的赕什拉筵席，道教筵席有全真派的武当山混元大席、道教正一派的养生席、青城山道菜宴，宁夏清真十大碗等宴席。

（部分地方特色宴资料来源：贺习耀. 宴席设计理论与实务[M]. 北京：旅游教育出版社，2010.）

任务二 中国当代名宴简介

【案例 1-37】1950 年毛泽东主席宴请斯大林代表尤金的"中餐西吃"创新筵席

1950 年的某一天，政务院负责接待工作的领导交给北京饭店一项任务：中央领导要宴请苏联重要贵宾，出席者 22 人，要坐在一起，便于交谈。负责设计宴会的人一看这个条件可为难了。中餐筵席习惯使用 10 人圆桌，那起码要摆两桌，那就不能满足 22 个人聚在一起交谈的要求。要是共用一个能坐 22 人的大圆桌，又相隔太远，不便于交谈。这可怎么办?饭店领导说："这桌筵席非常重要! 一定要按政务院提出的要求办，什么困难都要克服。"于是，员工们都纷纷开动了脑筋，提合理化建议。有人引经据典说，宴会形式不是一成不变的，它有一个发展、演变的过程。我国古代，无论是家常便饭还是宫廷盛宴，大都使用条案，那时君臣父子、尊卑长幼有着严格的界限，条案有利于分清上座、下座，至今北方农村的一些家庭在家用或是请客时，仍用长方形炕桌，盘腿围坐，可说是古风犹存。明清时，中国的饭馆长期使用四四方方的八仙桌。中餐宴会使用圆桌的历史并不算长,《红楼梦》75回描写贾母在凸碧山庄赏月时,专门提到了破例使用了圆桌,"凡桌椅形式皆是圆的,特取团圆之意"。大量采用圆桌是在民国初年,那时政局不稳,军阀官僚之间互相倾轧,一些官僚政客常以请客吃饭作为拉关系、扶植派系的手段;这时的资本主义工商业已经有了一定的发展,不少工商业人士都喜欢在宴客时洽谈交易。如此一来,饭庄里常用的八仙桌就不能满足需要了,10人圆桌就在一些大饭庄应运而生,并且逐渐成了主流。

经过反复研究,北京饭店形成了一套创新方案,即把中餐圆桌改成西餐长台,请宾主共坐一桌。为了方便外宾用餐,把中餐小布碟(小餐碟)换成西餐吃盘(比较大的碟子),既摆筷子,表示是中餐;也放西餐刀叉,以方便不会用筷子的外宾。菜点采取中式烹调方式制作,但在搭配和拼摆上作适当更改,以迎合西方人的习惯,并且完全按西餐的服务程序与规范进行服务。上级领导对这个方案很满意。直到这时,北京饭店才知道,原来斯大林为了进一步了解新中国、中国共产党和毛泽东主席,派他最信任的哲学家尤金作为特使来到中国。毛泽东主席、刘少奇副主席、朱德总司令、周恩来总理设宴招待尤金,在这个宴会上当然要谈包括哲学、历史、中国革命乃至有关世界的各种问题,因此,能互相交谈是非常重要的。大家听到这个消息,更有了一种光荣感和使命感。这个22人共聚一桌的宴会,后来被证明效果非常好。宴会中,毛主席和尤金等畅谈哲学,畅谈中国和苏联关心的各种问题。宴会后,宾主都非常满意,并一致赞扬这是一种很好的宴会形式,当时人们把它称为"中餐西吃",这是北京饭店对中餐宴会的一种创新。

【案例1-38】"香港回归宴"出品格局

1997年7月1日香港回归祖国之际,中国烹饪特级大师李光远先生设计的大型筵席"香港回归宴"轰动一时。该筵席共设菜点15款,每款菜点的设计及寓意各具特色,形成了鲜明的时代感,极具历史的文化内涵。8款大菜菜名为:盛开紫荆花(表示人们盼望香港早日回归祖国的心愿。将加工后的鲜贝摆成花瓣状,浇上鲜白汁,中间用萝卜丝制成花蕊,铺成一碟盛开的紫荆花),丝丝相连(寓意香港与祖国紧密相连。用蟹肉、油菜丝、牛肉丝、鸡丝、火腿丝制成中国地图和紫荆花,表示"一国两制"),根(表示龙的传人。鱼加工后摆成龙形,鱼头炸成龙头状),舜耕(寓意舜创造了中国农耕文化,邓小平开创"一国两制"。将薄鱼片排列,蒸熟浇汁,另用雕刻的飞凤、大象和青竹作装饰,以体现有关舜的传说),虎门销烟(将大虾改刀成虎爪状,调味、油炸,浇番茄酱,用水果刻成"城门",中间放置黑色的红烧海参,再用银耳、红樱桃作装饰),中华五千年(下面是白扒小笋整齐地摆成圆形,中间是炒成的蟹子玉兰片,旁边放上青笋和发菜做成一支丰满的笔,表示"纷纷扬扬五千年"的中国历史,恰是"整整齐齐一部书"),归(将鸡翅去骨,加调料后油炸,取出摆成雄鹰展翅状,表示历史的推动和归心的紧迫感),普天同庆(用鲜贝、面粉、鸡蛋揉成球状,裹芝麻炸熟。放入番茄切片做成的"灯笼"中,表示热烈的气氛）。7款菜点：一帆风顺、和平鱼篮、五洲风舞、四海三鲜汤、百合鲍鱼汤、四喜饺、如意卷等。这张"回归宴"的菜单宛如一部史诗，内容丰富，造型多姿多彩。宴饮时播放《把根留住》歌曲，融饮食、历史、文化、雕塑、音乐于一体，使得整个宴饮洋溢着一种喜庆、祥和的气氛。

（资料来源：邵万宽. 美食节策划与运作[M]. 沈阳：辽宁科学技术出版社，2000.）

【案例1-39】"中华第一桌"宴会设计

2001年10月21日，亚太经合组织第九次领导人非正式会议（即APEC会议）在上海举行，这是一次旷古未有的世纪盛会。这次大会期间举办了很多次不同形式的宴会，共有19次重大宴请，50多次非正式宴请，其中规格最高、要求最严的就是"中华第一桌"，20位世界政坛领袖人物同聚一桌，在我国的宴会史上是绝无仅有的。这次宴会由上海锦江集团承办。

（一）菜单设计（详见项目四【导入案例】）

（二）场境设计

1. 宴会厅布置

宴会安排在新落成的上海科技馆四楼的近八百平方米的宴会厅内举行，厅内陈设雍容华贵，大气中透着洋气。宴会厅主色调为绿色，墙面为绿色软包，以浅柚木色的门与框为配色，青绿色的玻璃屏风把宴会厅隔离成过渡区与用餐区，并使用豌豆绿色的地毯与餐桌布，墨绿色丝光绒裙边上再间隔缀以墨绿色中国结，筷子套上和西式口布圈上的绿色中式盘钮。为适应表演，宴会厅整体灯光较暗，而用餐区域为展现菜肴特色，每桌选用3盏十分精美的银烛台灯照明。灯高12cm，底座直径7cm，铜质镀银，灯罩由一个葡萄酒杯镶嵌其中。浮在水面的蜡烛亮度适中，确保至少燃烧2小时，无烟味。为此，酒店买来各种蜡烛逐一试验，最后选中的三百多支蜡烛都是灯芯较粗，而燃烧时间确保3小时。

2. 餐桌设计与台面布置（详见项目六的【导入案例】的内容）

3. 宴会文艺演出

文艺演出队伍云集了中国目前奏乐、声乐、舞蹈、戏曲、杂技以及少儿艺术团体的顶级优秀人才，整台文艺节目参加演员达八百人之多。节目既有小荧星和春天合唱团的《好一朵茉莉花》，也有舞蹈明星杨丽萍的独舞《雀之灵》；既有中国民乐《丝竹月韵》，也有富有独创色彩同时融合西方风格的杂技芭蕾《东方的天鹅》，是一台精品荟萃、可视性强、欣赏性强的文艺晚会。舞台上，由超大型屏幕放大几十倍的画面清晰、亮丽，具有很强的视觉冲击力。

【案例1-40】 为欢迎出席2016年亚洲相互协作与信任措施会议第四次峰会的贵宾，习近平主席和夫人彭丽媛举行宴会

地点：上海国际会议中心

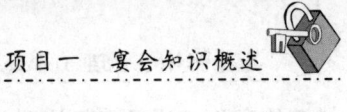

时间：2014年5月20日晚6时

菜单（6类10道菜品）：①1冷盆（6味小碟：原料是青豆泥、辣白菜、小银鱼、橄榄仁、甜扁豆、葱油双笋、素烧鸭、秘制南瓜）。②1汤：松茸炖花胶。③5道热菜：双味生虾球、煎焖雪花牛、夏果炒鲜带、豉香比目鱼、丝瓜青豆瓣。④1点心：印糕、葛粉卷、四喜素饺。⑤1水果拼盆。⑥1甜品。

亚洲相互协作与信任措施会议（简称"亚信"）第四次峰会于2014年5月20—21日在上海举行。有46个国家和国际组织领导人、负责人或代表参加亚信峰会，其中包括11个国家元首，即俄罗斯、哈萨克斯坦、阿富汗、伊朗、吉尔吉斯斯坦、蒙古国、巴基斯坦、塔吉克斯坦、乌兹别克斯坦、斯里兰卡总统，柬埔寨首相；10位国际组织负责人；联合国秘书长；1名特别代表等贵宾。会议倡导共同、综合、合作、可持续的亚洲安全观，为亚信第三个10年发展做出规划，成为亚洲各国安全与合作进程中具有里程碑的盛会。

国家主席习近平和夫人彭丽媛举行欢迎晚宴，欢迎来沪参加亚信峰会的三百多位各国嘉宾。晚宴围绕着亚信峰会"一带一路"文化主题来设计，体现了丝绸之路文化特色。饭后，观看了"团结和谐的亚洲——携手向明天"文艺晚会。

主厨：上海国际会议中心东方滨江大酒店行政总厨苏德兴（也是2001年APEC会议国宴的总厨）。从半年前接受任务，按照外交部5菜1汤的要求进行菜单设计。从第一份菜单出炉到最终确认，期间经历了上百条意见修改，其中当然少不了"食神"针对创新和细节的争论研究。

食材：都是中国最具地方特色的食材，尤其是江南的时令食材，绝对没有"高大上"的燕鲍翅，几乎难见"山珍海味"，都是百姓家中常见的食材，如芋头、丝瓜、扁豆。不能有忌讳的食品，如鸡爪、内脏、猪肉、羊肉（英国人忌讳），因此一般选用中性食材，如牛肉、深海鱼类、菌类等。一道素菜丝瓜青豆瓣的食材丝瓜、蚕豆在种植过程中不喷洒农药，是立夏后最好的时令蔬菜。丝瓜也是上海的本地丝瓜，保证口感糯滑细腻。食量做了调研，确定一个人的总量为1.5斤。于是，每一道菜都进行量化。如汤是4两，厨师使用的汤勺以及汤盅都是有刻度的，不需要厨师自己掂量。

菜品：10道，都是寻常百姓家餐桌上常见常吃的菜品，尤其是点心都是上海本地的特色点心。菜品以少油、清淡为主。为适应各国贵宾口味，一些菜式烹调手法中西结合。如煎焖雪花牛，选用大连牛肉，前半段采用中式焖制，后半段采用西式的黑胡椒、白兰地煎烹。考虑此次宾客大都来自亚洲地区，偏好微辣带甜的口味，一道双味生虾球，既有干烧微辣又有荠菜鲜炒。考虑到有些贵宾来自伊斯兰国家，热汤食材特地选择了以清真食材为主。虽是家常菜品，但作为最高规格的国宴，烹饪中尽显大厨的功力。国宴的特别之处在于简单食材烹饪中的技术含量。如煎焖雪花牛要入口即化，同时从营养角度配了秋葵、酸黄瓜和草莓3种蔬菜水果。普通的糯米糕要绝不粘牙。鱼要去骨，还要保持鱼的形状。油温掌握恰到好处，芡粉不能太薄也不太厚，调味一气呵成。如有个别客人"重口味"，宴会餐台上配有各种调料，如盐、胡椒粉，客人可以根据自己口味调节。

烹法创新：如豉香比目鱼正常做法是清蒸，这次是先蒸后上色。牛排是中西合璧，先焖后煎。如丝瓜翻炒后可能发黑，反复琢磨发现先放少许盐，腌制 10 分钟后清水漂尽，最终能呈现完美的色彩。

餐具与盘饰：夏果炒鲜带，取自成语"筑巢迎凤"，将鲜带摆在土豆丝做成的"雀巢"上；中式点心用小蒸笼盛上，古色古香，其中印糕上刻有亚信峰会的 logo；水果盘上圆形冰雕寓意团团圆圆；盛汤的"丝路宝船汤盅"设计灵感来源于海上丝绸之路的古船造型，汤盅的盖揪设计为一艘扬帆远航的古船帆。汤盅的整体造型既是一艘古船，也是一个金元宝的造型，寓意着"海上丝绸之路"的建设必将推动沿途经济更好的发展。采用各吃，食具除中餐具外，还摆上了刀叉。公筷、公勺还配有筷、勺座，其中一套摆放在主人面前。

摆台：过去流行萝卜雕花等手工艺展示，如今逐渐淡化，而讲究创意摆盘。主桌上的装饰点缀品争奇斗艳。餐桌中央，铺有一条长达 34 米、印有骆驼图案的黄沙色云锦桌旗，上面摆放着鲜花，寓意为丝绸之路上鲜花盛开。餐桌主位的前方，有面泥捏成的和平鸽，有糖艺荷花，还有一段约 1.2 米长、0.3 米高用芋头雕刻的"长城"，令各国元首喷喷称奇。

服务：规定用餐时间 75 分钟，一分钟都不得耽误，因为餐后要赶赴上海大剧院看演出。每道菜都是现场制作，宾客在吃前一道菜时烹制下一道，时间一定要严控，既不能早上，也不能延迟上。在规定时间内，把所有的凉菜、热菜都上齐，时间很紧凑，菜与菜之间的间隔也很短，为保持温度但又不能太提前烧，因此上菜要精确到秒来计算。为必须保证菜"热乎乎"上桌，菜盆事先加热，此外，还特地在厨房及上菜的通道装了 188 个可升降的吊灯来保温。

演练：宴会前一天，厨房用替代品进行了 2 次演练。330 人为嘉宾，每人 10 道菜，共 3 300 多盘。62 名厨师，掌勺厨师 9 位。当年 APEC 宴会虽然人数比这次多，但只有主桌是菜品人均一份，而这次是主副桌都是各吃，上菜的压力前所未有。

【案例 1-41】最忆是杭州：走进 G20 峰会欢迎宴会

世界二十国集团领导人第十一次峰会于 2016 年 9 月 4—5 日在中国杭州国际博览中心举办，G20 峰会首次来到中国，是近年来中国主办的级别最高、规模最大、影响最深远的国际峰会。此次峰会上为欢迎二十国集团领导人而精心准备的国宴也引起了人们的格外关注。

B20 峰会晚宴：根据日程安排，9 月 3 日晚 8 时至 9 时 30 分为 B20 峰会晚宴。B20 峰会是各国工商界的人士开会协商全球经济领域的事情，然后向 G20 提出政策建议，是

G20 的重要开场活动。晚宴菜单：八方宾客（富贵八小碟）、大展宏图（鲜莲子炖老鸭）、紧密合作（杏仁大明虾）、共谋发展（黑椒澳洲牛柳）、千秋盛世（孜然烤羊排）、众志成城（杭州笋干卷）、四海欢庆（西湖菊花鱼）、名扬天下（新派叫花鸡）、包罗万象（鲜鲍菇扒时蔬）、风景如画（京扒扇形蔬）、携手共赢（生炒牛松饭）、共建和平（美点映双辉）、潮涌钱塘（黑米露汤圆）、承载梦想（环球鲜果盆）。14 道美食中，1 道复合式冷菜，9 道融合了中西特色的热菜，1 主食，1 甜点，1 汤，1 果盘。3 道热菜是杭州特色菜："众志成城""四海欢庆""名扬天下"分别是杭州笋干卷、西湖菊花鱼、新派叫花鸡。富有内涵的全新菜名彰显了我国博大精深的厨艺文化，也代表着中国与各国携手发展的美好愿望。

地点：西子宾馆，名称取自西施，中国历史上最著名的美女之一。西子宾馆位于杭州"西湖十景"之一的"雷峰夕照"山麓，与"苏堤""三潭印月""柳浪闻莺"等著名景点隔湖相望，湖光山色尽收眼底。

主会场宴会厅巨型铜雕壁画：一幅名为《遥望》的巨型铜雕壁画成为 G20 峰会主会场的宴会厅里尽显杭式韵味的一道"风景"。这件出自杭州铜雕工艺大师朱炳仁及其团队之手的"铜"艺术建筑作品，成为杭州国际博览中心的重要元素，一系列铜椽子吊门、铜窗、铜隔断、壁画，极具江南特有的含蓄、内敛风貌以及东方文化魅力。《遥望》没有雕梁画栋的精细装饰，也没有大气奢华的门面，只选取江南水乡徽派建筑的轮廓线，层次简单清晰，化繁为简，将抽象派与具象派的艺术风格相结合，以代表杭州历史与文化的胡雪岩故居建筑为原型，选取马头墙、小青瓦、砖雕屋瓴等杭州的建筑特色为主题。《遥望》被赋予了两层含义：一方面希望通过此作品，让人遥望历史，牢记传统的根基；另一方面，是遥望未来，看到中国梦在这里起航。"杭州铜雕"已列入国家级非物质文化遗产名录。

会标：水光潋滟晴方好，山色空蒙雨亦奇。漫步西子湖畔，最让人难忘的还是那些大大小小的桥。G20 峰会会标图案，用 20 根线条，描绘出一个桥形轮廓，同时辅以 G20 2016 CHINA 和篆刻隶书"中国"印章。桥梁寓意着 G20 已成为全球经济增长之桥、国际社会合作之桥、面向未来的共赢之桥。同时，桥梁线条形似光纤，寓意信息时代的互联互通。图案中 G20 的"0"体现了各国团结协作精神。中文印章彰显了中国传统文化内涵，与英文 CHINA 相呼应。

氛围：大厅以绿水青山为主基调，空间中洋溢着浓浓杭州味。"绿水青山道情意"的中心思想来源于习近平"绿水青山就是金山银山""历史与现实交汇的独特韵味"这两句话。背景画以及主桌台面都是统一的淡青绿色主基调，寓意绿水青山。宴会大厅那面长 20 米、高 4.8 米西湖全景图巨幅丝绸壁画，体现了宴会举行地西子宾馆周边的美景。相呼应的是，这幅"西湖全景图"同样被印在了欢迎晚宴主桌邀请函上。主场馆的门套、门楣、屋檐、立柱等，均运用了大量的铜材。白岩松在《新闻1+1》揭秘峰会主场馆时谈道："大门远看像红木，近看是古铜，门把手是玉。总的来说，这样的场馆非常中国、非常江南。"

合影：9月4日晚，G20欢迎晚宴前，各国领导人集体合影。新华社如此描述拍摄图片时的场景，"雨后的西湖，烟波澹荡，秀美端庄，雷峰塔下一座江南古典风格的中式建筑内，习近平主席和夫人彭丽媛热情迎候贵宾们，与他们一一握手，互致问候。"照完集体照，习近平和彭丽媛与外方贵宾沿着湖畔小径，漫步至西子宾馆漪园宴会厅。

餐具：来自上海玛戈隆特的国宴餐瓷点亮了"西湖盛宴"，展现了"上海创意"。整套餐瓷体现了"西湖元素、杭州特色、江南韵味、中国气派、世界大同"的G20国宴布置基调。国宴餐瓷的图案，采用富有深刻传统文化审美元素的"青绿山水"工笔带写意的笔触创作，主题为"西湖盛宴西湖韵"。布局含蓄谨严，意境清新。例如，茶与咖啡瓷器用具系列的创作设计灵感来源于西湖的荷花、莲蓬造型，壶盖提揪也酷似雨滴。瓷器图案和造型都融入了桥的元素，契合G20峰会的会标图案，对应着会标中的英文CHINA，寓意中国的发展将为G20成员搭建合作共赢之桥。4小味前菜以高足碟的形式，呈现在手工制作而成的骨瓷桥形摆件之上。餐具的主题设计也是紧紧围绕整体摆台布置效果展开。第一道冷菜拼盘半球形的尊顶盖是最引人注目的器具。尊顶盖顶端提揪设计源于被誉为"西湖第一胜境"的三潭印月，尊顶盖上半部图案创意来源于"满陇桂雨"，以杭州市花——桂花与江南翠竹自然相互依偎展开，寓意美丽的杭州喜迎各国贵宾，体现了G20成员同舟共济、携手合作的精神。尊顶盖下半部分则是以国画写意手法绘制的西湖美景。汤盅采用双层恒温方式，确保热汤能保持温度。汤盅的外形设计灵感来源于海上丝绸之路的宝船，汤盅盖的提揪则是简约的桥孔造型。骨瓷餐具釉色温润通透，是高档宴会菜肴的最佳搭配，本次国宴餐瓷都是采用含45%天然骨粉的高级骨瓷所制。这一件件精美的餐瓷，都要经过至少81道工序才能制成，而绘制图案的颜料也达到了FDA药物食品检测标准，以此确保餐具的洁净、安全与卫生。

菜式：G20峰会开幕前夕，在中国杭帮菜博物馆举办了杭帮菜菜品及服务技能大赛，推选出了20道最具杭州特色的菜点，包括16道菜肴与4道点心，并昵称为"峰菜"。在4日晚举行的G20峰会欢迎宴会的菜单上，上菜顺序依次为：冷盘、清汤松茸、松子鳜鱼、龙井虾仁、膏蟹酿香橙、东坡牛扒、四季蔬果、点心、水果冰淇淋、咖啡、茶。这些菜大多数是杭州及江南名菜，但东坡牛扒显然是结合了西餐的做法。

用酒：葡萄酒主打。宴会搭配的酒款为张裕爱斐堡国际酒庄2012年份赤霞珠干红和2011年份霞多丽干白。菜是浓郁的江南风情，酒是百年张裕的经典之作。葡萄酒通常是正式宴会的通用佐餐酒，从餐酒搭配的普遍规律来看，霞多丽干白很适合搭配清汤松茸、松鼠鳜鱼、龙井虾仁、膏蟹酿香橙，东坡牛扒更适合搭配赤霞珠干红。

宴会礼宾用品：（1）宴会菜单。主桌菜单创意设计了8片圆花瓣组成"八方圆和"

的标准造型和标准图案，犹如中国传统团扇，寓意团圆和美。菜单框架和底座采用环保可再生的竹木制作，再覆以丝纸，图案暗纹取西湖美景，一面印有宴会菜单，轻轻一转，另一面则印以现场曲目单。菜单内容和曲目内容可以自由旋转翻看。底座也采用同样图案精雕而成，菜单的顶部还有一个小小的装饰物，造型取自西湖三潭印月里的石塔，小巧而精致。（2）席签。竹木做成的小小方形框架，裱以仿丝，席签上部镶嵌金属雕刻而成的国徽，下部则印有出席欢迎晚宴嘉宾的姓名。席签的底座同样用竹木采用"八方圆和"的图案精雕而成。底座上还嵌有一个青瓷烧制的群山造型，寓意"绿水青山道情意"。（3）邀请函。主桌由丝绸制作而成，采用中国传统卷轴造型，轴头的设计同样取型三潭印月里的石塔。打开卷轴，左边是用被邀请国文字书写的邀请函，底部辅以百鸟朝凤暗纹。卷轴中间，是一幅缩小版的西湖全景图，与欢迎晚宴大厅里那面西湖全景图巨幅丝绸壁画是同款。卷轴的右边是中文版邀请函，底部辅以"喜上眉梢"暗纹。放在精致的竹木盒内，内衬图案的外部雕刻图案"八方圆和"贯穿始终，盒盖上嵌有黄杨木雕的荷花图案，上方嵌有国徽，最后配以简洁的丝绸护套，呈现给与会领导人浓浓的中国文化和传递出泱泱大国的国家礼仪风范。副桌邀请函采用更简洁的设计方法，同样别具一格。（4）其他。每一张桌子的号码牌都是丝绸质地，菜单、节目单在最终确定后也被印制在丝绸上……令人不由得联想起中国传统文化，想到丝绸之路。中国风的礼宾用品大受欢迎，外宾们忍不住想打包带走。

音乐：在经典名曲《喜洋洋》的欢快旋律中，G20峰会欢迎宴会正式开始。由浙江交响乐团和浙江音乐学院演奏了8组共26首外国乐曲联奏，包括意大利《重归苏莲托》、法国《天鹅》、德国《乘着歌声的翅膀》、加拿大《红河谷》、美国《温情诉说》、俄罗斯《祖国从哪里开始》、韩国《阿里郎》等，荟萃了所有出席宴会领导人国家的经典音乐，最后以中国名曲《花好月圆》圆满结束。

晚会：峰会晚宴后，各国领导人欣赏大型水上情景表演交响音乐会《最忆是杭州》。西湖美景、江南风韵、丝竹声声、美酒佳肴，把全世界的目光聚焦在杭州的绝美夜色。

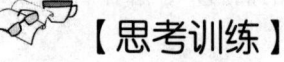【思考训练】

（一）研讨分析

【案例1-42】山西京都黄河大酒店"辞虎迎兔群英会京都"宴会设计

山西京都黄河大酒店为运城地区领导、企业家设计辞旧迎新群英宴会。运城没有大菜，当地筵席多以水席为主，而要保留这一浓郁的地域文化特色，酒店在菜单设计上煞费苦心。酒店多方挖掘运城的饮食文化与地方风味特色，精心制定了菜单。其菜单是：群英荟萃（冷头盘）、河东三味（风味小炒）、步步高升（酥盒海鲜）、晋南三杰（风味小炒）、喜气洋洋（西北羊肉）、运城三想（风味小炒）、一片丹心（虫草辽参）；主食：宰相面胡萝卜、馍稷山麻花、风味油饼酥香菜卷；水果：精美什果拼盘。为更好地打造出具有运城风味主题的菜点，如炒凉粉、小酥肉、晋糕、花馍、闻喜煮饼、稷山红枣，以及让醪糟汤、丸子汤等呈现新意，做出精致的品相来，别出心裁地选择精致小巧的盛器，使本来普普通通的风味小吃立显尊贵，令人品之饶有兴味，在不经意中透出一股温馨的家园气息，使与会客人感受到了浓浓的乡土文化和乡情。

精心设计宴会程序，包括上菜顺序、服务进程设计、宴会音乐设计等。要求把握上菜时机，控制进食速度，既要使席面不空，又要让宾客吃得从容。对迎客、介绍、致辞、表演等进程安排时，防止走过场或拖泥带水，要恰如其分。根据宴会主题选择背景音乐，起到烘托气氛的效果。按照运城宴会俗成的两菜一汤次序上菜，背景音乐选用蒲剧来烘托气氛。挑选运城的服务员以浓浓的乡音为贵宾们服务。

精心设计宴会氛围。紧扣群英会的主题在造景上选用了各种怒放的鲜花，配以布偶老虎、兔子，暗合辞虎迎兔的旨意。在怒放的鲜花丛中，活泼可爱的小兔子跃然其间，为人们展现了生机勃勃的美好前景。专门谱写了一副对联："辞虎迎兔群英会京都，含英咀华美味缘河东"，并利用中国传统的剪纸文化做"席珍"，使宴会具有了一种雅致的味道。令人有春回大地、万象更新之感。

席间宾主趣谈万荣笑话，气氛热烈、欢快……贵宾们对宴会菜品非常满意，认为其中的"河东三味""晋南三杰""运城三想"既做到了将运城饮食风味浓缩进来，同时在形式上又对其做了很大的提升。

（资料来源：解海渊《黄河人》黄河京都酒店管理投资集团店报）

通过本案例，讨论该宴会的特征、性质与宴会设计的内容、要点与程序。

（二）操作实训

1. 组织学生分别访问几家不同类型、不同规模、不同档次的酒店，了解各酒店的宴会产品，分析其特点。

2. 采用小组交流、材料展览等方式对不同类型的宴会产品进行对比，分析其各自特点。

3. 深入酒店，请酒店职业经理人介绍设计宴会的经验与流程。

4. 通过分析研究历代名宴，找出各种名宴的特点。

宴会物品设计

【导入案例】

"世界上最拥挤的奢华晚宴"——2012年"诺贝尔晚宴"

北京时间2012年12月11日凌晨，2012年诺贝尔奖颁奖仪式在瑞典斯德哥尔摩音乐厅隆重举行，随后在著名的"蓝厅"举行了盛大的"诺贝尔晚宴"。中国作家莫言从瑞典国王手中领取了2012年的诺贝尔文学奖。参加晚宴的1 300多位嘉宾济济一堂，晚宴主角是各位"诺奖"得主及其家人，还有瑞典王室成员、政府要员以及其他嘉宾。由于赴宴者众多，还要留出走道供数百位服务员服务穿梭，有些餐桌被挤到蓝厅外面。据说每个人活动的空间宽度只有60厘米，皇族才有80厘米宽的座位，这次宴会被称为"世界上最拥挤的奢华晚宴"。

餐桌上摆放为了纪念诺贝尔奖90周年而制作的诺贝尔餐具，会上准备了7 000件瓷器、10 000件银器和5 400个酒杯。全套餐具包括十几把镀金刀叉，十多件镶金边的碗碟，还有全手工制作的10几种酒杯，上面标有彩色图案和"诺贝尔"标志。这些餐具只在一年一度的颁奖宴会上使用，平时被锁在市政厅的保险柜里。

负责诺贝尔晚宴菜单的是Audreas Hedlund（2002年最佳瑞典厨师）和Conrad Tyrsen（2009年最佳瑞典糖果制造人），他们从4月就开始设计菜单。每年诺贝尔晚宴的"神秘菜单"到晚宴开始前才公开，就连烹制菜肴的厨师也直到宴会前3天才会拿到菜单，并且绝不能向外透露一个字。2012年的菜单为："前菜：腌红点鲑配菜花冻，佐瑞典鱼子酱与莳萝蛋黄酱；主菜：雉鸡肉配鸡油菌、糖水梨、当季时蔬和杏仁土豆泥，佐红酒酱；甜点：开心果碎意式奶酪、黑樱桃冰糕和一枚大樱桃。"

负责晚宴的工作人员包括餐饮经理、宴会厅经理、厨师长各1人，40名厨师，8名侍者领班，210名男女侍者，5名专司酒水服务的侍者，以及负责清洁和运输工作的约20名清洁人员。这场千人豪华盛宴进行了3个小时，中间安排了"诺奖"得主演讲和杂技表演，形式丰富多彩。按照程序，晚宴之后举行舞会。

模块一　宴会物品管理

任务一　宴会物品概述

（一）宴会物品种类与特点

宴会物品是宴会部举办宴会活动的重要物质条件，是宴会设计与管理的一个重要内容。除了建筑和装修材料外，据统计，酒店运营所需要的各类的物品有两千多种，其中与宴会经营相关的物品多达上千种，可分为固定资产与低值易耗品两大类，十多小类。

1. 设施设备系列

各种设施设备体现了宴会厅档次，降低了劳动力成本，提高了服务效率，使宴会服务和操作的规范化、程序化、标准化程度更高。设施设备大都属于固定资产，其特点是品种多、分布广、价值大、维修费用高，使用技术与维修技术要求高，使用时间长，但易损坏。

（1）宴会厅电器设备，包括电视机、电冰箱（或冰柜，储存各类需要冷藏的酒水饮料和新鲜水果等）、蛋糕柜（陈设各类蛋糕及甜品，柜内配置灯光和制冷恒温系统，圆柱形的蛋糕柜中的陈列架具有缓慢转动的功能）、制冰机（制作的冰块的形状通常有方形、菱形、圆形等）、咖啡机、空调系统设备。

（2）音像设备，由投影仪、播放音像设备、收视设备、麦克风、扬声器及其连线组成。

（3）餐饮家具设备，包括各种的方桌、长条桌、圆桌，转盘，各种椅子等。

（4）厨房设备，包括加工设备（如切片机、食品切碎机、锯骨机、多功能搅拌机、擀面机），冷冻、冷藏设备（如冰箱、冰柜、小型冷库、全自动制冰机等），加热设备（如煤气炉灶、汤炉、蒸汽夹层炉、扒炉、电面火烤炉、西式煤气平头炉连焗炉、电磁炉、微波炉），洗涤设备（如洗碗机、洗杯机、消毒柜、银器抛光机），自助餐设备等。

（5）消防报警系统设备，应具有自动火警报警及自动喷淋系统、消火栓系统以及必备的灭火器材等消防设备。餐厅和其他营业区域还常有隔离消防钢门加以区隔，餐厅与厨房之间增设水幕设施，作为防火隔断。

（6）清洁系统设备，如洗地毯机、真空吸尘器、地板打蜡磨光机、清洁机械、洗衣设备、整烫设备和清洗用品设备等。

（7）智能系统设备，如计算机管理系统、收银系统、电子防盗系统和磁卡门锁等。

（8）办公用品设备，如复印机、扫描仪等。

（9）机电系统设备，如供配电系统、空调系统、给排水系统等。

2. 低值易耗品系列

低值易耗品的特点是数量大、品种多、易损耗、易丢失，容易造成自然损耗和非正常流失。

（1）餐具系列。① 餐厅餐具，有食具与饮具等；② 厨房餐具。

（2）布件系列。① 就餐用的台布、口布、小毛巾、筷套；② 装饰布置用的窗帘、帷幔、椅套、沙发披巾、垫巾等。

（3）一次性低值易耗品，如餐巾纸、酒精、筷套、牙签等。其特点是开宴过程中要消耗掉的低值物品，一般都是一次性的，要注意节约，减少浪费。

3．艺术品系列

酒店选用的艺术品种类多、数量大、价格高，主要有挂件、摆件等美术品、工艺品等。

（二）宴会物品选配标准

（1）国家标准与行业标准。《星级饭店客房客用品质量与配备要求》（LB/T003—1996）是饭店的行业标准，提出了星级饭店客用品的品种、数量、规格、包装、标志和技术指标。电器、音像、家具、厨房、消防、餐具等各类用品都有其国家与相关行业的质量标准。在计划选购、配置以前要认真学习、仔细研究，选择适合自己酒店档次、特色的用品。

（2）企业标准。为了保证产品质量与维护企业形象，酒店也可以按照上级公司的统一品牌标准或本酒店经营管理要求，制定本酒店经常使用的大宗用品的选配标准。当然，其选配标准确定的依据，一是目标市场顾客的期望，二是与饭店的星级档次相匹配。如现代大型餐厅使用的桌椅，特别是餐椅样式往往都是专门设计的，有的在餐椅椅背醒目处刻上酒店的徽记来提高整体装修的文化附加值。

（三）宴会物品采购方式

（1）采购方式。① 公开招标。招标人以招标公告的方式邀请不特定的法人或其他组织投标。② 邀请招标。招标人以投标邀请书的方式邀请特定法人或其他组织投标。③ 询价采购。对多个供货商的价格进行比较，以确保价格具有竞争性的采购方式。④ 直接采购。采购人向供货商直接购买的采购方式。饭店的大多数物品都要以经过招标的方式采购，但艺术品、装饰类等一般进行直接采购或直接订购，或直接按样定制；鲜活物品、食品等则采取自行采购、定点采购、限价采购或合同供货的方式。

（2）采购要求。在努力降低采购成本、控制预算的前提下，要注意所购物品的质量、风格与饭店的星级和文化氛围相匹配。为保证饭店用品风格的统一，采购部门可与设计人员一起确定好饭店的主题色彩及物品的特点。

任务二　宴会物品管理

（一）固定资产设备管理

1．固定资产管理制度

（1）验收制度。所有新购入的设备必须遵守严格的验收制度，由工程部技术人员与

采购部门共同开箱，检查其质量是否合格，并在收货单上签字认可。首次试机必须有专职工程师指导，测试工作应有文字记录，并作为工程验收合格证书的附件加以妥善保管。验收合格证书必须由指定的授权人审核签字。设备的备件与各种文件由专人妥善保管。

（2）入账制度。分类设置各种账册，按三级账的方式进行账册登记：酒店财务部为一级账，餐饮部为二级账，使用部门为三级账。

（3）登记制度。所有固定资产要做到：一物、一卡、一号、一账。必须粘贴标牌。标牌上要注明本件固定资产的编号和名称。粘贴在固定资产物体易观察、易检查的地方（因美观原因的，可粘贴在不显眼处，但仍能观察到）。标牌一般用金属材料制作。

（4）盘点制度。定期盘点固定资产，保证账上有多少资产，实地就有多少资产，确保账物相符。

（5）档案制度。各类固定资产必须建立档案，可用单独的卡片或表单来记录详细资料。记录内容包括每项资产的简要说明、使用地点、购入或建造日期、保修期的时间、相应的凭单或工作单号码、资产的价值、折旧计算方法、估计残值、每年应提折旧、累计已提折旧金额、维修和保养情况等。

（6）保养制度。详见固定资产日常保养与管理的内容。

（7）信息管理制度。建立物资物流信息系统，对重点设备、高值设备与高档材料进行信息化、流程化、规范化的管理。从购置到报废形成一个闭环，达到全生命周期闭环管理。

2. 固定资产日常保养

（1）定期检查保养。制订定期保养、定期检查的计划与制度。保养要求是完好无损和维持可使用状态。到了保养期，即使没有故障也要进行例行检查保养。当发现异常情况时，必须立即停止使用，电器设备应立即切断电源，马上报修，绝不能带病工作，以免加大损坏，甚至产生安全事故。修理后要进行验收，确认能正常使用后方能签收。

（2）重点检查保养。对数量少、价值大的资产实施重点控制，在使用、保养、维修等环节重点监控。数量大、价值低的资产容易遗失，应实施常规控制，每次使用结束后进行检查保养，如吸尘器内的垃圾处理是在吸完地毯后进行，而不是在吸地毯之前。

3. 固定资产日常管理

（1）管理原则。固定资产实行归口管理，严格落实责任制度，除了技术性强、大型设备保养是由工程部或供货商负责外，一般设备日常使用保养按照"谁使用，谁保管，谁负责"的原则，由使用部门负责管理。设备的使用和保养直接影响到机器设备的使用寿命，影响到使用部的工作效率。

（2）"六定"制度。① 定人。专人使用和保养，其他人不得随便使用，便于熟练掌握设备的性能和特点，避免盲目操作造成的损坏，利于分清责任。② 定时。每日清洁保养的设备，在营业结束前彻底清洗，管理人员随时检查；每周、每月清洁保养的，应制好表格，定时检查落实情况。③ 定位。确定安置地点，不得随意移动，避免频繁搬动造成设备损坏，同时便于检查管理。④ 定卡。建立设备档案卡，内容包括序号、摆放地点、用途、维修保养责任人、日常维修或大修理的时间、内容和费用等。所有的日常维修或大修理都记录在案，并注明每次维修费用。根据记录可以计算使用该设备的成本，到了一定时期决定是否予以淘汰。⑤ 定规。严格按操作规程使用和保养，由专人或生产厂家负责培训操作使用人员，如人员更换，应培训接替人员。⑥ 定责。对使用保养责任人要明确责任，检查执行情况，根据保养情况进行奖惩。

【案例 2-1】严格执行设备操作程序

某日晚，某部委在多功能厅南厅举办重要宴会。8 点 20 分，中央厅正在布置明天的一个大型重要宴会。客人要求调整灯光，一名实习员工到调光室进行操作，不小心将"切光"按钮按下，造成整个多功能厅一片漆黑。发现后，即刻又把按钮恢复原状，灯光恢复正常，但南厅的客人提出投诉。事故当晚，管理人员在现场了解核实情况时，当事人未承认操作失误，宴会厅领班在整改报告中说是由于调光台机器老化所造成的短路现象。总经理将报告批转给工程部检修，工程部检查后确认设备正常，未发现短路现象。总经理再次批示，既然未发生短路现象，那就是操作失误，希望查清原因，目的是避免以后再次发生类似的问题。经反复几次认真核查，最后查实当班员工误操作后，因怕领导处罚，说了谎话。宴会部领班为逃避管区和员工责任，蒙骗上级，使简单的问题复杂化了。为此，餐饮部对该领班记重度违纪一次的处理。同时规定，今后遇有重要宴会时，不得调试其他宴会厅的灯光；平时宴会灯光的调试也应由专人按规范操作。

（资料来源：王大悟. 饭店管理 180 个案例品析[M]. 北京：中国旅游出版社，2007.）

（二）餐具管理

1. 餐具损耗原因

（1）工作态度不正。个别员工缺乏职业道德，事不关己，漠不关心，不爱护公物，对物品的流失现象视而不见，使用低值消耗品时大手大脚。

（2）管理措施不严。缺少细致具体的管理制度，导致无法可依、无章可循；员工执行不力，操作马虎，甚至违规操作；没有将餐具损耗与员工利益挂钩。

（3）操作技术不熟。员工操作技能差，收拾、使用、清洗餐具方法不对、摆放不齐、保管不当。如撤台时大杯套小杯、小盆叠大盆，重拿重放易碎物品，将玻璃杯具与餐具混收混放，将餐具随残羹剩饭一起倒掉，遗漏餐具不收，野蛮洗涤等。

（4）设备功能落后。不愿花钱买洗碗机，或因洗碗机使用时间过长，维护保养差，损坏严重。手工洗涤既不能保证餐具的清洁消毒质量，又增加了餐具破损的概率。洗碗间设置布局不合理，餐具搬运次数过多，使餐具损耗加大。

（5）顾客使用不当。有的顾客抽烟烫坏台布、地板，或客人使用不当，造成某些物品的损耗和浪费；有些高档金属餐具被素质不高的顾客当作"纪念品"顺手带走。

（6）餐具易碎易失。由于餐具数量大、品种多、易损耗、易丢失、体积小、易携带，尤其是瓷器餐具与玻璃器皿易破碎，容易造成自然损耗和非正常流失。

2. 餐具损耗控制

（1）建章立制。掌握餐具使用、周转规律，查找问题漏洞，改进管理措施，努力减少损耗。具体制度有：① 餐具台账制度。记录餐具的领用、损耗，掌握餐具使用、库存及损耗、添置情况，易碎品的每次损耗要有记录，以便分析原因。② 贵重餐具专人管理制度。金银餐具要由专人洗涤与保管，每天盘点，每班清点交接。使用时要办理出借手续，填写餐具暂借单，经管理人员签字批准。使用完毕后及时收回，办理归还手续。对每日必用的金银餐具加强控制，按要求铺在台面上，易于发现短缺。如有遗失或损耗，要及时检查原因、追究责任。在规定时间按技术标准由专人定期抛光。③ 定期盘点制度。④ 餐具损坏处理制度。制定合理的餐具损耗率，实施严格的奖惩措施，使损耗率与个人利益挂钩。计算公式：损耗率=餐具损耗÷营业收入。档次较高的酒店损耗率控制在营业额的 6‰ 以内，档次不高的酒店为 4‰~5‰。对客人无意打破的餐具，按餐具报损处理，以免因小失大赶跑客人，或酌情收取一定费用。员工打破餐具则视情况由责任人做一定的赔偿。

（2）明责严管。加强员工职业道德教育，使其自觉爱惜酒店物品，养成勤俭节约的习惯。加强对员工减少餐具损耗的意识与技能的培训，如在餐厅后台将使用餐具制成展示牌，标明每件餐具价格，对员工起警戒和提醒作用。利用部门例会、质量分析会、餐前班会进行培训，监导员工严格按操作规程进行对客服务和餐具的使用、撤台工作，对员工的一些不良操作行为要立即予以纠正，收拣易碎餐具要注意方式、方法，不要造成人身伤害。根据餐位的数量以及翻台率等指标确定餐具的备用量，减少餐具备货。

（3）凭单发放。实行严格的采购、验收、借用制度。酒店经营之初，应根据营业需要配备足够数量的餐具，建立配备标准（一般情况下，宴会厅不另设餐具库）。运行一段时间后，为弥补正常损耗添置一定数量的餐具。餐厅领货要填写领货单，经批准后由餐务部库房保管员凭单发放。

（4）定期盘存。由餐务部定期核对盘点餐具的实存数与台账的结余数，及时了解和掌握各餐厅现有餐具数量与某一阶段的损耗量，做到账物相符。发生餐具短缺时，应填写餐具报损单。统计损耗数方法：① 定期盘点。半个月至一个月盘点一次库存，先由各

餐厅自点，然后由餐务部二次盘存登记，统计出盘存数据及当月各类餐具的损耗数量。
② 每天清点。要求员工每天登记、清点损耗，同时将打碎的杯碟等摆放在专门的筐、桶之内。

（5）洗涤管理。洗碗间是餐具损失和损坏的主要场所，必须培养员工的责任心和操作技能，切实加强洗碗间餐具的洗涤管理，正确使用洗涤设备，减少洗涤损耗。

（6）财务控制。每季度由财务部门做出餐具损耗分析表，对各餐厅损耗餐具的数量、品种进行分析，并将分析报告转送各点，以引起各营业点的高度重视。

（三）布件管理

1．布件定额管理

确定合理的布件备用量，在保证经营的前提下，尽可能减少库存量。台布存货量=桌台数×送洗天数×2+20%备量。如翻台率高于 1 的，需根据翻台率增加备用数。口布、小毛巾存货量=宴会厅全部客满人数×3×洗涤天数+20%备量。如就餐人次数高于餐位数的、服务和等级规格较高的宴会，都需要增加布件的品种和数量。

2．布件管理制度

（1）收发制度。固定专人送洗脏布件，送洗单上写明送洗布件的种类和数量。及时领取、清点数量，专人负责复核保管布件与送洗单。绝不允许用客用布件来打扫卫生与擦任何物品，以减少损耗。

（2）报废制度。严格规定布件的报废标准、报废程序及废品处理方法。布件损耗后不能使用时，需加以添置。添置新布件以购置成本计入当期布件消耗费用。

（3）盘点制度。每月至少盘点一次。弄清布件的数量、质量，及时补充短缺。

（四）大型活动物品筹措管理

1．筹措物品渠道

为节约资源，宴会部只需配备常用物品。因举行大型活动需非常备物品时，可筹措解决。筹措渠道有赞助（请有关公司、企业帮助）、调剂（向酒店内部其他部门借调）和外借（与本地其他酒店保持良好的协作关系，互相帮助，互相借用）等三种。

2．筹措物品程序

（1）开出需求清单。接到大型活动的《客情通知单》后，要了解活动的具体时间、布置要求，以便早做准备。由宴会部提出所需的餐具、物品的清单，并附有时间要求。

（2）提出配备方案。若本部门或本酒店餐具、物品的数量或品种不够，可与有关部门经理协调，决定餐具、物品配备方案。

（3）筹集配齐物品。餐务部库房保管员按清单要求，在规定的时间内将餐具、物品配齐，送至宴会部，并办理规定的手续。

（4）办理归库手续。餐务部库房管理员在活动结束后，及时将餐具、物品收回，检查其数量和质量，及时统计本次活动的损耗数值。

（5）归还借用物品。通过调剂、外借的物品要及时如数归还。

模块二　宴会物品配备

任务一　家具类物品配备

（一）家具配备原则

（1）安全性。质量要坚固耐用，能承受一定的重量，不能破损摇晃；表面要光滑整洁，无污渍、无油漆剥落，线角处理应圆润、光滑；金属附件应光亮。

（2）通用性。采用同一品牌、同一规格的家具，所有餐桌的高度必须统一，桌面大小尺寸要规格化，便于各类宴会配套使用，避免拼接餐桌时产生高低不平的现象。

（3）方便性。造型简单大方，便于清洁、搬运与收藏堆放，不要选用造型复杂、装饰烦琐、多凹线脚、过分笨重的家具。选用桌脚能与桌面一起收起的餐桌，需移动的椅子要轻巧，且能叠放。配备必要的工作台、小茶几，便于员工做服务准备。备有搬运家具的工作推车，减少搬运时的负重，减轻员工体力负荷。

（4）舒适性。桌椅的造型与高度、宽度、深度及斜度的尺寸比例要符合人体结构规律，让人在使用时增加舒适度。

（5）美观性。家具的材质、造型、色彩应美观，尤其是基本固定、不常移动的餐桌椅要根据宴会厅的档次、面积及经营性质来选定，与宴会厅的风格与规格保持一致。

（6）合理性。配备数量要合理。多了，既占资金，又占地方；少了，不能满足需求。

（二）餐桌、餐椅配备

1. 餐桌

（1）餐桌类型。① 按形状分，有方桌、圆桌、长方桌、条桌。② 按制作材料分，有红木仿古式、硬木嵌大理石（云石）桌、铁脚桌等。③ 按餐桌脚分，有固定的与可折叠的。④ 按台面材质分，有木面的、塑料贴面的、软包面的等。

① 方桌（方台）。使用较多、功能最多，可用于圆台的台脚、自助餐的餐台、大型宴会厅的临时工作台、西餐的拼接餐台、鸡尾酒会的接物小餐台等。如当台脚用，数量

配备按圆台面的数量加 10%。边长 0.75 米规格可做情侣桌，常见的方桌规格有：中餐厅边长为 0.85 米，西餐厅边长为 0.9 米，咖啡厅边长为 1 米，高为 0.73～0.76 米。

② 圆桌（圆台）。宴会厅主要使用圆桌，包间、豪华小宴会厅或特色宴会厅房可使用固定式的豪华圆桌，大宴会厅选用可折叠的圆桌，或台面与台脚可分开的圆桌，便于搬运、布置与堆放。通常以 10 人座位为标准铺台。每位客人所占弧长不少于 0.5 米，高度为 0.75 米。圆桌或圆台面的规格如表 2-1 所示。

表 2-1　圆桌或圆台面的作用与规格

名　　称	规　　格	作　用　与　说　明
圆桌	直径 1.2 米	适用于小型宴会和酒会。摆在场地中间以放置小点心或供宾客摆放杯盘。每桌可坐 4 人
	直径 1.4 米	每桌可坐 8 人左右
	直径 1.6 米	每桌可坐 10 人左右
	直径 1.8 米	标准圆桌。中餐可坐 10～12 人，西餐坐 8～10 人。数量按大宴会厅可放餐桌总数的 15%配备。应安放转台
	直径 2 米	每桌可坐 12～14 人
	直径 2.2 米	每桌可坐 14～16 人。为方便搬运及储存，可分两个半片
	直径 3 米	特大圆桌，一般用于主桌，可坐 20 人。为方便搬运及储存，拆成 4 张半径为 1.5m 的 1/4 圆桌。不宜摆放转台，可在中央铺设鲜花
半圆桌	直径 1.5 米	举行西式宴会或会议时，可与长桌合并组成一张椭圆桌
1/4 圆桌	直径 1.5 米	举行西式宴会或会议时，可与长桌拼成 U 形桌
蛇台桌		举办酒会时，用以摆设成蛇形或 S 形餐桌

③ 长条桌（长台）。用于冷餐会的餐台、西餐的餐桌、会议桌等。按餐具摆放所占面积与方便拼接来选用不同规格的长条桌。餐厅可专门设计或购置多功能组合餐台，可分可合。分可以各自为营；合则成多种用途，如用于自助餐、会议、展示台等。

（2）餐桌布置形式。① 按外表形式分，有立式、柜台式、卡座式等。② 按布置形式分，有集中式、分散式、纵式、横式、纵横交错式、变形式等。③ 按餐别形式分，有中餐、西餐（又可细分为韩、日餐的餐厅家具等）。④ 按大小形式分，有一人式、二人式、三人式、四人式、多人式等。⑤ 按功用分，有茶座用、零点就餐用、宴会用等。

（3）餐桌配备。根据餐厅、宴会厅空间、档次等因素而定。圆桌数量=大宴会厅总面积÷每圆桌面积（10 人席位，18～20 平方米）。

2．餐椅

（1）餐椅规格。餐椅要有舒适感，设计必须符合人体坐姿的自然曲线，靠背的支撑点必须贴着人体上部的着力部位。座高 0.40～0.43 米、座深与座宽 0.40～0.43 米、座位倾角 2°～3°、上身支撑角约 105°、靠背高至少 0.38～0.42 米，椅背高以示庄重、高贵和豪华，可用于主桌或小宴会厅，且上窄下宽，便于服务员从后面或在餐椅之间为客人服务。椅脚垂直于地，不能呈外八字形，便于人们走动而不必担心脚下是否有羁绊。椅脚之间的跨度为 0.40 米左右，以确保平稳。餐椅与餐台的间距至少 0.19 米。应给予每位客人足够的就餐空间，就餐者就座后与餐桌距离应保持 0.05～0.1 米，椅子背离桌边大约 0.76 米，移动间距为 0.9 米，两张餐桌的椅背拉开后间隔应不小于 0.75 米，椅后应留有 0.6～0.9 米的流动或服务通道。餐椅数量=主要圆桌数×10+10%备量。根据中国人的身高、体型，餐桌和餐椅的最佳搭配如图 2-1 所示。

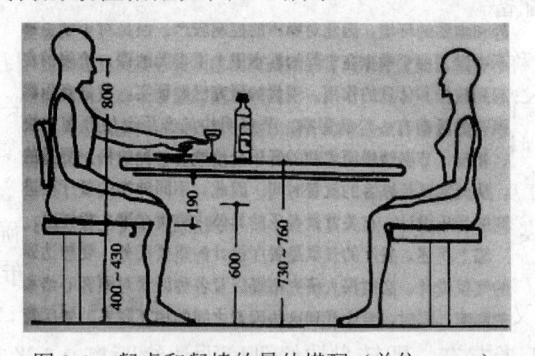

图 2-1　餐桌和餐椅的最佳搭配（单位：mm）

（2）木质椅。有木质座椅和硬木质座椅。硬木座椅配有精美的坐垫，做工精制考究，有雕花和贝壳镶嵌作为饰物，造价昂贵，配备时在整体布局上应与中国传统风格相适应。扶手椅用于西餐长方形餐桌的两端，做主人席位。档次高的中、西豪华餐厅也有全部使用扶手椅的。扶手椅体积宽大，弧度略大，可搁手，舒适度高。

（3）金属椅。金属椅指椅框架为电镀钢管或铝合金管，有圆形管或方形管，有可折叠与不可折叠之分。金属椅重量轻、结实，搬运储藏方便，可 10 个一叠垒在一起，所需存放面积小。

（4）藤椅。藤椅多为扶手椅，多见于南方的餐厅，一般放置在中餐厅或茶餐厅，夏季使用给人以凉爽感，特点是不怕潮湿，但怕风吹和干燥。

（5）儿童椅。儿童椅的座高为 0.65 米左右，座宽、座深都比普通餐椅小，必须带扶手和栏杆，以免儿童跌落。餐厅配备儿童椅体现了人文关怀与服务档次。有的餐厅还备置婴儿椅，以应带婴儿的客人之需。

（6）沙发和茶几。沙发是餐厅休息室不可缺少的家具，也常用于茶餐厅、酒吧、咖啡厅等休闲类餐厅。沙发的种类繁多，有单人沙发、双人沙发和组合沙发，质地有皮质和布质。规格为每座位 0.60～0.65 米为宜，靠背倾斜度为 92°～98°较适合。茶几是与沙发配套的家具，供客人摆放饮料、茶具、烟灰缸等物品。茶几的材质有木质和不锈钢支架玻璃，也有采用大理石的；样式有方形、长方形、圆形、椭圆形和不规则形。

（7）其他特殊椅。如酒吧的悬空椅，自助餐和快餐厅的连接椅，椅和餐桌连接组合、旋转活动椅。

（资料来源：周明扬. 餐饮美学[M]. 长沙：湖南科学技术出版社，2004；朱承强. 饭店管理实证研究[M]. 上海：上海交通大学出版社，2013.）

（三）其他用具配备

（1）备餐台。又称落台、工作台、备餐桌、服务桌。其作用是储物、备餐、上菜、分菜、换盘。大型宴会使用长条桌（可用小方桌、活动折叠桌拼接），包间、零点餐厅使用带柜橱的备餐台，规格不要小于 0.9 米×0.45 米，摆放整齐。备餐台的位置、大小应统一，根据餐桌数量、厅房面积和服务要求，可 2～4 桌配备一个备餐台，主桌要专设备餐台。摆放位置要根据宴会厅的大小、工作方便与否和布局美观来确定。一般摆放在进门一边的靠墙边、靠柱旁，大宴会厅应对称并靠墙摆放，与宴会厅布局要协调。

（2）转台。转台又称转盘。圆台面筵席为便于客人自取菜肴，中间设有转盘。转盘直径应小于所用台面 1 米左右，即转盘边缘到席面边缘距离 0.5 米左右。转盘类型多样，按制动方式可分为手动转盘与电动转盘，按质料可分为玻璃转盘、镜面转盘、不锈钢转盘、塑料制品转盘和木转盘等。

（3）服务车。运输餐具和菜肴、当众厨艺表演及展示与分菜服务。种类有活动服务车、切割车、送餐车、促销餐饮产品的开胃品车、甜品车、烈酒车等。数量按厅房以及工作台布置情况而定。普通型服务车用不锈钢制成，分 3 层，以运输餐具和菜肴为主。中档型服务车用硬木所制，车长 0.9～1 米、宽 0.45 米、高 0.9 米，以服务员分菜服务为主。高档型服务车也称牛车、牛排车，以银盘、银盖与硬木结合而成，用于厨艺表演中的切割与服务，如片烤鸭、切割整鸡、分切牛排等。牛车的品牌、质量差异很大，价格从 1 万～10 万元不等，采购时要根据宴会厅档次而定，体现高档酒店的优雅形象与高档宴会的豪华品质。

（4）其他用具。根据酒店实际情况可配备其他各种、各类用具，如餐具柜、屏风、花架、签到台、致辞台、衣帽架、雨伞架、双层餐台、移动式酒吧、屏风、托盘服务架、四方托盘、圆形托盘、旗杆、旗座、桌号牌（架）、红地毯、海报架、立式烟灰缸、沙发、茶几、吸尘器、塑胶大冰桶、银器柜等。

任务二 布件类物品配备

（一）宴会布件知识

1. 布件材质类型与特点

（1）全棉。分为提花、隐条、平纹、格子等类型。优点是吸水性强，有质感、垂性较佳，有良好的导热和导电性（不易产生静电）。缺点是色彩丰富，但易褪色；压缩性不好，不够坚挺，容易产生皱褶；弹性不佳，每次洗涤需上浆；使用寿命较短，可洗 120～140 次。全棉布件用途广泛，经过双面提花制成的提花台布被视为餐桌上的优质上等布件。

（2）全麻。分为隐条、平纹、格子等类型。优点是吸水性强，手感光滑、挺括，色彩丰富；缺点是易褪色，不够坚挺，每次洗涤后需上浆。

（3）棉麻混纺。分为隐条、平纹等类型。优点是吸水性强，手感好，色彩丰富。缺点是易褪色，不够坚挺，每次洗涤需上浆。麻、棉或棉麻混纺布件的档次高于化纤布件。

（4）化纤。棉质与聚酯混纺，俗称 PC 或 TC。优点是使用寿命较长（可洗 300 次左右），色彩丰富、鲜艳，不易褪色、不缩水，洗后挺括免烫。缺点是手感稍硬，舒适性较差，吸水性较差，不能碰上火星。

（5）聚酯牛津（维萨布 visa）。优点是色彩鲜艳并且不褪色；压缩性极好，拉伸恢复性佳，不易产生皱褶；对酸碱有良好的抗力，方便洗涤，经久耐用，可用 2～3 年。缺点是吸水性较差，容易产生静电，价格较高。

（6）丝绸。以其绚丽明亮的色彩、轻柔顺滑的质感，而适宜作为自助餐台、展示台（柜）装饰物等的垫布，起衬托作用，所以又称为装饰布。

（7）绒。质地柔软，下垂感强，色彩明快而庄重典雅，常用于桌裙。

（8）纱。轻盈、洁白、素雅，起着覆盖台布和桌裙的作用。

（9）纸。用作一次性的口布或垫纸，规格、档次多样，可根据不同宴会选择。

2. 布件保养与配备要求

选用何种质地、颜色、品味的布件必须考虑餐厅的等级、客人的类型、环境气氛以及布件的耐用度、清洗的难易程度、成本控制因素和以菜单为根据制定的服务方式等。布件要分类平放在布件柜里，保持清洁，无污迹、无破损，熨烫平整，折叠整齐，防止皱折，保持常新状态；要防潮、防霉；有专人保管。布件的大小、尺寸要适当，且色调与餐厅主题协调。

（二）宴会布件配备

（1）窗帘。① 作用。窗帘能起到遮蔽、调温、隔音和装饰美化等作用。窗帘的色彩、质地、高低宽窄形状应与宴会厅房环境相匹配，可通过加长、加宽窗帘等方法来改变室内窗户过小而造成的局促感。② 构造。窗帘分内、外两层与附件。窗帘应配套完善，有窗幔（应与内窗帘采用同一面料制作，线条柔和流畅，配有精美的窗帘杆，两端设计为精致豪华的艺术造型）、窗圈、帘襟带、帘襟衬布、饰带、饰穗和配重物（圆形金属重物或铅粒绳）、各种挂钩、掀帘用的挽带、帘栓、掀帘饰纽、拉帘用的张力装置和拉帘手柄等。③ 色彩质地。外窗帘：防止阳光暴晒并遮挡室外视线，面料为薄型或半透明的针织或机织织物，色调以白色为主，也可用淡蓝、淡绿、奶白、浅咖、浅蓝、浅米黄、浅湖绿等色。内窗帘：要求不透明，有隔热、遮光、吸音等性能。面料有棉、麻及各种纤维混纺中厚织物，讲究质地及图案，悬垂性好，宜选用紫绛红、墨绿、咖啡、鹅黄、灰色等较深色彩。④ 改变窗帘颜色的方法。更换内外层窗帘；选用内层浅色窗帘，外加彩色灯光照射；打开窗帘借用外部城市灯光；用窗花来装饰窗户；在窗帘上进行装饰，如蝴蝶结、布幔、彩带或者彩色气球等。⑤ 安装。应挂吊牢固，密闭、平整、灵活、开启方便，无脱钩、破损，清洁美观。

（2）帷幔。以大幅棉质、丝绸质、纱质等布件缝制成帷幔来装饰墙壁、镜框、窗帘、空间等，已成为宴会厅场景与装饰的时尚和趋势，与其他布件配合装饰，营造出一种轻柔飘逸的意境。

（3）台布垫。高档筵席台面要铺台布垫，又称台呢，用法兰绒制作，使桌面显得柔软，放置杯盘不会发出声音，减轻银器等贵重器皿直接与台面的碰撞和摩擦。

（4）台布。① 作用。台布是桌面的覆盖物，以墙面、地面及台面为背景的，为台面上的餐具、插花和其他摆件做衬托。② 材质。有绒质、棉布、仿绸、新型合成纤维、一次性塑料布等多种，正规宴会应选用棉布台布。图案有提花、团花、散花、工艺绣花等，使用提花图案较多。长形西餐台或会议桌也可用较厚的织物铺桌毯，图案优美华丽，有很好的装饰效果。③ 色彩。以纯白色为主，干净、大方、整洁，衬托核心产品的质地优良与高贵，其他常见的有乳黄、粉红、淡橙色等。应按照餐厅风格和宴会主题来选择台布的颜色和风格，与主色调保持统一，如表达乡土气息可选择蓝色土布，国庆期间选用红黄相配色调，婚宴主桌可用红色，大型宴会为了突出主桌可选用与其他餐席不同的颜色。各类花色台布（如红白、蓝白、绿白小方格相间的台布，图案有提花、团花、散花、工艺绣花等）的使用，能增加欢乐休闲的气氛，丰富视觉享受，体现餐饮从业人员深谙餐饮文化和时尚风情的审美情趣。彩色台布使用较少，正式宴请中最好不用。④ 形状。有正方形（用于方台或圆台）、长方形（供西餐长台或长会议桌使用）和圆形（用于中餐圆台）。台布要干净挺括。台布大小要根据筵席台面大小、餐桌样式及席面功能与风格来决定。⑤ 规格。铺正方形台布，尺寸为圆台面的直径加 0.5 米，四边垂下长度 0.2～

0.3 米,最短处下垂 0.25 米至椅面,四周下垂均匀;也有按圆台面直径加 1.45 米,下垂部分盖住桌脚,当台裙使用。⑥ 数量。存货量为=桌台数×送洗天数×2+20%备量。

(5)台裙。台裙又称桌裙,围于圆桌或长桌的桌边四周围,遮挡桌子底部以突出桌面示人,表现餐台的庄重、沉稳和高雅。高档豪华宴会的餐桌、酒吧台、服务桌、展示台等必须围设台裙。材质为贡缎、丝绒、绸缎、聚酯牛津等。色彩取暗红、暗绿色或玫瑰色,要深于台布色,是台布到地面的过渡。台裙长度为台面周长加 0.2 米,台裙与台面连接处应是折裥,底部舒放,裙褶有波浪形、手风琴褶形和盒形三种。铺好台布后,沿桌子边缘按顺时针方向将桌裙用大头针、尼龙搭扣或揿钮式夹固定(注意:在不使用时,应取下大头针或夹扣)。华贵的台裙可附加体现民族特色的装饰布件,如印花边、短帷幔、中国结、小流苏、蝴蝶结等。然后加上滚边,遮住台裙夹。洗涤后沿台裙的边缘整齐小心地以一定的宽度折拢,然后用专用的台裙架挂在通风处保存。

(6)装饰布。装饰布是斜着铺盖在正常台布上的附加布巾,除可装饰美化台面、烘托餐厅气氛外,还能保持台布的清洁。规格为 1 米×1 米或大小与台布面相适应。由正方形桌面拼接成的长方形餐桌必须加铺首尾相连的数块装饰布。圆桌装饰布要覆盖整个台面,铺设角度与台布相错或四边平均下垂贴于桌裙前。装饰布的颜色宜用大红色、绿色、咖啡色,与台布颜色形成鲜明的对比。美国国民的国旗意识非常强,在庆祝独立日期间,人们将台布设计成白底红条纹相间,将装饰布设计成蓝底衬托一颗颗整齐排列的白色小五角星,这样便将美利坚广袤的疆域和传统的民族精神一览无余地表现在了餐桌上。

(7)口布。① 作用与特点。口布又称餐巾、茶巾、席巾,是卫生保洁用品。客人用餐时,把口布铺在腿膝上、搭在胸前,或把口布一角压在骨盆下面,用来擦嘴和防止汤汁、油污、酒水玷污衣服遮身之用,也可在员工服务时用来护酒、擦酒瓶等。口布经折叠后成为餐巾花(详见项目六餐巾花的知识)。② 色彩与材质。口布的颜色可根据餐厅和台布的主色调选用,力求和谐统一。传统、正规的口布是白色,丝光提花口布能突出宴会的规格和档次。如意大利餐厅选用白色的台布、绿色的装饰布和大红色的餐巾,这三种颜色正是意大利国旗的颜色,表现了独特的文化氛围。口布材质以纯棉和混纺两种为主。③ 规格与数量。一次性使用的"的确良"薄型或纸质口布规格是边长为 0.35 米的正方形,成本较低,常用在快餐和团队餐厅;正餐宴会口布边长为以 0.51 米或 0.61 米见方最为适宜。规格较小的餐巾称为鸡尾酒巾。口布、小毛巾存货量=宴会厅全部客满人数×3×洗涤天数+20%备量,如就餐人次数高于餐位数或规格较高的宴会需要增加布件的品种和数量。

(8)围嘴。围嘴是在西餐服务过程中,为体现与国际接轨的规范化、程序化和标准化的服务,在客人进食龙虾、意式面条、烧烤、铁板烧等菜肴时,由服务员协助客人系在胸前的保洁布巾，以防酱汁、油污溅染衣物。围嘴颜色艳丽，与餐桌台布、装饰布、餐巾等协调一致，根据餐厅特点，围嘴可设计一些特色图案，如海鲜馆设计有螃蟹、龙虾图案的围嘴，以增加用餐者的乐趣。

（9）椅套。① 餐椅椅套。高级木质餐椅以木质原色或棕红色为主，显示出豪华与富丽堂皇；普通木质或钢质餐椅可用椅套装饰。椅套颜色应和宴会厅主题色匹配，背面用色彩鲜艳的条带、蝴蝶结、流苏、彩绳加彩穗、彩绳加中国结等饰物进行装饰。② 沙发披巾。既对沙发起到保护作用，同时富有艺术性。铺设位置是易脏易坏的头和手的接触部位。常用织物有镂空绣花、十字花、扣花等。铺法有平直法（特点是端庄）和对角法（特点是富有变化）。

（10）其他小布件。① 巾垫。一是用于各种橱柜表面，既保护橱柜表面，又衬托艺术摆件；二是用于西式餐厅、快餐厅客人餐桌上，放置一块衬垫，起到高雅、卫生与宣传作用。材质有一次性纸质的，有多次使用的织物垫，常印有花纹和酒店标识。② 小毛巾。供客人就餐时清洁之用。③ 托盘垫巾。用以保持托盘干净、美观，并防止滑动。④ 服务布巾。供服务员服务（如斟酒）时使用。⑤ 筷套。通常使用辅助色，在筵席中起到画龙点睛的作用。

任务三　餐具类物品配备

【案例2-2】北京饭店——推出"开国第一宴"

北京饭店中华礼仪厅举办的"开国第一宴"于国庆50周年前夕揭开神秘的面纱。走进北京饭店东楼大厅，便会被那对汉白玉华表和高悬在礼仪厅门楣之上的红匾金字"开国第一宴"所吸引。宽敞明亮的餐厅内，巨幅毛泽东、刘少奇、周恩来、朱德的照片以及按20世纪40年代风格设计的幕帐仿佛使人步入时间隧道，50年前的庆典盛况浮现眼前。

1949年"开国第一宴"盛大宴会是由北京饭店淮扬菜厨房承担，宾客对宴会菜点给予了高度评价，从此，北京饭店的淮扬菜名声大振，而北京饭店也成为国家宴会首选之地。北京饭店早有将这一盛宴菜点精华加以整理奉献给广大宾客的夙愿。1999年适逢建国50周年，该店隆重推出"开国第一宴"，以此美食唤起人们对逝去岁月的美好回忆。这不仅是向国庆50周年献上的一份厚礼，也是对中华饮食文化的一个贡献。为把这次活动组织好，该店餐饮部先后走访了当年为这次盛宴服务的退休厨师，收集整理了宝贵资料。在宴会布置与陈设上，尽量恢复使用当年北京饭店的家具和器皿。老一辈国家领导人曾用过的皮椅、沙发、茶几等给宴会厅带来了独特的时代氛围。连日来，品尝过"开国第一宴"的客人无不交口称赞。一位老先生说，时代不同了，如今人们不再为吃喝而发愁，但此宴朴实显其外，华贵含其内，其形、其味似曾相识，但又如隔世，真乃世上无二家。

（资料来源：饶勇. 现代饭店营销创新 500 例[M]. 广州：广东旅游出版社，2000.）

（一）餐具知识

1. 餐具

（1）餐具作用。餐具是就餐进食时使用的工具。从古至今，一部中国饮食史就包含了一部中国餐具史。餐具的发展包括了石器、陶器、青铜器、铁器、金银器、漆器、瓷器、不锈钢器等各种质器，每种质器都具有时代的美，独特的造型、鲜艳的色彩、精美的纹饰以及三者之间精致的组合，令人赞不绝口。一套制作讲究、美观淡雅、搭配合理的餐具对美味佳肴有烘云托月之功效，给人以赏心悦目之感。宴会餐具配备应视酒店星级高低和接待规格（尤其在接待国外贵宾时）而定，正确选择相应的餐具品牌，既显示接待规格，又反映管理者的专业水平。

（2）餐具类型。① 按用途分。餐厅使用的食具、饮具（又可分为酒具和茶具，酒具按其用途可分为酒杯、酒盅、暖酒杯等）；厨房使用的盛具、炊具。② 按材质分。有瓷器、陶器、玻璃、木质、塑料、竹质、漆质、骨牙、玉石和金属餐具等多种。食具、饮具以瓷器为多，酒具以玻璃器皿为多。

2. 金属器餐具（常用于高档宴会）

（1）银餐具。有纯银和镀银两种，以镀银餐具为主。有西式传统、西式现代、中式龙凤、中式现代等款式。西式餐具有刀、叉、匙、衬碟、茶壶、咖啡壶、沙司盅、盐和胡椒瓶、自助餐盘、保温炉、冰桶、酒篮、花瓶、烛台等；中式餐具有看盆、勺、银头筷、筷架、刀、叉、匙、翅碗座、菜盘座、菜盘盖、大小公勺、公筷架、温酒壶、席位架、银毛巾碟、烟灰盅、台号架等。银餐具在潮湿的空气中易与二氧化硫和水蒸气产生化学反应，会变黄甚至发黑，所以必须定期抛光，并妥善保管储存。

（2）不锈钢餐具。其特点是防划、耐磨、卫生，不易失去光泽，不会生锈。新型玻璃面不锈钢餐具光洁明亮平滑，乍一看与银餐具相似，然而售价却不到银餐具的五分之二。分辨方法是，把手指纹印在器皿上面，如果指纹清晰可见，那便是银餐具（所以操作时要戴白手套）；如果不留任何指纹，便是不锈钢餐具。

（3）合金铝餐具。

3. 瓷器餐具（最为普遍，品种繁多，花色优美）

（1）按用途分。有碟（底平而浅的盛菜肴或调味品的餐具，多为圆形，比盘子小）、盆（口大底小、盛放较多东西或洗涤的用具，多为圆形）、盘（扁而浅的餐具，多为圆形，比碟大）、碗（盛食物或饮料的器皿，口大而深，多为圆形）、杯（盛饮料或液体的器皿，口深，多为圆形）、勺（有柄的可以舀东西的器具）、匙（舀汤用的小勺子）、盅（饮酒或喝茶用的没有把的杯子）、盂（盛装液体的大口器皿）、壶（口小腹大的盛装液体的容器）、托（承托器物的东西，如托盘、小毛巾托）等。

（2）按边形分。有平边、绳边和荷叶边等。

（3）按边色分。有镀金边、镀银边、孔雀蓝边、黄边、蓝边和白口边等。

（4）按规格分。餐具规格大小，业内习惯称"寸"（实为英寸，1寸等于2.54厘米）。瓷器规格，10寸以下以1寸为增加单位，10寸以上以2寸为增加单位。

（5）按花色分。有纯白瓷（最常用）、青花瓷（又称青花玲珑）、粉彩瓷等。色彩鲜艳的瓷器可提高视觉享受，增添用餐乐趣，但应注意其铅质和釉彩的安全卫生问题。酒店如有几个餐厅，每个餐厅用一种与其他餐厅不同的瓷器效果会更好些。

（6）按釉色分。① 釉上彩。品种较多，色泽鲜艳。用金属色料与助熔剂的混合物及制成的画纸，高温烧结在陶瓷的釉面上。画面外露，光亮度较差，受酸性物腐蚀时会溶出铅镉等有毒元素。② 釉下彩。在坯体上进行白、青、黄、绿、蓝、红等色彩绘，然后施一层透明釉，最后釉烧而成。③ 釉中彩。新兴技术，在瓷釉烧成后，按釉上彩方法加彩绘制，再经高温快速烧成。画面细腻，价值较高，也较安全卫生。

（7）按质地分。① 骨质瓷。制作时在瓷土中加入30%以上的食草动物骨粉，色泽呈自然乳白色，质地轻巧、细密坚硬，不易磨损及破裂，有适度的透光性、保温性，是世界公认最高档的瓷种。② 镁质瓷。瓷质细腻乳白、薄胎半透明、有脂肪光泽、手摸有滑腻感，呈片状结构，不易粉碎。③ 日用精陶。新开发的高档陶器，既保留了陶的优点又继承了瓷的特征。釉面针孔少、光泽良好、保温性强、制品变形小、规格平整、质地较轻，便于蒸汽消毒、机械洗涤与微波炉加热。各种瓷器特性比较如表2-2所示。

表2-2 瓷器、强化瓷和骨质瓷的比较

项　　目	一　般　瓷　器	强　化　瓷	骨　质　瓷
色彩	白中带灰	纯白	奶白而通透
釉彩	素淡	素淡	鲜艳
厚度	最厚	中等	最薄
纯度	容易碎裂	坚固耐用	不易破碎
价格	最低	中等	最贵
使用率	占50%	占35%	15%

4. 世界品牌餐具简介（刀叉类见表2-3、瓷器类见表2-4、玻璃器皿类见表2-5）

表 2-3　金属刀叉类著名餐具品牌

名　称	特　点
克利斯脱夫（Christofle）	法国生产，五星级酒店使用。世界顶级品牌之一，通常在总统套房内的餐厅与豪华宴会厅内使用，以银器为主
桑堡纳（Sambonet）	意大利生产，五星级酒店使用。此品牌的餐具款式是最新潮的，款式设计能力很强
鲍尔齐（Broggi）	意大利生产，五星级酒店使用。该产品全在意大利精心制造，用镍银合成电镀或电镀不锈钢，每款都是顶级设计，耐用及终生保用。其产品为世界各地著名高级酒店选用，如佛罗伦萨的 Grand Hotel、迪拜七星级酒店等
贝阿（Beard）	瑞士生产，五星级酒店使用
WMF	德国生产，五星级酒店使用。老牌品牌，产品质量一流，经久耐用
班道夫（Berndorf）	德国生产，四、五星级酒店使用
比利范克利（Briefanker）	德国生产，四、五星级酒店使用
圣安淇（St Andrea）	意大利生产，四、五星级酒店使用。意大利老牌品牌。餐具款式用世界著名音乐家的姓名命名，很有特色
梅派拉（Mepra）	意大利生产，四星级酒店使用
阿贝特（Abert）	意大利生产，四星级酒店使用。中档品牌，价格实惠
幸运（Lucky）	中国张家港幸运金属工艺品有限公司生产的"幸运"牌金银器餐具以手工制作最为出名，款式较多，已跻身世界级的著名餐具品牌，为众多五星级酒店使用。该公司为上海 APEC 会议、阿联酋公主 6 000 人婚宴、人民大会堂接待各国总统定制了金银餐具，是上海"世博会"接待用金银餐具的供应商，得到各国元首和各大酒店的一致好评

表 2-4　瓷器类著名餐具品牌

名　称	特　点
柏那度（Bernardaud）	法国生产，五星级酒店使用。19 世纪以来，不少欧洲宫廷（如俄国沙皇、Engenie 女皇、法国拿破仑）都选用柏那度餐具款待贵宾
洛森泰勒（Rosenthal）	德国生产，五星级酒店使用。世界顶级名牌，屡获殊荣，瑰丽不凡，色彩鲜艳。均为当代知名艺术家精心杰作，现代设计、限量发行，颇具收藏价值
维奇沃德（Wedgwood）	英国生产，五星级酒店使用。被英国皇室选用，以"皇后御用陶器"闻名。1902 年罗斯福总统白宫之宴、1935 年玛丽皇后号豪华邮轮首航、1953 年伊丽莎白女皇加冕典礼的三场世纪著名盛宴中，Wedgwood 皆以其精致的骨瓷餐具参与其中
皇家哥本哈根（Copenhagen）	丹麦生产，五星级酒店使用。传统北欧手工工艺融合东方瓷绘风格，独特而典雅的造型设计，是丹麦引以为傲的国宝

续表

名　　称	特　　点
诺里塔凯（Noritake）	日本生产，五星级酒店使用。学习中国景德镇传统烧制方法，引进欧美生产技术，产品多走高端路线，造型及花色采用传统及典雅的设计
维力瓦·波希（Villeroy&Boch）	法国生产，五星级酒店使用
维勒林·波赫（Willing&Baocher）	德国生产，五星级酒店使用
赫狮琴劳爱特（Hutschenreuther）	德国生产，四星级酒店使用。德国老牌瓷器品牌
皇家道尔顿（Royal Doul Ton）	英国最大骨质瓷出口制造商生产，三～五星级酒店使用。有多个品牌，其中劳爱、克劳、达皮是最老的牌子，明顿以镀金宴会餐具闻名，广受世界各王室喜爱，至今全世界的英国大使馆仍使用它们的瓷器
红玫瑰（Red Rose）	中国唐山生产的高级骨质瓷，广泛用于五星级饭店及国家外事部门。产品通过欧洲餐具卫生检验，符合国家 GB12651 标准。金边、金花全部由 24K 纯金制成，釉中彩不含铅，对人体无毒副作用，是真正的绿色瓷具。1997 年被选定为香港特首官邸用瓷，1999 年被选为澳门回归宴会用瓷和中南海及国庆 50 周年大庆天安门城楼观礼用瓷

表 2-5　玻璃器皿类著名餐具品牌

名　　称	特　　点
克利斯达利·达克斯（Cristallerie Arques）	法国生产，世界顶级品牌。五星级酒店使用
阿克洛克弓箭（Arcoroc）	法国生产，目前国内四星级酒店使用较广
肖脱·滋维泽尔（Schott Zwiesel）	德国生产，以无铅水晶著名，晶莹剔透。它的宴会型系列很适合四、五星级酒店使用
波密尔利·洛克（Bormioli Rocco）	意大利生产，四、五星级酒店使用
克利斯·特纳（Crysterna）	意大利生产，四、五星级酒店使用
利比（Libbey）	美国生产，款式较多。目前国内四星级酒店使用较广

（二）餐具配备原则

1. 符合宴会性质

（1）符合宴会主题。婚宴选择龙凤、玫瑰、红色大理石花纹等喜庆花色，寿宴选择万寿无疆、黄色粉彩龙形的吉祥花色，商务宴选择金色、铂金色来显示富贵大气。

（2）符合宴会规格。应根据酒店星级、宴会档次、顾客需要来确定客用餐具的规格与数量，普通宴会配四件头（骨盆、筷子、汤碗和汤匙、水杯），质地制作一般；中档宴会配七件头（除四件头外再加筷架、匙架、白酒杯），质地制作较好；高档宴会配八～十一件头（除七件头外可加看盘、红酒杯、小毛巾托、味碟和味匙等），质地制作精致。

（3）符合筵席风格。为追求筵席独特风格，可配置特质、特型器具。如药膳宴选用宜兴的紫砂餐具，明代风情宴选用景德镇的青花胡桐，西北风情宴选用青花玲珑；各种主题筵席可选用别致的火锅、汽锅、锅仔、砂锅、瓦罐，各种材料制成的竹筒（竹筒米饭）、铁板（铁板里脊）、木船（龙丹牛蛙）、玻璃煲（水晶鱼肚煲）等餐具。随着菜系的交叉融合和菜肴创新的发展，玻璃餐具、新型材质餐具纷纷上桌，竹排、竹席、竹桶、木桶、藤筐、瓷瓮等盛器也伴随山珍菜、土品菜登上金碧辉煌的五星级宾馆的餐桌。

2．符合菜点特征

一桌筵席菜点品种多样，食器色彩缤纷，席面佳肴耀目、美器生辉。清代袁枚《随园食单》"器具须知"中写道："古语云：美食不如美器。斯语是也。……参差其间，方觉生色。大抵物贵者器宜大，物贱者器宜小；煎炒宜盘，汤羹宜碗；煎炒宜铁铜，煨煮宜砂罐。"

（1）盛器样式符合菜点特点。不同菜肴选配与之适应的餐具，如冷菜用圆盆或腰盆，开味小菜用小碟，冷菜用平盘，热炒用深盘，汤菜、煨菜用汤煲、烫盅，整鸡全鸭的汤菜用砂锅。爆炒菜，汤汁少，用小平盘；熘、烧烩菜或多汤的菜（如煮干丝、炒鳝糊），汤汁宽，用窝盘；整鱼菜用椭圆盘，整只鸡鸭菜用深斗盆或瓷品锅；汤菜用莲花海碗。

（2）盛器形态符合菜点形状。菜点形状有片、丁、丝、条、块、段、茸、末、粒、花，原料本身形状，如全鱼、全鸡、整虾等，不同形状的菜点应配置相应的餐具。盛器如果具有一定形状（如仿动物、植物形态），装盛的原料最好与之呼应，如造型工艺菜，玉扇冬瓜配腰圆形盘或扇形盘，灯笼鱼米配圆平盘，全鱼配鱼形盘。

（3）盛器大小符合菜点分量。平底盘、汤盘（包括鱼盘）中的凹凸线是"最佳线"，盛菜时，以菜不漫过此线为佳。全鱼或其他整形菜，配置的餐盘要做到"前不露头，后不露尾"。菜点分量与盛器大小，既不能"小马拖大车"，菜肴缩于器心，干瘪乏色，令人感到分量不足；也不要"胖官骑瘦马"，汤汁漫至餐具边缘的菜肴，使人觉得拥挤压迫，无法感到"秀色可餐"。

（4）盛器色调符合菜点色泽。餐具与菜点宜采用"岔色"配色方法。搭配规律是：冷菜和夏季宜用蓝、绿、青色菜盆，热菜、冬令菜和喜庆菜肴宜用红、橙、黄、赭等暖色菜盆。白色餐具宜盛装红色、绿色、金黄等深色的菜点；青花、红花餐具宜盛装白汁鱼丸、滑炒虾仁等白色菜肴。切忌"靠色"，如将绿色蔬菜盛在绿色盘中，既显不出青蔬的翠绿，又埋没了盘上的纹饰美。单一色泽的菜选用带花边的盛具，花色菜可用白色或与花色菜相协调的花边盛器。现代筵席使用统一纯白色泽餐具，可采取围边或点缀来加以衬托。

（5）盛器品质符合菜肴档次。原则是"门当户对"，高档筵席或价值昂贵的菜肴（如鱼翅、燕窝等）应配置高档次的餐具（如银餐具、高档骨瓷餐具等），不要高档菜点配用低档餐具、低档筵席使用高档骨瓷餐具、银餐具，使人感到不伦不类、不专业。

3. 符合美学原理

食具之美是为菜肴服务的，不可喧宾夺主，应做到菜、器相应，双辉并艳。一桌筵席的餐具要规格档次一致、质地花纹一致、形状色彩一致，不能杂乱无章。花纹颜色与宴会厅主题吻合。酒水与酒杯要配套。菜肴装盘时不宜太满，留有空间，既能使餐具的边饰、花纹、质地充分展现美感，又能对冷盘、热炒设置围边盘饰。有时在烫煲和菜碗下边垫衬盘碟，既起防烫、易递送的作用，又起扩大菜肴立体空间、充分展示食具的作用。

4. 符合管理要求

餐具要消毒、保洁、安全、卫生，做到光、洁、干，尤其是银餐具、不锈钢餐具要光洁明亮、无污损与锈迹。摆放整齐、取用方便，将擦拭干净的餐具按不同种类整齐摆放在大托盘里备用，将各种玻璃器皿、瓷器分类整齐摆放。餐具不能有破损、有缺口，更换的餐具应与原配餐具规格型号统一。根据每场宴会菜肴数量、赴宴人数列出所需各类餐具、酒具及用具的种类、名称和数量，并备有不低于总数20%的备用餐具。

（三）筵席餐具配备内容

1. 筵席餐具配备

（1）骨盆。又称骨碟、骨盘、布碟、忌司盆、卫生盘或接食盘。它是宴会中摆在客人面前供个人使用的、数量最多、损耗最大的一种瓷盆。高档筵席每上一道菜，均需更换此盆；一般筵席也会视情形来换盆一两次。规格为5~7寸的平盆，形状有有边平盆和无边凹盆（又称戈盘，底平口直连体，盘边向上），盆边有平圆边和荷叶边两种。骨盆配备数量=宴会厅客满的客人数×通常宴会菜的道数+20%备量。

（2）筷子、筷架。根据筵席档次选用不同质地、不同档次的筷子。每人1双，另配公筷，置于筷架之上。配备数量=宴会厅客满的客人数+10%备量。

（3）口汤碗。供喝汤、装烩菜、甜汤使用，内放小勺替代勺托。规格为3.5寸，现在流行4寸和4.5寸。按形状可分为庆口碗（碗口稍敞，似喇叭形）、直口碗（直上直下）、罗汉碗（比直口碗略高些）。配备数量=宴会厅客满的客人数×3。

（4）饭碗。规格为4.5寸或5寸，如果口汤碗为4.5寸，两者可通用，配备数量可减少。配备数量=宴会厅客满的客人数×2。

（5）汤勺。又名调羹、汤匙。勺身为椭圆形，有分汤用的公勺（全长约0.22米）、大汤勺（全长约0.14米）、2号汤勺（全长约0.13米）、3号汤勺（全长约0.12米）、4号汤勺（全长约0.1米）、5号汤勺（全长约0.08米）等多种。每客使用的汤勺的大小选配视口汤碗的大小而定。数量按口汤碗数量来配备。

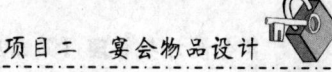

（6）看盆。又称装饰盆，规格按骨盆大小放大 2～3 寸。高档筵席每人 1 只，席中一般不更换。看盆档次要高，应与宴会厅环境相匹配；款式与花纹可与整套餐具不同，但要匹配协调。包间较多的酒店，每个包间的看盆款式与花纹可各不相同，给客人以多样感。看盆配备数量=宴会厅客满的客人数+10%备量。

（7）6 寸盆。用于"各吃"的餐具。配备数量=宴会厅客满的客人数×2+20%备量。

（8）8 寸盆。用于装点心、水果。配备数量=宴会厅客满的客人数×2。

（9）10 寸盆。在自助餐宴会中是主要的餐盆，在西餐宴会中是主菜盆。在大型宴会中可替代装饰盆。配备数量=自助餐宴会客满的客人数×3+10%备量。

（10）其他公用盆。其他公用盆包括造型彩盆、拼装独盆、拼盆、热炒菜盆、大菜盆、炖盆、煲、铁板、火锅等。这些菜盘都有不同的规格尺寸，盛放相应的菜点。

（11）味碟。放调料用。① 各客味碟，选用 2.5 寸规格。底平口直，有圆形、方形、双格形、三格形等形状。数量=每人份调味品种数量×宴会全部客满的人数。② 公用味碟。如使用两种调料，用 4 寸双格形的大味碟。配备数量=全部桌数×4+20%备量。

（12）玻璃碗。规格为 4～5 寸，用于装冰激凌、甜汤、冷餐会小吃及作洗手盅用。配备数量=宴会厅客满的客人数。

（13）调料瓶、壶。椒、盐瓶，酱、醋壶，配备数量=全部桌数+10%备量。

（14）毛巾托。放置小毛巾。配备数量=宴会厅客满的客人数+20%备量。

（15）盖杯。以大、中、小号来定尺寸，在会议和会客室中使用。配备数量=最多会议人数+10%备量。

（16）茶盅。客人入座后上茶时使用。配备数量=宴会厅客满的客人数+10%备量。

（17）茶壶。配备数量=全部桌数+20%备量。

2．筵席酒具配备

（1）中式酒杯。① 水杯。也称啤酒杯，是宴会使用最多的一种杯具，用于盛装啤酒、矿泉水、汽水、果汁等。按形状可分为高脚杯和无脚杯。容量为 10～12 盎司。配备数量=宴会厅全部客满的客人数×2+20%备量。② 烈酒杯。又称立口杯，用以盛装烈性酒。有无脚瓷酒盅、高脚瓷酒杯、玻璃无脚酒杯、高脚玻璃酒杯，大小形态各异。配备数量=宴会厅全部客满的客人数+20%备量。③ 黄酒杯。又称暖酒杯，中国特有的喝黄酒的专用杯。双层结构，外层放热水，内层倒黄酒，起到加温与保温的作用。质地有瓷器与紫砂两种。数量按酒店需求定。④ 其他酒具。如公酒杯（喝白酒时为示公平，每人 1 只，作为平分白酒的酒具）、黄酒壶（添加黄酒时使用的专用酒壶）。数量视实际情况而定。

（2）西式酒杯。酒杯的名称和其容量的参考数据：高脚葡萄酒杯 5～6 或 3～8 液量盎司，德国葡萄酒杯 6～8 液量盎司，郁金香香槟杯 6～8 液量盎司，阔口香槟杯 6～8 液

量盎司，各种鸡尾酒杯 2～3 液量盎司，雪莉酒和波特酒（Port）杯 4.7 厘升，高球杯 8～10 液量盎司，高脚啤酒杯 10～12 液量盎司，带柄啤酒杯（生啤杯）10～12 液量盎司，白兰地杯 8～10 液量盎司，烈性酒杯 2.4 厘升，平底无脚酒杯 28.40 厘升，单柄大啤酒杯 25 和 50 厘升。（说明：1 液量盎司约等于 28 毫升；1 厘升等于 10 毫升）

3．标准筵席配置餐具、酒具与用品的品种与数量

（1）筵席个人席位餐具。骨盆、筷子及筷套、筷架、汤匙、匙垫、汤碗、餐巾、白酒杯、啤酒杯、葡萄酒杯、调味碟。

（2）公用餐具及其服务用具。公筷及筷架、公勺、牙签盅、花瓶、台布、台号牌、烟缸、火柴、托盘、起盖扳手、骨盆等。

（3）筵席餐具数量。台布 1 块，台裙 1 条，餐巾 10 块，看盆 10 个，骨盆 10 个，筷子架 10 个，筷子 10 双，匙垫 10 个（或汤碗），汤匙 10 把，水杯 10 个，红葡萄酒杯 10 个，白酒杯 10 个，公勺 4 把，公筷架 4 个，公筷 4 双，牙签盅 1 个，椒、盐瓶各 1 个，酱、醋壶各 1 把，烟灰缸 2 只。共计 121 件。

（四）厨房餐具配备内容

1．按形状分类的厨房餐具

（1）平盆。规格有 5～32 寸达 16 种之多，10 寸以下每隔 1 寸一个档，10 寸以上每隔 2 寸一个档。5 寸、6 寸平盆作冷菜小碟用，7～9 寸平盆为干点心使用，10 寸以上平盆作拼盘或炒菜用，14 寸、16 寸平盆作花色冷盘、盛装大菜，也可作垫盘用。

（2）凹盆。又名窝盘、戈盘。盘边稍高而盘深，规格有 5～12 寸共 8 种。盛装烩菜、卤汁、芡汁较多的烧、焖、扒等菜点。

（3）腰圆盆。又叫鱼盘盆、长盆。形呈椭圆，有深腰圆盆和腰圆盆两种。规格从 6～32 寸有 14 种之多。10 寸以下用作盛装爆、炒、烧、炸菜，12 寸用于盛装全鱼、全鸡、全鸭、烤乳猪等整形菜，14 寸以上用作有雕刻装饰的菜肴。

（4）异形盆。为突出表现菜肴而用，近年来较为流行。形态很多，不胜枚举。平盆用于炒菜类，凹盆用于扒菜和造型菜。

（5）盖碗。又名卫生碗，底平口直，略有些喇叭形，配有盖子，规格有 6～14 寸等多种。6～8 寸用于冷菜，或各吃的鱼翅、鲍鱼、海参等高档菜，或替代凹盆使用。

（6）铁板。由生铁铸成的椭圆形的盆子。使用前先将铁板烧烫，然后垫上一层洋葱片，再铺上烹调完毕的原料，如牛肉片、大虾、肉串等，上席后浇上兑好的卤汁，热气蒸腾，吱吱作响，能增添席面欢乐气氛。

（7）锅类。① 火锅。又称暖锅。类型多样。② 仔锅。质地有铜质、铁质和不锈钢质等，大小不一。近年来新出现了采用固体燃料或乙烷汽罐、带有保温作用的锅。③ 砂锅。有普通陶质砂锅与紫砂锅。按大小分,4号为小型砂锅;2号、3号为中型砂锅;1号和特号为大型砂锅。可炖、焖不同原料的菜肴。④汤锅。又称品锅。按大小分,1号汤锅直径约10寸,2号汤锅约9寸,3号汤锅约8寸,4号汤锅约7寸。因其厚实、有盖、保暖性能好,冬季用作盛汤菜。⑤气锅。形似砂锅,上有盖,锅中有一孔管。用于烹制炖品,如"气锅炖鸡""气锅炖鸭球"等。⑥煲仔锅。炊具与用具相结合的,与砂锅相同但较浅的锅。用于烩、烧等带有较多汤汁的菜肴,起到很好的保温作用,菜肴上桌后还能保持沸腾的状态。

2.按功能分类的厨房餐具

(1)冷菜盆。6寸平盆或6寸盖碗,装冷菜用。配备数量=全部桌数×8+20%备量。

(2)炒菜盆。12~14寸平盆,厨房的主要菜盆,做炒菜用盆。用量较多,配备数量=全部桌数×宴会炒菜的道数+20%备量。

(3)热菜盆。14~16寸平盆,配备数量=全部桌数×宴会大菜道数+20%备量。

(4)烩菜盆。10~12寸凹盆,配备数量=全部桌数×2+10%备量。

(5)鱼盆。14~16寸腰圆盆,配备数量=全部桌数×2+10%备量。

(6)点心、水果盆。16寸平盆,配备数量=全部桌数×2+20%备量。

(7)自助餐菜盆。18~22寸平盆,配备数量=菜品道数×2+20%备量。

(8)炖盅。配备数量=宴会全部客满人数+10%备量。

(9)汤锅。配备数量=全部桌数×2。

(10)其他。其他厨房餐具视宴会菜肴而定。

3.一桌中式筵席餐具配备品种与数量

(1)冷菜。彩碟用14~18寸的平盆;围碟用4~8只6寸的腰盆;独碟用4~6只7寸的平盆;双拼冷碟用4~6只8寸的腰盆;三镶冷碟用4~6只9寸的腰盆;什锦拼盘用10~12寸的平盆。

(2)热菜。热炒用2~6只8~9寸的平盆;大菜用5~9只10~16寸的平盆、腰盆、方形盆与窝盆;汤羹用中汤碗(装甜汤)和大汤碗(装座汤);炖盆用1~3号炖盆。

(3)点心、水果。干点用8~10寸的平盆;水点用小汤碗或中汤碗;蜜脯用3~4寸的高脚盆;水果用8寸的平盆或高脚盆;炒花饭用10寸的窝盆;面条用大号汤钵。

(五)西式餐具配备内容

1.西式餐具种类

西式餐具没有餐厅用具(食具)和厨房用具(盛具)之分。西式宴会的特点是"吃什么菜点配什么餐具,吃什么菜点喝什么酒水,喝什么酒水用什么酒杯"。

(1)小盆。规格为8~10寸,传统为8寸。用于冷盆、热开胃菜、副菜、甜品和水果。

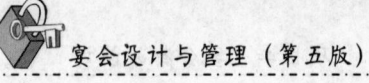

（2）面包盆。又称忌司盆，规格为6～7寸，传统为6寸。用于盛装面包。

（3）看盆。规格有11寸、9寸（11寸、9寸的看盆另配有银器圆盖帽，大于底盆1寸左右）、7寸等，造型有圆形、方形、三角形，图案有中式、西式之分。按筵席档次配用银看盆时，必须配套使用每人份勺、筷架等其他银器。

（4）汤盆。形式较多，主要有：① 凹盆类。传统汤盆，规格8寸，有带边与无边两种。② 汤碗类。新颖盛汤餐具，规格6寸，有有耳与无耳之分。③ 杯类。将咖啡杯用于盛装鸡茶、牛茶（一种英国式的清汤）。

（5）大盆。圆的平盆，规格为10～12寸，传统为10寸，用于主菜。

（6）其他盆。用于特色副菜。① 长腰形的烤斗，用于焗鱼、焗虾等。② 长腰形带盖的陶瓷盅，用于烩的野味类菜肴。③ 带小凹圆的圆形盆（蜗牛盆），用于烙蜗牛、烙蛤蜊。

（7）小刀、叉。正式宴会中的小盆、冷盆、自助餐宴会使用的主要刀叉。配备数量=宴会厅全部客满人数+10%备量。

（8）大刀、叉。又称正餐刀、叉。用于西式宴会吃主菜时使用及服务员分割菜肴。配备数量=宴会厅全部客满人数+10%备量。

（9）鱼刀、叉。西式宴会吃鱼、虾类菜肴时，配套使用。配备数量=宴会厅全部客满人数+10%备量。

（10）水果刀、叉。西式宴会上水果时一定要上水果刀叉。配备数量视服务规格而定。

（11）派菜勺、叉。又称服务勺、叉，服务员为客人分派菜点的工具；在自助餐宴会中是客人夹菜的工具，每盆菜都要跟上。配备数量=全部桌数×3。

（12）点心勺。配备数量=宴会厅全部客满人数+10%备量。

（13）小点心勺。最后的甜品勺，配备数量视菜式而定。

（14）咖啡杯、底盘。配套使用。咖啡杯按不同的用餐时间来选用，早晨用大号、中午用中号、晚上用小号。配备数量=宴会厅全部客满人数+10%备量。

（15）公勺、架。用于中餐宴会的铺台。配备数量=宴会厅全部桌数×4+10%备量。

（16）白脱刀。小型号的餐刀，刀头呈圆形，吃面包时，用以刮白脱油或其他果酱用，现也有用小刀替代的。

（17）牛排刀。刀身细长、刀片较薄的刀，开口刀头带有锯齿，用于吃各种牛排、猪排、羊排等。

（18）汤勺。又称匙。上汤时使用。① 浓汤匙。匙头近似圆形，较深、较大，用于食用奶油汤菜。② 清汤匙。小于浓汤匙，用于食用清汤、蔬菜汤等汤菜。③ 中号匙。匙头稍尖，用于食用甜品，与小叉配套使用。④ 冰激凌匙。这是匙头扁平似铲子的一种小匙，用于冰冻类食品。⑤ 咖啡匙。用于饮茶、牛奶、咖啡、可可等饮料。配备数量视西式宴会情况而定。

（19）糖、奶盅、糖夹。用于放糖、奶的圆盅，有大、中、小之分。

（20）其他餐具。如银大汤勺、沙司匙、台号卡、菜名卡、热煲炉、牛奶壶、咖啡壶、花瓶等。视不同的酒店、不同的客人、不同的产品来进行配备。

2．西式筵席餐具配备

西餐桌上的餐具很多，吃每一样菜点都要选用特定的餐具，不能替代或混用。

（1）龙虾类菜：配热盆（或冷盆）、鱼叉、鱼刀、鱼虾叉、龙虾签、白脱盆、白脱刀和净手盅。

（2）咸鱼子类菜：配冷盆、鱼叉、鱼刀、茶匙、白脱盆和白脱刀。

（3）牡蛎类菜：配冷盆、牡蛎叉、白脱盆、白脱刀和净手盅。

（4）蜗牛类菜：配热菜盆、蜗牛叉、蜗牛夹、白脱盆、白脱刀和净手盅。

（5）水果类菜：配甜点盆、水果叉、水果刀、剪刀、盛冰水的透明碗、香槟酒杯、净手盅。

【思考训练】

（一）研讨分析

【案例 2-3】长城饭店成为"宴会之王"的秘诀

北京长城饭店被行内称赞为"宴会之王"，其秘诀就是"百变不厌、负责到底"。不管主办者有何要求，现场条件发生多大变化，长城饭店都会尽最大努力来满足顾客愿望。

1987 年，长城饭店迎来了时任美国总统卡特赴宴。接待单位是美国联合信贷银行，客户要求在会场摆放三张 24 座的超大圆桌，当时全北京也只有三张这样的圆桌。为了满足主办者的特殊要求，宴会部发动一切关系，硬是从人民大会堂和北京饭店借来了这几张大圆桌。宴会当天，三张超级圆桌分外耀眼，主办者十分满意。

1989 年，长城饭店承办美国总统布什访华宴会，美国使馆和先遣团的官员们对台型设计提出了非常严格的要求。饭店几十名服务员在美国官员的指挥下将几十张桌子和二十多块舞台拼板反复拼摆，整整忙了 6 个小时才基本定型。宴会开始前，主办者又提出将主桌的圆台换成 32 人的长台，其他桌子的位置也作相应变动，几十名服务员再一次又忙碌了起来。

1991 年，长城饭店承接首届世界武术锦标赛的 800 人露天招待会。开宴前天公不作美，下起了大雨。饭店从总经理开始全部紧急出动外借场地，最后在北京饭店举行了空前规模的"外卖宴会"。虽然时间十分紧迫，但员工们克服困难，硬是在两个小时里摆好了台型，备齐了餐具，在开餐前 10 分钟一切准备就绪，菜点也全部运到了现场。"宴会之王"的确名不虚传。

（资料来源：饶勇. 现代饭店营销创新 500 例[M]. 广州：广东旅游出版社，2000.）

讨论：宴会物品管理的重要性。

（二）操作实训

1. 组织学生到一家酒店做调研，了解该酒店宴会部有哪些固定资产与低值易耗品，列出设备用品的明细单（包括型号、数量、报价等内容），并了解该酒店建立了哪些固定资产管理制度？

2. 通过实物或图片资料，能准确识别各种家具、各种布草、各种餐具与厨具的类别、规格与作用。

3. 能正确配备一桌中档筵席或一场宴会所需要的各种餐具与酒具。

4. 以某家酒店的固定资产管理制度为蓝本，拟定一份固定资产管理制度。

5. "兵马未动，粮草先行"。按照五星级酒店标准，制订一份有宴会包间 20 间，面积 1 200 平方米的 1 个豪华宴会厅所需要的家具、布件、器皿餐具和其他用具的类别、规格与数量（含数量、库存与总量）的采购计划。

项 目 三

宴会场境设计

学习目标:

知识目标: 1. 认知宴会场境构成要素与宴会场境设计的基础知识。

2. 认知宴会厅场地、气氛、背景、娱乐设计知识。

能力目标: 1. 掌握宴会厅房、动线通道面积指标。

2. 掌握宴会厅色调与灯光知识、温湿度知识与音响知识。

3. 基本懂得正确选择、悬挂陈设宴会厅房的艺术品。

4. 基本懂得室内绿化的各种方法和花台制作的流程。

5. 基本懂得宴会厅舞台背景的搭建与布置知识。

6. 能正确设计播放宴会厅背景音乐。

【导入案例】

国宴上的军乐团

我国唯一的国家礼仪乐团——中国人民解放军军乐团有一项基本任务，就是在国家庆典与外国元首来访的迎宾仪式和欢迎宴会上演奏。军乐团演奏的串串音符，凝聚着全国人民的心声，传递着与各国人民发展友谊的真诚。1972年2月21日晚，周恩来总理在人民大会堂举行欢迎美国总统尼克松总统的宴会。伴着悠扬乐曲，两国领导人进行着友好的交谈。突然，尼克松的话语停住了，优美熟悉的旋律让总统脸上露出了惊讶而又喜悦的神色，他把目光投向了乐队，原来乐队演奏的是来自尼克松总统家乡的乐曲——《美丽的阿美利坚》、《牧场上的家》和《火鸡在草堆里》。周总理随即亲笔书写了一张字条："请乐队把3首美国乐曲再演奏一遍。"优美的旋律再次在宴会厅响起。1993年12月2日下午，在欢迎来访的乌拉圭总统的仪式上，当演奏完乌拉圭国歌后，准备演奏中华人民共和国国歌的那一刻，来宾队伍中爆发出了热烈的掌声和欢呼声。乐团指挥赶忙示意乐队暂停，待来宾欢呼停止后，乐队又奏响了中华人民共和国国歌。事后，一位乌拉圭来宾特地对指挥说，由于乌拉圭国歌是世界上最长的国歌之一，在外交场合，很多国家的乐队常常只是演奏其中的一部分，没想到中国的乐队这样完整、准确地演奏了全曲，这是中国人民对乌拉圭人民最大的尊重。乐队指挥手中的那根指挥棒虽然短小，但一棒重千钧，这短短的指挥棒仿佛闪烁着情感的火焰，引领着乐队和听众。就是这根普通的指挥棒，为中国带来了许多自豪。有些外国元首在乐队演奏后也忍不住要接过来"比画"几下，这根指挥棒曾经被美国前总统克林顿、英国前首相布莱尔等5位外国元首"使用"过。

（资料来源：王建柱《解放日报》2013年10月2日　　）

模块一　宴会场境概述

任务一　宴会场境构成①

宴会场境是客人赴宴就餐时宴会的外部四周环境和内部厅房场地的陈设布置而形成

---

① 资料来源：方爱平. 宴会设计与管理[M]. 武汉：武汉大学出版社，1999.

的氛围情境，给人造成强烈的身心感受。随着体验经济、感性消费时代的到来，宴会场境氛围对客人就餐心情、员工工作心境以及企业形象等方面越来越显示出特有的作用。

（一）周边环境

宴会环境包括大环境与小环境、宏观环境与微观环境、自然环境和人文环境、外部环境和内部环境之分。宴会所处的特殊自然环境，如海边、山巅、船上、临街、草原蒙古包、高层旋转餐厅等是大环境。当酒店所处的建筑风格、门厅设计等因素与当地自然环境、人文环境及其他建筑物融为一体，起到"锦上添花"的作用，创造一种彼此融洽、相互衬托的环境气氛。周边环境是天成的，要靠人去合理地选择和利用，这就是"借景"。名山胜水的景观、古风犹存的市肆、车水马龙的街景、别具一格的建筑群等，都可成为"借用"的宴饮环境。

【案例3-1】宴会摆到白洋淀边

上至千人，下至30人以上的宴会外卖服务，北京长城饭店都可以提供。某公司要求在白洋淀温泉城举办上千位中外宾客就餐的外卖宴会，为此长城饭店运到白洋淀的食品饮料及物品是"数量空前"：各种肉类1 290千克，蔬菜500千克，鸡蛋150千克，水果150千克，各式蛋糕4 000个，饮料13种共120箱（2 800多听/瓶），餐具共8 040多件套，加上餐桌椅、工作台以及其他设施设备等，这对饭店餐饮部的实力实在是不寻常的考验。

宴会时间不受限制，但一般宴会外卖选在春、夏、秋三季，选择天气晴朗的日子（事先向气象部门咨询），午宴、晚宴均可。如选择晚宴，饭店可以提供所有灯光布置，并有专门电工及保卫负责安全。但由于室外宴会受天气变化影响，选择时间要考虑周到。在宴会外卖服务过程中，长城饭店的五星服务也被"搬"到了户外，这是"鱼与熊掌兼得"的绝妙。客户无论是烧烤，还是鸡尾酒会，或是各国风味美食，饭店均能根据客户要求提供。如果客户还要求饭店提供鲜花、文艺表演（如交响乐、演唱会）、条幅装饰等宴会所需服务，饭店都能够满足客户愿望。

（资料来源：饶勇. 现代饭店营销创新500例[M]. 广州：广东旅游出版社，2000.）

（二）建筑风格

（1）宫殿式。宫殿式的特点是以中国特有的古代皇家建筑风格为模式，外观雄伟庄严，金碧辉煌，富丽堂皇，色彩多以金黄、古铜色为基调，斗瓦角檐、雕梁画栋、彩绘宫灯甚是精美。如北京仿膳饭庄、天津登瀛楼龙宴厅。适合举办高档、豪华的中国传统文化名宴、商务宴与寿宴。

（2）园林式。"廊亭池榭流光景、朱门金漆画栋梁"是我国独具特色的园林式宴会厅形式。

① 风格。一是皇家园林，特点是富丽堂皇、金碧辉煌。二是江南私家园林，特点是小桥流水、曲径通幽、清淡优雅。三是岭南商界园林，特点是琳琅满目、五颜六色。宴会厅房融合在亭台楼阁、假山飞瀑之中，以幽、雅、清、静为特征。宴会厅与园林风格协调，讲究借境扬境，突出幽雅僻静。主色调以中国绿、灰色为主，以宁静雅致为布置特色。

② 形式。一是园林中的餐厅。餐厅坐落在园林之中，似有"开窗面秀色，把酒话春秋"之惬意。以北京颐和园"听鹂馆"、扬州个园"宜雨轩"为代表。二是餐厅中的园林。餐厅中有假山真石、亭台楼阁、悬泉飞瀑，使客人仿佛置身于园林之中。以杭州"天香楼"为代表。三是园林式餐厅。园林与餐厅浑然一体，如大型生态园餐厅。这类餐厅适合举办家宴、文人文会宴、商务谈判宴。

（3）民族式。采用中国各地域、各少数民族的不同文化习俗元素，突出民族特色，体现地域特征，如不同地域特征的楚文化、吴文化、齐鲁文化等餐厅，北方突出浑厚质朴，南方有乡间情趣；又如具有少数民族特色的傣族风味餐厅、伊斯兰风味餐厅等。

（4）现代式。以现代工业化产品材料为基础，以几何形体和直线条为特征，色彩鲜艳、线条流畅、简洁明快，给人以干净利落、舒适豪华的感受，符合现代人，尤其是年轻人的审美心理。现代式餐厅讲究功能和经济，布置余地比较大，中式、西式、中西结合都适宜。

（5）乡村式。也称农舍式，以天然材料装饰，用有乡土特色的工艺品装潢，布置简洁，充满乡土气息。① 中国乡村式。充分体现一个地区传统文化和习俗，如江南水乡民居、黄河沿岸窑洞、沿海地区渔乡、云南傣族竹楼、内蒙古草原蒙古包等。② 国外乡村式。形式多样，突出某一国家的乡村特色。③ 综合式。采用两种或两种以上形式，集各家之长，综合形成一种新的风格形式。

（6）西洋古典式。以西欧风格进行装饰布置，可采用西方古典的罗马式、哥特式、文艺复兴式、巴洛克式、洛可可式，英国式、法国式、意大利式和西方现代风格的新艺术风格、现代主义风格、后现代主义风格等。突出某一国家风格，以吸引追求异域风情体验者。

（7）特殊式。为满足客人的猎奇心理和情感体验，设计各类具有独特魅力的宴会厅房，如高空旋转餐厅、空中餐厅、石头餐厅、列车餐厅、飞机或航母豪华餐厅；书报餐厅、信息酒家、垂钓餐厅、木偶餐厅、绘画餐厅、运动餐厅、足球餐厅、拳击餐厅、野草餐厅、怪味餐厅；甚至有冰屋餐厅、鬼屋餐厅、监狱餐厅、恐怖餐厅、海盗餐厅、吃喝打砸餐厅、绿林好汉餐厅等。

（三）宴会场地

（1）固定不变部分，包括宴会厅空间面积的大小、形状和虚实，天顶、墙壁、地板与宴会厅整体色彩，场地布置格局，室内家具陈设，灯具和灯光，工艺品装饰等。这些装饰和陈设一旦完成，短期内不可能发生变化，不会因宴会主题的需要而随意改变。在建造、装饰宴会厅前要根据酒店经营风格与目标市场精心设计。

（2）临时布置部分。由室内清洁卫生、空气质量、温度高低、灯光明暗、艺术品与移动绿化的布置，以及根据宴会主题临时布置等因素构成。这是宴会场地布置的重点部分，要充分调动和利用大型花卉、绿色植物的点缀和活动舞台、背景花台以及展台的布置。

（四）宴会氛围

【案例3-2】酒店饮食对联倾倒文化客人[①]

某饭店周边是有名的文化区，各主要报社、电台、高等学府云集于此。饭店精心策划构思，极力营造浓厚的对联文化氛围。走进饭店，迎面看见大门口"烹煮三鲜美，调和五味香"的对联。各厅堂门口都有对联，如"饭好菜香早晚便，茶热汤美老人宜""美味可待云外客，香气能引洞中仙""饭菜飘香引来顾客万千，鱼肉有味出自庖师二三""南北烹调闻香下马，东西饭菜知味停车""店有佳肴但可随心拣几样，客爱名酒不妨就此喝一杯""饭菜花样多顾客停留谁肯去，茶酒味道香行人虽走欲重来"等。菜单上有对联，如"自饮自酌只要随时方便，小餐小吃何须频繁成席""喝一碗糖冲米酒豆浆养血，吃个油炸面窝糍粑提神""菜包糖包肉包包您满意，炸饼酥饼月饼饼俱甜心"。餐具上有对联，筷套上用清秀的小楷写着"李白借问谁家好，刘伶还言此处佳"，陶瓷酒杯上则是绝妙的"酒对"："竹叶杯中万里溪山闲送绿，杏花村里一帘风月独飘香"。打包盒上写着"处处通途何去何从？求两餐分清正邪；头头是道谁宾谁主？吃一碗各自东西"。这些寓意深长、启迪人生对联经文化人在报刊、电台上一番点评，酒店名气广传四方。

（1）外部氛围。由宴会厅所在的位置、名称、建筑风格、门厅设计、周围环境和停车场等要素构成。外部气氛设计要反映出该酒店的种类、档次、经营特色，对顾客的吸引力。外部气氛通常在决策建造时由设计师、建筑师来决定，是既定事实，一般很难改变。

（2）内部氛围。由宴会厅在酒店内的厅外环境和厅内的装潢陈设、家具选用、场地布置、餐台美化、花台布置、员工形象与服务设计等各种要素构成。内部气氛要创造一个舒适、优雅、整洁、方便的顾客就餐环境，使客人身心愉悦。内部气氛的设计比外部

---

① 资料来源：饶勇. 现代饭店营销创新500例[M]. 广州：广东旅游出版社，2000.

气氛的设计要具体得多、重要得多，是宴会气氛设计的核心部分。

（3）有形氛围。客人感官能感受到的宴会厅各种硬件条件，如宴会厅的位置、外观、景色、厅房构造、空间布局、内部装潢，以及光线、色彩、温度、湿度、气味、音响、家具、艺术品等多种因素，依靠设计人员的精心设计与员工的精心维护和日常保养。有形气氛与季节、节假日、营销活动等有密切关系，如在圣诞节时，在餐厅门口布置圣诞老人像或圣诞树，橱窗贴上雪花、气球等能烘托节日气氛，增强宴会厅吸引力的装饰和布置。

（4）无形氛围。由员工的服务形象、服务态度、服务语言、服务礼仪、服务技能、服务效率与服务程序等，构成了动态的宴会人际氛围，使客人的心理愉悦、满意。

任务二　宴会场境设计

（一）宴会场境设计内容

1．宴会场境设计含义

宴会场境设计是按照宴会的特性和餐饮美学、人体工程学、环境心理学等基本原理对宴会场所的空间、色彩、灯光、音控、空气质量、温湿度、陈设布置、绿化等因素所进行的整体规划与管理。场境设计不仅是一个美化概念，同时还包括宴会厅房的合理性、经济性、创造性、适应性等可行性概念。宴会场境设计是建立在四维时空概念基础上的、综合了科学技术和工艺美术的室内环境设计，强调的是艺术与科技的相互渗透，强调人与空间、人与物、空间与空间、物与空间、物与物之间的相互关系，强调现代科技、材料、工艺的综合应用效果，强调宏观气势与微观效果的结合，突出高效率、高休闲、高物质文明的设计特色，使室内装饰在物理形态和心理感受达到最佳的综合效果，以体现出宴会厅的主题和文化内涵，吸引、招徕顾客用宴并多消费，留给顾客一个良好的印象。

2．宴会场境设计内容

（1）空间功能设计。对宴会厅空间和比例进行规划，以满足宴饮的实用功能。

（2）装潢装饰设计。使用不同的装饰材料对宴会厅空间的门面、顶面、墙面、地面四个界面进行造型和装饰，以及相关设备的配置和安装。

（3）物理环境与心理环境设计。对宴会厅室内的体感气候、照明、采暖、通风、温湿度调节和人们在宴会厅里的舒适感、愉悦感等物理与心理感受等方面的设计处理。

（4）陈设艺术设计。对宴会厅内的绿化、饰品与背景展台等方面的设计和布置。

（5）娱乐艺术设计。对宴会的背景音乐、文化表演、娱乐活动等氛围设计。

（二）宴会场境设计原则

宴会场境设计要有利于酒店产品舒适度的提升，有利于酒店氛围整体性的形成，有利于酒店管理与服务的提供，有利于客人舒适的感知与美的享受，有利于酒店经营成本的控制，有利于环境保护和可持续发展，并具有艺术性、文化性。

（1）突出主题。根据客人的设宴意图、宴会主题展开设计。如婚宴场境设计，要求气氛吉庆祥和、热烈隆重，环境布置要喜庆、热闹，色彩以中国红为主色，通过大红"囍"字、龙凤呈祥雕刻、鸳鸯戏水图等布置来起到画龙点睛、渲染气氛、强化主题意境的作用；而说明会、培训会等只需要一般桌椅陈设及视听器材即可。

（2）风格鲜明。设计宴会场境时要突出异国情调、民族风情与乡土风格，充分渲染地方文化精髓、弘扬乡土文化特色，显示独特的魅力和吸引力，营造出一种巧夺天工、自然天成、幽静雅致的宴会环境。

（3）安全清洁。设计宴会场境时确保客人与员工的人身财产安全、消防安全、建筑装饰及场地安全等，要做到：设置安全通道，便于宾客疏散；家具、石材、木材和装修材料等必须使用环保性材质，减少污染；吊灯、灯罩要牢靠，墙面挂件要可靠，地砖不能打滑；要确保宴会环境清洁卫生，窗明几净，家具一尘不染，地面光洁明亮，厅内装饰与陈设布局要整齐和谐，井然有序，格调高雅；餐具洁净，没有水迹和指痕；员工服饰干净，手部、脸部清洁等，使客人在身体感官上产生安全感、舒适感与美感。

（4）舒适愉悦。创造安静轻松、舒适愉快的环境氛围，以颐养性情、松弛神经、消除疲劳、增进食欲。环境氛围的感官要求如表 3-1 所示。

表 3-1 宴会厅氛围舒适愉悦的感官要求

	硬 件 要 求	软 件 要 求
眼观美	① 形态：各种设施设备的造型、结构必须符合人体构造规律，形态美观；② 色彩：丰满和谐；③ 光照：灯光明亮，造型美观；④ 清洁：一尘不染	员工要长相美、服饰美、化妆美（化妆上岗、淡妆上岗）、举止美、语言美和心灵美，让客人获得美感与愉悦感
耳听乐	① 杜绝噪声：各种设施设备杜绝嘈杂音；② 增加乐音：播放优雅的背景音乐，背景音乐要轻，内容符合宴会主题	① 员工上岗要做到"四轻"：说话轻、走路轻、操作轻和关门轻；② 要使用柔声语言与礼貌用语
鼻闻香	① 杜绝异味：重点做好公共卫生间、厨房、下水道、垃圾桶、库房等处的清洁卫生；② 增加香味：空气清新、流通，略带香味，可以喷洒空气清洁剂，多种一些绿植	① 员工上岗前做好个人清洁卫生，不能有浓重的体味；② 不能吃有刺激味的食物，若吃过要漱口
体触适	① 空间：宽畅，便于顾客站、坐、行；餐桌、座位摆设适宜，如过密、拥挤会使人感到不舒服；② 温湿度：室温适当，符合人体的要求；③ 接触面：客人使用的家具所接触皮肤的面积要多	员工为客服务时要掌握正确的人际距离，既有亲切感，又不侵犯客人的隐私

（5）便捷合理。环境布置要保证实用性与功能性。① 人—物关系。在处理人与物之间的关系上，要以人的需求为主。如餐桌之间的距离要适当，桌、椅的间距要合理，以方便客人进餐、敬酒和员工穿行服务。② 人—人关系。在处理人与人之间的关系上，应扬主抑次，如席位、台型布置要突出主位与主桌，其他餐桌摆放要对称、均衡。如一厅之中有多场宴会，要让每一家相对独立，以屏风或活动门相隔，避免相互干扰或增添不必要的麻烦。绝对不能在同一包房里安排两个不同单位（或客人）共同设宴。

（6）协调统一。整体空间设计与布局规划要做到统筹兼顾，合理安排，和谐、均匀、对称。酒店的形象设计，如名称、标识、标语、文字、标准色、广告文案等必须规范统一，宴会厅内部的空间布局、装潢风格与外观造型、门面设计、橱窗布置、招牌设计要内外呼应，浑然一体。内部各部分之间要格调统一，从天顶、墙面、地毯、灯具到壁画、挂件等艺术品的陈设要与经营特色协调一致。若有多个餐厅，可以不同风格供客人选择，如大餐厅豪华高雅、富丽堂皇；小餐厅小巧玲珑、清静淡雅。就餐环境应与筵席菜点协调。典雅精致的高档酒店或豪华包间，菜点应精巧雅致，不能上粗鱼笨肉。怀旧色彩浓厚的"黑土地""红太阳"饭庄，乡镇公路边的餐馆，"梅兰宴"之类的高档筵席也与环境不相协调。

（7）艺术雅致。从环境布置、色彩搭配、灯光配置、饰品摆设等方面营造出一种自然天成、优雅别致的用餐环境，体现宴会文化的主题和内涵。现代宴会尤其注重情趣，在宴会举办过程中与文化艺术有机结合，如播放背景音乐，观看歌舞表演、时装表演，欣赏相声、杂技等艺术，融食、乐、艺为一体；如有些酒店创造条件进行客前烹制，上海"红仔鸡"酒店的溜冰传递服务，把静态的场境与动态的服务结合起来，给人以新奇之感。

（8）经济可靠。用较少的投资获取最大的收益，设备、设施费用较低，维修方便；最大限度地用自然采光或采用高效节能照明；与酒店大堂共享喷泉流水等室内景观，以充分利用宴会厅营业空间；充分利用餐厅面积，各种设计布置既要能为顾客提供舒适的环境，又不应占据太多营业空间，以免影响到接待能力和营业收入等。

模块二　宴会厅房形象设计

任务一　宴会厅房空间设计

（一）宴会厅房空间设计依据

1. 人体尺度因素

人体工程学是根据人体解剖学、生理学和心理学等特征，了解并掌握人的活动能力及极限，使生产器具、生活用具、工作环境、起居条件与人体功能相适应的学科。宴会场境、设施物品等硬件设计都要以人为本，运用人体生理、心理计测手段和方法，研究人体结构功能、生理等方面与环境之间的合理协调关系，以适合人的身心活动要求，获得最佳使用效果。其目标是安全、健康、高效和舒适。

2．酒店条件因素

（1）经营形式。不同性质、不同餐饮风格的宴会厅房的面积指标各不相同，主题酒吧、主题餐厅因增加其他服务吸引物，其面积指标也较高。

（2）酒店等级。酒店等级越高，所需面积越大。

（3）厅房形式。厅房门窗的位置、数量、大小、开启方向、柱子多少与柱子位置间距的不同，都会影响宴会厅面积。小型餐厅由于出入口多，平均面积指标较大型宴会厅要高，雅间单房受四面墙壁的约束，其面积指标也较高。

（4）宴会档次。宴会档次越高，所需面积越大。

（5）餐座形式。圆形餐台比方形餐台的面积指标要高。餐桌摆放形式不同，人均座位占用面积就不同。餐位的布局要根据餐厅的形状和有效运营面积来定。

（6）服务方式。服务方式不同，宴会厅的面积指标也不同，如采用托盘式派菜服务要使用工作台或活动工作车，所占空间较大；采用分盆式服务只需较小的服务台就够了。

3．心理感受因素

（1）色彩。详见本项目的色彩基础知识的内容。

（2）线型。水平线使空间向水平方向"延伸"，垂直线可增强空间的高耸感。狭窄空间，可选水平线型花纹的墙布或窗帘；高度偏低的房间，则用垂直线型。

（3）图案。墙面图案花饰大，可使墙面"前提"，空间感觉小；而花饰小则可使墙面"后退"，空间感觉大。大空间采用大花纹，小空间采用小花纹。

（4）材质。质地粗糙的界面使人感觉往前靠，光滑的界面感觉离人远；透明材料使空间显得开阔；大镜面给人以错觉，增加室内空间深度感。

（5）照明与灯具。直接照明使空间紧凑，间接照明使空间宽敞；吊灯使空间降低，吸顶灯则使空间增高。

（6）陈设。墙上色彩淡雅、具有景深感的绘画或相片会增加墙面的深度，而色彩浓重、层次单一的画面会使墙面"前提"。

（资料来源：周明扬．餐饮美学[M]．长沙：湖南科学技术出版社，2004．）

4．空间分隔因素

（1）分隔要求。人的活动都有私密性和趋合的心理倾向，如选择包间、雅座（餐厅里的靠墙、靠角上的卡座以及相对独立的半高隔断的座位）就餐，而不愿选择近门处、通道附近及人流频繁经过的座位。空间分隔依据：① 厨房特点。传统的封闭式厨房与就餐区是隔开的；开放式的厨房设在餐厅，展示在客人面前。② 经营要求。如零点餐厅和宴会厅区域的分隔，雅间、包房占餐厅的比例（包间越多，总体的餐位数就越少）。③ 客人需要。使客人既能享有私密空间，又能感受整个餐厅气氛。

（2）分隔方式。① 隔断性分隔。可用遮挡视线的矮墙、推拉式活动墙、垂珠帘、屏风、帷幔、车厢席、高橱柜、大型植物等方式来分隔空间。② 象征性分隔。采用通透隔断、罩、栏杆、花格、框架、玻璃，以及利用家具、绿化、山石、水体、悬垂物等因素，通过人的联想与"视觉完形性"来感知分隔空间。③ 无形性分隔。通过色调、光线、材质、音响、气味等创造良好视觉效果来分隔空间。

（3）分隔艺术。处理好一度空间的"点"、二度空间的"线"、三度空间的"面"和四度空间的"体"的关系，给人以"立体效应"的综合美感。① 大小适宜。摆好筵席的宴会厅如果太拥挤或者太空旷都会影响用餐的气氛。大、中型宴会厅在筵席数量较少时，空旷面积不能太多，可用上述方式来加以隔断。同一宴会厅举行多场宴会，则必须隔断，以免互相干扰。小宴会厅、小型餐厅可采用开窗借景、悬挂风景壁画、放置山水盆景等以造成扩大空间的视觉效果。② 有"围"有"透"。"围"指封闭紧凑，"透"指空旷开阔。有围无透，令人感到压抑沉闷；有透无围，使人觉得空虚散漫。

（二）宴会厅房空间面积指标

1. 酒店餐饮空间类型[①]

（1）餐饮功能区域构成。空间的艺术样式要从属于空间的使用功能。① 营业区域：客人使用的中西餐厅、宴会厅或多功能厅、雅间（又称包间）、收银台、吧台，是酒店经济效益的来源。② 公共区域：有门厅、迎宾区、候餐区、客人休息区、通道、走廊、楼梯、电梯、公共卫生间等，宴会厅的接待空间有贵宾室与衣帽间。客人从大门通往餐饮各功能区域的通道和空间位置，要求减少障碍，保证通畅，强化导向功能。③ 装饰区域：悬挂、摆放、陈设各种工艺品与绿植，使客人赏心悦目，获得艺术享受。④ 作业区域：员工作业的工作场所与辅助场所，有厨房、配餐间、储藏室、员工更衣室、分菜工作区、服务台、办公室、休息室，作业区域环境的好坏会影响员工工作的心情。

（2）星级酒店餐饮功能要求。《旅游饭店星级的划分与评定》国家标准（GB/T14308—2003）规定了一至五星级饭店应具备的餐饮硬件设施的必备项目。

2. 酒店餐饮面积指标[②]

（1）餐厅面积指标。餐厅面积与酒店规模、等级、类型及所在地餐饮市场发展情况

[①] 资料来源：朱承强. 饭店管理实证研究[M]. 上海：上海交通大学出版社. 2013.

[②] 资料来源：朱承强. 饭店管理实证研究[M]. 上海：上海交通大学出版社，2013.

成正比。商务型饭店按每间客房 0.5～1 的比例配备餐座，若当地餐饮市场良好可按 1.2～1.5 的比例配备餐座；会议型酒店按 1～1.5 的比例配备；度假型酒店按 1.5～2 的比例配备；酒吧、咖啡吧按 0.25～0.5 的比例配备。

（2）餐饮各功能区域面积指标。餐厅占 50%，客用设施（卫生间、过道）占 7.5%，厨房占 21%，清洗空间占 7.5%，库房占 8%，员工设施占 4%，办公室占 2%。

（3）宴会厅房面积指标。有包房（摆放 1～5 桌的餐桌）与宴会厅、多功能厅（摆放 5 桌以上的大、中型宴会厅）两种。宴会厅面积指标如表 3-2 所示。

表 3-2　宴会厅、多功能厅面积指标

	宴会厅规模面积（m²）	正餐宴会（m²/人）	冷餐宴会（m²/人）
小型	50	2.0～2.5	1.2～1.6
	100	1.8～2.0	1.2～1.5
中型	200	1.5～1.7	1.0～1.3
大型	500	1.2～1.5	0.9～1.2
	1 000	1.0～1.5	0.8～1.0

大宴会厅净高应在 4～5 米，小宴会厅净高为 2.7～3.5 米。宴会厅房型以 1.25:1 比例的长方形为有效，使用率最高，正方形、圆形次之。宴会厅的空间要宽敞、舒适。出入门的净宽度不小于 1.4 米，严禁使用推拉门、卷帘门、转门和折叠门。

（4）餐座面积指标。餐厅不要过分计较摆放桌子数量的多少，关键在于提高翻台率。餐座面积以 m²/座位为单位，指每个座椅以及平摊餐桌面积部分的投影面积加上其所占用的流动面积，包括客人通道、服务通道、表演空间，其计算公式是：餐座面积指标=每个餐座投影面积+每个餐座面积/每桌餐座数+平均每个餐座的流通面积。餐座面积如表 3-3 所示。

表 3-3　不同餐厅与餐厅档次与餐座面积指标（m²）

	主餐厅、宴会厅	小 餐 厅	自助餐餐厅	咖 啡 厅	酒 吧
高档	1.8～2.5	2.2	1.4	1.8	2
中档	1.5～2	2			
低档	1.2～1.5	1.8	0.8	1.5	1.8

（5）辅助厅房面积指标。① 序厅。按总面积的 1/6～1/3，或者按每人 0.2～0.3 平方米来计算。② 贵宾室。按宴会厅的大小及档次的高低来配备，小宴会厅可在同一厅房内布置一个会客休息区域。贵宾室应紧靠宴会厅，配置沙发、茶几、电视机、报纸、杂志

等，如有可能还可设立一个小酒吧，如空间较宽敞，必要时还可作为小型会议室。③ 衣帽间。存储客人厚重衣物和帽子、手杖等用品。大宴会厅衣帽间设在靠近餐厅进口处，由专门服务人员管理。面积按每人 0.04 平方米计算，容量为可寄存 75%客人的衣服。④ 储藏室。存放不用或暂时闲置的家具。⑤ 服务间。提供茶水服务、杯具清理等。

（6）餐厅布局方式。大餐厅实行半开型的布局方式，桌椅位次的排列从入口处开始，按先节约型，次普通型，再豪华型展开。座位布局可设计单人座、情人座、三人座、四人座、六人座、家庭座，火车式、圆桌式、沙发式等形式，以满足不同客人的需求。

（7）电视音响设备布置。电视等收视设备应悬挂在距最近的餐位大于 2 米的距离，每一台收视设备的收视距离以 8 米为宜，即收视范围以收视设备为圆心为 75°角 8 米长的扇形收视区。扬声器要分布匀称，高低适度。两个相邻扬声器距离建议小于 15 米，其功率不得低于 3W，音量要适中，曲调选择要对路。

3．动线、通道面积指标[①]

动线是顾客、服务员、服务车等在餐厅内流动、行进的方向和路线。通道是客人、服务人员在餐厅中的行走流动路线的空间以及物品动线空间。通道应流畅、便利、安全，切忌杂乱，从视觉上给人以统一的感觉。

（1）顾客动线（见图 3-1）。要求有舒适性、伸展性、易进入性。设计规则是以大门为起点，客人走向任何一张餐桌或包间的通道畅通无阻，顾客动线采用直线为好，避免迂回曲折绕道或从他人身后绕过，能在最快时间内到达。通道宽度以能让客人舒适行走为宜，1 人为 0.8 米、2 人为 1.10～1.30 米、3 人为 1.80 米。大宴会厅要有主、辅通道，主通道的宽度不小于 1.10 米，辅通道的宽度不小于 0.70 米。

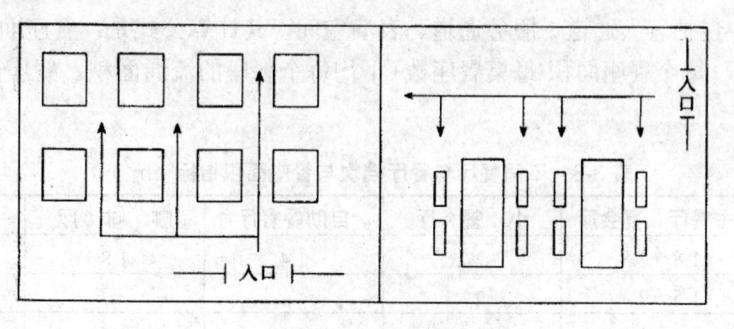

图 3-1　顾客动线

（2）员工动线（见图 3-2）。员工动线有服务动线、传菜动线、收餐（残）动线三类。要求有便利性、安全性、服务性。严格区分顾客动线与员工动线，减少与客人相互交叉

---

① 资料来源：周明扬. 餐饮美学[M]. 长沙：湖南科学技术出版社，2004.

的路线。餐厅与厨房应尽量在同一楼层，传菜通道长度愈短愈好，不应超过 40 米，采用直线设计，避免曲折前进与往复路线，一个方向的作业动线不要太集中。通道均应考虑工作手推车的通行宽度。传菜口与收餐口分离。可设置"区域服务台"，既可存放餐具，又可缩短员工行走路线。

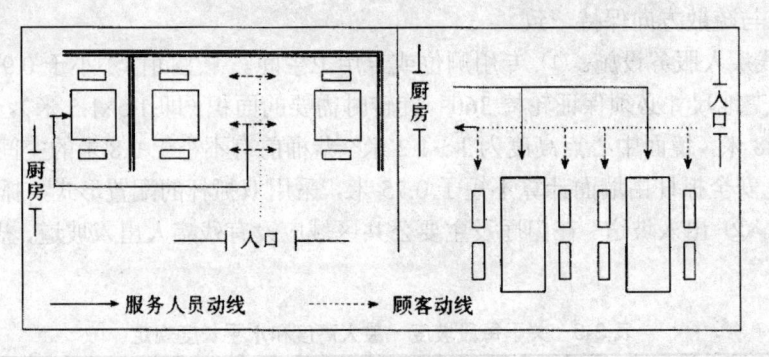

图 3-2　员工动线

（3）物品动线。要求有隔离性、专用性、便利性。物品动线要与上述两个动线完全隔离，另辟专用进出口及动线空间。以靠近厨房和储藏室为佳，以便在最短时间内将物品及原料作最适当的处置，既节省人力、物力，又不影响客人就餐。

4. 公共区域面积指标[①]

（1）公共卫生间。标志明显醒目，符合《标志用公共信息图形符号》（GB/10001.1—2000）的相关规定。位置要既隐蔽又易于找到，避免视线直观，在任何公共部位都不应看到（无论直接看到还是从镜子中反射）卫生间的隔板与侧位。设置位置要靠近排水方便的地方；要与餐厅同层的位置，切忌与厨房连在一起。符合男左女右习惯。空间要能容纳 3 人以上，分为前室、洗手、厕所 3 部分；室内过道宽度为 1.2～1.5 米。工具间面积为 1～2 平方米。设施配置标准如表 3-4 所示。应使用节水型、低噪声恭桶，冲洗出水噪声不超过 55dB（即分贝），峰值不超过 65dB，无抽水时特别的声音和回气声。高级恭桶规格为加长型、连体、喷射虹吸式恭桶。

表 3-4　公共卫生间设施配置标准

性　别	恭　桶	小　便　器	洗　手　盆
男	1 个/100 人	前厅卫生间：1 个/25 人 宴会厅卫生间：1 个/40 人	前厅卫生间：1 个/15 人，2 个/16～35 人，3 个/36～65 人，4 个/66～200 人；每增加 100 人增加 3 个
女	1 个/50 人		宴会厅卫生间：为 1 个/150 人

① 资料来源：朱承强. 饭店管理实证研究[M]. 上海：上海交通大学出版社，2013.

（2）楼梯与走廊。楼梯与走廊是各功能区域之间的连接通道，又是消防疏散通道，要严格按照国家防火规定执行。任何厅室的位置到最近疏散口的直线距离不宜超过30米。走道净宽度不小于0.8米，各楼层的宽度按通过人数每100人不小于1米计算，楼梯最小宽度不小于1.2米。应设有疏散指示标志，其间距不超过20米，高度为0.2～0.3米，指示箭头应与疏散方向保持一致。

（3）残疾人服务设施。① 专用厕位或专用卫生间。卫生间门不小于0.9米，采用双向弹簧门，空地尺寸必须保证轮椅360°旋转时需要的面积（即1.5×1.5米）。洗脸盆高度不得超过0.8米，镜面中心点高度为1～1.2米。恭桶前有不小于0.8米的空间，恭桶高度为0.45米，安全抓杆由墙面计算不短于0.75米，采用双抓杆的配置形式，抓杆距地面高度为0.7米。② 出入坡道。在门厅及主要公共区域应设有残疾人出入坡道，规格如表3-5所示。

表3-5　关于每段坡度、最大高度和水平长度规定

坡道坡度（高/长）	1/8	1/10	1/12
每段坡道允许高度（m）	0.35	0.60	0.75
每段坡道允许水平长度（m）	2.80	6.00	9.00

（4）消防安全装置。① 烟感器。安装间距不应超过15米，温感器不超过10米，宽度小于3米的走道，探测器宜居中安装，其到墙壁、横梁的水平距离不小于0.5米，至空调送风口不小于1.5米。② 消防应急广播。扬声器额定功率不小于3W，数量按每个消防区内任何部位到最近扬声器的距离不大于25米设置，走道内最后一个扬声器到走道末端的距离不超过12.5米。歌舞厅、娱乐场所、会议厅、餐厅的环境噪声大于60dB的场所，扬声器的播放声压应高于噪声15dB，客房的扬声器功率不小于1W。③ 喷淋设施。适用于室内环境4～70℃的空间，喷水强度为10.0～15.0L/min·m²，每个喷头保护面积为5.4～8平方米，喷头间距为2.3～2.8米。④ 安全探头。设置在饭店出入口、前厅、总服务台、贵重物品保险室、电梯、客房楼层走道、停车场以及所有收银处。安装高度，室内为2～2.5米，室外为3.5～10米；电梯轿厢置于顶部，与电梯操作面板成对角，与电梯两壁及天花板成45°，应不留死角、不逆光、不侵害客人隐私，且具有一定的隐秘性。⑤ 消防灯具。疏散指示灯的地面最低照度不低于0.5lx，间距不大于20米；应急照明灯安装在墙面或顶棚上；安全出口指示灯应设在出口处的顶部。消防灯具应设玻璃或其他不燃材料制作的保护罩。

（5）停车场与回车线。① 车位面积。小车车位面积为2.5×5.0米，大车车位面积为3×12米，停放车辆的横向净距不能小于0.8米。② 净空高度。地下停车场多为小车停放，

其净空间高度不小于 2.2 米。③ 回车线的宽度。单车道不小于 4 米，双车道不小于 7 米，入口车道的坡度为 1∶8～1∶12。

（三）宴会厅房空间立面（四面）设计

1．门面（店面）设计

酒店门面不仅具有辨认功能，而且要有美观功能与商品特征。别具一格的高雅门厅，独特醒目的餐厅标志，能够展现餐厅独特的经营风格，令人产生深刻而美好的第一印象。采用开放式的，如餐厅临街墙壁大面积采用落地玻璃布置，如使用玻璃质地大门和落地窗，有明显的可视性标志以及别致、较大的把手。大门高度不得低于 2.2 米，宽度不得小于 2.0 米；若有侧门，宽度应达到 1.0～1.8 米；若设有双道门，其门厅深度不小于 2.44 米。正门前应留有足够宽度的行车道，车道宽度应大于 5.5 米；若采用台阶连接大门，台阶与大门之间必须保证有 2 米以上的过渡平台；门上方应采用独立结构或悬挑结构设置雨棚。大门外和庭院可以结合区域特色布设草坪、花坛、喷泉、水池、雕塑，使客人觉得清新优美、心旷神怡。

2．墙面设计

墙面是宴会厅主题和格调的重点，必须温暖、精致、舒适。墙面的色彩、图案与形式以及厅内装饰艺术陈列品要与宴会厅房特色协调一致。要选用符合消防要求、便于清洁维护的材质，如木质、石材、软包造型涂料、墙纸等饰面墙面。墙面齐腰位置可采用木饰、玻璃、镜子等耐磨材料做局部护墙处理，采用丰富的木制品做墙饰、窗饰、墙顶木饰线与踢脚板，可形成温馨的空间和高雅的氛围。厅房内面积较大的墙面可通过竖立客户企业的标志板来进行遮挡，也可用不同颜色的立体灯光照射、布置装饰物、摆放大型绿色植物等手段来加以改变。雅间墙面应比宴会大厅更为精致，材质使用更为高档。

3．顶面设计

（1）"高技派"顶面处理。在室内暴露梁板等结构、构件以及风管、线缆等设备和管道，以强调工艺技术和时代感。现代主义式的餐厅使用较多。

（2）"吊顶"造型处理。宴会厅使用较多。吊顶设计在色彩、质地和明暗处理上要上轻下重，以素雅、洁净材料做装饰，要有层次感。吊顶应保持一定高度，雅间高度为 2.7 米左右，餐厅在 3.1 米左右，宴会厅越大吊顶也越高。应注意灯具、空调、通风口、自动报警与喷淋装置的位置，避免造型与设备的位置有冲突。选用合适的吊灯作衬托，强调灯光效果。反光与吸音效果要好，无破损、脱皮、开裂、渗水，清洁美观。

4．地面设计

（1）要求。防滑、防磨、防污，既美观艺术，又便于清洁。

（2）材质。铺设物有地毯、地板、地砖、大理石等材质。木地板应采用经过脱水、脱脂、烘干处理过的优质木地板，品种应是硬度较高的柏木、榉木、橡木、胡桃木等木材。大理石、地砖要表面光洁、易清洁，石材一般选择暖色调，避免冷色，纹理搭配美观。也有设计为局部用玻璃而且下面有光源，便于制造浪漫气氛和神秘感。

（3）地毯。① 作用。豪华宴会厅一般使用地毯，地毯具有吸音、保暖、防滑和有弹性等优点，给人以温暖、愉悦、祥和、华丽的感觉，并能以自身的图案、色彩和质地来美化环境和渲染气氛。② 色彩与花色。一般明度偏深，彩度略低。如是单色地毯，整个地面色彩与天花板的关系必须和谐；如是花色地毯，则图案中的几种色块最好是室内其他陈设物几种色彩的概括，以彼此产生呼应。地毯花色应使用亮色和暖色调搭配，以创造对比强烈、特色明显的图案，不宜采用淡色、冷色或土灰色。不可采用抽象的或简单的几何形状图案，宜采用较小的图案，且至少包含两种颜色。单色地毯和素凸式地毯适合布置在卧室和其他要求环境安静的厅室；会客区域和休息区域采用综合式图案或采花式图案的宽边式地毯，使客人产生聚拢和亲切之感；供人行走的走廊和大厅宜采用连续性图案的条状地毯（又称走廊地毯）；铺满宴会厅的地毯大多采用散花图案的、四方连续的宽幅成卷地毯，这种散花图案很细小，对就餐时掉下来的食物、汤渍有一定的掩饰作用。③ 质地。质地有机织和手织两类。手织均为羊毛地毯，主要采用波斯结织法，花纹精细，艺术性强，价格昂贵，常用于贵宾区域和高级宴会厅，并以小块方式散铺于机织地毯上。优质地毯耐磨、抗压、易清洗、抗静电、耐火，图案、色彩均佳，以长纤（BCF）尼龙及尼龙与其他纤维混纺类为主要材料。普通地毯指耐磨、抗压、易清洁、抗静电、耐火等性能明显低于优质地毯，且价格中低，安装辅料及工艺一般。④ 铺法。一是散铺法，按室内地面形状剪裁或定制的，整体感强，方便使用吸尘器，并能掩饰地面本身的外观缺陷。二是满铺法，按需要有选择、有重点地灵活铺设，能产生聚拢感和区域感，具有装饰效果；处理得当也可调整某些不规则地面带来的视觉不完整性。

任务二　宴会厅房气氛设计

（一）色调（色环境）

【案例 3-3】北京长城饭店宴会厅布置将主色调融入会场氛围

北京长城饭店宴会厅面积大，装潢豪华，设施完备，颇受顾客青睐。1995 年，美国商会借长城饭店大宴会厅举办年会，由于客人众多，筹办者对同声翻译、冷餐酒会、休息室提出了要求，经实地考察均很满意，签订了合同，预付了部分款项。年会开幕的那天上午，客人们一到会场就为宴会氛围所折服。酒店所有的会议用品、环境氛围的色彩均以星条旗的蓝、红、白为基本色彩，色彩柔和、明快悦目。商会主席、美国驻华大使连连称赞："将星条旗融入会场氛围，这是个创举，我们并没有提出这个要求，但长城饭店想到并做到了，还做得如此之好，真令人感动。"这是酒店公关人员精心策划、锐意创新和日以继夜、连续奋战的结果，从会议条幅、文件、文具到鲜花盆景，无一不认真挑选、精心组合，力求从色彩、感官上寻找客人的认同点和产生兴奋点。

1996年秋，京港拉力赛组委会在长城饭店召开记者招待会和盛大宴会，在提供标志、图案及相关文字资料后，要求长城饭店协助设计布置方案。饭店公关部注意到大赛图案由蓝、黄两大色调组成，因此在会场、宴会厅、休息室及客人所到之处，指示牌、徽标、横幅、主席台及资料袋、餐厅席号卡等均为蓝黄相间为底色，受到了主办方、与会者的欢迎。拉力赛的主要赞助商说："我们主办赛事到过不少国家，住过不少酒店，还没有一家像你们这样认真观察、仔细揣摩客人的心态，将主色调融于会场、餐厅的布置之中。"

（资料来源：甘华蓉. 餐饮管理与实务[M]. 北京：对外经济贸易大学出版社，2009.）

1. 色彩基础知识

（1）色彩概念。① 原色，又称母色：红、黄、蓝。② 二次色：橙、绿、紫。它们是三原色之间的颜色，按比例配合而产生绚丽缤纷的色彩。配色规律是：红配黄是橙色，黄配蓝是绿色，蓝配红是紫色。③ 三次色，是指三原色与二次色之间的颜色，又称再间色，包括红橙色、黄绿色、蓝绿色、红紫色、蓝紫色。④ 色轮，由红、橙红、橙、橙黄、黄、黄绿、绿、青绿、青、青紫、紫、紫红 12 色组成。黑、白、灰等色不列入色谱，是无彩色，但却不能等闲视之。独立色是金、银色。⑤ 邻近色，是指色轮上相互靠近的色彩，相配起来容易调和，产生一种和谐美。⑥ 对比色，是指色轮上相对的色彩，相配起来对比效果强烈，增加明快感。颜色不是可以随便配的，俗话说"红配黄，亮堂堂；红配紫，恶心死"。色彩组合是有规律的，否则会产生不平衡感。

（2）色彩三要素。① 色相，又称色调，有红、橙、黄、绿、蓝、紫 6 个代表色。② 明度，又称明暗，是指色彩由明到暗的变化程度。6 色之中，黄最明，紫最暗，因此，偏于黄的色为明色，属于明调；偏于紫的色为暗色，属于暗调；偏于绿的色为中间色。任何颜色加白色的量越多越明，加黑色越多越暗。③ 纯度，也称彩度、饱和度或浓淡，指颜色的纯粹纯度，是区分色彩鲜艳浓淡的程度。

（3）色彩的物理效应与心理感受（见表 3-6）。① 温度感。红、黄、橙为暖色调，绿、青蓝、蓝紫为冷色调。据测试，色彩的冷暖差别主观感受可差 3～4℃。冬天用暖色可增加暖和的感觉；缺少阳光的房间，为使空荡的室内变得小一些，或北方气候寒冷的室内，可选暖色调。夏天使用冷色有凉爽的效果；阳光充足的房间，为使室内具有宽敞感，或南方气候炎热的室内，可选冷色调。② 距离感。暖色系和明度高的色彩具有前进、凸出和接近的效果，从而使空间变小；冷色系和明度低的色彩具有后退、凹进和远离效

果，从而使空间变大。③ 重量感。明度越高，给人的感觉越轻；反之，明度越低，给人的感觉越重。④ 体量感。明度越高，膨胀感越强；明度越低，收缩感越强。暖色具有膨胀感，冷色具有收缩感。实验表明，色彩膨胀的范围约为实际面积的4%左右。浅色能使房间"变大"，深色则使房间"变小"。顶面深色使人感觉空间降低，浅色感觉空间增高。明色调使小餐厅产生宽敞感，偏暖色调使大餐厅产生亲切感。

表 3-6　色彩的物理效应与心理感觉

类　型	特　点
视觉的心理感觉	暖色调——前进色（凸）。红、黄、橙。有温暖、兴奋、光明、扩大、前进等感受
	冷色调——后退色（凹）。青、蓝、紫。有寒冷、沉静、寂寞、收缩、后退等感受
	高明度——面积大。有扩大的效果
	低明度——面积小。有收缩的效果
触觉的心理感觉	轻色——（软）高明度色
	重色——（硬）低明度色
	干——暖色系：红、黄、橙
	湿——冷色系：青、蓝、紫
听觉的心理感觉	高音——高明度色
	低音——低明度色
味觉的心理感觉	食欲色——桃色、橙色、茶色、黄色、绿色、纯红色
	色恶不食——鲜红色、暗绿色、黑色、灰色、灰褐色
精神的心理感觉	积极色（欢乐）——暖色系。红、黄、橙
	消极色（忧伤）——冷色系。青、蓝、紫
	华丽——彩度高、高明度色
	朴实——彩度低、低明度色

　　（4）食欲色。色彩的味觉感受是一种生理—心理效应，是一种高级的心理活动和精神享受。食欲色是能引起食欲的色彩，有桃色、橙色、茶色、不鲜亮的黄色、温暖的黄色、明亮的绿色。纯红色不但能引发食欲，还能给人"好滋味"的联想。高明度色彩中，最佳的食欲色是橙色。粉红色和奶油色给人以"甜"的味觉；橙色或柠檬色带有"酸"的味觉；鲜红色的尖形给人以"辣"的味觉；暗绿色或黑色给人以"苦"的味觉；灰色和灰褐色给人以"咸""涩"的味觉。绿色较容易给人好感，但不能用于食品外包装，否则不易畅销；暗红色稍带紫色系会降低食欲，暗黄绿色能引人注目；深蓝色与淡紫色不适宜出现在食品的外观中，但蓝色可作为食品类的背景色。古人曰"色恶不食"，色彩美感与食欲密切相关，在配菜时必须考虑色彩因素。

（5）色相的心理感受。

① 红色。象征热情、激昂、愤怒、危险，有兴奋、亢扬、鼓舞的效果。餐饮中给人以艳丽、芬芳、饱满、成熟和富有营养的印象。"中国红"表示吉祥喜庆，意味着幸运、幸福和婚姻喜事，是传统节日常用的颜色。举办喜庆宴会时，在餐厅布置、台面和餐具的选用上多体现红色，如红灯笼、红对联、红米饭。在欧洲，即使是相同的红色，由于其颜色的深浅不同，其寓意也不尽相同。深红色意味着嫉妒；粉红色意味着健康。心理学认为，红色可刺激神经系统，增加血液循环。喜欢红色的人性情易冲动，富有进取心，遇事热情奔放，不易向挫折屈服。

② 橙色。象征温暖、活泼、欢乐、兴奋、积极、嫉妒。橙色的同类色有橘红色和橘黄色，是以成熟的水果为名，能诱发人的食欲，给人以香甜、略带上口的酸味色，使人感到充足、饱满、成熟，是烹饪造型中使用较多的颜色。橙色又是霞光、鲜花和灯光的色，给人以明亮、华丽、健康、向上、兴奋、愉快、辉煌和动人的感觉。在佛教中，橙色给人以庄严、渴望、贵重、神秘、疑惑的印象。心理学认为，喜欢橙色的人性格外向、善良，思维敏锐、判断力强。

③ 黄色。象征光明、快活、温暖、希望、柔和、智慧、尊贵，使人兴高采烈、充满喜悦。黄色具有最高的明度，醒目、大方，给人以光明、辉煌、灿烂、轻松、柔和和充满希望的感觉。餐饮中给人以丰硕、甜美、香酥的感觉，其中柠檬黄给人以酸甜的感觉，是能引起食欲的颜色，应用广泛。在我国封建社会，黄色被作为皇帝的专用色，以辉煌的黄色作为服饰、家具和宫殿的装饰用色。黄色也为宗教所专用。这无形中加强了黄色的崇高、智慧、神秘、华贵、威严和神圣的感觉。心理学认为，黄色可刺激神经和消化系统。喜欢黄色的人性格开朗、活泼而豪爽，好奇心强、乐观、勇敢、对人忠诚坦白。

④ 绿色。象征和平、健康、宁静、生长、清新、朴实。在大自然中，绿色是生命力的象征，给人以明媚、清新、鲜嫩、自然的感觉，又象征着春天、青春、生命、希望、和平。在菜肴中，保持绿叶的色泽尤为重要。绿色有淡绿、葱绿、嫩绿、浓绿、墨绿之分，再配以淡黄则更觉突出。如"炝芹菜"晶莹翠绿、清淡醒目；又如"鸡油菜心"，色泽以鲜绿、白亮为主，让人觉得格外清新而味美。心理学认为，绿色有镇静神经系统的作用，使人感到平静，有助于消除疲劳，有益于消化。喜欢绿色的人文静、开朗、热爱生活。

⑤ 蓝色。象征优雅、深沉、诚实、凉爽、柔和、广漠。给人以清洁、素雅、卫生的感觉。蓝色华而不艳，贵而不俗，是极好的衬色，使人联想到蓝天、大海、远山、空间、宇宙，具有神秘之感。纯洁的蓝色常表示单纯、幻想。蓝色是不能引起食欲的色，但运用恰当，同样可以使人感到清静、凉爽、大方。在中国的瓷器餐具中，以蓝、白双

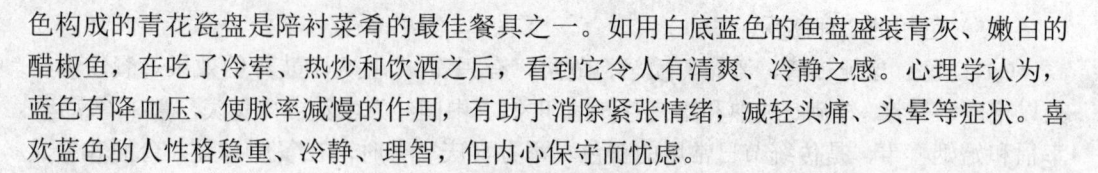

色构成的青花瓷盘是陪衬菜肴的最佳餐具之一。如用白底蓝色的鱼盘盛装青灰、嫩白的醋椒鱼，在吃了冷荤、热炒和饮酒之后，看到它令人有清爽、冷静之感。心理学认为，蓝色有降血压、使脉率减慢的作用，有助于消除紧张情绪，减轻头痛、头晕等症状。喜欢蓝色的人性格稳重、冷静、理智，但内心保守而忧虑。

⑥ 紫色。象征富贵、优婉、壮丽、宁静、神秘、抑郁。给人以高贵、优越、奢华、幽雅、流动和不安的感觉。明亮的紫色好似天上的霞光、原野上的鲜花、情人的眼睛，使人感到美好。紫色属于忧郁色，常会损害味感，但运用得好，能给人以淡雅、内在、脱俗之感。心理学认为，喜欢紫色的人具有高度的艺术创作能力，思维敏捷、观察力强，但情绪不稳定，波动较大。

⑦ 黑色。象征严肃、安静、深思、稳健、庄重、坚毅、沉默、寂静、肃穆、烦闷、悲哀，同时还表示阴森、烦恼、忧伤、消极和痛苦。黑色在菜肴中虽有煳苦之感，但应用得好，能给人味浓、干香、耐人寻味之感。"麒麟鳜鱼"一菜，较好地运用了黑色来增强美感，黑得逗人喜爱。黑色被誉为"色中之皇后"，具有很好的衬托作用，与其他颜色相配时能收到很好的效果，与红色相组合效果最佳。黑色还能使不相协调的色彩统为一体。漆器餐具就是以黑色为主调，衬托出新鲜味美的菜肴。心理学认为，黑色给人以压抑感及凝重感，会增加病人的痛苦和绝望心理。

⑧ 白色。象征明快、洁净、朴实、纯真、清淡、刻板。白色使人感到明亮、爽快、寒凉、轻盈，是具有味觉的色。心理学认为，白色有镇静作用。喜欢白色的人办事细心，一丝不苟，注意修饰自我形象，洁身自好。

⑨ 灰色。中性色，彩度低，故能减少色味的刺激，产生柔和感。灰色象征温和、坚实、舒适、谦让、中庸、平凡。

人对色彩的爱好受到民族、年龄、性别、生活习惯、经济地位、职业、个性、情绪、爱好等因素的制约。

2. 宴会厅色调

（1）主色调。宴会厅主色调由厅房、布草、家具与餐具等因素综合构成。宴会厅房应以暖色为主，避免使用墨绿色、暗紫色、灰色及黑色。主色调颜色不宜太多，两种为宜，多了给人以凌乱的感觉。辅助色应是主色调同一色系的深浅变化，或在色谱中相邻的颜色。色彩要与餐厅的主题相吻合，如海味餐厅用冷色的绿、蓝和白，能巧妙地表现航海的主题。若要想延长顾客的就餐时间，就应该使用柔和的色调、宽敞的空间布局、舒适的桌椅、浪漫的光线和温柔的音乐来渲染气氛。色彩与餐厅的位置有关，如在纬度较高的地带，餐厅应该使用暖色，如红、橙、黄等，从而给顾客一种温暖的感觉；在纬度较低的地带，使用绿、蓝等冷色的效果最佳。家具的形状与色调不宜与宴会厅基色太接近，不然颜色会"同化"，也不能太突出。餐具以选用中间色调为宜，加上白色台布，显得明亮，并能衬托出桌面上的菜肴。宴会厅内的装饰物，如盆景、艺术画、窗帘、花卉等饰品，不可太刺眼。

（2）配色方案。① 华丽色调。主色为酒红色和米色。应用：沙发为酒红色，地毯为同色系的暗土红色，墙面用明亮的米色，局部点缀金红色和蓝色，如镀金门把手、壁灯架、蓝色花瓶等。② 娇艳色调。主色为粉红色和白色。应用：墙面装以粉色为主色的碎花仿丝绸壁纸，局部装镜面，家具为仿路易十五式的弯脚家具，油饰白色、雕饰金线，沙发与墙面用同一色调的华贵丝绸罩面，地毯用深粉红色，饰品中点缀一些橘红和翠绿色。③ 硬朗色调。主色为黑白两色。应用：黑面抛光大理石地面，白色墙面，黑色真皮沙发，白色家具，点缀些红色、蓝色饰品。黑白分明、红蓝对比，具有刚毅气质。④ 轻柔色调。主色为奶黄色、白色。应用：奶黄色地面与墙面，象牙白色家具，室内配以大面积轻薄适当的提花洗涤纶做垂地窗帘、帷幔，点缀少量嫩绿色、天蓝色饰品。阳光透过纱窗射入，整个气氛显得轻柔淡雅。⑤ 高贵色调。主色为玫瑰色和灰色。应用：玫瑰色地毯和沙发，粉灰色墙面与银灰色家具，配以深紫色点缀品和绿色植物。⑥ 清爽色调。主色为淡蓝色。应用：蓝灰色地面，白墙、蓝色沙发及窗帘，局部用深蓝色、紫色衬托。⑦ 喜庆色调。主色为红、橙等暖色。应用：深红色地毯、橘红色墙面，华贵的暖色织锦缎床罩和台布，挂上红纱宫灯，摆上金色烛台，贴上绚丽的剪纸。⑧ 质朴色调。主色为尽量用材料质朴的本色。应用：黄褐色的地板、棕色显木纹的家具，用棉布与亚麻织物，点缀一些具有乡土特色的粗陶器皿。⑨ 青春色调。主色为绿色。应用：橄榄绿地面，草绿色墙面，浅绿色家具，天蓝色窗帘，点缀些粉红色、橘红色饰品。

（3）各类宴会厅色调设计。① 豪华宴会厅。为增加宴会热闹气氛，宜使用较暖或明亮的颜色，光线明亮、柔和，以金黄和红黄光为主。灯具豪华、美观，富有民族特色，一般用吊灯和宫灯配合使用，并与宴会厅整体风格相吻合。地毯使用红色，增加富丽堂皇感。② 中餐宴会厅。使用橙色、水红色为主调，辅以其他色彩，丰富其变化，以创造温暖热情、欢乐喜庆的环境气氛，迎合进餐者热烈兴奋的心理要求。③ 西餐宴会厅。环境照明应适当偏暗、柔和，显示幽静、安逸、雅致的迷人情调；餐桌照度稍强于餐厅照度，使餐桌空间在视觉上变小而产生亲密感。可采用咖啡色、褐色、红色，色暖而较深沉，以创造古朴稳重、宁静安逸的气氛；也可采用乳白、浅褐之类，使环境明快，富有现代气息。④ 快餐宴会厅。以鲜艳明快为基调，因此以乳白、黄色等暖色调为宜，配以紧凑的座位、窄小的桌子、明亮的灯光、快节奏的音乐和人多的嘈杂声，使得顾客无暇交谈，给人清新、畅快、舒适的感觉，能在就餐后快速离开。

（4）宴会厅各部分的色彩调配，如表 3-7 所示。

表 3-7　餐厅各部分的色彩调配

餐厅部位	墙　壁	门、窗帘	地毯、家具	感　受
门厅	白色系列、浅黄色系列	浅黄色、浅红色及明亮色	浅红色系列、金色等明亮色	有迎客温暖之感
大堂、休息厅	白色、极浅灰色	浅雅蓝色、淡雅绿色、淡雅红色系列	蓝绿色、雅红色	创造高雅、华贵的环境气氛
中餐厅、西餐厅	奶油色、浅粉红色系列	鹅黄色、雅浅红色及明亮颜色	茶色、雅红色	提供增加食欲的环境
舞厅	红色系列、紫色系列	浅紫色系列、宝石蓝、绿色	玫瑰红色、玫瑰紫色	使人有兴奋热烈的感觉
多功能厅	极浅灰色	银色、浅蓝灰色	灰色系列、蓝色系列	中性色调能满足各种活动的需要

（二）光照（光环境）

1. 饭店各功能区域照明设计标准[①]

"光是色之母，色是光之子"。光照具有保障活动进行、改善空间关系、渲染空间气氛、体现风格特色、影响身心健康的作用。它既有实用意义，又有装饰和感官意义，是一种创造舒适、优美环境的艺术形式。饭店各功能区域有不同的照明要求，同时须符合《建筑照明设计标准》（GB50034 2004）的规定，如表 3-8 所示。

表 3-8　饭店各部位照度参考指标

类　别	照度标准值（lx）	类　别	照度标准值（lx）
前厅	500	电梯间	75
总服务台	750～1 000	主餐厅	200
门厅、休息厅	200	西餐厅、酒吧区、舞厅	50
客房　起居区域	75	大宴会厅、主餐厅柜台	300
客房　床头	150	会议室	300
客房　写字台	300	厨房、洗衣房	200
客房　卫生间	150	理发室	200
公共区域走廊、厕所	100	美容室	500
公共区卫生间洗面台	50	健身房、形体室、桑拿、游泳池	75

① 资料来源：朱承强. 饭店管理实证研究[M]. 上海：上海交通大学出版社，2013.

2. 宴会厅照明

（1）光色。取决于光源的色温（K），色温小于3 300K为暖色，3 300～5 300K为中间色，大于5 300 K为冷色。色温低的光源带红色，使环境产生一种稳定的感觉；随着色温升高，逐渐给人一种从白到蓝的感觉，让人觉得爽快、清凉，同时带有一种动感的气氛。在同一空间环境中，如使用两种色差很大的光源，则光色的对比会出现有层次的效果。如果光色对比小，仅靠亮度层次而又必须取得最佳效果时，要使用更高亮度的聚光灯。

（2）光源。有自然光源（阳光）、人工光源（电灯光源和烛光光源）和混合光源（自然光源与人工光源混合）等形式。选用光源的原则是节能、舒适和适用。不同档次、装潢风格、经营形式与建筑结构的酒店有着不同的灯饰系统。如中餐厅，灯饰以金黄和红黄光为主，使用暴露光源，产生轻度眩光，营造热烈、辉煌的气氛；咖啡厅、快餐厅采用明亮为主的自然光源，有活跃之意；西餐厅为适应西方人进餐时要求相对独立及较隐蔽的环境的心理要求，灯饰系统以沉着、柔和为美，同时使餐桌照度稍强于餐厅本身的照度，创造出静谧、浪漫、雅致的情调。一般餐厅多用混合光源照明，高档宴会厅和法式餐厅用人工光源较多。宴会厅常用光源有以下几种。

① 烛光。暖色调，源于西餐餐台布置，体现宴会浪漫情调，使聚会气氛更温馨，触发客人怀旧情绪。餐厅传统光源，墙上挂上杜甫的"今夕复何夕，共此灯烛光"、李商隐的"君问归期未有期，巴山夜雨涨秋池。何当共剪西窗烛，却话巴山夜雨时"等富有情调的诗句，定会使聚会者难忘今宵。烛光适用于朋友集会、恋人会餐、节日盛会、西式冷餐会、节日盛会、生日宴会等。

② 白炽光。暖色调，色温2 300K左右，光色偏于红黄。优点是显色性（即在某种光源的照明下，以显示各种颜色在视觉上的失真程度）好，食品看上去颜色最自然；缺点是发光率低、寿命短、玻壳温度高、受电压和机械影响大。白炽灯是宴会厅主要光线，能突出豪华气派，食品和人不易失真，使呈现形态自然。如果调暗光线，还能增加舒适感，营造朦胧美气氛，延长客人就餐时间。白炽光适用于高档餐厅的营业厅、包间、雅间、情侣座。

③ 荧光。显色指数较低，荧光中蓝色和绿色强于红色和橙色而居于主导地位，从而使人的皮肤看上去显得苍白、食品呈现灰色，会缩短顾客的就餐时间。档次较高的宴会厅不要采用荧光灯；中低档的餐厅采用荧光灯既可以节约能源，又可以显示一种平和的气氛；快餐厅采用荧光灯是提高客人流动率的一种策略。荧光在使用中可与白炽光混合使用，荧光照射在餐桌的外围部分，白炽光照射在餐桌的中心部分。

④ 彩光。红色光对家具、设施和绝大多数的食品都是有利的；桃红色、乳白色和琥珀色光线可用来增加热情友好的气氛；绿色和蓝色光不适于照射在顾客身上。彩光会影响

人的面部、衣着，也会影响菜肴色彩，使用要谨慎。在大型宴会厅中合理地使用吊在天花板上的舞台彩色射灯光线，按不同的时机来经常改变光线颜色，能起到烘托氛围的作用。

⑤ 自然光。自然采光节约能源，更使人在视觉上习惯与舒适。宴会厅如果临街、靠窗，有落地玻璃门窗，采用自然光将人与自然景物联系在一起，扩张丰富酒店的空间。但要有遮阳措施，以避免阳光直射所产生的眩光和过热的不适感。安装窗帘既可起到装饰点缀的作用，又可让阳光透过窗帘产生漫射光，使光线柔和舒适。如果餐厅外有大阳台、草坪，让客人在大自然光线的沐浴之下就餐，使客人"开轩面场圃，把酒话桑麻"，悠闲自得。

（3）亮度。亮度是光线的明暗强弱度。宴会厅要光线明亮，灯火通明。基础照明的亮度标准：电灯泡为 60lx～300lx（勒克斯），高色温的白色荧光灯在 500lx 以上。餐座周转率较高的餐厅光照度较强。各类餐厅、餐厅内的各空间亮度要求不同。宴会厅亮于餐厅，餐厅亮于过道走廊，餐桌亮于其他区域，主灯灯光应集中于筵席菜肴上。利用各种光线的亮度并配以色彩变化，可以突出各种菜肴的特色与美观，使人产生深刻的印象，增强食欲。

3. 灯具装饰

（1）灯具风格。灯具既是照明工具，又是装饰设备，能营造宴会气氛。灯具风格有古典西式（如蜡烛式、油灯式）、古典中式（如灯笼）、日本式（如框式顶灯、竹木架式灯具）与现代式。

（2）灯具样式。吊灯（常使用于大厅、宴会厅和雅间，雅间安装时要安在餐桌的正上方）、吸顶灯（固定于顶棚上）、筒灯（镶嵌于顶棚中，简洁明快，无累赘）、壁灯（常用于走廊、门厅、大厅的墙壁上）、射灯（局部集中照明某些重要部位，如店名招牌、照片、字画、装饰品、景观等）、投光灯、消防灯、落地灯、艺术欣赏灯等。

（3）灯具规格。① 豪华灯具。专为饭店前厅、宴会厅定向设计，采用镀金、贴金、水晶等贵重材料，制作工艺精良，体型较大，造型美观新颖，具有时代感，现场组装，有很强的装饰效果。② 高级灯具。用料考究、加工精细、装饰性强。③ 普通灯具。市场批量生产，在一定时期内普遍流行的时尚装饰灯具。

（4）灯具选配。灯具的档次高低、规格大小、比例尺寸、质地造型要与餐厅风格与档次协调。随着餐饮业的发展，涌现出一些个性餐吧、主题餐厅，颠覆了传统的餐厅布置格局，灯饰设置也与传统习惯不同，但都服务于餐厅的主题和经营定位。

（三）空气（气环境）

1. 空气质量指标

空气环境关系着人的健康和宴会产品的舒适性。

（1）温度。人的体表温度为 28～34℃之间，最舒适的环境温度应略低于体表温，给人以舒适、轻松感。我国饭店在夏冬两季温差较大，一般室内外温差不宜超过 10℃。女性喜欢的温度略高于男性，孩子喜欢的温度稍低于成人，从事活跃职业的人喜欢较低的温度。局部温度可根据客人的需求随时调节，气温过高或过低都会抑制人的食欲。

（2）湿度。湿度小、空气干燥利于人体表面汗液蒸发，但过于干燥，会使顾客心绪烦躁，从而加快人员流动；反之，湿度大，汗液蒸发困难，会感到潮湿胸闷。宴会厅最佳湿度环境为 40%～60%。

（3）风速。气流速度为零时，人体周围便会形成饱和空气层，阻止体表汗液蒸发，从而使人产生"闷"的感觉。在人体感到舒适的温度下，室内允许的空气流速为 0.1～0.25m/s，其中，0.1～0.2m/s 是人体感到舒适的风速氛围，0.2～0.25m/s 是用于冷却目的而感到舒适的风速氛围，大于 0.3m/s 时会使人感到不适。

（4）纯度。人对气味的记忆要比视觉和听觉记忆更加深刻。厅房里弥漫着轻微的芳香，能使人愉悦、增强人的食欲；然而宴会厅内充满了污物的气味或一些不正的气味，如油腻味、汗酸气味则会降低人的食欲。根据国家规定：厅内一氧化碳含量不超过 $5mg/m^3$，二氧化碳含量不超过 $0.1mg/m^3$，可吸入颗粒物不超过 $0.1mg/m^3$，新风量不低于 $200m^3$/人·小时，用餐高峰期与就餐人多时，不低于 $180m^3$/人·小时。

2．改善空气质量的方法

（1）"绿色"材质。装修、电器等都可能导致空气质量的下降，餐厅在装修时应选择对环境污染少的绿色安全的材料，购置品牌好的电器设备，尽可能减少污染的产生。

（2）通风。开窗或换气、通风，排出余热、余湿、有害气体及粉尘，是保证空气清新最重要的方法。保证每天半小时以上的开窗换气时间，有条件的安装通风换气设备，如空调、排风扇、空气清洁机。

（3）植物。植物是环境的美容师，具有吸收二氧化碳，释放氧气，吸附空气中的粉尘，净化空气，美化环境的重要作用，必须很好地善用。

（4）空气清洁剂。因为许多空气清洁剂含有化学添加剂，搞不好会加剧空气的污染程度，要谨慎使用。但某些特殊场所，如卫生间还是建议使用高质量的空气清洁剂。

（5）"香薰"。高级宴会厅房可以采用不同香味的"香薰"方法，增加人的愉悦感。

（6）员工卫生。保持个人身体与服装的清洁卫生。上班前不能喝酒、吃刺激味很重的食物（葱、姜、蒜、韭等）。员工适当化妆既有利于形象美，又有利于让气味好闻。

（四）声音（声环境）

1．杜绝噪声

（1）噪声危害。人长时间生活在 65dB 以上的噪声环境里，轻则会分散注意力、思维迟钝、情绪烦躁不安、易感疲劳；重则会发怒、多疑，出现攻击性、侵犯性行为；85dB以上的高噪声甚至会影响人的听力，大于 130dB 会导致耳聋。噪声对宴会产品舒适度会构成极大的影响。餐厅噪声应严格控制在 45dB 以下。

（2）控制噪声方法。① 硬件。酒店噪声源于店外环境与店内的楼层走道、管道、空调送风口、冰箱、卫生间排风扇、烹调操作、顾客流动与喧哗声、杯碟碰撞声、音量过高的背景音乐以及大型设施设备等因素。因此，酒店选址应避免周围噪声干扰过大，建筑材料隔音性能要良好，可采用双道门、双层窗等方式尽量减少外部噪声传入店内。店内各房间的隔墙以及相邻房间的柜橱要用隔音材料，防止楼层之间、房间之间互相"串音"；相邻客房间的管线口要做隔音处理；客房走道应铺设地毯，客房门加设隔音胶条；房内选用低噪声冰箱，卫生间的洁具不能漏水，排风扇音量要低；娱乐场所要远离住宿与就餐区域；客房与宴会厅附近不能有声响过大的机器（如洗碗机、离心脱水机、锅炉等）；厨房与餐厅之间的过道要长且要设双道门，形成声锁来隔断噪声量。② 软件。员工服务要做到"四轻"：走路轻、说话轻、操作轻、关门轻，不仅能减少噪声，而且能使客人产生文雅感、亲切感，同时还可暗示那些爱大声说笑的客人自我克制。员工服务时要使用柔声语言与礼貌用语。

2．增加乐音

播放背景音乐能够营造温馨氛围与舒适情调。背景音乐平均声压级应控制在 50dB 以下，频率范围是 1 100～6 000Hz，播放特性应较为平直，不宜播放动态范围大的乐曲。采用口径为 16～20 厘米、功率为 5W 的纸盆扬声器，均匀地安装在顶棚上，其间距为 5～7 米。背景音乐的播放艺术以及音乐佐餐的各种形式，详见本项目宴会娱乐设计的内容。

（五）饰品（形环境）

1．饰品作用

饰品是指陈设于前厅、宴会厅、雅间或走道、休息区域的品位高雅的装饰品。饰品也称摆设品、陈设品，不仅具有观赏玩抚作用，还有怡情遣兴、陶冶情操的效果，能增强室内空间视觉效果，提高艺术品位，以及创造表现、自我塑造和潜移默化的功能。

2．饰品类型

（1）按实用性分类。

① 观赏性饰品。a．艺术品，如书法、绘画、摄影、雕刻、塑像、陶器、古玩、玉器等。b．纪念品，如纪念章、纪念像、纪念服饰等，布置在主题餐厅。

② 实用性饰品。a．织物类，如壁毯、挂毯、窗帘、台布、靠垫等。b．实物类，如装饰灯具、乐器、玩具、猎具、烟斗、扇子、瓶罐、蜡台、农具、书籍、食品、服饰等。

（2）按陈设方式分类。

① 挂件类饰品。a．字画，有国画、油画、水彩画、装饰画、以名词佳句为内容的书法条幅或横幅。b．挂屏，有瓷板画、刺绣、木雕画、螺钿镶嵌画、漆雕画、壁画等。c．壁饰，有壁毯、陶瓷挂盘、砖雕、民间艺术品、生活日用品、刺绣绒绣、竹雕、木刻、漆绘等壁挂工艺品。

② 摆件类饰品。古董、古玩、瓷器、玉雕、木雕、玩石、雕刻制品、盆景、工艺摆件、屏风及其他工艺品等，因其高雅的色彩、造型、风格、质地和文化内涵，使空间弥漫着一种浓郁的文化氛围。

3．饰品陈设方式

（1）空中悬吊。为营造节日喜庆气氛，在空间较大的宴会厅中悬挂某些绿色植物、装饰性灯具、织物、气球、彩带等饰物来做装饰。织物具有柔软分量轻、有安全感、品种繁多、色彩丰富、工艺简单、造价低廉等特点。空中悬吊饰品的布置手法各异，图案变化多端，可在餐厅顶面的中心位置悬吊一张巨大的网，上面堆满气球，在高潮时拉动开关，气球纷纷落下；亦可将气球缠绕成长龙，盘旋蜿蜒于餐厅的顶面，疏密相间，五彩缤纷。

（2）墙面悬挂。悬挂要求：① 突出主题。根据墙面艺术和经济实力来选择品种，质量和数量要突出行业特色和民族风格，画面内容要考虑宾客的风俗习惯和宗教信仰。② 风格协调。饰品的材质、图案、色彩、样式等要与宴会厅房整体美学风格相一致。饰品的种类和内容应有穿插，不宜雷同。③ 高雅精致。饰品宜少而精，素而雅，品位高，品相好。④ 大小得体。饰品大小要和厅内的墙壁面积、家具陈设的大小、高低相适应。大宴会厅适宜挂气势磅礴、笔墨刚健的名山大川，华丽多姿的花卉等大幅画；雅间则挂雅致秀丽的花鸟画，才会显得气氛和谐，典雅舒适。⑤ 高低适宜。为便于欣赏，国画可挂得略高一些，西洋画挂得略低一些；笔墨淋漓的高山飞瀑、层峦叠嶂、古木参天等山水画，或大刀阔斧的写意花卉和宜于远看的绒绣花要挂得高一些；而宜于近看的工笔画可挂得低一些。⑥美观安全。挂件要结实牢固，绳子要隐蔽在画框背面，不能外露，以免影响美观。

（3）落地摆放。大型饰品（如雕塑、瓷瓶等）作为表现餐厅主题的重要元素，常落地布置在最引人注目的位置。品种要少而精，应有照明光源配合，并配置必要的文字说明。

（4）橱架陈设。中小件饰品摆放在专用的琴几或古董架上，正面要留有让客人驻足观赏的空间面积。摆件底座、罩子等附配件要精致，如深色的橱架、衬布（盘）适宜置放浅色摆件；光滑的工艺品（如瓷器、玻璃器皿、金银器等）采用粗糙的背景衬托，而粗糙的工艺品（如陶器等）宜采用光滑的背景衬托，以显示各自的质感特点。

（5）台面装饰。餐桌台面通过精美的餐具、艺术的摆放和台面中心的各种装饰造型来加强用餐时的愉悦气氛，如高档的餐桌椅、漂亮的餐桌布、别致的餐巾花、精致的烛台、美丽的插花，都能增添高雅氛围。

（六）绿化

1．绿化作用

绿化是宴会厅房空间的最佳饰物。绿化有丰富的形象美、色彩美和风韵美，具有美化环境、增强气氛、净化空气、调节温度、分割空间、连接内外、提高规格、表达情意等作用。绿化装饰区域一般在前厅、宴会厅外两旁、厅室入口、楼梯进出口、厅内边角或隔断处、话筒前、舞台边沿等处，以及宴会餐台上的鲜花造型或花台、花坛和展台。

2．绿化原则（"四适"原则）

（1）适应环境原则。不同植物对光照、温度、湿度有不同的要求，一般植物适宜温度为 15℃～34℃，理想生长温度为 22℃～28℃。因室内温度稳定，光照不足，二氧化碳含量高，因此要选择新陈代谢较慢、消耗水分营养较少的耐隐蔽的阴生观叶植物或半阴生植物。

（2）适合气氛原则。不同植物形态、造型表现不同风格、情调和气氛，如庄重感、雄伟感、潇洒感、抒情感、华丽感、幽雅感等。所选植物应和室内气氛一致，如现代感较强的餐厅宜用引人注目的宽叶植物，而小叶植物用于古典传统的餐厅。花卉色彩要与室内色彩协调。选用应时应景的花果草木，巧妙陈放在最佳位置，形成百花迎宾的热烈气氛。

（3）比例适度原则。植物体积大小和高度取决于室内空间的面积及高度。植物高度应控制在厅房空间高度的 2/3 以内。① 短小植物。30 厘米以下的矮生的一年及多年生的花卉与蔓生植物，如景天、常春藤等，适宜于桌面、台几或窗台上的盆栽摆设。② 中型植物。0.3～1 米的草花及小落木，如君子兰、天竺葵等，用于雅间或大厅空间相对较小的地方。③ 大型植物。高度 1～3 米的大型草花、多数灌木及一些小乔木，如锦葵、棕竹、茶花等，用在大厅。④ 特大型植物。高度 3 米以上的南洋杉、榕树，用在有多层共享空间的餐厅中庭。

（4）摆放适宜原则。绿化植物应高低对称，摆放位置不影响客人行走、不影响客人视线。布置花卉时，要将塑料布铺设于地毯上，以防水渍及花草弄脏地毯。保持花草清洁，及时擦拭叶子灰尘，摘除凋谢花草，塑料花每周要水洗一次，纸花每隔两三个月要更新。尽量不要将假花、假树摆设在客人伸手可及的地方，以免让客人发现是假物而大失情趣。

3．绿化方法

（1）盆栽点缀。盆栽品种有盆花、盆草、盆果、盆树等。喜庆宴会选用以季节的代表品种为主盆花，形成百花争艳、热烈欢快的气氛；为求典雅可用文竹、君子兰等观赏植物；依不同季节摆设不同观花盆景，如秋海棠、仙客来；阔叶类植物如马拉巴栗、橡树、棕榈、葵树与苍松、翠柏等大型盆栽，其树形开阔雄伟，可点缀或排列在醒目之处，增加庄重之感。选用盆花要考虑各国各地花卉忌讳习俗，如日本忌荷花、意大利忌菊花、法国忌黄色花。

（2）盆景艺术。盆景是用植物、石块等材料在盆中再现自然景色的一种艺术。它既是绿色饰品，又是民间工艺品。① 树桩盆景。观赏植物的根、干、枝、叶、花、果的神态、色泽和风韵的景致，给人以艺术享受。② 山水盆景。通过栽枝点石仿效大自然的风韵神采、奇山秀水，塑造逼真小景，给人以"一峰则太华千寻，一勺则江湖万里"之感。

（3）立体绿化。① 墙面蔓绿。通过植物墙布置"垂直花园"。利用不同的墙面，按照植物在自然界的分布状态来种植各种具有不同特性的植物，其中80%是常绿植物，20%为季节性植物。② 天棚悬挂。利用天棚悬吊绿色明亮的柚叶藤等藤类植物及羊齿类植物等，组成立体式的绿化。

（4）艺术绿化。① 照明绿化。将灯具和绿化结合，产生引人注目的效果。如将植物设在暗处，通过适当位置布置灯光照明增强植物的观赏效果，丰富室内空间的层次感和含蓄性。② 镜面绿化。在较为局促的空间环境，在花草植物的后面配上镜子，通过镜面影像，扩大空间感。若在天棚同时设置反射玻璃，空间效果将变得更为离奇。

（5）花坛花池。用山石水色构成假山，配以各种花卉植物，组成各具特色的花坛花池。

（6）室外借景。通过室外造园手法，移植花草树木，设置奇山异石，将店外的湖光山色与绿化渗透引进室内，内外相通，相得益彰，形成另一番风景。

（7）席面插花。详见筵席台面美化的内容。

（8）展台花台。详见展台花台布置的内容。

4. 室内宜养绿化植物列举

（1）按功能分类。① 能吸收有毒物的植物，如芦荟、吊兰、虎皮兰、龟背竹等。② 能净化空气的植物，包括紫薇、玉兰、仙人掌、昙花、常春藤、铁树、菊花、石榴花、仙人球等。③ 能抗辐射植物，如仙人掌、宝石花、景天等多肉植物。④ 驱虫杀菌植物，包括除虫草、野菊花、紫茉莉、柠檬、紫薇、薄荷等。

（2）按形态分类。① 木本植物，如假槟榔、垂榕、蒲葵、印度橡皮树、苏铁、诺福克南阳杉、三药槟榔、棕竹、金心香龙血树、银线龙血树、象脚丝兰、山茶花、鹅常木、棕榈、广玉兰、海棠、桂花、栀子等。② 草本植物，如斑背剑花、海芋、金皇后、银皇后、广东万年青、白掌、火鹤花、菠叶斑马、金边五彩、龟背竹、非洲紫罗兰、文竹、模叶秋海棠、虎尾兰、白花吊竹草、水竹草、兰花、吊兰、水仙、春羽。③ 藤本植物，包括大叶蔓绿绒、绿萝、薜荔、绿串珠等。④ 肉质植物，包括彩云阁、仙人掌、长寿花等。

（七）山石①

1．艺术标准

山石置于室外庭院。"山因水活，水随山转。"室内山石以玲珑奇特为之秀，山石与水相辅相成、互为补充、互为交融、相得益彰。艺术标准：一"瘦"，即细长苗条，鹤立当空，孤峙无依；二"透"，即多孔洞而玲珑剔透；三"漏"，即有坑有洼，轮廓丰富，上大下小，呈倒挂状；四"皱"，即纹理明晰，起伏多姿，呈分化状态。

2．造型形式

（1）假山。根据室内空间尺度确定假山的大小，假山不宜占据太多空间，以免造成局促感，从而失去假山的自然情趣。假山前，必须留出一定距离的观赏空间。

（2）石壁。要挺直、峭拔，壁面要有起伏，上大下小，有悬崖峭壁之势。

（3）石洞。增加室内自然情趣，但要位置适宜，恰到好处。注意石洞与建筑环境的联系、过渡及绿化配置。洞的大小视功能而定，观赏性石洞以小而有趣为佳，通过式石洞则要做得相对大些。

（4）峰石。单独砌筑的山石。要求上大下小，富有动感，保持平衡，不留人工痕迹。

（5）散石。作为小品点缀起到烘托庭院气氛的作用。可设置于溪岸两边、嵌入土内、半露出水面或立于草坪之上。设置散石时要三五聚散、疏密得体、大小相间、错落有致。

（八）水景

1．水景作用

水景具有增加空间活力、改善空间感受、增强空间意境、美化空间造型的作用，用于室内外的过渡空间和内庭空间。水景有动静之分。动水或奔腾而下、气势磅礴，或蜿蜒流淌、欢快柔情，具有较强的感染力；静水犹如明镜，清澈见底，具有宁静平和之感。结合现代科学技术，创造多姿多彩的水体造型，如雕刻喷水池、音乐喷水池、彩色喷水池等。厅房设置水景应注意体量和位置，不能影响厅房区域通道的流畅性，减少水流噪声、滴水外溢对厅房的影响，材质应便于保洁。

2．水景形式

（1）水池。水池常与绿化和山石共同构成建筑景观，一般置于庭中、楼梯下、路旁或室内外中界空间处。室内水池可起到丰富和扩大空间的作用，室外水池能将周围景色在水中交相辉映，从而将不同内容和形式的建筑融为一体。

（2）瀑布。采用水幕形式，配以山石、植物，构成组合景观，类似中国山水画的意

---

① 山石、水体资料来源：周明扬．餐饮美学[M]．长沙：湖南科学技术出版社，2004．

境，动感强烈，飞流直下，在潺潺的水声配合下，成为环境中的主题和趣味中心。

（3）涌泉。从地面、石洞或水中涌出的泉水，使静态的景观略增动感，起到丰富景观效果、调节动静关系的作用。涌泉常用于美食广场、大堂的装饰设计中。

（4）喷泉。现代喷泉结合了声、光、电效果，使喷泉显得更为新奇、更为好看。有些喷泉甚至具有演示功能，为众多高级装饰场所选用。

（5）落泉。将水引向高处，然后自上而下层层跌落下来。落泉常和石级、草木组合造景，也可与山石、石雕相配合，构成有声有色的美妙场景，常用于广场中心及宾馆大堂内。

（6）涧溪。水体呈线状形态，多与山石、小品组合置景，溪水蜿蜒曲折，时隐时现，时宽时窄，变化多姿，常作为联系两景点的纽带，形式细腻而富有情感。

任务三 宴会厅房背景设计

（一）背景布置

1．背景布置作用

宴会厅背景设计属于宴会场地临时性的布置，在宴会厅非常抢眼，是表现宴会气氛的重要组成部分，它能通过颜色，字体，单位的标志、口号、照片来反映宴会的主题。

2．背景布置方法

（1）简易布置。如喜宴贴个"囍"字，寿宴安个"寿"字。

（2）大型背景布置。如花台背景、屏风背景、绿色植物背景、造型背景、可变灯光背景等。大型背景布置需要搭建背景墙，有临时性的木架、固定性的铁架和可移动的铝合金架几种，配上蒙布，在蒙布上做上各类装饰内容。现在更多使用大屏幕投影仪或电视幕墙集合背景板，利用高科技手段丰富多彩地表现宴会主题，效果更为良好。

【案例3-4】寿宴上的哭声[1]

某日中午，福州市某酒店餐厅正在举行一场寿宴。突然从主桌方向传来阵阵哭声，由弱渐强，最后竟然成了号啕大哭。刚才还在推杯换盏的亲朋好友们个个被惊呆了，一下子没了欢声笑语，只听到"寿星"老太太的独自哭叫声："我怎么这么倒霉呀，在外地工作的儿子好不容易回家为我办寿宴，却碰到这样的倒霉事。这顿饭我没法吃了！"倒霉事？什么事？潘经理听到哭声三步并做两步走向主桌。老太太的儿子韩先生见到潘经理，便指着主席台地上的支离破碎的"寿"字牌说道："你们怎么搞的，这很不吉利呀，我妈这人又迷信，你看这怎么办？"原来主席台背景幕上挂的寿字牌，由于很久没有使用，泡沫塑料材质已老化，有多处脆裂，只是靠表面粘贴一张金色纸皮相连，因为急用，将

---

[1] 资料来源：陈文生. 酒店经营管理案例精选[M]. 北京：旅游教育出版社，2007.

就着把它安上墙。正巧这天气温高，中央空调冷气不足，于是搬来几台落地电扇降温，其中一台就立在主桌附近，估计是摇头电扇把寿字牌几经吹动而掀翻落地。潘经理立即一边叫人将寿字牌退下，请美工修补并重新挂牢，一边安慰着韩先生和他的母亲："真是对不起，这完全是意外。请您老人家千万别再哭，免得客人们都不高兴。"寿星老太虽然停止了哭泣，但嘴里蹦出一句话让在场的人都感到惊讶："我们不吃了，我们不付酒席的钱，走！"韩先生颇为尴尬，只好叫上几个亲属将老太太扶出去，而后对亲戚朋友们说道："没事了，请大家继续用餐。"虽然一场风波平静了下来，但大家被这不愉快的插曲搅得食兴大减，本来热闹的寿宴竟变成了安静的午餐会。餐毕，潘经理主动再一次向韩先生表示道歉，并给予较大的折扣结账。

（二）舞台搭建

1. 舞台搭建要求

（1）切合主题。针对客户预算、各种不同宴会类型、宴会主题设计不同类型、不同风格、不同种类的舞台造型。

（2）新颖独特。设计图包括花饰摆设、周边布置、讲台位置、行礼台位置等图例，用计算机绘图方式制作，以增加顾客对实际布置的了解。每场宴会都要设计出独特新颖的舞台造型，营造适宜的宴会气氛。

（3）便于观看。舞台是吸引用餐客人眼球的兴奋中心。应把舞台设置在宴会厅中央，四周安排餐桌或将舞台设置在宴会厅一侧，在对侧安置餐桌。

（4）设施配套。有的舞台设计须布置相适应的后台与舞池、灯光音响设备配套。

2. 舞台结构规格（见表3-9）

表3-9　舞台规格

舞台项目	规格要求
舞台宽度	舞台大小根据客人的要求、餐厅的大小、活动的内容来决定。如有演出，舞台要大一点。舞台宽度通常占背景墙的60%左右。临时搭建的宴会舞台，尺寸规格为两片，打开后为2.4×1.8米。舞台板数量按背景墙的宽度÷2.4米×2计算
舞台深度	舞台宽度的60%左右
舞台高度	0.4～0.6米或0.6～0.8米。应按照厅房的高低、舞台的使用要求来确定。演出、时装表演可适当高一点
舞台台阶	每0.15～0.17米安排一级台阶
舞台位置	面向大门或根据厅房形状安排在左右一侧，但不能紧靠主要通道的入口处
灯光音响	酒店要提供搭配常规舞台的基本设备；所需器材超出范围，如特殊音效设备、电视墙、干冰等，可采用外包方式，由专业公司进行设计布置

（1）主台。用于主人与主客的讲话，配有讲台与话筒，置于舞台的正中；舞台右侧（面向台下）设有两只立式话筒，供主持人与译员使用。在不设舞台的宴会中，可在主桌的右侧放置两只立式话筒，供主人与主客祝酒时使用。舞台与主桌应有一定的距离，供讲话用的舞台，主人的椅背离舞台边缘不小于 1.5 米，演出用的舞台则不小于 2 米。

（2）副台。副台供宴会伴宴乐队使用。如有中、西两支乐队，可在主台两侧搭建两个舞台，供他们分别使用；如是一支乐队，可在主台的对面搭建一个舞台，供他们使用。副台应小于、低于主台。副台配备演奏员的座椅、演出话筒。

（三）花台制作

1. 花台作用

花台是在大型宴会中用鲜花堆砌而成来渲染主题气氛、供人观赏的豪华艺术装饰，具有很高的观赏性与艺术性。

2. 花台造型要求

（1）主题突出。根据宴会主题运用花卉的种类、色彩及形状的对比、配合来增强韵律效果，创作不同类型、不同风格、不同意境的花台，使主题更加完美鲜明。如祝寿宴反映寿比南山的主题；新婚宴可用艳丽的红玫瑰拼成大红"囍"字来体现爱情、喜庆，突出花好月圆的主题；欢迎或答谢宴则用友谊花篮的图案来体现和平、友好。

（2）构图艺术。① 高低错落。花材的穿插定植应高低起伏，前后错开，不应插在同一直线或横线上。② 疏密有致。花材色彩、材质、种类、形状、大小及配件之间构成要协调统一，变化太多会零乱，平铺直叙太单调、呆板。花与叶的安插应做到点、线、面相结合，空间安排得当。③ 虚实结合。以鲜花为实体，姿态鲜明，个性突出，绿叶和填充花作陪衬，不能喧宾夺主。④ 仰俯呼应。围绕整体中心，相互呼应，顾盼传神，保持整体性与均衡性的统一。⑤ 上轻下重。枝叶小的、花朵小的、淡色的在上，枝叶大的、花朵大的、深色的在下，保持均衡稳定，显得生机勃勃。花台与台面、与花器要比例协调。花材宽度是花器的 1.5～2 倍，高度为 0.3 米，以不遮挡对面客人的脸部为准。⑥ 上散下聚。基部花材安插聚集，不宜分散，上部可适当展开。

3. 花台制作流程

（1）构思花台主题。充分发挥想象力和创造力，根据宴会厅的环境、餐桌的大小、形状设计出合时、合意、合适的花台，新奇独特、与众不同，富有吸引力。

（2）搭建花台台阶。花台位置醒目，或在主桌后面，或在入口处，或是宴会厅的中堂，或是主人迎客处。花台宽度是背景宽度的 65%～80%，高度是背景高度的 70% 以上。每阶台阶的深度能容下花盆的直径，台阶高度是花盆的高度。

（3）选择合适花材。

① 花卉寓意。重视花卉本身所隐含的象征性、季节性、民族性的特点，尊重民族与宗教习惯，选用客人喜欢的花材，避免使用忌讳花材。

② 花材形状。a. 线状花，呈细长形，茎上生着无数小花，如蛇鞭菊、菖兰等，适合用来架构外形。b. 块状花，花瓣大而聚集，单朵形式，如向日葵、康乃馨、玫瑰等，外形近似圆形，适合做主花。c. 造型花，花型大，有一定特征，如火鹤、白掌、天堂鸟等，适合突出主题时使用。d. 点状花，花小且密集，茎分成无数细枝，如满天星、情人草等，适合补足空间。

③ 花卉色彩。根据宴会主题选择主色调，再配置辅色，重视青枝绿叶的衬托作用，因为绿色最富有生机。

④ 花材品种。a. 铺垫花，选用价格便宜的（如山草、箭兰等）草本植物，或杜鹃花、小山茶花等花型较密的盆花，作为花台打底，匀密地排列在台阶上；b. 图案花，选用玫瑰、石竹花等花卉搭拼，先将图案、字体画在聚酯泡沫上，然后将剪成同样长度的鲜花插在聚酯泡沫上。

⑤ 花材品相。选择新鲜整洁，生长茂盛，花期较长，水分充足持久，色彩鲜艳，形态优美，香气幽雅，但不过分浓郁，花朵含苞欲放，花枝挺拔粗壮、长短适中、无显露锐刺的花材。避免使用垂头萎蔫、脱水干枯、虫咬烂边、残缺病斑等花材。

⑥ 花材选用。不同宴会选用不同的花卉。a. 川味宴：杜鹃花、红叶、竹子、芙蓉花。b. 江南宴：玉兰花、月季花、茉莉花、兰花、桂花、梅花。c. 南粤宴：木棉花、紫荆花、石榴花。d. 云南边寨宴：山茶花、杜鹃花。e. 乡土风味宴：狗尾草、波斯菊、蓬莱松、野草。f. 中国春节宴会：银柳、蜡梅、山茶、水仙、天竹果、金橘、红掌。g. 情人节宴会：粉红色玫瑰、波斯菊、熊草。h. 母亲节宴会：康乃馨、香水百合、蝴蝶兰。i. 父亲节宴会：文心兰、石斛兰、天门冬、菠萝蜜。j. 端午节宴会：斑叶百合、海棠、红掌。k. 中秋节宴会：红掌、康乃馨、斑纹万年青、狗尾草、麒麟草。l. 重阳节宴会：黄色菊花。m. 婚宴：玫瑰花、勿忘我、情人草、扶郎、铁树叶、百合。n. 复活节宴会：水仙、毛茛、常春藤、黄杨木。o. 圣诞节宴会：圣诞红、松果、香榧叶。

（4）配置适宜花器。

① 花器作用。花器是支撑、盛放和保持花材形状，能容纳一定水分，并起衬托装饰作用的容器，其大小、形状和色彩影响着花台设计。花器选择必须根据宴会主题的人文背景以及实用性，发挥花器的色彩和花纹图案的装饰效果。容器的颜色不应鲜艳华丽，以免喧宾夺主。如艳美的大丽花，应配釉色乌亮的粗陶罐；素朴的细花瓷瓶，应配淡雅的菊花等。

② 花器类型。a. 按材质分，有陶瓷、银制、黄铜、紫砂、竹藤、玻璃、大理石、塑料等，各有其独具的纹理、色彩、质感。b. 按形状分，有杯状型（花器呈奖杯状且有

底脚，适合插球形花型）、低矮型（花器不高，适合插三角形、L形、倒 T 形等花型）、碗状型（花器底部呈圆顺弧状，适合插丰盛花型）、浅盘型（适合插水平花型）、变化型（各种不规则外形，极富个性，适合创作独特花型）。c. 按功能分，有盘、筒、瓶、篮等。d. 按风格分，有东方花器、欧洲花器和美洲花器。

③ 选配艺术。a. 东方花器。以传统的陶瓷器皿、漆器皿见长，外形轮廓力求小巧流畅，色彩花纹讲究素雅简洁，纹饰以平面为主。b. 欧洲花器。装饰性、立体感强，带人形或实物造型的花器颇受欢迎，如小天使、维纳斯雕像、胜利女神、公鸡形、船形等花器，纹饰以浮雕为主，体现纤巧典雅的氛围。银制花器配高贵的花材，在摇曳的烛光的映衬下，与精美的艺术大餐一起熠熠生辉。提篮式花器插上娇嫩多姿的野花，最适宜户外的美食活动。c. 美洲花器。如铜水罐、铜水盅、铜花钵等黄铜花器，配上艳花，使人联想起牛仔的生活，将豪放与柔美融合在一起。隆重的正式宴会，花器以扁平规则的为宜，并用花枝将花泥、花器遮挡或覆盖。现在餐桌流行摆设纤细金属质感强的高耸花器。

（5）讲究插花技法。

① 遵循造型规律。花台造型要有整体性、协调性。插配中任何花卉要有主有配，主花在花台中占据主导地位，配花、枝叶居辅助地位，才能使花台成为有机的整体。

② 规范操作步骤。a. 先插主花，用主花将花台的骨架搭起来。b. 再插配花，使花台初显生动丰满的造型。c. 点缀枝叶，使整个花台充满活力、富有韵味。d. 检查改进，检查制作完毕的花台，改进不足之处，收拾洁净桌面。

③ 弥补花材不足。a. 枝干。较短时，可将其他枝杆用金属丝绑在较短花枝的下方，增加其长度；较细软时，可用其他粗枝把其固定在细枝上，增强其支撑力。b. 花朵。花朵未开或太小时，可向花朵吹气或用手帮助其打开，适用于玫瑰、石竹等。

（四）展台布置

1. 展台作用

展台又称观赏台、看台，设置在宴会厅大门入口处或中央处，专供客人欣赏观看的装饰台面，以烘托宴会气氛、显示规格档次、展示服务工艺，愉悦客人身心。展台多用于特别高档的宴会。展台台面较大，根据宴会的性质、内容，用各种小件物品和各种花卉、盆景、食品雕刻、大型冰雕、面塑、彩灯、裱花大蛋糕等装饰物品摆设成各种图案造型。

2. 展台类型

（1）观赏型。展台由冰雕、黄油雕、巧克力雕、果蔬雕、食品模型、名贵餐具、中外名酒、个性插花等相互配合组成，体现大型宴会或美食节活动的规模和场面。作品创作的原形可以来源于生活及乡土民情，散发出温馨的人情味并流露出情感的寄托。如湘菜宴会展台以毛泽东"为人民服务"大红烫金匾额为背景，正中央摆放毛主席半身包金

泡沫雕，底座刻有毛体"光明在前"字样，雕像前正中摆放香炉烛台，左右侧为湖南韶山滴水洞牌白酒，雕像前供放湖南小菜红烧肉、辣椒酱、熏小鱼干等。又如海鲜宴会展台以悬挂五颜六色三角旗的小渔船为载体，小渔船上方垂下坠有海螺的渔网，美人鱼跃上船头奉上海底珍品，大龙虾的黄油雕栩栩如生。

（2）节日型。展台是为中西方传统节日平添喜庆气氛而布置，旨在借节日作餐饮文章，刺激人们节日餐饮的消费欲。如春节展台的布置以大红色和金色为主色调，装饰物件有：金童玉女拜年彩瓷像，贴有"满"字的金坛、金钱鞭炮串、生肖玩具、金橘盆景、桃符对联、民间年画、钱袋、小红灯笼、年糕、饺子、馒头、糖果盒、红鲤鱼等；"年年有余""恭喜发财""恭贺新禧""黄金万两""招财进宝""万事如意""福"等吉祥图案和文字是必不可少的。圣诞节展台的布置以红色、白色、绿色、蓝色为主色调，装饰物有：圣诞树、圣诞花环、圣诞小屋、小天使、圣诞礼物、圣诞烛台、麦秆编织、太阳月亮面具、玩具兵、松果、榛子核桃、幸运星和琳琅满目的圣诞礼篮（圣诞红酒、树根蛋糕、圣诞老人巧克力、干姜饼、曲奇饼、圣诞布丁）等。

（3）促销型。展台内容多为食品商、酒商赞助的样品广告和反映美食之乡的特产和纪念品等，展台规模较小，效果简洁明了，用于以某类特色菜肴、饮品为主题的美食促销活动。

（4）作品型。展台为举办厨艺交流、比赛、新闻发布会而设，旨在弘扬饮食文化，展现名厨风采，领导餐饮潮流，推动菜肴开发创新。

3．布展要求

（1）突出主题，表现主题。如婚宴的"龙凤呈祥"、寿宴的"松鹤延年"、饯行宴的"鲲鹏展翅"、洗尘宴的"黄鹤归来"、庆功宴的"金杯闪光"等。装饰物必须围绕主题展开，摆放层次分明，高低错落有致，切忌铺张杂乱。

（2）注重展台基座布置。展台基座要铺台布、围桌裙，并考虑装饰布的色彩、质感的搭配和衬托效果。

（3）强调展台光照设计。展台光照明亮，突出主装饰物。

（4）凸显展台最佳朝向。根据餐厅和正门的位置特征，设计展台的朝向和观赏面。可设计成四面观赏型、三面观赏型或一面观赏型，以达到最佳视觉效果。

任务四　宴会厅房娱乐设计

【案例3-5】京城饭店餐厅流行表演风①

表演之风在京城各餐馆流行起来。基辅餐厅的俄罗斯民族风情表演，凯瑞酒店的民

---

① 资料来源：《中国消费报》2009年2月25日C3版

俗表演，巴国布衣的变脸表演，蕉叶餐厅的泰国舞蹈表演，"红色经典"餐厅的革命样板戏，"一千零一夜"的阿拉伯肚皮舞，"向阳屯"地道的东北"二人转"，老舍酒家的传统曲艺等。记者用"餐厅+有表演"在大众点评网上搜索，发现仅北京地区有表演的餐厅就达144家。该网站相关人士告诉记者，今年春节年夜饭预订过程中很多消费者已经开始对有表演的餐厅表现出了浓厚兴趣，在吃到可口年夜饭的同时，消费者的需求已经开始提高。

饕餮之余，能够欣赏到精彩的歌舞演出，绝对是一件惬意的事。现如今，各种表演之风流行于京城的餐饮行业，或成为人们怀旧的去处，或成为人们聚会的场所，渐渐地为消费者所钟爱。这种表演大多是在饭店大厅里举行，并不单独收费，是商家吸引消费者眼球的一项免费服务。但是如果顾客要点名表演什么节目，就要单独收费了。记者调查了几家有特色演出的餐厅，餐厅负责人对安排演出的目的直言不讳：在激烈的市场竞争中，不做出点特色来，要想立足不是一件容易事儿。

大众点评网业内专家在接受记者采访时表示，餐厅之所以会推出形式多样的表演，主要和餐厅的定位有关。菜品是一方面，表演则可以吸引更多的消费者，营造一种氛围，迎合不同的消费群体。同时，也与饮食文化有很大关系，如川剧的变脸表演一般都是川菜馆，蕉叶餐厅则是东南亚风情表演，在不同的氛围要配合相应的表演才能更吸引消费者。

（一）音乐佐餐

1. 音乐作用

音乐对人有着刺激、调节、镇静等作用，能调整心理情绪、舒缓精神压力、解除身心疲劳、恢复精力体力。宴会厅中优美、优雅的背景音乐，或在餐厅中布置的山水小景产生的山石滴泉的叮咚声响使人如同漫步泉边溪畔，让客人心情愉快，增强食欲；同时，轻柔美妙的背景乐曲还可掩盖一些噪声。音乐佐餐形式，一是背景音乐，二是乐队演奏等。

2. 乐队演奏

乐队形式有流行乐队、爵士乐队、摇滚乐队、管弦乐队等，内容有轻音乐、古典音乐、爵士乐、摇滚乐、流行乐等。乐队表演形式灵活多变，适应性较强，但要与宴会主题吻合。中餐厅宜选用由古筝、扬琴、琵琶、二胡、笛子等组成的民乐队演奏中国传统特色的广东音乐、江南丝竹，在《春江花月夜》《花好月圆》等名曲中营造一番闲情逸致和良辰美景。法式餐厅通常由小提琴、中音提琴、吉他等组成乐队，可在宾客餐桌边即兴演奏，音乐题材以小夜曲、风情音乐为主。咖啡厅中钢琴演奏最为普遍，清新亮丽的旋律在琴师富于变化的手指间静静地流淌、弥漫，格调高贵典雅。酒吧及餐饮娱乐场所，流行音乐、爵士乐、摇滚乐等富有现代感和震撼感的音乐节奏，给现代人一个宣泄情感的空间。

3. 背景音乐播放艺术（"四合"艺术）

（1）融合宴会主题。音乐要融入宴会厅气氛，应根据不同餐厅主题、不同经营风格、不同营业时间来选播不同的背景音乐。国宴上演奏的仪式乐曲有《中华人民共和国国歌》《团结友谊进行曲》，欢迎来宾步入宴会厅时演奏《欢迎进行曲》，欢送主宾退席时演奏《欢送进行曲》；为外国政府首脑访华举行的宴会上，仪式乐曲中还应奏客方国歌。席间演奏的乐曲有《祝酒歌》《步步高》《友谊中的欢乐》《在希望的田野上》《歌唱社会主义祖国》等；外事宴会席间乐曲则交替演奏宾主两国乐曲；生日宴播放《祝你生日快乐》，迎宾宴播放《迎宾曲》，婚宴播放《婚礼进行曲》。宴会背景音乐还要注意乐曲播放的顺序。

（2）符合宴饮环境。旋律应以欢快、轻松为宜，过于严肃的主题不宜做餐厅背景音乐。古典式餐厅配古典名曲，如《阳关三叠》《春江花月夜》给人以古诗一般的意境美。民族式餐厅，如云南傣族风味餐厅配上云南笙笛、葫芦丝乐曲，使人感受到神秘的西双版纳气氛；粤菜餐厅用广东民乐做背景音乐就十分协调；九寨沟宴会厅以《神奇的九寨》《神鹰》等歌曲营造了神秘、美妙的餐饮氛围。主题餐厅应配特殊主题风格的音乐，如"红楼宴"播放《红楼梦》音乐，"毛氏菜馆"播放的是《东方红》《浏阳河》，西洋式、中西结合式餐厅播放西方古典音乐。

（3）和合身心节律。心理学研究表明：节奏明快的音乐会使客人加快就餐时间，而节奏缓慢柔和的音乐会给顾客一种放松、舒适的感觉，从而能延长就餐时间。据此，快餐厅可播放节奏明快的音乐，加快客人就餐速度，增加客流量；咖啡厅、正餐厅与宴会厅选用舒缓、抒情的音乐，忌播节奏较快且强烈的音乐或过于严肃及悲哀的乐曲，与人进餐时的生理节奏"反差"太大，不利于饮食健康。此外，还可利用进餐者人数的多少与营业高峰、低谷的关系，变换采用节奏不同的音乐，调节客流量。

（4）适合欣赏水平。要根据客人的音乐欣赏水平编排背景音乐。社会地位高、文化修养高的顾客喜欢布置高雅艺术、环境舒适优美的高级中、西餐厅和气氛浓郁的宴会厅，欣赏柔和优美的音乐及文雅的娱乐活动。如在一场以农民为主的宴会上播放海顿的交响曲或莫扎特的钢琴协奏曲，与宴者肯定不会对这种陌生音乐产生情感共鸣；而换上一段中国传统名曲或地方戏曲，与宴者会情不自禁地哼上几句。接待外宾的宴会安排吕剧、沪剧、豫剧等地方戏曲音乐，外宾肯定会被这陌生的音乐搅得心绪紊乱、不知所云。从客情角度分析，青年人喜欢节奏稍快的曲调，中老年人则喜较慢节奏音乐。

4. 宴会背景音乐宜选曲目列举

（1）国外。① 意大利：《我的太阳》《重归苏连托》德里戈的《小夜曲》《黎明》《倾心》《美丽的乡村姑娘》。② 美国：《老橡树上的黄丝带》《故乡之路》《德州的黄玫瑰》《红河谷》《高高的落基山》《苏珊娜》。③ 欧洲大陆：《蓝色的多瑙河》《维也纳森林的故事》《皇帝圆舞曲》《溜冰圆舞曲》《拉德斯基进行曲》《春之声》《杜鹃圆舞曲》。

（2）中国。① 江浙沪：《紫竹调》《茉莉花》《采茶舞曲》《拔根芦柴花》《太湖美》《姑苏行》《杨柳青》《小小无锡景》《月儿弯弯照九州》《欢乐歌》《云庆》《三元》《慢三

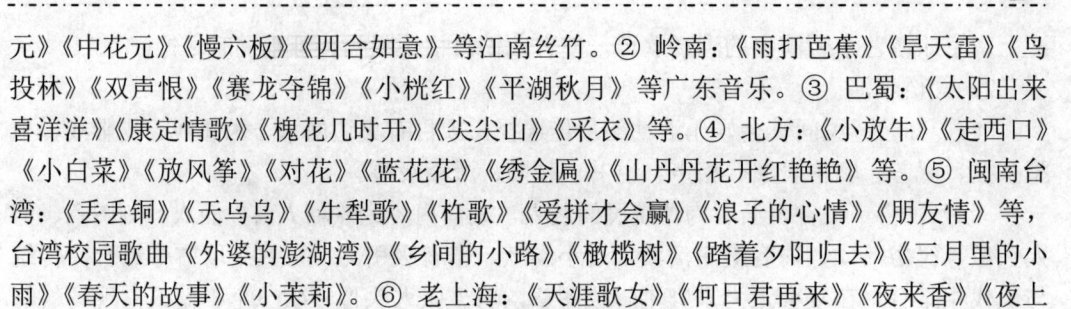

元》《中花元》《慢六板》《四合如意》等江南丝竹。② 岭南：《雨打芭蕉》《旱天雷》《鸟投林》《双声恨》《赛龙夺锦》《小桃红》《平湖秋月》等广东音乐。③ 巴蜀：《太阳出来喜洋洋》《康定情歌》《槐花几时开》《尖尖山》《采衣》等。④ 北方：《小放牛》《走西口》《小白菜》《放风筝》《对花》《蓝花花》《绣金匾》《山丹丹花开红艳艳》等。⑤ 闽南台湾：《丢丢铜》《天乌乌》《牛犁歌》《杵歌》《爱拼才会赢》《浪子的心情》《朋友情》等，台湾校园歌曲《外婆的澎湖湾》《乡间的小路》《橄榄树》《踏着夕阳归去》《三月里的小雨》《春天的故事》《小茉莉》。⑥ 老上海：《天涯歌女》《何日君再来》《夜来香》《夜上海》《给我一个吻》《花好月圆》《四季歌》等怀旧歌曲。

（3）民族。① 维吾尔族：《吐鲁番的葡萄熟了》《阿拉木汗》《掀起你的盖头来》《送你一枝玫瑰花》《花儿为什么这样红》《达坂城的姑娘》等。② 傣族：《吁腊呵》《划龙船》《弥渡山歌》等。③ 彝族：《阿细跳月》《彝族舞曲》《阿诗玛》等。④ 藏族：《阿妈勒俄》《埃马木机》《当哩哦》等。

（4）节日。① 中国春节：《春节序曲》《步步高》《喜洋洋》《新春乐》《金蛇狂舞》《娱乐升平》等。② 圣诞节：*Silent Night*（平安夜），*When A Child Is Born*（伟大的时刻），*White Christmas*（白色的圣诞），*We Wish You A Merry Christmas*（圣诞快乐），*O Holy Night*（神圣之夜），*Jingle Bells*（铃儿响叮当），*Silver Bells*（银铃）等。③ 情人节：*Can You Feel The Love Tonight*，*I Will Always Love You*，*Casablanca*，*As Time Goes By*，*My Heart Will Go On*，*Without You*，*The Power Of Love*，*Love Me Tender*，*My Funny Valentine*，*I Swear* 等欧美经典爱情歌曲。

（二）观赏表演

1. 歌舞表演

大型宴会歌舞表演重在增添文化气息，渲染宴会气氛。这类歌舞要设专门舞台，由专职演职人员演出，节目编排、灯光音响、舞台设计等要经过精心组织和排练。

（1）民族歌舞。民族歌舞展现了一个国家和民族独特的艺术修养和精神风貌，并能将民间音乐、民族服饰、民俗风情等有机地糅和在舞美造型中，表现主题大多为反映本民族生活、爱情、历史、宗教的一个缩影，具有很强的吸引力和亲切感。民族歌舞要挖掘当地独具文化魅力的精品来吸引客人，如西安的唐朝歌舞、拉萨的藏族歌舞、云南的少数民族文艺表演等。

（2）时装表演。时装表演是通过时装模特的形体姿态和表演让宾客领略美食艺术、服饰艺术、歌舞艺术。如"云南风情食品节"和"淮扬歌舞美食节"上，客人能够伴着云南省旅游艺术团表演的民族舞蹈，观赏着新潮摩登的时装，同时品尝昆明饭店名厨主理的"滇菜"，情景交融，融食、乐、舞为一体。南京中心大酒店师傅制作的"淮扬菜"

配上南京旅游艺术团演出的淮扬歌舞，使客人们口福、眼福、耳福同时尽饱。

2. 民俗表演

（1）曲艺。民间宴会娱乐活动的最佳选择，项目有桌边魔术、木偶戏、皮影戏、小型杂技、武艺、驯兽表演、相声、说书、鼓书、滑稽戏等。

（2）民俗。民俗表演者为传统民间艺人，表演内容为吹糖人、捏面人、刻图章、剪人头像等民俗活动，内容健康活泼，短小幽默，富有吸引力，形式采取古今结合，传统与现代相结合，在宴会上为来宾刻一枚图章，剪一张人头像，吹一个小糖人，现场气氛浓烈高涨。

【案例 3-6】看上海风情戏，品弄堂家常菜[①]

餐厅能够边吃饭边看歌舞表演已经不稀奇啦！边看情景剧边吃饭你试过吗？这场饕餮盛宴让观众感受视、听、嗅、味、触的 5D 情景剧无限的魅力。

沪上特色餐厅海上阿叔将本帮菜与情景剧相融合，打造一部美食与老上海爱情故事结合的情景剧盛宴。《食色魔都》将餐饮界与戏剧界巧妙结合，使"吃"与"看"以一种全新的方式出现在大众面前。该剧讲的是 20 世纪 30 年代的上海滩，卖馄饨的阿苏爱上百乐门舞女阿莲，在江湖、战乱中两人爱恨交织的悲欢离合。该剧以四季歌为主线，随戏剧走过四季，剧情发展到哪里，其中和剧情息息相关的 4 道菜就会同步上桌：阿婆千层酸黄瓜、阿叔私房黑熏鱼、草鸡汤焖三酷（苦）三鲜、爱心八宝年糕，让食客的味蕾随着剧情尝遍酸甜苦辣，内心随着人物感受悲欢离合，以此满足戏剧爱好者和吃货的双重爱好。

（三）自娱自乐

1. 唱歌

唱歌是我国民间宴饮助兴最常见的一种方式，尤其在一些少数民族地区更是不可或缺的一项内容，如蒙古族有专门的酒宴歌，而且因席而异，婚嫁席上唱《天上的风》《乃林道》《远嫁歌》；会友席上唱《四海》《查干诺尔》《我的骏马》等。现代都市宴会包间有的设置卡拉 OK，让客人酒足饭饱以后自娱自乐一番，身心得以放松。宴会唱歌应掌握好时间，一般应在宴会即将进入高潮之时为佳，倘若宴会一开始就唱歌，既影响宾客的宴饮兴趣，又不会引起人们的注意和欣赏；同时，要掌握好音量，歌声大小、音量高低要视宴饮环境而定，尽量不要造成刺耳的效果，否则，适得其反，令人讨厌。

2. 跳舞

民间宴饮时，与宴者在就餐过程中或即兴歌唱，或即兴跳舞，或边歌边舞，对丰富宴饮活动内容、渲染宴饮热闹气氛起着重要的作用。如广州艺星宾馆傣家楼餐厅，在竹

---

① 资料来源：张静　上海《新闻晨报》2014 年 7 月 14 日

桥流水、孔雀开屏的餐厅正中，一个大榕树底下，每到晚上 8 点以后，在傣族演员的带领下，人们唱着、跳着将宴会气氛推向高潮，如果此时环顾四周，会发现摆满丰盛菜肴的餐桌边几乎没有了主人。该餐厅天天爆满，座无虚席。

3．酒令

（1）作用。酒令孕育于春秋、演化于魏汉，是民间宴会增添情趣、活跃气氛、促进宾主情感交流的一种佐饮侑酒的助兴游戏，小说《红楼梦》里有关于酒令详尽而生动的描述。考证历史，酒令实无定制，当筵者可依据座中情况加以发挥。酒令若是制得巧，自然是宴乐无穷。

（2）类型。① 雅令。文人佐饮助兴的酒令，是即席构思、即兴创作的诗词曲文、分韵联句，咏诵古人诗词歌赋，有字令、词令、诗令、花鸟虫令等。② 筹令。行令时轮流从筒中抽取酒筹，筹子用竹或木片制作上刻饮法，按酒筹上的要求进行活动或饮酒，典型的如"觥筹交错令"。③ 通令。大众通行的通俗酒令，如猜拳、猜子、击鼓传花等。少数客人有时也玩一玩划拳行令游戏之外，但大多数人不选择这种古老的娱乐方式了。以上 3 种酒令可分别进行，也可结合一起进行。

（四）厨艺展演

（1）形式多样。一些餐厅创造条件，把菜点的现场制作、技能展示与挂牌献艺作为餐厅创新表演项目，从偏重菜式的传统观念发展到菜式与体验结合起来，① 客前烹调。由传统的中餐服务糅合典型的西餐法式"桌边表演服务"而来。把烹制过程与客前表演结合起来、融为一体，满足客人既要美食又要欣赏烹饪表演的雅兴，如片皮鸭。② 明炉亮灶。上海、北京等大城市兴起"透明厨房"工程。餐厅配有厨房，厨房与餐桌仅用一堵玻璃墙隔开，可观看厨师烹饪菜肴的全过程，既产生安全感，又能欣赏厨师的烹饪技艺，或许还能学上几招。如一分钟烹鸡，顾客就会瞪大眼睛看厨师是怎样麻利地杀鸡、去毛、烹制的。烹调从后台走向前台，使菜肴后台制作的部分过程前台化，如北京的"抻龙须面"、山西的"刀削面"、广州的"铁板烧"和"醉虾"烹饪表演。当然，在烹调表演过程中，厨师要克服一些不良习惯和不雅行为，使烹调艺术化、精致化。

（2）作用多重。① 渲染活跃餐厅气氛。② 方便顾客选用食品。在制作现场可直接向厨师提出烹制要求，如早餐煎蛋是单面煎还是双面煎、成熟度是嫩一点儿还是老一点儿、配料是放酸黄瓜还是配腌火腿、是加盐还是放醋等。③ 弘扬宣传饮食文化。④ 吸引注意，扩大销量。一些玲珑精美、色形诱人、香气四溢的菜点能很快激起客人的消费欲望。⑤ 便于控制出品成本。在自助餐设档采取现场制作、现场分派的方式，让需要同类菜点的客人自觉排队，依次限量（应需供应）服务，可起到控制出品数量、控制食品成本的作用。

**【思考训练】**

（一）研讨分析

【案例 3-7】"量身定制"的"丝绸之路"主题宴会①

初春，一位美国老先生来到长城饭店宴会部，自称刚从中国西部考察数月回到北京，回国前想在酒店宴请 160 多位同行及贵宾。他愿支付很高的餐价，但希望酒店能将宴会厅装饰出中国西部风情的氛围，因为他留恋新疆的天山和草原的骆驼。酒店开始了认真地策划。经过多个方案的比较，终于决定为客人举办以"丝绸之路"为主题的晚宴。两天后，当老先生及其随从人员在宴会前一小时出现在宴会厅时，他们的惊喜无法用语言表达。展现在前的宴会厅宛如一幅中国西部优美的风景图。从宴会厅的 3 个入口处至宴会的 3 个主桌，用黄色丝绸装饰成蜿蜒的丝绸之路；宴会厅背板上，蓝天白云下一望无际的草原点缀着可爱的羊群，背板前高大的骆驼昂首迎候着来宾。宴会厅东侧，古老的长城碉堡象征着中国 5 000 年文化的沧桑，西侧有一幅天山图的背板。舞台上，一对新疆舞蹈演员已开始载歌载舞。16 张宴会餐台错落有致地散立于 3 条丝绸之路左右，金黄色的座椅与丝绸颜色一致，高脚水晶杯和银质餐具整齐地摆放在白色的台布上，餐台上的艺术插花高雅别致。面对文化氛围强烈的宴会厅，老先生激动地说：你们做的一切大大超过了我的期望，你们是最出色的，真令我永生难忘。

讨论：酒店从硬件与软件的哪些方面着手，给客人产生美的形象？

（二）操作实训

1．举行宴会厅房场境氛围的图片、影片展览。让学生通过互联网、专业杂志搜索、收集各具独特风格的宴会厅的环境布置与场境设计案例的图片与影片，评论其长处与不足。

2．教育学生养成职业习惯，到饭店就餐时拍摄餐厅的装潢布置，对空间布局、光线、色彩、温度、湿度、音响、家具、布草、艺术品陈列、绿化、山石、水体等方面进行分析。

3．如果有条件可让学生去观察大型宴会的舞台、花台和展台的制作过程，了解制作要求与流程。

4．学生到酒店实习时，组织每位学生参与一项宴会厅房的场境设计活动，并写出小论文进行交流。

5．观摩大型宴会演出的组织工作。

---

① 资料来源：李任芷. 旅游饭店经营管理服务案例[M]. 北京：中华工商联合出版社，2000.

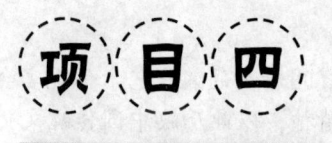

项目四

宴会格局设计

学习目标:

知识目标: 1. 认知中式宴会、西式宴会出品构成的内容。

2. 认知宴会菜肴设计的原则。

3. 认知各类酒水与饮料的知识,了解宴会酒水选配的原则与方法。

能力目标: 1. 掌握宴会菜肴、宴会面点设计的原则。

2. 能熟练配置与菜肴适合的酒水饮料。

【导入案例】

2001年10月21日APEC会议"中华第一桌"菜品格局设计

1. 设计思路

（1）主题。用精湛的烹饪技艺体现中华食文化的精髓，用精美的装盆艺术体现宴会的豪华高档，用浓烈的宴会气氛体现海派文化接纳四方的精神，以此反映中国传统文化与世界优秀文化融会贯通、为我所用。

（2）食材。由于贵宾来自于各个不同国家和地区，有不同的口味和嗜好，不用高档原料，不用猪、牛肉（避免宗教禁忌）。

（3）菜式。中菜西吃。中菜方法烹制菜肴，菜单结构、器皿、装盘、就餐方式（各吃）按西式要求进行。

（4）程序。整场宴会出现3个高潮：开宴时的冷菜盘龙南瓜雕盖、席间的主菜现场操作片皮鸭和尾声的鲜果冰雕盅，一波追一波，波波逐浪高。

2. 菜品格局

（1）开胃品。每客配有味式多样的4小碟：黑鱼子酱（咸味）、糖醋三椒（青黄红3色，甜酸味，适合海外来宾的口味）、琉璃橄仁肉（橄仁肉香脆，起调节作用）、瑶柱辣椒酱（辣椒酱配有干贝与及各种调味品数十种秘制而成，为东南亚、墨西哥喜辣的客人准备）。面包（法包、法棍、麸皮包与餐包），黄油、鹅肝酱分放在小盅、小味碟中，起开胃的作用。

（2）菜式安排。① 迎宾龙虾冷盘。"登台"之初掀起宴会第1个高潮。冷盘盖罩改变司空见惯的西式上菜用银器盖罩的方法，采用经厨师精心雕刻的龙形南瓜罩（南瓜雕盖已被翻成模型，陈列在上海科技馆内，成为历史的见证）。罩分3层：底层是镂空的古钱币图案，寓意亚太经合会议带来财源滚滚；中层是中国传统民间的"双龙拱寿"图案，祈盼世界康泰和平，祝愿嘉宾幸福美满；顶层是20条形态各异的腾龙栩栩如生，喻义20个国家领导人为了经济发展，聚在一起为社会的发展与富裕开会讨论。打开瓜盖，食材是2斤左右的深海龙虾，跟上含有芥末的调味酱，旁配上海特色的豆瓣酥、茭白、糖醋萝卜圈，令人食欲大振。② 翡翠鸡茸珍羹。为了达到鲜美、滑溜、喷香、烫口的效果，使用了20多种原料熬制高汤，配以野生荠菜汁加上鸡茸而成。用西菜烧汤方法、按中国淮扬菜鸡粥工艺的做法制成了中式的粥，中西工艺结合的结晶受到各国领导人的青睐。③ 炒虾仁蟹黄斗。用当令时节阳澄湖大闸蟹的肉，蟹膏熬制的油，与高邮湖的虾仁同炒。虾仁滑嫩而有弹性，蟹肉鲜美，体现了地域与季节相结合的上海地方特色高档菜的特点和精髓。④ 香煎鳕鱼松茸。选用深海鳕鱼经数种酱汁腌制后用炆火扒烤成熟，然后配以菌皇松茸橄榄菜，以适应东西方客人的口味，此菜为本宴席的副菜。⑤ 锦江品牌烤鸭。锦江烤鸭经过 50 多年的精炼，已成为国家元首访问上海的传统品牌菜，肥而不腻，入口即化，配以特制的面酱和京葱、黄瓜条。烤鸭出菜方式是一出精彩的表演，每招每式均由魔术大师设计并对厨师训导经千锤百炼而成。厨师身着白大褂，手推餐车，面露微笑，缓步上场。站定后，先向嘉宾领首行礼，然后拿起餐车上的白手套略微一晃，戴上了手，再次向嘉宾微笑致意。接着厨师们如庖丁解牛似地开始了片鸭皮的操作，刀光闪亮，鸭片金黄，精湛的厨艺表演让客人耳目一新。主菜的现场操作与法式服务的方式显示了宴会的第 2 高潮。

（3）点心与水果。① 上海风味细点。装型美观的巧克力慕司与薄脆饼，体现出中西食文化的结合。② 天鹅鲜果冰盅。压轴高潮。果盅用冰雕凿成小天鹅，冰天鹅盅内放着哈密瓜、葡萄等新鲜水果，底座亮起用纽扣电池的蓝色灯光。小天鹅似水晶般地发出耀眼的光亮，在湖蓝色的"池塘"翩翩起舞。如此精致的手工艺品又一次聚焦所有人的目光，为宴会平添了一种境界与情调，兴起宴会第 3 高潮。与头道闪亮登场的南瓜雕首尾呼应，画上了精彩的句号。好似一台戏，有高潮起伏，能错落有致，进而形成回肠荡气的气势。

3. 菜单命名

（1）相辅天地蟠龙腾（冷龙虾）：《易·泰》"相辅天地之宜"，指相互辅佐以办天下大事。"蟠龙腾"指龙腾升，尤指中华龙的腾升，气势千万。蟠龙喻龙虾。

（2）互助互惠相得欢（鸡茸羹）：《史记》"相得欢甚、无厌"，指共事相处极为相投。《汉书》"若作和羹，尔惟盐梅"，喻举办地区经济合作大事如作和羹，必须具备互助互惠的合作原则。

（3）依山傍水螯匡盈（炒虾蟹）：喻亚太地区，大好山河，地利人和，物产充沛。螯匡，是蟹斗别称，盈指丰盈肥满。

（4）存抚伙伴年丰余（煎鳕鱼）：《汉书》"存抚其孤弱"。"存抚"指关心爱抚，引申关心、爱抚、参与世界经济发展的良好贸易伙伴关系。年年丰收有余，喻有鱼。

（5）共襄盛举春江暖（烤填鸭）：《苏轼诗》"竹外桃花三两枝，春江水暖鸭先知"。"春江暖"喻鸭子。

（6）同气同怀庆联袂（美点盘）：《易》"同声相应，同气相求"。同气指气质相同。《贾至诗》"我有同怀友，各在天一方"，同怀指同心。

（7）繁荣经济万里红（冰果盅）：江泽民诗"且持梦笔书奇景，日破云涛万里红"，预示亚太人民繁荣、健康和福利生活的美好前景。

APEC 宴会菜单命名的 7 句诗词出自《史记》《汉书》等经典著作和名人诗作，菜名是首藏头诗，首字联词是"相互依存、共同繁荣"，来自上海市周慕尧副市长的讲话："2001 年中国 APEC 会议所倡导的相互依存、共同繁荣的宗旨和目标。"

模块一 筵席出品格局

任务一 中式筵席出品格局

（一）中式筵席菜点格局

中式筵席菜点格局有"龙头、象肚、凤尾"之说。中式宴会出品格局如表4-1所示。

表4-1 中式宴会出品格局

次序作用	功用目的	品种内容	组合要领
冷菜引导	开胃、佐酒、欣赏	烧烤、卤水、色拉	荤素兼备，质精味美
热菜造势	果腹、品味、鉴赏	荤蔬、羹汤	突出主菜，巧配辅菜
点甜谢幕	果腹、解酒、玩味	饭面、点心、甜品	注重时令、体现反差

（二）中式筵席出品构成

1. 冷菜

（1）作用。冷菜又称冷盘、冷盆、冷碟、凉菜，以头道入席，所以也叫迎宾菜，是筵席的"脸面"，担负先声夺人的"先锋官"重任。冷菜既是开胃、佐酒菜，又是热菜大菜的先导，可形成对后面整桌菜肴的评价和对这家店厨师的功底、手艺、配置及酒店规模档次的大致评价。

（2）特点。突出宴请主题，烘托宴会气氛，讲究调味与刀工；造型美观，色彩悦目；盛器正确，分量准确；荤素兼备，质精味美。食用温度低于人体温度，久放不失其形，冷吃不变其味。开宴前20分钟备齐，宾客入席后可一起上桌，即可进入宴会气氛，所以也适合冷餐会、鸡尾酒会。数量由筵席价格档次决定，有4、6、8冷盘等规格，多为双数（西北地区习惯单数）。口味是鲜、香、嫩、无汁、入味、不腻，最忌腥、膻异味及原料不鲜。

（3）制作。具有独自的技法系统，可分为烧煮、炸氽、汽蒸、烧卤、泡拌、熏烤、糖粘、冻制、卷酿、脱水10大类。制作形式要数江浙菜系中最为讲究，根据四季分明的特征，分为"春腊、夏拌、秋糟、冬冻"。

（4）构成。筵席冷菜构成如表4-2所示。

表 4-2 筵席冷菜构成

类 目		构 成 与 特 点
单盘		又称单盆、单碟、独碟。一种原料装成一盆，是宴会最常用的冷菜形式。选用 5 寸或 7 寸的圆盘、条盘或异形盘盛装。突出刀面。净料用量 100～150 克。有冷碟与热碟之分。冷碟可单独使用，热碟不单独使用，主要在冬季寒冷地区使用。荤素搭配，量少质精，用料、技法、色泽和口味皆不重复
拼盘	对镶	双拼。由两种一荤一素的，不同色泽、质地、形状、数量、味型的原料拼成一盆。选用 7 寸或 9 寸的圆盘或条盘盛装。用净料 150～200 克。4～6 道一组，用于中低档筵席。三镶。由三种原料拼成，又称"三色拼""三拼盘"。选用 8～10 寸的圆盘或条盘，用净料 200～250 克。4～6 道一组，用于中高档筵席
	什锦	又称大拼盘、什锦大拼。将多种原料（一般 8 种以上）、多种类别、味型和色彩的冷菜按照一定排列规律组合而成。如四川"九色攒盒"将底盘分成九格盛装冷菜，有盖盒子的专用餐具；潮州"卤水拼盘"是由 10 种物料组成的什锦拼盘。排列整齐有序，色彩搭配鲜明，味型协调一致，刀面精细均匀，既具有花碟的审美效果，又比花碟制作简便
		目前，中、高档宴会冷菜多不采用拼盘形式，而以单盘为主
花碟		又称彩拼、花色冷盘、艺术拼盘。适用中、高档宴会（目前舍弃），增添宴会气氛，显示烹调工艺水平。特点是工艺性强，制作烦琐；耗时长、费工、费时；切割整料，浪费严重；不卫生。主盘挑选特定的冷菜制品，运用刀工技术和装饰造型艺术，在盘中镶拼出花鸟、山水、建筑、器物等图案供观赏，多用直径 33 厘米以上的大圆盘装盘。彩拼要体现办宴意图，如婚宴用"鸳鸯戏水"，寿宴用"松鹤延年"，迎宾宴用"满园春色""孔雀开屏"，饯行宴用"鲲鹏展翅"，祝捷宴用"金杯闪光"。四周陪衬有 6～10 个单盘围碟组成供食用，每盘菜量 100 克左右

2. 热菜

（1）作用。热菜是筵席的主体。用丰富多彩的美馔佳肴，显示筵席最精彩的部分，就像乐章的"主题歌"，引人入胜，使人感到喜悦和回味无穷。筵席的档次、质量、风格主要由热菜来体现。

（2）特色。香醇适口，一热三鲜。食用时温度高于人体温度，热菜讲究热字，越热越好，甚至端到台面上还要求沸腾。

（3）制作。烹饪方法有炸、炒、煮、烧、煨、蒸、烤等上百种，达到菜肴口味与外形的色、香、味、形、质、嫩、酥、脆等要求，然后通过清洁卫生的、突出主料的、色形美观的、分量均匀的盛器装盘上桌，给人以美的生理与心理的享受。

（4）构成。筵席热菜构成如表 4-3 所示。

表4-3　筵席热菜构成

类　目	构　成
热炒	又称热炒菜、小炒菜、爆炒菜。多系速成菜，色艳、味美、鲜热爽口，便于佐酒。取鱼肉禽蛋、果蔬的脆鲜嫩部位，加工成丁、丝、条、片、花，采用旺火热油炸、熘、爆、炒等烹法，对汁调味，30秒至2分钟内快烹速成。用净料300克左右。用8~12寸平圆盘或腰盘盛装。上席排在冷菜后面，可连续，也可间隔在大菜中穿插上席。质优者先上，质次者后上，突出名贵物料；清淡者先上，浓厚者后上，防止口味压抑
正菜	又称"大菜""主菜""大件""柱子菜"，是筵席中原料最好、质量最精、名气最大、价格最贵、装饰造型最讲究的头菜，代表了筵席的档次和水平，传统筵席名称可由头菜的主料来命名。用料750克，使用大盘、大盆、大碗、大盅盛装。上菜程序严格，名贵菜肴可"各吃"上席。现代筵席格局中与炒菜的区别已逐渐淡化
甜菜	甜味菜品，包括甜汤、甜羹。起到改善营养、调剂口味、增加滋味、解酒醒神的作用。品种有干稀、冷热、荤素不同，用料多选果、蔬、菌、耳或畜、禽、蛋、奶。高档的如冰糖燕窝、冰糖甲鱼、冰糖哈士蟆；中档的如散烩八宝、拔丝香蕉；低档的如什锦果羹、蜜汁莲藕。采用拔丝、蜜汁、挂霜、糖水、蒸烩、煨炖、煎炸、冰镇等烹法。在传统川菜席、淮扬菜席中，甜菜上在座汤之前，标志着热菜即将上完；现代筵席中，有时放到座汤之后，作为最后一道热菜。一席配1~2道
素菜	一为纯素，二为花素（原料为素料，调料、配料可兼及荤腥）。原料有粮、豆、蔬、果，采用炒、焖、烧、扒、烩等方法烹制而成。要求应时当令、取其精华、精心烹制、适当造型。具有改善筵席食物营养结构，调节人体酸碱平衡，去腻解酒，变化口味，增进食欲，促进消化的作用。一席配置1~2道，以粤菜菜系为代表的南方地区通常是热菜的最后一道
汤菜	调节口感，滋润咽喉。筵席一定要有汤，所以有"唱戏靠腔，做席靠汤""无汤不成席""宁喝好汤一口，不吃烂菜半盘"等说法。类型有汤和羹，汤稀羹稠，汤有清汤和奶汤之分，羹分咸羹和甜羹。咸羹如西湖牛肉羹、宋嫂鱼羹、三丝蛇羹等；甜羹如玉米羹、银耳羹、莲子羹、米酒羹等。传统的中式筵席汤有多道：① 头汤 又称例汤、开席汤。冷菜之后上席，用银耳羹、粟米羹、海米、虾仁、鱼丁等鲜嫩原料用清汤氽制而成的滋补鲜汤。口味清淡，鲜醇香美，清口润喉，开胃提神，刺激食欲。华南与港澳地区特别重视头汤，现在内地许多酒店也照此办理。② 二汤：在烤炸菜后，为爽口润喉上清汤，称为"二汤菜"，行话叫"半汤菜"。③ 中汤：又名"跟汤"。酒过三巡，菜吃一半，穿插在大荤热菜后的汤，冲消前面酒菜之腻，开启后面佳肴之美。④ 座汤：最后一道热菜，又称"主汤""尾汤"，行话叫"押座菜"或"压桌菜"。规格高，仅次于头汤。清汤、奶汤均可。用有盖的品锅盛装，冬季多用火锅代替。⑤ 饭汤：与饭菜配套的汤品，档次较低，普通原料，调味偏重。现代宴会中，饭汤已不多见。汤品越多，档次越高；汤品越精，越受欢迎。现代筵席简化菜品数量，一般只上1道汤和1道羹，个别地区和某些特色筵席例外
饭菜	又称"小菜""香菜"，与下酒菜相对，专指用以下饭的菜肴。由名特酱菜、泡菜、腌菜、风腊鱼肉以及部分炒菜组成，如乳黄瓜、小红方、玫瑰大头茶、榨菜炒肉丝、风腊鱼等。有清口、解腻、醒酒、佐饭等功用。传统筵席配随饭菜4道，2荤2素。现代筵席因菜肴较多，宾客很少用饭，可取消饭菜；简单筵席正菜较少，可配饭菜作为佐餐小食

3．席点

（1）作用。席点又称点心、花点、茶食、细点，包含特色小吃（又称零吃、小食）。宴会上作为席点或茶点，平时为正餐以外不定时的小食，也兼做早餐或夜宵。用米、米粉、面粉、豆粉等原料制成，制法有蒸、煮、炸、煎、烤、烘。品种有糕、团、饼、酥、卷、角、皮、包、饺、奶、羹。其中有些如花糕、粽子、汤圆、月饼等也是特定的节日食品。"无点不成席。"人们比喻"冷盘是脸面，点心是眉毛"。点心与菜肴是宴会中不可分割的一个整体。一桌丰盛的美味佳肴，没有点心配合就好比红花失掉绿叶。

（2）特点。突出地方风味，乡土气息浓郁，注重款式档次，讲究造型配器，要求玲珑精巧，观赏价值很高。席点一要少而精，二需特色名品，三为行家制作。席点有中点与西点之分，一般点心与筵席点心之别。日常小吃多为一般品种，档次偏低；常由摊贩制作，多在街头销售。品牌如武汉面窝、豆皮，北京小窝头、豌豆黄，四川担担面、豆腐花，陕西羊肉泡馍，湖南溆浦粽子，山东大葱薄饼等。筵席上席1～4道，随冷菜、热菜、汤品编入菜单，与其他出品穿插起来上席。

（3）流派。筵席席点流派如表4-4所示。

表4-4 筵席席点流派

	京 式 面 点	苏 式 面 点	广 式 面 点
产地	以北京为中心，旁及黄河中下游的鲁、津、晋、豫等地	以江苏为主产地，有宁沪、金陵、苏锡、淮扬、越绍、皖赣等支系	以广东为典型产地，包括珠江流域的桂、琼和闽、台等地
特色	以小麦面粉为主料，工艺独具，质感爽滑，柔韧筋道，鲜咸香美，软嫩松泡。擅长调制面团，有抻面、刀削面、小刀面、拨鱼面等四大名面	以主面与杂粮兼作，精于调制糕团，造型纤巧，重调理，口味厚，色深略甜，馅心讲究掺冻，形态艳美	善用薯类和鱼虾做坯料，大胆借鉴西点工艺，富于南国情调。讲究形态、花色和色泽，油、糖、蛋、奶用料重，馅心晶莹，造型纤巧，清淡鲜滑
品牌	北京的龙须面、小窝头、艾窝窝、肉末烧饼；天津的狗不理包子、十八街麻花和耳朵眼炸糕；山东的蓬莱小面、盘丝饼和高汤水饺；山西的刀削面、拨鱼儿等；河北的杠打馍和一篓油水饺；河南的沈丘贡馍、博望锅盔等	江苏的淮安文楼汤包、扬州富春三丁包、苏州糕团、黄桥烧饼；上海的南翔小笼馒头、小绍兴鸡粥、开洋葱油面；浙江的宁波汤圆、五芳斋粽子、西湖藕粉；安徽的乌饭团和笼糊等	广东的叉烧包、虾饺、沙河粉和娥姐粉果；广西的马肉米粉、太牢烧梅、月牙楼尼姑面；海南的竹筒饭、海南粉和芋角；福建的鼎边糊、蚝仔煎和米酒糊牛肉；台湾的蛤仔烫饭和椰子糯米团

4. 主食

（1）面条、米饭或席点。热菜结束后，可上主食。可用大盘或大盆盛装上席，各人分取食用；也有小碗各客式上席。考究的筵席配随饭菜4道，2荤2素。也有筵席冷、热菜上完之后跟上席点来代替主食。

（2）蛋糕。受欧美习俗影响，生日宴会、结婚宴会主食采用裱花蛋糕，于宴会结束前上席。蛋糕上有花卉图案和中英文祝颂词语，如"新婚幸福""生日愉快""圣诞之夜""桃李芬芳"等。图案清秀，造型别致，既可增添喜庆气氛，突出办宴宗旨，还能调节营养构成。上蛋糕一般都有仪式。如是生日宴会，关灯点蜡烛，在众人《祝你生日快乐》歌中默默许愿，然后吹熄蜡烛。结婚宴会上蛋糕与开香槟酒同时进行，仪式更为隆重。

5. 果品

（1）内容。① 鲜果，如苹果、香蕉、橘子、桃子、鸭梨。② 瓜果，如西瓜、香瓜、哈密瓜、金瓜等。这两类果品在筵席结束前上席，上水果标志宴饮活动结束。现在有些地区从营养角度出发，有在筵席开始时上水果。③ 干果，如瓜子、松仁、脆花生、腰果，一些乡村地区流行开宴前上干果，但大城市已逐渐淘汰。

（2）要求。果品选用应季时令水果，最好是本地特产。需考虑客人喜好，民间讲究吉利。果品要配合筵席主题，如婚宴配红枣、桂圆、莲子、花生等，喜庆宴配苹果、香蕉、金橙，寿宴配佛手、蟠桃、百合、银杏，春节宴配金橘、金瓜等。某些水果，如梨等要慎用，容易冲犯禁忌。成色要新，品质要优，品种和数量适宜，每客250克，2～3种品种，经加工摆盘，插上牙签上席。高档宴会时兴水果切雕，选用多种不同色泽、口味的果品，切片或小块，按艺术构思雕刻加工拼装成具有观赏价值和象征意义的水果拼盘，并用文字命名。果盘上席前，整理清洁餐台桌面，中高档宴会跟上水果叉，便宴跟上牙签。

6. 酒水（贯穿筵席全过程）

（1）酒品与饮品。酒品和饮品知识详见模块三酒水设计的内容。酒水品种和数量配置取决于客人，费用可以相差很大，费用不包括在菜点总费用之中。

（2）茶品。礼仪茶由餐厅作为服务程序配备，不收费；点用茶由客人点用，需收费。茶品要尊重宾客风俗习惯，如华北喜用花茶，东北爱用甜茶，西北多用盖碗茶，长江流域惯用青茶或绿茶，少数民族地区用混合茶；东亚、西亚和中非外宾宜用绿茶，东欧、西欧、中东和东南亚外宾宜用红茶，日本客人宜用乌龙茶，并待之以茶道之礼。开席前和收席后都可以上茶水，餐后如客人谈兴仍浓，可以上茶水助兴，增色添香，清口开胃，解腻醒酒；传统筵席这时也有"端茶送客"的意思，知趣的客人往往这时就会起身告辞了。

任务二 西式筵席出品格局

（一）西式筵席餐式

（1）早餐筵席。① 欧陆式。盘肠面包类与黄油，主要有烤制的月牙形黄油小面包、香甜盘肠面包、玉米面包等；用餐饮料有咖啡、茶、牛奶等。② 英式。果汁类或水果类；谷物类主要有燕麦片粥、玉米面包片等；禽蛋类一般是加有火腿或腌肉的各式禽蛋菜肴；面包与黄油；用餐饮料有咖啡、茶、可可、牛奶等。

（2）正餐筵席。详见西式正式筵席出品构成内容。

（二）西式正式筵席出品构成

（1）头盆。又称前菜、头盘、冷盘、餐前小食等，开餐的第一道菜，起到开胃作用，也称开胃菜。用清淡的海鲜、熟肉、蔬菜、水果、鸡肉卷、鹅肝派等制成。有胶冻类菜品（如龙虾冻）、派类菜品、冷肉类菜品和一些腌制类菜品（如德国泡菜、腌三文鱼等）。有冷、热之分，热菜为多，传统的西式宴会多为冷菜，配有面包、黄油和色拉。装盘讲究，色彩搭配，装饰美观，有时可用鸡尾酒杯盛装，显得更加好看。一般安排一道。配低度干型（含糖度2%之内）的餐前葡萄酒。

（2）色拉。有素色拉、荤色拉和荤素混合色拉等。配白葡萄酒。

（3）汤。跟在冷开胃品的后面，具有开胃、促进食欲作用。午宴一般不上汤。汤有冷、热之别，清、浓之分，浓汤又有白、红之分。原汤、原味、原色，如鲜蚝汤、牛尾清汤、鸡清汤、奶油汤、厨师红汤等。茶汤清澈见底、味浓鲜美，如牛茶、鸡茶。汤是盛在凹盆内，茶汤是盛在大号咖啡杯内。配雪利酒。

（4）副菜。又称为小盆，表现力最丰富的菜式，可野味、海鲜等。烹法多样，如烩、烧、煎、炸、煮、烘等。使用8寸盆或长盘、烤斗、烙盘、罐等餐具。

（5）主菜。又称主盆，烹调工艺较复杂、口味最具特色、分量最大、质量及价格最高的菜品。高档西式宴会分为小盆与大盆，小盆以鱼类为主，大盆以肉类为主。配菜选用各种新鲜菜，按照白、青、红等颜色组合烹制而成，美化主菜、刺激食欲、平衡营养。装盘造型美观。法式宴会中，主菜是道表演菜，将宴会推向高潮。主菜只配一道。跟上有清口解腻作用的蔬菜色拉。配红葡萄酒、干或半干白葡萄酒、玫瑰红葡萄酒。

（6）甜品。起到饱腹和助消化的作用。有冷、热之分，有奶酪与甜点。常用甜布丁、奶酪和各种水果做的甜菜，如冰激凌、布丁、凝脂、牛奶、各种水果派、各种蛋糕、小甜饼等。配红葡萄酒、雪利酒、波特酒等。

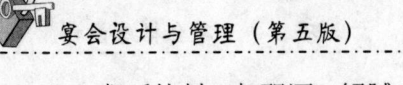

（7）餐后饮料。起醒酒、解腻、帮助消化的作用，如红茶、咖啡等，也可配餐后酒。餐前选用蒸馏水；佐餐、佐酒时用汤力水或果汁；餐后则饮红茶、绿茶、咖啡等。

任务三　中西合璧筵席出品格局

（1）类别。① 中餐菜点类别。冷菜、热菜、点心、汤类。② 西餐菜点类别。色拉、烧烤、热菜、面包和中西甜品及水果、饮料类和雕品。

（2）比例。视饮食对象及主人要求而定，一般中、西菜品配置比例各占 50%，要根据赴宴会者的国籍安排各式菜品。

（3）各吃。采用各客分食就餐或采取自助式的冷餐会方式就餐。

【案例4-1】建国初期前所未有的中餐自助冷餐会式的国庆宴会

1952 年 9 月 30 日在怀仁堂举行国庆宴会，宴请各国观礼代表团，有 2 500 多人出席，由北京饭店承担。当时怀仁堂场地狭小，容纳不下这么多的餐桌，后厨灶台也不够，又没有煤气，酒店厨师、服务员数量也不足。该如何承担规模盛大的正规中餐国宴呢？经反复研究，终于想出了以中餐冷餐会的方式来举办盛大的国庆宴会。国宴上，厨师们制作了 36 种中餐冷热菜点，拼摆美观、色泽鲜亮、荤素兼顾、美味可口，陈列在几个大餐台上，蔚为壮观。餐具将小吃盘换成了大吃盘，同时备了筷子和刀叉勺。有位首长笑嘻嘻地说：“外国人用不了中国筷子，中国人用不惯外国刀叉。过去吃中国大菜，苏联专家看着筷子直摇头；开酒会时，我们这些拿不惯刀叉的人又出洋相。现在好了，谁习惯用什么就用什么。这就叫‘有什么武器就打什么仗’。”不设主宾席，不排席位，宾客自由取食、站立用餐，有利于相互交谈、轻松愉快。这种前所未有的中餐自助冷餐会形式，受到了中央首长和各国来宾的赞扬。从此，这种由北京饭店创造的中餐自助冷餐会在同行业中被广为采用。

模块二　宴会菜点设计

任务一　宴会菜肴设计

（一）满足需求原则

（1）办宴目的（因需配菜）。了解宴请目的，明确宴会主题，有针对性地根据不同宴请目的设计宴会菜肴。如寿宴要烘托气氛，安排"寿桃武昌鱼""松鹤延年汤""长寿伊府面"等菜点；如婚宴，通过"鸳鸯鳜鱼""早生贵子""知音丝萝"等菜来突出主题；如公司开张宴，设计"吉利鱼排""黄金大饼""财源滚滚"（鱼丸滚发菜）之类的菜，来迎合办宴者的心理。

（2）饮食习俗（因人配菜）。了解客人，尤其是主人、主宾的国籍、民族、宗教、职业、年龄、性别、性格与饮食嗜好与忌讳，"投其所好，避其所忌"。

（3）价格预期（因价配菜）。价格标准是出品设计的主要依据。宴会价格标准高低，仅是原料及烹法上有所区别，决不能在烹制质量上掉以轻心。处理宴会价格与宴会菜肴关系：① 搭配恰当。冷菜少、热菜多，给人价格低的感受；"各吃"菜多，给人价格高的感受。因此可在冷热菜的比例与进餐方式上加以搭配与提升。② 选料合理。价格低，可用一般原料或增大辅料用量来降低成本。③ 体现特色。宴请外地客人选用具有当地特色的但价低的原料，如山野菜、地方土产。④ 加工精细。"粗菜细做、细菜精做"。低价菜仔细做，高价菜精细做。配制花色菜、做工讲究的菜、体现地方特色的风味菜。⑤ 费用性质。公费宴请有财务预算，超过预算会给报销带来麻烦；私人宴请有心理价位，超过 20%时会产生价格贵的感受。⑥ 心理感受。不同区域、不同身份的客人对同一原料有不同档次的感受，如明虾与河虾仁，北方人认为明虾档次高，南方人却认为河虾仁档次高；特产野菜，当地人认为很普通，外地客人却认为高档名贵。

（二）特色鲜明原则

（1）突出地方名菜、名宴。充分利用本地特有的菜系、名菜、名宴，如四川的"干煸牛肉丝"、山东的"奶油鲑鱼"、江苏的"清炖狮子头"、广州的"脆皮鸡"。

（2）突出酒店特色菜、招牌菜。酒店招牌菜点越有特色，越易占领市场，如张生记靠风味独到的"笋干煲老鸭"菜肴，小肥羊、小土豆、石磨豆花靠特色原材料，巴国布衣、小绍兴靠地域风味，皇城老妈、眉州东坡酒楼、保定会馆是靠附加文化而风靡市场的。

（3）突出主厨拿手菜。充分利用身怀绝技的名厨、大师制成的菜肴，满足客人心理上的自豪感。酒店要培养、树立与宣传名厨，使他们成为酒店的金字招牌。

（三）原料广泛原则

（1）食材基础知识。中国地广物博，食材丰富，如表 4-5、表 4-6 所示。[①]

[①] 资料来源：朱水根. 烹饪原料学[M]. 长沙：湖南科学技术出版社，2004.

表4-5 烹饪原料主、配料类目

植物性原料	粮食类	谷类	稻米；面粉；杂粮
		豆类	大豆；绿豆；小豆；蚕豆
		薯类	木薯；甘薯；马铃薯；山药
		粮食制品	谷类制品、豆类制品、薯类制品、淀粉制品
	蔬菜类	根菜类	肉质直根类；块根类
		茎菜类	地上茎类：嫩茎类、肉质茎类
			地下茎类：球茎类、块茎类、根状茎类、鳞状茎类
		叶菜类	普通叶菜类；结球叶菜类；香辛叶菜类
		花菜类	花椰菜、西兰花、黄花菜、食用菊、朝鲜蓟
		果菜类	荚果类；茄果类；瓠瓜类
		食用孢子植物类	食用菌类；食用地衣；食用蕨类；食用藻类
		蔬菜制品	脱水蔬菜；盐渍蔬菜；糖制蔬菜；罐装蔬菜；速冻蔬菜
	果品类	鲜果类	伏果；秋果；南鲜果；北鲜果
		果仁类	仁果类；核果类；浆果类；柑橘类；瓠果类；坚果；聚复果类；荔枝类
		干果类	自然干燥的干果；人工干燥的干果
		果品制品	果干类；果脯蜜饯类；果酱类
动物性原料	畜类	家畜类	家畜肉；家畜副产品
		野畜类	野畜肉；野畜副产品
		畜肉制品	腌腊制品；脱水制品；灌肠制品；烟熏制品；酱卤制品；烧烤制品；油炸制品
		乳和乳制品	乳；乳制品
	禽类	家禽类	家禽肉；家禽副产品
		野禽类	野味禽肉；野禽副产品
		禽蛋及禽蛋制品	禽蛋；禽蛋制品
		禽肉制品	腌腊制品；烧烤熏制品；酱卤制品；罐头制品
	两栖爬行类	两栖类	无尾类（蛙、蟾蜍）；有尾类；无足类（蚓螈）
		爬行类	龟鳖类；蛇类
	鱼类	淡水鱼类	淡水性鱼类；洄游性鱼类；温水性鱼类；冷水性鱼类
		海产鱼类	软骨鱼类；硬骨鱼类
		鱼肉制品	腌制品；干制品；鱼糜制品；烟熏制品；速冻制品；罐装制品
	无脊椎动物类	棘皮动物类	海胆；海参类（刺参类、光参类）
		节肢动物类	甲壳类（虾类、蟹类、蔓足类、虾蟹制品）；蛛形类；昆虫类
		软体动物类	腹足类（螺类、鲍）；瓣鳃类（蚌、蚶、贝、蛏、蛤、蛎）；头足类（墨鱼、鱿鱼、柔鱼、章鱼）；石鳖类；软体动物制品
		星虫动物类	沙蚕
		环节动物类	蚯蚓，水蛭
		腔肠动物类	水母、海葵、海蜇、珊瑚

表 4-6 烹饪原料调、辅料类目

调料	调料	咸味调料；甜味调料；酸味调料；麻辣味调料；鲜味调料；香味调料
	调料加工品	调味汁；调味油；调味粉；调味酱
辅料	食用油脂	植物性油脂；动物性油脂；再制油脂
	食用色素	天然色素；人工合成色素
	食品添加剂	发色剂；膨松剂（化学膨松剂、生物膨松剂）；嫩肉剂；增稠剂；凝固剂

（2）产地地域（因地配菜）。原料广泛性是形成菜肴多样性的基础，是提供多种营养素的主要来源。原料因土壤、海拔、气候、光照等区域生长环境的不同，品质差别很大。

（3）时令季节（因时配菜）。① 按季选料。食物原料都有特定的生长周期，或是最佳食用期。"菜花甲鱼菊花蟹，刀鱼过后鲥鱼来，春笋蚕豆荷花藕，八月桂花鹅鸭肥，冬有萝卜鲫鱼肥。"不同季节选用不同原料，冬天寒冷选用羊肉、狗肉、牛肉等暖性食品；夏天炎热，安排黑鱼、河蚌、鸭子、黄瓜、冬瓜、茄子等凉性食品。霜打过的青菜最好吃，桃花季节食鳜鱼，清明前吃螺蛳、吃刀鱼，5 月吃新鸭，端午前后食鳝鱼，稻熟时吃童子鸡等。② 按季配味。中医认为"春多食酸，夏多食苦，秋多食辛（辣），冬多食咸"。因时配菜的原则是"春夏偏于清淡，秋冬偏于浓重"。

（4）食材部位（因材配菜）。原料不同部位适宜做不同的菜肴。猪肉的上脑部分肥瘦参半，又很细嫩，宜作广东菜咕咾肉的原料；腿肉中的坐臀肉，纤维粗糙，但香味很足，白切肉非它莫属；猪肠做炸熘圈子，成为上海本帮的名菜。同是鸡，炖汤要用老鸡，白斩鸡要用嫩鸡，炒鸡丁要用嫩鸡的胸脯肉，芙蓉鸡片要用鸡胸骨边的两条鸡芽肉。

（5）搭配合理（因料配菜）。① 荤素料搭配（详见营养卫生原则的内容）。② 主辅料搭配。丝类菜肴中，主副料的质地要一致，否则，硬的原料会盖过软的原料，如笋丝配八珍鱼翅的话，客人就会吃不出鱼翅的感觉，引起误会。③ 不同档次料搭配。一桌菜品有两三道高档菜，整桌筵席的档次就显现出来了；忌将鲍鱼、海参、鱼翅、燕窝、龙虾等高档原料全上席，中心不突出，制作也困难，营养搭配会失衡。

（6）体质差异（因人配菜）。面色黑黄，可能肝肾不适，应推荐保肝护肾的菜肴，但要避咸；唇紫眼青，可能心肺不舒，可提供易消化吸收的菜肴，但要避咸、辣；面色无华为体虚，应提供高蛋白、温热易吸收的食品，但要避免高热能、不易消化吸收的食品；面色赤红光泽为体健，应提供"三低一高"食品。

（7）安全绿色。保证原料无毒、无病虫害、无农药残留，绝对禁止使用一切含有毒素或在加工中容易产生毒素的食材。有些含有毒素的原料（如蛇、蝎之类）必须彻底剔除有毒部分或经加工处理除去毒素后方可食用。不许选用国家明令保护的珍稀生物做食材。

【案例4-2】傣乡昆虫宴①

到大怒江以西的富饶美丽的傣家村庄旅游，享受到了一次独特的昆虫宴。餐馆不大，就在大树下的竹楼里，装饰简朴，流露出一种粗糙的美。车未停稳，一股浓浓的昆虫宴香味弥漫空中。客人依次落座，只见圆桌上到处有虫：凉拌土蜂子、油炸蚂蚱、知了背肉馅、酱拌蟋蟀、酸拌蚂蚁卵、甜木虫、油煎竹虫、清水蚕蛹，林林总总，共摆放了10道原汁原味的风味菜肴。知了背肉馅的制作方法是将蝉的脚和翅膀拆除丢弃，用小刀划开其背，将肉馅拌以调料从后填进去，合起刀口，经油煎黄，外脆里嫩。酱拌蟋蟀，除去翅膀和内脏，剁成肉酱，拌上青葱、姜末、胡椒之类的调料，即可食用。酸拌蚂蚁卵不仅香，还具有药用价值，是祛风除湿的食疗菜，碎米粒大小的蚂蚁卵不易夹起，配以小巧精致的勺子，供你享用。凉拌土蜂子，是将幼蜂用开水煮得半熟，浸放在事先备好的腌菜等酸佐料中而成，这道菜看着吓人，白胖胖的土蜂子吃起来香嫩无比，加上酸水垫底爽口舒心。清水蚕蛹汤的味道是次要的，重要的是此汤营养丰富，有养颜排毒健肾之功效。不大受欢迎的要数那盘甜木虫了，作法不得而知，稠稀饭中加入一条条白生生的虫，要将它吃下，还得有些勇气。最后上的一盘竹虫呈棕黑色，长5厘米、宽3厘米，经香油煎后吃起来又香又脆，十分可口。

（四）烹法考究原则

（1）中国烹法基础知识。烹调方法是菜肴风味形成的基础，菜肴的颜色、味道、质地乃至形状、营养等都受烹调方法的影响。按刘敬贤、邵建华先生主编的《新编厨师培训教材》归类，热菜烹调方法如表4-7所示，冷菜烹调方法如表4-8所示。

表4-7　热菜烹调方法

导热体	烹法名称		方　法
以油为导热体	炒		将小型原料用中、旺火在较短时间内加热成熟，调味成菜肴的烹调方法
		滑炒	原料在温油锅里加热成熟，再拌炒入调味品。滑炒菜滑爽柔嫩，卤汁较紧
		煸炒	将不易碎断的原料在旺火中短时间内烹调成菜。鲜嫩爽脆，本味浓厚，汤汁很少
	爆		将脆性原料放入中等油量的油锅中，用旺火高油温快速灼烫成熟，脆嫩爽口
	煎		用中火或小火将扁平状的原料加热至金黄色并成熟，煎菜鲜香嫩脆或软嫩
	炸		原料在灼热的高油温中炸煎制作，具有香、酥、脆、嫩特点，不带卤汁。有清炸与挂糊炸两类
	油浸		原料在热油中下锅，旋即离火。待油温将至100℃左右，将原料捞出盛盘，再另调一鲜咸味的卤汁，浇淋原料之上。成菜鲜嫩柔软

① 资料来源：饶勇. 现代饭店营销创新500例[M]. 广州：广东旅游出版社，2000.

续表

导热体	烹法名称	方　法
以水为导热体	烧	原料经旺火—文火—旺火三个过程加热，烧菜具有熟嫩的质感。烧有扒、干烧、红烧、白烧等几种
	焖	将经过炸、煎、炒或水煮的半加工原料，加入酱油、糖等调味汁，用旺火烧开后再用小火长时间加热成熟。形态完整，不碎不裂，汁浓味厚，酥烂软糯。多为红色。方式有生焖、熟焖、黄焖、红焖、酱焖、酒焖、油焖等多种
	烩	将加工成片、丝、条、丁的多种原料，经旺火短时间加热成半汤半菜的菜肴。汤宽汁醇，滑利柔嫩。烩菜的勾芡厚一点即为羹
	汆	细、薄、丝状的原料经大火短时间加热，成菜汤汁多于原料，汤味鲜醇、料嫩或脆嫩。涮是自助式的汆，即自取生料自烫食
	煮　炖　煨	原料在大火烧开后用中、小火作较长时间的加热，煮菜汤菜各半，汤宽汁浓，口味新鲜
		在足够的水中小火炖制，又有隔水炖与入水炖两种
		在汤水非沸似沸的条件下用文火慢慢地煨煮
以汽为导热体	蒸	用中旺火加热，在蒸汽中成品蒸熟，或熟嫩或酥烂。蒸汽温差小，保持原料的原形原汁原味，适合造工艺菜。有清蒸、粉蒸、包蒸、糟蒸、上浆蒸的几种
	烤	将经过腌渍或加工成半熟制品后，放入以柴、煤、碳或煤气为燃料的烤炉或红外线烤炉，把原料烤熟。分为暗炉烤与明炉烤两种。泥烤是暗炉烤的特殊应用形式
	烘	在烘炉中，用小火慢慢加热，直到原料成熟
以盐为导热体	盐焗	焗是对原料施以压力使之成熟。原料经调味包裹之后，埋入热盐中焗熟，成菜讲究原汁本味。盐焗一法源于广东，现已流传到各地
综合烹调方法	熘	原料用某种烹调方法加热成熟后包裹上或浇淋上即时调制而成较多卤汁的方法。卤汁较多，口味复合。有炸熘、蒸熘、煮熘、滑油熘等几种
	烹	原料某种基本烹调法烹制成熟后，喷入已经调好的调味清汁。成菜强调味感特殊而滑而不腻。烹菜原料多只是单纯拍粉，制品本味较浓

表4-8　冷菜烹调方法

类　别	名　称	方　法
煮烧类	卤	原料在事先调制好的卤汁中加热。汤卤有红白两种。卤汁保存时间越久，卤汁出来的菜肴就越香越鲜。所用原料广泛
	酱	原料经腌制或焯水、炸制，然后加各种香料、调料焖烧，最后将卤汁稠浓，均匀地粘裹在原料表面
	白煮	大件料在水中煮，不加咸味调料。取料不用汤，原料冷却后经刀工处理装盘。菜品白嫩鲜香，本味俱在，清淡爽口
	油焖	原料经油炸或煸去部分水分，再加调料焖烧，最后收干卤汁而成
	酥	以醋为主要调料，经小火长时间加热，令原料骨肉酥软、鲜香入味
	油浸	原料在热油中下锅，旋即离火。待油温将至 100℃ 左右，将原料捞出盛盘，再另调一鲜咸味的卤汁，浇淋原料之上。成菜鲜嫩柔软

续表

类　别	名　称	方　法
炝拌类		细小原料经加热成熟，用调味品调拌。调料品种极多。成菜爽嫩、清淡、不腻
汽蒸类		利用蒸汽来烹制冷菜。菜品数量不多，一般是蛋类出品及某些酿制类冷菜
腌制类		原料浸渍于调味料中，或用调味料涂擦、拌和，以排除原料中的水分和异味，使原料入味并使某些原料具有特殊的质感和风味
	盐腌	生料或熟料拌上或撒上盐，静止一段时间后直接食用
	腌风	原料以花椒、盐擦抹周身后，置于阴凉通风处吹干水分，随后蒸或煮制成菜
	腌腊	原料以花椒盐或硝盐腌制后再烟熏，或腌制后晾干、再腌制，反复循环
	腌拌	原料先经盐腌，再用其他调料调拌腌制，或将盐与其他调料与原料拌和腌制
	腌泡	原料浸泡于各种卤汁中泡腌而成。方式有糟腌、醉腌、泡腌（如四川泡菜）
烧烤类	生熏法	将加工处理好的生料用调味品浸渍入味，再经熏料烟熏成熟
	熟熏法	原料经过腌、蒸（或煮）、炸、熏多道工序而成
炸氽类		制法与热菜相同，只是菜品较少。有脆炸和油氽两种
糖粘类	挂霜	小型原料加热成熟后，粘上一层似粉似霜的白糖
	琉璃	原料挂上糖浆后，待其冷却结成玻璃体，表面形成一层玻璃状的薄壳，透明而光亮，酥脆而香甜
冻制类		成熟的原料加上明胶或琼胶汁液，待冷却后成菜。口感单纯，成品色泽晶莹剔透，也称水晶菜
脱水菜		也称为松。是无骨、无皮、无筋的原料，采用多种烹调方法脱水后或变得松软
卷酿菜		口味丰富，更多着眼于色彩和造型
	卷菜	以一种大薄片的原料卷包入一种或几种其他原料，成品口味丰富，造型别致
	酿菜	在一种原料面上、中间涂上、夹进、塞入另一种或几种原料的制法

　　（2）工艺多样性（因技配菜）。一桌筵席各种菜点在品种、用料、调味、技法、装盘等方面应多样化，荤素、浓淡、干湿、烹法搭配，口味多样，避免菜式与味型的单调和工艺的雷同，力争一菜一烹法，菜菜不同样。如四大热炒菜，可以是滑炒菜、抓炒菜、爆炒菜、煸炒菜不同烹法；糖醋、红烧、清炒、椒盐等巧妙组合；有了一道"蒸"制点心，再安排一道"炸"或"烤"制点心。季节不同，烹法也不同，冬天宜用火锅、砂锅及煲类菜肴，给人以暖和之感；夏季多用清蒸、凉拌、冻制等菜肴，给人一种清爽淡雅之感。又因不同的烹法采用不同的加热器械，能错开炉灶的使用时间，保证按时出菜。

　　（3）风格统一性。筵席菜点要求特色鲜明，风格统一。北京大董烤鸭店的支撑产品是烤鸭，然而又有丰富的菜品做扶持，甚至西餐中的鹅肝酱、牛排、蜗牛都成了盘中之物。大蓉和瓦缸酒楼以"创新川菜"为特色菜，珠环玉绕它的瓦缸煨汤、开门红、酱卤

138

猪手、香菜圆子等十大名菜却是借用其他菜系的技法和原材料而创新的。

（五）外形美观原则

【案例4-3】大董——唯美与浪漫的艺术美食①

大董烤鸭店创始人董振祥先生认为：烹饪在本质上就是创造的艺术，是一门综合了视觉、嗅觉、触觉、味觉的艺术。大董着意从门店设计及菜品造型方面苦下功夫。大董将餐厅设定为以文化为内涵的主题餐厅，并以文化意境为宾客带来独特的审美感受。以金宝汇大董店为例，该店着力塑造文人墨客寄情于山水、陶冶性情的文化主题，在环境装修上刻意打造了魏晋南北朝时期文人墨客怡情山水的氛围。24个包间运用取情取景的建构方式，墙面被栏杆、移门所替代，可开可合、情境兼备、天真自然，宾客或倚栏凝想，或倚窗观景，或临水而居。散台空间则呈现出一派文人宴乐的风雅景象，中心鸭炉位于碧水之上，水火交融的景象，仿若一只玉蚌静默于碧水之间，偶有炊烟袅袅，宛如清悠思绪旖旎而行。宾客在此依水而坐，水影斑驳，眼前忽明忽暗，都市的繁杂喧嚣在此刻腾然而去，仅留一方清静在心。整个餐厅为宾客创造的生活就餐空间体现了一种中国画"可游"的意境。

大董创造性地提出了意境菜，以菜品为媒介，运用各种手法将一道道菜肴加工成赏心悦目的艺术品，使色、香、味、形、滋、养与欣赏者精神世界高度融合。与菜品相匹配的菜谱犹如精美的画册，每道菜肴不仅有一个意境深远的菜名，而且配有国画似的精美图片，图片旁都会有一句与之相合的诗句，强化该道菜肴的意境。传统绘画艺术和盆景艺术在菜谱中得以充分体现，宾客都以欣赏的态度翻阅菜谱，将点菜视为一种享受。如"董氏烧海参"，整个菜品苍劲秀美，构思精巧，线条简洁，意蕴深远，力求体现"自然的神韵，活泼的节奏，飞扬的动势，写意的效果"，有层次地呈现出"横眉群山千秋雪，笑吟长空万里风"的铁骨傲气……又如"鳕鱼南瓜盅"，把南瓜雕成梅花开口，盘间用白杏仁和红油汁等画出一幅写意梅花，支持整道菜的风骨变成"无意苦争春，一任群芳妒"，尤为巧妙和诱人！

大董意境菜的装盘设计与不似之似的意象造型与传统绘画的美学、盆景的缩龙成寸、小中见大的写实艺术手法如出一辙，以达到源于自然又高于自然的审美效果。如"江雪糖醋小排"的意境构思来自柳宗元的《江雪》，夸张地将其意境皆浓缩咫尺盘盏之内。与菜品意境相联系的员工服务方式也为宾客营造了一种审美的意境。上菜时，服务员一边浅声低吟"孤舟蓑笠翁，独钓寒江雪"，一边潇洒地扬手从空中洒下纷纷的洁白雪花，随视线落在桌面的是一盘墨黑色石器上承载着的绛红色小排。大董意境菜是"皿中画"，

① 资料来源：罗旭华，王文惠. 餐饮企业品牌经营[M]. 北京：高等教育出版社，2010.

但不是画；是"皿中景"，但又不是盆景。它的一切艺术造型皆是为了提高菜品的品味，皆是为了服务于欣赏者的品味需求。

大董精心研究创制出了多道味感与众不同的菜肴，其招牌菜"酥不腻"烤鸭，低脂健康，口感酥且不油不腻，用酥酥的鸭皮蘸了甜度较低的方粒白糖，放在口中，不用咀嚼也能化掉，口感层次丰富，果木烧烤的香味在一瞬间弥漫开来。"董氏烧海参"的海参上没有多余的汤汁，似乎所有的美味都融入海参里，入口后，葱香浓郁、海参软糯、口齿留香。除传统菜肴以外，借助当今世界最为盛行的"低温慢煮、泡沫液氮、胶囊形态"等分子厨艺技术，大董将现代中餐打造为艺术、科学、文化和美味的集合体，并为宾客带来了与众不同的味觉与口感。例如"一品冰花玫瑰燕"，分子厨艺把玫瑰露做成鱼子酱形状，燕窝则是融汇着诱人的玫瑰露一起烹制，沁心花香诱惑，甜美椰香醇厚，入口时晶莹鱼子般的玫瑰露在舌尖翻滚；轻轻用力，一缕浓香即刻与纯美燕窝合而为一，交融嬉戏着滑进喉咙，恰似潺潺溪流清澈，好一款世间冰凝心。又如"煎鹅肝配山楂冰沙"，采用了低温慢煮厨艺，保证了食物免受高温的破坏，鹅肝的嫩度里外一致，腴美香浓，伴着山楂一起，更能体会到鹅肝本身的甜味。再如"锅塌比目鱼配雪菜胶囊"，亮晶晶的绿色是雪菜打成汁后利用分子厨艺做成了胶囊形状，打开后，绿莹莹的雪菜汁浸染到鱼片上，一股清鲜之气适口盈腔。"热情果色拉配口水鸡"，将水果切丁，与泡沫果汁共装入试管内，口感清爽带着夏季果色的清香，中和了口水鸡的重味道，吃起来却丝毫不知道泡沫来自什么水果。

1. 色泽和谐

（1）色是菜品之肤。安全、营养与美观是评定菜点质量的三项标准。菜肴色彩既可诱人食欲，又能愉悦心理，还能活跃气氛。绿色菜肴给人以清新感，金黄色菜肴给人以名贵、豪华感，乳白色菜肴给人以高雅、卫生感，红色菜肴具有喜庆、热烈、引人注目的作用。从色彩营养学来看，不同颜色的菜品代表着不同营养素的含量，色彩搭配合理的菜品意味着它的营养配比也是合理的。

（2）追求色彩和谐。菜品色泽，一是原材料的天然色泽，二是经过烹制调理后的色泽。要注重每道菜肴与整桌筵席菜肴色彩的配合和映衬，做到主料与配料、菜肴与台面、盛器、点缀以及菜肴之间的色彩搭配五彩六色，鲜艳悦目。

（3）菜肴配色方法。① 顺色配。以主料色为主色调，辅料色靠近主料色，如"扒三白"中的白菜、肥肠、鱼脯都是白色的，使菜肴鲜亮明洁、十分清爽。② 异色配。用不同颜色的主配料相互搭配，美观协调，但须符合色彩规律，如炒虾仁配以青豆，虾仁白里透些微红，青豆色泽碧绿，色调和谐；如配黑木耳，则一白一黑，色调就很不调和。

（4）色彩服从食用。有的餐厅用很大的雕品来点缀数量很少的菜肴，造成菜肴生熟不分、主次不分、华而不实，影响菜肴的食用价值。更绝不能为了增加菜肴色彩，有意利用一些食用色素及添加剂，超出国家有关规定的使用标准，严重的甚至会造成食物中毒。

2．香气扑鼻

（1）香是菜品之气。人们进食时总是未尝其味，先闻其香。嗅觉较味觉灵敏得多，但嗅觉感受器比味觉感受器更易疲劳，对气味的感觉总是减弱得相当快，所以，菜品香气力求纯正持久，浓淡适宜，诱发食欲，给人快感。

（2）菜品香气知识。香，有酱香、脂香、乳香、菜香、菌香、酒香、蒜香、醋香等。

① 食材香气。a．骨香。原料本身具有的清香，如芹菜、老母鸡、蹄膀，烹调时很少用香料，以避喧宾夺主。b．气香。原料自身缺乏香味甚至还有些不良气味，烹调时须用香料增香，如鱼翅、海参离不开葱、油增其气香。

② 菜品香气。a．菜料香气。菜料在制熟过程中形成的香气，动物类蛋白质的菜料香味醇度高于蔬菜，蔬菜中的姜、韭、葱、蒜类的香辛气更能香气四溢。b．调料香气。它能压倒菜料的自然香气，所以肉料可在加作料的沸水中焯水以去腥膻。c．混合香气。两种或多种菜料混合煮熟时发出的混合香气。

（3）菜品增香措施。a．烹调时常用挥发、吸附、渗透、溶解、矫臭等方式来增加香气。b．菜肴越热香味物质挥发得越多，人的嗅觉灵敏度在37～38℃时最高，因此要保证菜肴温度，措施有"叫起即烹、成菜就上、传菜加盖"等方法。

3．形态艺术

（1）形是菜品之姿。菜品外形应遵循对称、均衡、反复、渐次、调和、对比、节奏、韵律等形式美法则，符合审美情趣。有逼真美、象形美、夸大美、微缩美等形式。

（2）菜形类型。a．本形。原料的自然形状。b．改形。原料经加工后成片、丁、丝、条、块、段、茸、末、粒、花等形。原料组合时，行业做法是"块配块、片配片、条配条、丝配丝、丁配丁"。为突出主料，辅料形应略小于或细于主料形。c．造型。将原料本形改变成另外一种形状，如松鼠鲑鱼、琵琶大虾、扇面冬瓜等。

（3）刀工成形。刀工决定菜品形态。

① 刀工要求。刀口规范、整齐划一、分量适宜、配搭合理。烹调加热时间短，宜配形态细小的原料；烹调加热时间长，宜配以形态粗大的原料。

② 刀面合理。冷盆装盘后每种原料最上面的一层即为刀面。a．硬刀面，指带骨的原料，如白斩鸡、酱鸡之类，原料没有伸缩余地。b．软刀面，指不带骨的质地较为柔软的原料，如白切肉、白肚之类，原料按压后不会变形，装盆可稍作调整。c．乱刀面，指原料切得细小，装盆时不讲究刀纹齐整，只需盛放在盘中即可，如拌芹菜、油焖笋等。配制不同冷盆时，三种刀面交互使用，一来显得丰富，二来易于操作。

（4）装盘造型。用雕刻、拼盘技巧来创造形姿百态、生动活泼的菜点造型，起到美化菜肴、烘托气氛、显示技艺、增进食欲的作用。① 自然造型。保持原料粗犷、原始的风格，突出自然美，如烤乳猪、烤全羊，吃鸡不失鸡形，吃鱼不失鱼形。用于大众筵席或特色筵席。② 象形造型。技术性强、艺术性高，是烹饪造型中最美的一种。用雕塑技法制成或用菜料组合拼摆成花鸟鱼虫、亭台楼阁等形象，取个美丽的名字，如动物性的百鸟归巢、孔雀开屏、凤凰展翅、金牛戏水、龙凤呈祥等，植物性的百花齐放、春色满园、田园风光等。在花式冷盘中运用较多，热炒中也有应用。③ 图案造型。把原料加工成丝、条、块、球、片后，用艺术造型技巧组合成优美的纹样，具有装饰美的效果。平面图案造型有几何式、卷边式、隔断式、花篮式、品字式、花朵式、麦穗式、扇面式、美景式等，立体图案造型有圆台式、螺旋式、圆锥式等。④ 摆台造型。一组冷盘的形态、花样、色泽要富于变化。如中间一个花色冷盘，四周 8 个小围碟拼制出 8 种形态各异的动、植物形态是最理想的。

（5）构图方法。① 向心律。以餐具四周向中心有节奏地由外往里排列，如淮扬菜的玛瑙鸭舌。② 离心律。从餐具中心由里向四周排列，如淮扬菜的松仁黍米。适用于单一品种的造型菜。③ 回旋律，菜料由餐具外缘起点向内作旋转或由餐具中心为起点向外作旋转排列的曲线单一的构图旋律。

4．盛器匹配

（1）器是菜品之衣。"美食配美器"，红花配绿叶。千姿百态的碗、盘、碟、壶、杯、盂、罐、刀、叉、筷等餐具，不仅能用来盛装菜点，还有加热保温、映衬菜点、体现档次等多种功能。餐具的高雅名贵、卫生洁净、造型优美、图案生动、与菜点的合理匹配等，对菜肴起到锦上添花的作用，对客人就餐心理产生积极的影响。

（2）器菜配置方法。详见项目二中餐具物品配备的相关内容。

5．声音悦耳

（1）声是菜品之音。要充分利用人的各种感官、感觉的相互作用，听觉在饮食中也发挥着联觉作用，声与质、声与味是相互关联的，能起到联觉作用。

（2）内容。① 菜名声音。好听易记、朗朗上口。上菜服务时要报菜名，有时对特色菜肴通过美好的、科学的语言介绍其营养、烹饪知识和民间传说，满足客人的求知欲望。② 菜肴声音。有些菜肴由于厨师的特别设计或特殊盛器的配合使用，使菜肴本身能发出声响，如铁板牛肉、油氽锅巴等，这些自然声响会引发人的食欲。

（六）滋味醇正原则

1．味道可口

（1）味是菜品之魂。"民以食为天，食以味为先"。中国味，味天下。中国菜的精华就在于味，菜肴味道永远是筵席风味的核心。① 基本味。咸、甜、酸、辣、苦是五种基本味，以及鲜、香、麻等其他单一的滋味。② 复合味。由两种及两种以上的基本味混合而成，如酸甜、麻辣、咸香等几十种。五味调和百味香。味的不同组合，调制出丰富多彩的菜肴味，如川菜就有一菜一格、百菜百味之说。味必求醇正，清鲜。

（2）善于艺术调味。调味具有去异味、减烈味、提鲜味、定滋味、增色彩的作用。调味艺术是强化原味、防止异味、追求美味。调味方法有加热前调味、加热中调味与加热后调味。调味要拿准菜品口味，把握原料性质，注意季节变化，掌握调味与加热的关系。我国菜肴常见味型有三十多种，一桌筵席味型配置要有十来种，口味就不单调了。如满桌都是咸鲜味型的菜品，会让人感觉十分平淡乏味；而在一桌配上五六个麻辣味或糊辣味等冲击力强的菜品，又感到太刺激，甚至难受。

（3）因人因时配味。"物无定味，适口者珍"。口味既要强调共性，更要兼顾个性。在同一时期、同一地域内，人们的口味需求大致相同，这便是"口之于味，有同嗜焉"。"百里不同俗，千里不同风"。中国幅员辽阔、民族众多、民俗殊异，因地理、气候、风俗、民情、经济等多种因素，形成了独特的饮食口味习惯与奇妙的烹饪方法。外宾口味差异更大，如日本人喜欢清淡、少油，略带酸甜；欧洲人、美国人喜欢略微带酸甜味；阿拉伯人和非洲人以咸味、辣味为主，不爱糖醋味；俄罗斯人喜食味浓的食物，不喜欢清淡等。

（4）研发新型味型。我国香港、广州等地引进、利用国内外新型的调味品，经过科学调配，设计了许多新颖别致的新潮味型，有腌料、烧炒卤调料与蘸汁料三大类几十种新品种，给人以全新的感觉，使宴会菜肴口味丰富多彩，使食客感到"五滋六味，滋味无穷"。

2. 凉热恰当

（1）温是菜品之脉。温度会改变菜肴的外观、气味与口感。"一热三鲜"，菜点温度不同，口感质量明显差异。如蟹黄汤包，热吃汤汁鲜香，冷后腥而腻口，甚至汤汁凝固；拔丝苹果，趁热食用，可拉出万缕千丝，冷后则糖饼一块。凉菜要凉，热菜要烫，冷热反差大，品味感觉更好。按人的饮食习惯，夏秋喜欢清爽淡雅的菜肴，增加冷菜比例，使用热量较低菜肴；冬春喜欢浓厚热汤，多用富含脂肪和蛋白质、热量较高的菜。

（2）菜点最佳食温。据研究，甜味在 37℃ 左右感觉最甜；酸味在 10～40℃ 味道基本不变；咸和苦的东西，则是温度越高，味道越淡。根据温度与食物的关系，可分为喜凉食品和喜热食品。冷食类食品温度在 0～6℃，喜凉食品在 10℃ 左右，喜热食品在 60～65℃，其味道最好。科学家研究发现，菜点出品最佳食用温度如表 4-9 所示。

143

表4-9　部分食品最佳温度

食 品 名 称	最佳食用温度	食 品 名 称	最佳食用温度
冷菜	15℃左右	凉开水	12～15℃
热菜	70℃以上	果汁	10℃
热汤	80℃以上	水果盘、西瓜	8℃
热饭	65℃以上	啤酒	夏天6～8℃
砂锅、煲类菜	100℃		冬季10～12℃
热咖啡	70℃	冰激凌	6℃
热牛奶、热茶	65℃	汽水	5℃

（3）保证菜肴温度。控制、保持菜肴温度的方法详见项目七中有关宴会菜点温度控制的内容。

3．质感适口

（1）质感是菜品之骨。质地感觉是菜点与口腔接触时所产生的一种触感，有细嫩、滑嫩、柔软、酥松、焦脆、酥烂、肥糯、粉糯、软烂、黏稠、柴老、板结、粗糙、滑润、外焦内嫩、脆嫩爽口等多种类型。适口，即菜点的质地要能给口腔内的触觉器官带来快感。任何偏离菜肴的特有质感都可使其变成不合格的产品，所以人们抵制发软的脆饼，不喜欢多筋的蔬菜等。

（2）菜肴质感丰富。① 酥。菜肴入口，咬后立即碰牙即散，成为碎渣，如香酥鸭。② 脆。菜肴入口，迎牙而裂，而且顺着裂纹一直劈开，产生一种有抵抗力的感觉，如清炒鲜芦笋。③ 韧。菜肴入口后带有弹性的硬度，经牙齿较长时间的咀嚼才能感受到，如干煸牛肉丝、花菇牛筋煲等。④ 嫩。菜肴入口后有光滑感，一嚼即碎，没有什么抵抗力，如糟溜鱼片。⑤ 烂。菜肴宛如瘫痪，入口即化，几乎不要咀嚼，如米粉蒸肉。

（3）保证质感措施。菜肴质感是由原料的结构和不同的烹调方法形成的。要随菜选料，因料施艺。主辅料配料要"脆配脆，软配软"，如爆双脆，必须用肚仁和鸡胗相配，且形态大小、厚薄相近，剞刀深度一致；锅煸豆腐，吃其软嫩，所用原料必须是柔软的豆腐和鸡蛋。也有软脆相配情形，如冬笋肉丝，一硬一软，吃口别具风味，但烹调时要注意火候调节，保持各种原料的性质特点。

（4）适合客人口感。人的口感多样，有的喜欢香脆，有的喜欢软嫩；少年儿童喜食酥脆的菜肴，中青年人喜食硬、酥、肥、糯的菜肴，老年人喜食酥烂、松软、滑嫩的菜肴。

（七）营养卫生原则[①]

1．营养是菜品之本，卫生是菜品之基

饮食最基本的目的是从中摄取所需要的营养物质，营养是一切食品必须具备的最根

[①] 资料来源：上海市健康促进委员会办公室《上海市民健康自我管理知识手册》

本条件，确保对人体有益；卫生是一切食品必须具备的公共条件，确保吃了不出问题。人体所需的营养素有六类，即蛋白质、糖类、脂肪、维生素、无机盐和水，对人体具有构造机体、修补组织，维持体温、供给热能与调节生理机能等三大作用。

2. 膳食结构合理

"健康食为先，平衡是前提；适量很重要，多样需保证"。中国著名医学专家洪昭光认为：人要健康长寿必须"合理膳食，适量运动，戒烟限酒，心理平衡"。合理膳食要"什么都吃，适可而止；七八分饱，百岁不老"。平衡膳食的方法如下。

（1）"中国居民平衡膳食宝塔"。每日膳食 5 类食物：① 油 25～30 克，盐 6 克。② 奶类及奶制品 300 克，大豆类及坚果 30～50 克。③ 畜禽肉类 50～70 克，鱼虾类 50～100 克，蛋类 25～50 克。④ 蔬菜类 300～500 克，水果类 200～400 克。⑤ 谷类薯类及杂豆 250～400 克，水 1 200 毫升；以及身体活动散步 6 000 步。

（2）"一二三四五"。洪昭光建议每天饮食：① 1 袋奶。每天需要 800 毫克钙，伙食里有 500 毫克，牛奶有 300 毫克，睡前喝最好。② 250 克碳水化合物。一日主食五六两，最好饭前喝点汤，体态苗条且健康。③ 3 分高蛋白。素食为主，适当吃肉。瘦肉、豆腐、鱼和虾、鸡蛋、黄豆、鸡与鸭，不宜过量，不可差。④ 牢记 4 句话。有粗有细（粗粮细粮，营养全面），不甜不咸（一天 6 克盐），三四五顿（少食多餐），七八分饱（若要身体安，三分饥和寒）。⑤ 500 克新鲜蔬菜和水果。补充维生素、纤维素；水果应在吃饭前的 1 小时吃。

（3）"10 只网球"原则。每天饮食：不超过 1 只网球大小的肉食，相当于 2 只网球大小的主食，保证 3 只网球大小的水果，不少于 4 只网球大小的蔬菜。

3. 菜点结构合理

（1）荤素比例恰当。健康人的体内正常酸碱平衡指数为 7.4（自我检查酸碱平衡的小诀窍是看自己的小便，小便过白，碱太多；小便发黄，酸太多；小便见红，那就有病了）。食品原料有酸碱之分，鸡、鸭、鱼、肉、蛋等动物性原料是酸性食品，蔬菜、水果、牛奶等植物原料为碱性食品。动物性原料进食太多，人体摄取酸性量超标，长期会有酸痛之感；植物原料进食太多，人体摄取碱性量超标，胃有空荡之感，人感到乏力。筵席原料要荤素搭配、多样组配，营养均衡，增添食趣。筵席荤素合理搭配的比例为：冷菜是 5∶3 或 5∶4，热菜是 5∶4。素菜多了淡而无味，冲淡宴会的气氛；荤菜多了使人腻口。

（2）荤素搭配方法。荤菜与素菜、菜与点的搭配。荤菜里的鸡、鸭、鱼、猪、牛、羊肉、海鲜的配置应呈多元化的格局；素菜中的豆腐、菇笋、菌类、鲜蔬类菜品也应多姿多彩。如荤菜用素菜围边，既解决了美观的问题，又照顾了营养搭配；翅、鲍、肚、参等高档原料跟上清口菜，如鱼翅跟豆芽，既增强其食欲，又具有多种营养成分。

【案例4-4】 南京双门楼宾馆"药膳风味宴"①

养生保健药膳取中药之精华，施食物之美味，熔中医与烹调于一炉而成的美味佳肴，且能得健美长寿之力。南京双门楼宾馆设计的"药膳风味宴"菜单如下。

（1）太极阴阳席：八味冷盘（健脾利水）、壮阳凤尾（补肾壮阳）、红玉金鞭（补益精血）、八宝葫芦（滋阴健脾）、吞吐鱼龙（养心补虚）、金针渡圣（增强免疫力）、翠帐玉凤（补气清热解暑）、方圆动静（补脏益精）、一品养容（养心容颜）、白玉含春（健脾利水）、珍珠粥（健脾利水）、龙须凤尾茶（清肝明目）。

（2）松鹤延年席：八味冷盘（滋阴清热）、卷藏三秀（滋阴养血）、白雪红梅（滋补肝肾）、朱盘芙蓉（清热散血）、龟龙竞寿（养精补血为烹制火锅菜肴的原料）。

（八）数量适当原则

"数"，是指整套筵席的菜品道数；"量"，一是指构成一道菜肴的各种原料数量以及主料与辅料的投料比例，二是指整套筵席菜点的总量。

（1）控制菜点道数。一席筵席菜点道数越多，菜点总量就越大。菜点道数适当的标准是以宴会结束菜点基本吃光为宜。影响一席筵席菜点总量的因素有以下几项。

① 宴会人数。按人均500克左右净料计算宴会总净料，再确定每个菜肴用料。

② 宴会类型。a. 西式筵席。在5～7个菜品之间。b. 中式筵席。在10～20个菜品之间，如国宴4菜1汤3点心1冷菜1水果，商务宴6菜1汤3点心1冷菜1水果，朋友聚会宴8～10菜1汤3点心1冷菜1水果，普通婚宴10～12菜1汤3点心1冷菜1水果。c. 中、西自助餐宴会。100人以下约40款左右，100～500人为50～60款左右，500人以上约在70款以上。西式冷餐宴会的冷菜约占70%左右，中式宴会的冷菜道数约占50%左右。

③ 宴会目的。喜宴、寿宴、一般宴会总数必须是双数；而丧宴总数为单。为了礼仪，按习惯菜肴道数设计；为了品尝，道数可多些；为了应酬，道数适当少些；为了炫耀，道数要增加一些。

④ 宴会档次。宴会规格越高，菜点道数越多，品种和形式就越丰富，制作方法越精巧；而菜肴道数少的低档次宴会，每道菜的数量要多些。

⑤ 宾客情况。席上女士、儿童、老年人、脑力劳动者多，菜品总量应少一些；相反，男士、青年人、体力劳动者多，菜品总量可多一些。

（2）控制例盆菜量。标准食谱的例盆菜量，热炒为300～500克。太多，增加成本，吃不了造成浪费；太少，吃不饱不满意。菜肴道数与例盆菜量呈反比关系：菜肴道数越多，菜量应减少；反之道数少，分量就多。

---

① 资料来源：邵万宽. 美食节策划与运作[M]. 沈阳：辽宁科学技术出版社，2000.

（3）控制出料比例。根据原料价格、拆净率及宴会售价，确定每个菜品所用的主料、配料、调料的比例、质量及数量。如一盘 300 克的"清炒虾仁"与一盘 300 克的"游水基围虾"相比，后者可食用部分只有前者的 1/3。

（4）控制主辅比例。根据不同规格及档次的宴会，正确把握菜肴主料与辅料的比例，如"腰果炒鲜贝"，主料是鲜贝，辅料是腰果，主、辅料的比例可以 4∶1，也可以 4∶3，前者显得价格、档次较高，后者感觉配料多，价格档次低。

（九）创新发展原则

"烹饪之道，妙在变化；厨师之功，贵在运用"。

1．菜点创新途径

（1）挖掘。把已失传的传统菜点挖掘出来重放异彩，如私家菜、官府菜、宫廷菜。发掘原材料的多种利用价值，如三文鱼刺身、鱼头、带肉鱼骨等杂料做成炸三文鱼骨卷，变废为宝；野蔬杂粮，人见人爱，价格不菲。设计药膳菜肴，启发医食同源的灵感。水果宴、茶宴纷纷出台，甚至出现了专门经营水果菜点的餐厅。

（2）继承。传统的鱼翅做捞饭，鲍鱼配鹅掌，四川冒菜变为毛血旺，"酱猪肉""东坡肉"入口即化，油而不腻，照样受欢迎。

（3）引进。如粤菜蒸鱼先不放盐和作料，只蒸 10 分钟，鱼刚断生，骨边还有点点血丝，肉质鲜嫩。把川菜的"鱼香肉丝"改成"鱼香鳜鱼丝"，别具风味。用新疆烤羊肉串和西餐炸猪排的方法来炸鳗鱼，做成"熘炸无刺鳗鱼串"，蘸上作料，中外宾客都很欢迎。西式的煎牛排用中式的上浆法，别具风格；中式原料中式做法配以外国调料、西式装盆；炸春卷馅换成西式的烟肉与起司蘸甜辣酱包生菜吃，更是别具风味。

（4）改良。"酥皮海鲜"是中西结合；扁豆撕筋去豆，夹入火腿、虾、笋菜制成的馅，蒸制、浇葱油，这是荤素结合；"酥贴干贝"是菜点结合。用"旧菜新颜"创造新菜，如粤菜名菜"桂花鱼翅"，由于鱼翅昂贵，价格很高，销量很小，改良成"桂花瑶柱"后，口味相似而价格较低，销量就大增。改变制作方法，如香港"阿一鲍鱼"，采用法式客前烹制，使客人边吃边欣赏厨艺表演。粗料细做，如烤红薯，参照西餐烤土豆的方法制作，加入黄油与蜂蜜，在筵席上大受欢迎。

【案例 4-5】沈阳冰宴菜单[①]

第 1 道：八杯冰汤：分别用酸梅、柠檬、菠萝、山楂等果汁制成。第 2 道：八盘冰点心：包括粉红的桃糕、雪白的鸽子糕、淡黄的蝴蝶糕、鲜红的梅花糕、金黄的金鱼糕、嫩绿的荷叶糕等。多为造型的雪山、寿桃或双喜字。第 3 道：八盘冰蜜饯：香蕉、白梨、黄桃、蜜橘等。第 4 道：八种冰果：花色、式样、口味各异。

[①] 资料来源：邵万宽. 美食节策划与运作[M]. 沈阳：辽宁科学技术出版社，2000.

2. 菜点创新方法

（1）原料拓新。① 新料即用，发现新近面市的原料抓紧研发做菜。② 他料引用，如将荷兰豆、三文鱼、培根等制作中式菜肴，非成渝地区的酒店引用鱼腥草做菜等。③ "畜料"人用，将过去供家畜食用的饲料在检测、尝试安全可靠的基础上，升华、精制成供人食用的菜肴，如生煸南瓜藤、马齿苋做陷包饺子等。④ 细分特用，将整体、大件原料中的局部，经细分优选后开发做菜，如鸡掌、鸭拐、鱼云、鱼漂等制作的各式菜肴。

（2）技法试新。打破中、西烹饪技法泾渭分明的固定格局，积极改良组合，或模仿，或借鉴，或综合，或逆创，推出采用新烹饪方法制作的菜肴，如将油酥面配合菜肴制成酥盒虾仁、酥皮海鲜；将传统靠炖、焖、红烧的甲鱼、鱼头进行生炒等。新技法如下。

① 分子料理。又称分子美食术，把物理分子学学说用在煮食上，即改变原料的物理形态，重构食物的分子结构，用新颖的款式让顾客获得前所未有的味觉、嗅觉、视觉享受。如早餐煎蛋，蛋白是用椰奶和豆蔻做的，蛋黄是胡萝卜汁加葡萄糖；鹌鹑蛋放进嘴里，顿时化为一嘴泡沫，很快又消失，只留下一股柠檬的芳香，原来是伯爵茶。又如马铃薯以泡沫状态出现，让荔枝变成鱼子酱状，这道菜有鱼子酱口感，又是荔枝的味道。其原理是研究食物在烹调过程中温度的升降与烹调时间长短的关系，加入不同物质，令食物产生各种物理与化学变化，在充分掌握之后再加以重新解构、重组及运用，做出颠覆传统厨艺与食物外貌的烹调方法。

② 低温烹调。a. 食材新鲜。选用各种天然新鲜的原料，通过低温慢火烹调呈现出食物原有的美味，保留其中的营养。b. 低温。以生拌、水煮、炖、清蒸为主，烹调加热温度不超过 100℃，欧美将温度保持在 55℃ 左右。c. 拌油。选用结构稳定且富含营养的橄榄油，油脂不要在烹调过程中加入，而在烹调后拌入。

（3）口味翻新。① 西味中烹。将西餐调味料、调味汁或调味法用于烹制中菜，如沙律海鲜卷、千岛石榴虾等。② 果味菜烹。将水果、果汁及淡雅清香的酒品用于菜肴调味，如椰汁鸡、菠萝饭、橙味瓜条等。③ 旧味新烹。将过去的调料或味型重新提起烹制菜肴，如辣酱油烹鸡翅、豆酱炒河虾、麻虾炖蛋等。④ 力创新味。积极尝试创造新颖风味，如创新 XO 酱烹制系列菜肴等。

（4）组合出新。① 器皿多变。如用竹、木、漆器，用铁板、龙舟、明炉等盛装菜肴，给人丰富多彩、耳目一新之感。② 盘饰多变。如用花卉、可生食原料点缀菜点，用刀切花、食材雕刻品衬托菜点，用巧克力、果酱等艺术画盘盛装菜点。③ 组合多变。将冷菜、热菜的组合进行整分结合、常调善变。有和食，有分餐；有成肴即食，有组合成肴（需要用餐客人或餐厅服务员将两种或两种以上食品取出组合）方可食用，如冷菜用葵碟装盘，或用各客花碟；热菜的生菜烤鸭松、薄饼卷酱肉等。

【案例 4-6】"风味各异的包式菜肴宴"[①]

我国菜肴制作中，采用包制成型的品种丰富多彩、风味别具。"包"式菜肴，用纸包、叶包、皮包以及其他包裹着馅料而成型。纸包类菜肴，食用纸有糯米纸，又称威化纸；不食用纸有玻璃纸和锡纸两种。叶包类菜肴以植物叶子为材料，食用叶如包菜叶、青菜叶；不食用叶有荷叶、粽叶和芭蕉叶等，体现其叶的清香味和天然特色。皮包类菜肴以可食用的薄皮为材料包制各式馅料，有春卷皮（或称薄饼皮）、蛋皮、豆腐皮和千张(皮)以及其他皮包等。其他包类菜肴，如利用网油包制、豆腐泥包制等，制作独特，风味别具，使人耳目一新。筵席菜单如下：纸包鸡（糯米纸包）、灯笼鸡（玻璃纸包）、柱侯煽烧鸭（锡纸包）、锅塌菜盒（菜叶包）、荷叶粉蒸肉（荷叶包）、粽叶炸鸡（粽叶包）、蕉叶烤鲈鱼（蕉叶包）、皮包大虾（春卷皮包）、蛋烧麦（蛋皮包）、香炸蟹粉卷（豆腐皮包）、千张包肉（千张包）、鱼皮馄饨（鱼肉皮包）、网包鳜鱼（网油包皮）、烧豆腐饺（豆腐泥包）。

（十）条件相符原则

（1）宴会厅房特点。宴会厅的地理位置，交通便利程度与停车场的方便与否，宴会厅房面积的大小、形状以及其他空间面积，餐桌椅、家具与餐具、接待服务能力。

（2）厨房设备条件。根据厨房设备设施的生产能力筹划菜点，均衡使用各种设备，避免过多使用某一种设备。独有的设备，应发挥其优势。

（3）厨师技术能力。根据厨师的技术能力，亮出名店、名师、名菜、名点的旗帜，施展本店的技术专长，运用独创技法，力求新颖别致，令人耳目一新。

（4）原料供储情况。了解各种原料的应时季节、上市时间、产地、生长情况及其特点，掌握本酒店原料采购、储备及质量、价格等情况，做到心中有数。

任务二 宴会面点设计[②]

"无点不成席。"人们比喻"冷盘是脸面，点心是眉毛"。 一桌丰盛的美味佳肴，没有点心配合就好比红花失掉绿叶。宴会面点设计要"四适应一变化"。

（1）适应宴会档次。① 高档宴会。面点用料精良，制作精细，造型细腻别致，风味独特。② 中档宴会。面点用料高级，口味纯正，成形精巧，制作恰当。③ 普通宴会。面点用料普通，制作一般，具有简单造型。

（2）适应宴会形式。节日庆典宴、乔迁之喜宴、开业大吉宴等喜庆宴席的席点一定

① 资料来源：邵万宽. 美食节策划与运作[M]. 沈阳：辽宁科学技术出版社，2000.

② 资料来源：周晓燕. 烹饪工艺学[M]. 长沙：湖南科学技术出版社，2004；刘敬贤，邵建华. 新编厨师培训教材[M]. 沈阳：辽宁科学技术出版社，1994.

要围绕中心、贴切自然，呈现吉祥如意的气氛；婚宴配置如"鸳鸯盒""莲心酥""鸳鸯包""子孙饺"等面点；寿宴可配寿面、寿桃、"寿糕""麻菇献寿""伊府寿面"等祝寿类面点，以活跃宴会气氛。

（3）适应宴会菜肴。点心造型图案或鸟兽，或时果，或花草，或器皿等，宜于菜肴形状与色彩相吻合。菜与点，讲究味型配合，"咸点"与咸味菜相配，"甜点"与甜味菜相配；不同菜肴配置不同的席点，汤菜宜配饺，烤炸菜宜配饼，甜羹菜宜配糕。

（4）适应时令节日。春、夏、秋、冬，四季有别，宴会面点亦应体现出季节生物周期生长规律特色，使宴会菜肴、面点相映成趣。如春季气候变暖，芬芳吐艳，配席面点可上春卷，配些"杏花""梨花""桃花"命名的具有自然风采的面点，夏秋宜配羹糕，冬春宜配饼酥。举办宴会的日期与某个民间节日临近，面点也要相应。如春节吃年糕、春卷，元宵节吃汤圆，清明节可配食青团，端午节吃粽子，中秋节食月饼等。

（5）形态富于变化。宴会档次越高，席点越是精致，口味精美，形态活灵活现。面点造型品种繁多，方法丰富多彩，如搓、包、卷、捏、切、削、滚、镶、沾、嵌等手法。面点成型效果要具有实用性、艺术性和针对性，讲究玲珑剔透、形神兼备，富有艺术魅力。

模块三　宴会酒水设计①

任务一　宴会酒水选用

（一）宴会酒水功能

（1）营养价值和开胃功能。酒是一种营养价值很高的饮料，尤其是低度酒品，对人体有很多作用。如葡萄酒含有丰富的维生素 A、维生素 B、维生素 C 和营养价值很高的葡萄糖。黄酒能驱寒祛湿、通经活络，特别适宜腰背痛、跌打损伤以及风湿性关节炎；啤酒能增加胃液分泌，促进消化；红酒可清除自由基，预防心脑血管病；白酒舒筋、活血、排石，防止胆结石、关节炎等病。酒有开胃功能，宴会上只吃菜不喝酒，进餐不久便会感到口干舌燥；一边饮酒一边吃菜，食欲可数小时不减。宴会菜肴十分丰盛，少量的低糖、低酒精、少气体的酒品，可以让客人保持良好食欲。酒还有药用功能等。

（2）助兴作用和礼仪功能。几千年来，中华民族餐饮文化创立了一整套佐食、佐饮的理论和方法。酒可刺激食欲，助兴添欢，先上冷碟是劝酒，跟上热菜是佐酒，辅以甜

---

① 酒水知识资料来源：王晓晓. 酒水知识与操作服务教程[M]. 沈阳：辽宁科学技术出版社，2003.

食和蔬菜是解酒，配备汤品和果茶是醒酒，安排主食是压酒，随上蜜脯是化酒。但不论喝哪种酒，都应适量，否则易引发酒精中毒，导致心肌梗死、脑卒中等意外。

（二）宴会常用酒水与饮料

1. 世界常用酒水（见表4-10）

表4-10　世界常用酒水分类表

酿造酒	谷类酒	中国黄酒	按产地分：绍兴酒、仿绍酒、北方黄酒、清酒
			按含糖量分：干黄酒、半干黄酒（如加饭酒、花雕酒）、甜黄酒（如善酿酒）、甜黄酒（封缸酒）、浓甜黄酒、加香黄酒
			按酿造方法分：淋饭酒、摊饭酒、喂饭酒
			按用曲种类分：小曲黄酒、生麦曲黄酒、熟麦曲黄酒、纯种曲黄酒、黄衣红曲黄酒、乌衣红曲黄酒
		啤酒	按发酵工艺分：上（高温）发酵啤酒、下（低温）发酵啤酒
			按颜色分：淡色啤酒、浓色啤酒、黑啤酒
			按杀菌处理分：鲜啤酒、熟啤酒
			按麦芽汁浓度分：低浓度啤酒、中浓度啤酒、高浓度啤酒
	果类酒	葡萄酒	按生产方式分：原汁葡萄酒、强化葡萄酒、加香葡萄酒
			按颜色分：红葡萄酒、白葡萄酒、玫瑰葡萄酒
			按含糖量分：干型葡萄酒、半干型葡萄酒、半甜型葡萄酒、甜型葡萄酒
			按起泡分：静态（不起泡）葡萄酒、起泡葡萄酒
			按饮用习惯分：餐前酒、佐餐酒、餐后甜酒
	其他类	奶酒	奶油为原料
		蜜酒	蜂蜜为原料
蒸馏酒	谷类酒	中国白酒	按香型分：酱香型、清香型、浓香型、米香型、兼香型
			按用曲种类分：大曲酒、小曲酒
			按生产原料分：粮食类、薯类、代用原料类
		威士忌	纯麦威士忌、谷类威士忌、兑和威士忌
		金酒	荷式金酒、英式金酒
		伏特加	白兰地、威士忌、金酒、朗姆酒与伏特加为世界五大著名蒸馏酒
	果类酒	白兰地	葡萄白兰地　格涅克、阿玛涅克、其他
			水果白兰地　苹果白兰地、樱桃白兰地
			其他　玛克
	果杂类	朗姆酒	
		特基拉酒	
		其他	威廉梨酒
	其他类	阿拉克	米酒、花酒、棕榈子酒、椰枣酒

混配酒	混合酒	鸡尾酒	按时间、地点分：餐前鸡尾酒、餐后鸡尾酒、晚餐鸡尾酒、睡前鸡尾酒、俱乐部鸡尾酒、香槟鸡尾酒	
			按配料、特点分：马提尼、曼哈顿、酸酒、奶类饮料、烈酒加混合饮料类、葡萄酒饮料和宾治、热饮、双料酒类、利口酒类	
			按混合方法分：短饮类鸡尾酒、长饮类鸡尾酒	
			按基酒分：威士忌类、金酒类、白兰地类、伏特加类、朗姆类、特基拉类及其他类	
	配制酒	利口酒类	香料利口酒	种料利口酒、草料利口酒、果料利口酒
			香精利口酒	
		甜食酒类	雪利酒	鲁奥罗索、菲努
			波特酒	白波特、红波特
			马萨拉	
			马德拉	
		开胃酒类	味美思	干味美思、白味美思、红味美思、都灵味美思
			茴香酒	
			必打士	

2. 世界常用饮料（见表 4-11）

表 4-11 宴会常用饮料

类　　型		特　　点
矿泉水		来自地下，含有一定量的矿物盐、微量元素或二氧化碳气体的地下水
	无气矿泉水	矿泉水内不含二氧化碳气体，是目前最为流行的矿泉水
	含气矿泉水	水中含有大量游离二氧化碳气体，并含有多种微量元素。我国饮用矿泉水主要为碳酸型
	人工矿泉水	对优质泉水、地下水或井水进行净化与矿化，达到预期矿化度，经过滤和杀菌处理后装瓶
	世界著名矿泉水品牌	法国：巴黎、依云、拜独特、伟涛、甘露
		德国：阿坡望
		意大利：圣派·哥瑞桑、米兰
		日本：三得利、麒麟、富士
		美国：山谷、魅力
果蔬饮料		果蔬饮料来自天然原料，营养丰富、色泽诱人、成本低廉、制作方便且易于被人体吸收
	蔬菜汁	加入水果汁和香料等的各种蔬菜汁，如番茄汁等

类 型		特 点
果蔬饮料	果汁	● 天然果汁。没有加水的100%的新鲜果汁。① 压榨法。对含汁液较多的橘、橙、柠檬水果用榨汁器来挤榨果汁。② 切搅法。对质地较坚硬的（如苹果、梨、胡萝卜等）和不易挤榨的（如草莓、葡萄、西红柿等）可先切碎，再用高速的搅拌机取汁
		● 稀释果汁。加水稀释过的新鲜果汁。加入了适量的糖水、柠檬酸、香精、色素、维生素等，新鲜果汁则占6%～30%不等
		● 果肉果汁。含有少量的细碎颗粒的新鲜果汁，如果粒橙等
		● 浓缩果汁。将果蔬汁溶液加热至沸腾，使其部分水分汽化，以获得高浓度的果蔬汁溶液。在饮用前需要加水稀释，以西柚汁、橙汁和柠檬汁等在市面上最为常见
碳酸饮料		即汽水，在适于饮用的水中压入碳酸气，并添加了甜味剂和香料。大量二氧化碳溢出，能刺激胃液分泌、促进消化、增强食欲；炎热天气饮用碳酸饮料，可降低体温，冰镇（一般为4～8℃）后口感最佳
	普通型	通过引水加工注入二氧化碳的饮料。不含任何人工合成香料或天然香料。如苏打水、俱乐部苏打水和矿泉水碳酸饮料（如巴黎矿泉水）
	果味型	添加了水果香精和香料的碳酸饮料，如柠檬汽水、汤力水和干姜水
	果汁型	含有水果汁或蔬菜汁的碳酸饮料，如橘汁汽水
	可乐型	含有可乐豆提取物和天然香料（如桂皮、柠檬等）、具有兴奋神经的作用、风味特殊的碳酸饮料。可口可乐和百事可乐几乎垄断了全世界的可乐市场
	其他	如乳蛋白碳酸饮料和植物蛋白碳酸饮料等
茶		世界三大饮料之一。具有提神解乏、除脂解腻、利尿排毒、强心降压、补充维生素等功效。冲泡一杯好茶，具有茶叶、水质、茶具、茶叶用量、冲泡水温及冲泡时间等五个要素
	基本茶类	● 绿茶。蒸青绿茶、晒青绿茶、炒青绿茶（眉茶、珠茶、细嫩绿茶）、烘青绿茶
		● 白茶。白叶芽
		● 黄茶。黄芽茶、黄大芽、黄小芽
		● 青茶。即乌龙茶，闽北乌龙、闽南乌龙、广东乌龙、台湾乌龙
		● 红茶。小种红茶、功夫红茶、红碎茶
		● 黑茶。湖南黑茶、湖北老青茶、四川边茶、滇桂黑茶
	再加工茶类	花茶、紧压茶、萃取茶、果味茶、药用保健、含茶饮料
咖啡		具有消化、提神功能，消除疲劳，舒展血管，并有利尿作用。各种咖啡豆可单品饮用，亦可混合调配，通常用三种以上咖啡混拌，称为综合咖啡；可以煮咖啡，也可以冲泡咖啡。品牌有牙买加的蓝山咖啡、巴西咖啡、哥伦比亚咖啡、印尼苏门答腊岛的曼特宁、也门的摩卡、夏威夷的科纳
乳品饮料		以牛奶为主要原料加工而成。常见的有新鲜牛奶、乳饮、发酵乳饮、奶粉等

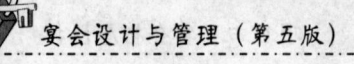
3．中式宴会常用酒水与饮料（见表4-12）

表4-12　中式宴会常用酒水与饮料

餐　时	类　型	内　容
餐前	茶水	见表4-10
	软饮料	见表4-10
餐中	啤酒	以大麦芽（包括特种麦芽）为主要原料，配以有特殊香味的啤酒花，经酵母发酵酿制而成的、含二氧化碳的、起泡的低酒精度（2.5%～7.5%）的各类熟鲜饮料。种类繁多，含有丰富的营养成分，素有"液体面包"之称。最佳饮用温度为8～10℃，通常冰镇后饮用
	中国白酒	以谷物为原料，经发酵、蒸馏而成的蒸馏酒，无色，酒精度在38°～60°。品牌：酱香型，如茅台酒、郎酒；浓香型，如五粮液、泸州老窖、洋河大曲、古井贡酒、剑南春、双沟大曲；清香型，如汾酒；米香型，如桂林三花酒、广东长乐烧；兼香型，如董酒、西凤酒等。我国南方喜用白酒
	黄酒	用糯米、粳米、黏黄米等谷物做原料，用麦曲、小曲或酒药做糖化发酵剂制成的酿造酒，也称为米酒，是世界三大酿造酒之一（黄酒、葡萄酒和啤酒），酒度一般为15°。品牌：如绍兴酒（如元红酒、加饭酒、善酿酒、香雪酒、竹叶青、花雕酒、女儿红等）、龙岩沉缸酒、即墨老酒、福建老酒、客家姜黄酒等。我国南方喜用黄酒
	葡萄酒	现在选用葡萄酒的客人越来越多了
	软饮料	碳酸饮料、果汁、牛奶、矿泉水、茶水等
餐后	茶水	绿茶、普洱茶、花茶、铁观音茶和香片茶

4．西式宴会常用酒水

以葡萄酒和葡萄汽酒为主，注重酒与菜的搭配，如表4-13所示。

表4-13　西式宴会常用酒

类　型	酒　品	内　容
开胃酒		又称为餐前酒。刺激胃口、增加食欲。采用配制酒，酒与酒之间相兑，或者酒与药材、香料和植物等浸泡而成。饮用时兑水或掺入其他饮料，兑水量为酒量的5倍左右；一般可放橘皮、柠檬皮，以增加香味。白葡萄酒为酒基的开胃酒，要冰镇后饮用
	苦艾酒	又称味美思，以白葡萄酒为酒基，配入苦艾等几十种植物后经蒸馏而成，有强烈的草本植物味道。酒度在17°～20°，分干、甜两类。品牌有：意大利以甜型为主，如仙山露、马天尼、干加；法国以干型为主，如香白丽、杜法尔、诺瓦丽等。苦艾酒可纯饮或加冰块，标准用量为50ml

类　型	酒　品	内　　　容
开胃酒	比特酒	也称必打士，意为苦酒，用多种草药、植物根茎经葡萄酒或食用酒精浸制而成，味道苦涩，药香和酒香突出，有强补、消化和兴奋的作用，酒度在 16°～40°。品牌有意大利的金巴利、西娜尔，法国的杜本那。饮用标准用量为 20～50ml
	茴香酒	用蒸馏酒与茴香油配置而成，口味香浓刺激，含糖量较高，酒度约为 20°。法国的巴士蒂斯、潘诺、里卡德、皮尔，意大利的安尼索内。饮用标准用量为 20～30ml
甜食酒	特点	口味较甜，一般作为佐助甜食时饮用的酒品
	波特酒	葡萄牙产的强化葡萄酒，用葡萄酒与白兰地兑和而成。在世界上享有很高的声誉。白波特酒，葡萄牙人和法国人喜爱的开胃酒品；红波特酒，浓郁芬芳，口味醇厚、鲜美，香味极富特色。有甜、微甜、干三种类型。高酒精含量与含糖量。在气候凉爽或较冷时饮用。开瓶后须在 24 小时内喝完，否则会变质
	雪利酒	西班牙产的白葡萄酒，酒精度较其他葡萄酒高，具有特殊的品质和芳香。品牌有菲诺酒，用作开胃酒；奥罗洛索，多做餐后用酒
	马德拉酒	产于葡萄牙的领地马德拉岛，酒色从淡琥珀色到暗褐色，品味从超干到极甜。酒度为 16°～18°，是最耐储藏的酒品之一。干型酒是优质开胃酒，甜型酒是著名甜食酒。开瓶后保存时间长，可在常温下饮用
葡萄酒		以葡萄为原料，经自然发酵、陈酿、过滤、澄清等一系列的工艺流程所制成的酒精饮料，是当今世界上最大宗的饮品之一，被誉为"发酵酒之王"。葡萄酒最忌摇晃，以防沉淀物泛起。法国一些餐厅从地窖中取酒时，连灰尘都不拭掉，就轻轻地放倒在酒篮里送上餐桌
	白葡萄酒	酒液颜色淡，从白色到金黄色都有，一般呈浅黄色。口味有酸、甜、辣三种。怡爽清香、健脾胃、去腥气，常配以海鲜等。法国和德国，其中法国勃艮第地区所产的白葡萄酒清冽爽口、爽而不薄，富于气质，被誉为"葡萄酒之王"。品牌有法国的夏布利、德国的莱茵、摩泽尔
	红葡萄酒	酒液呈紫红色，表明酒质很新，不够成熟；酒液呈褐红色，表明酒已成熟，约储存了 3 年以上；酒液呈红木色，表明储存期超过了 10 年。红葡萄酒一般陈年 4～10 年味道正好。品味有强烈、浓郁和清淡三种。法国波尔多地区生产的红葡萄酒优雅甜润，被誉为"葡萄酒之女王"，如麦道克、意大利的干蒂
葡萄酒	葡萄汽酒以及香槟酒	香槟酒是葡萄汽酒的典型代表。产于法国的香槟地区，酿造工艺精细而复杂，具有独到之处。品牌有法国的香槟，德国的塞克特，意大利的 Asti。是含有二氧化碳而能产生气泡的酒。酒呈黄绿色，清亮透明，口味醇美、清爽、纯正、不冲头，果香大于酒香，给人以高尚的美感，酒度为 11°，可以在任何场合、与任何食物配饮。香槟（champagne）一词与快乐、欢笑、高兴同义，是一种庆祝佳节用酒，具有奢侈、诱惑和浪漫的色彩，是世界上最富魅力的葡萄酒，被誉为"葡萄酒之王"。香槟酒瓶商标上标明有含糖度：天然，含糖最少，酸；特干，含糖次少，偏酸；干，含糖少，有点酸；半干，半糖半酸；甜；五类；有不标明年份（瓶装 12 个月后出售）与标明年份（葡萄采摘 3 年后出售）两种

类　型	酒品	内　容
白兰地		名词来自于荷兰文，意思是"可燃烧的酒"，是用水果为原料发酵蒸馏而成的酒，其中用葡萄发酵蒸馏而成的专称白兰地。酿造工艺精湛，讲究陈酿时间和勾兑技巧，最佳酒龄为40～70年，酒度为40°～43°，酒液因为在橡木桶中陈酿而呈琥珀色。法国的干邑与雅文邑的白兰地最负盛名。干邑酒分为 3 级，一级为 V.S，也称三星级，酒龄至少两年；二级为 V.S.O.P，酒龄至少 4 年；三级为拿破仑，酒龄至少 6 年（其中大于 6 年的称为 X.O，大于 20 年的称顶级，或称路易十三）。目前销售的白兰地多是混合的，而且需要装瓶前几个月混合。一般做餐后酒，也可在休闲时饮用，可净饮或加水、加冰块；使用大肚球形杯，标准分量 1 盎司。品牌有人头马集团、轩尼诗酒厂、金花酒厂、马爹利公司、拿破仑酒厂、法国百事吉酒厂、威来酒厂、奥吉尔酒厂和路易老爷等酒厂
威士忌		以大麦等谷物为原料，经发酵、蒸馏、陈酿、勾兑而成的酒精饮料，是谷物蒸馏酒中最具代表性的酒品。酒度 40°以上，酒体呈浅红色，气味焦香。主要生产国是英语语系国家，其中英国苏格兰生产的威士忌最负盛名。消遣休闲时饮用，可净饮，也可加冰块或兑饮，用古典杯或专用威士忌酒杯，标准分量 40ml 一份
其他蒸馏酒	金酒	又译为琴酒、杜松子酒、毡酒。世界第一大类烈酒。无色透明，口味干洌。杜松子香味浓郁，酒体风格独特。酒度为 38°～43°。干金酒是调酒最常用的基酒。类型有荷兰金酒与伦敦干金酒。英国干金酒不作为纯饮用，可兑汤力水再加柠檬片，称为著名的"金汤力"。服务时，用水杯或直身平底杯。荷兰金酒可作为纯饮用，可适当冰镇，做餐前或餐后酒，使用利口酒杯
	特基拉	产于墨西哥的特基拉小镇，以龙舌兰（agave）作为原料的蒸馏酒。酒度约为 45°，经两次蒸馏至酒度为 52°～53°，香气突出，口味凶烈。白色特基拉不需陈酿就可上市；银白色者，储存期最多 3 年；金黄色者，储存在橡木桶中至少 2～4 年；特级特基拉酒要储存更长时间
	朗姆酒	甘蔗为原料，最具香味。世界上消费量最大的酒品之一。酒度 43°～45°。产地为世界主要产糖国。纯饮用利口酒杯，加冰用古典杯，兑饮可做基酒
	伏特加	俄罗斯的高度烈性酒，没有杂味，容易混合各种饮料，适宜调制鸡尾酒。可纯饮，用利口酒杯；加冰，用古典杯，兑饮可加苏打水、果汁、番茄酱

5. 西式宴会常用混合调制酒与饮料

（1）高杯混合饮料类。烈酒和碳酸饮料、烈酒和果汁饮料的混合。著名的有金汤力、特基拉日出、螺丝刀、血红玛丽、盐狗、哥连士、新加坡司令、菲士、库勒等，是夏季清凉消闲的最佳饮品。

（2）马天尼、曼哈顿鸡尾酒。传统鸡尾酒。服务时应用凉鸡尾酒杯。搅拌时不能使酒变浑。应在冰块融化前尽快使酒变凉。马天尼用金酒，曼哈顿可用其他酒，如爱尔兰

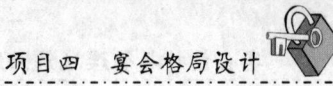

威士忌、朗姆酒等来调制。

（3）层色酒。在直身小酒杯中调出不同层色的饮料，使其形成色彩各异的带状层，悦目美观，增加气氛。调配没有固定配方，可以选用任何利口甜酒。

（4）酸甜饮料。酸或酸甜味的鸡尾酒被更多的人所接受。如威士忌酸、红粉佳人、玛格丽特、达其利、吉姆莱特、白兰地亚历山大，是餐前开胃佳品。这类鸡尾酒大都使用手摇法混合。

（三）宴会酒水选用原则

（1）客人自主选定。除由主办单位或主人委托酒店设计（或包入酒席）外，一般均由客人自己选定，酒店可作适当推荐。酒水配置不能抑制人的食欲。

（2）符合宴会规格。高档宴会选用高质量酒水，如国宴选用"国酒"茅台酒；普通宴会则选用一般酒水。低档宴会选用高档酒会抢去菜肴的风采，让人感到食之无味；高档宴会选用低档酒，则会破坏宴会名贵气氛，让人对菜肴档次产生怀疑。

（3）突出宴会主题。婚宴气氛热烈、隆重可选酒度高的酒；寿宴气氛欢快、融洽，选择酒度低的滋补酒。选用命名好的酒水使宴会生辉，如婚宴选用"喜临门""口子酒"，寿宴选用"麻姑酒""寿生酒"，家庭团聚用"全家福酒"，榜上有名设宴用"状元红"等。

（4）适合台面特色。中式筵席选用中国酒，西式筵席选择西洋酒。酒水与筵席席面的地域特征相匹配，地方宴配地方酒，特色宴配特殊酒，如"红楼宴"配"红楼酒"，"孔府宴"配"孔府家酒"，"八仙宴"配"八仙酒"等。

（5）适应季节气候。夏天饮"冰镇酒"，多饮啤酒以降温；冬天饮"烫酒"，常饮白酒以发热。各类酒品的最佳饮用温度详见项目七的酒水服务内容。

（6）适合菜肴风味。美酒配佳肴，酒品要凸显菜肴特色，突出菜肴风味。做到菜为主酒为辅，不可以酒压菜，抢去菜肴的风头。口味上，酒不应比菜肴更浓烈或浓甜。用量上，适量为宜，超量暴饮是不足取的。合理用酒，慎用高度酒、烈性酒、配制酒与药酒。

任务二　宴会酒水搭配

1. 酒水与菜肴搭配

（1）中式宴会酒水与菜肴搭配。色味淡雅的酒配颜色清淡、香气高雅、口味纯正的菜肴，如汾酒配冷菜，清爽合宜；白葡萄酒配海鲜，纯鲜可口，恰到好处；色味浓郁的酒配色调艳、香气馥、口味杂的菜肴，如泸州老窖酒宜配鸡鸭菜，取其味道浓郁、厚重、香馥；酒纯浓香的红葡萄酒宜配牛肉菜；干、酸型酒配咸鲜味的菜肴；甜型酒配甜香味的菜肴；浓香型酒配香辣味的菜肴。饮用中国黄酒讲究"对口"。干型的元红酒宜配蔬菜类、海蜇皮等冷盘；半甜型的善酿酒专配鸡鸭菜肴；竹叶青酒专配鱼虾菜肴；半干型的加饭酒专配肉类、大闸蟹；甜型的香雪酒宜配甜菜类。中国菜尽可能选用中国酒，西洋菜尽可能选用西洋酒。在难以确定时，则选用中性酒类，如葡萄酒，或视客人意见而定。葡萄酒几乎可以搭配所有的中国菜肴，以上海地区部分上海菜肴为例，如表4-14所示。

表4-14　葡萄酒与部分上海菜肴搭配举例

菜肴分类	菜肴名称	搭配酒种
开胃冷菜 （清淡口味）	炸土豆条、萝卜丝拌海蜇、糟毛豆、姜末凉拌茄子、蒜香黄瓜、素火腿、小葱皮蛋豆腐、凉拌海带丝、白斩鸡	白葡萄酒
口味冷菜 （浓郁口味）	咸菜毛豆、油炸臭豆腐、香牛肉雪菜、冬笋丝、黄泥螺、糖醋辣白菜、醋辣小排骨、鳗鱼香、酱鸭掌	红葡萄酒
河鲜类 （清淡口味）	泥鳅烧豆腐、清炒虾仁、清蒸河鳗、清蒸鲥鱼、盐水河虾、清蒸刀鱼、蒸螃蟹、葱油鳊鱼、醉鲜虾	白葡萄酒
河鲜类 （浓郁口味）	红烧鳝段、红烧鳜鱼、炒螺蛳、酱爆黑鱼丁、油焖田鸡、豆瓣牛蛙、河鲫鱼塞肉、葱烤鲫鱼	桃红葡萄酒、白葡萄酒
肉禽类 （清淡口味）	榨菜肉丝、冬笋炒牛肉、魔芋烧鸭、韭黄鸡丝、清蒸鸭子、韭黄炒肉、蘑菇鸭掌、虾仁豆	桃红葡萄酒、白葡萄酒
肉禽类 （浓郁口味）	糖醋排骨、红烧牛肉、红烧蹄膀、红烧狮子头、红烧蹄筋、炖羊肉、油面筋塞肉、花生肉丁、干菜焖肉	红葡萄酒
风味菜 （辛辣口味）	宫保鸡丁、水煮牛肉、椒盐牛肉、椒麻鸡片、油淋仔鸡、干烧鱼块、回锅肉、红油腰花、鱼香肉丝	红葡萄酒
海鲜类 （清淡口味）	葱姜肉蟹、炒乌鱼球、白灼斑节虾、葱油圣子、生炒鲜贝、滑炒贵妃蚌、刺身三文鱼、蛤蜊炖蛋、葱姜海瓜子	白葡萄酒
海鲜类 （浓郁口味）	糖醋黄鱼、茄汁大明虾、干烧鱼翅、红烧鲍鱼、干烧明虾、红炖海参、蚝油干贝、红烧鱼肚、红烧螺片	红葡萄酒、白葡萄酒

（2）西式宴会酒水与菜肴搭配（见表 4-15）。西方国家有"上什么菜、饮什么酒"的习惯，规律是"红配红、白配白，桃红香槟都可来"。如较清淡的鸡肉、海鲜菜肴配饮淡雅的白葡萄酒；带糖醋调味汁的菜肴配酸性较高的葡萄酒，清淡的干白就比干红要酸些，长相思（Sauvignon Blanc）是最好的选择；鱼类菜肴，如奶白汁的鱼菜可选用干白，浓烈的红汁鱼则配醇厚的干红为好，经过橡木桶陈酿的霞多丽（Chardonnay）干白会是熏鱼的好搭配；厚重的牛肉、羊肉菜肴配饮浓郁的红葡萄酒；油腻和奶糊状菜肴适合中性和厚重架构的干白，其黄油香味能给食物增加独特的风味，但要避免搭配果香味较重的葡萄酒；辛辣刺激类菜肴与冰凉的啤酒和葡萄酒都合适，如果想试一下葡萄酒与辛辣食物的配合，有时较甜的葡萄酒会与辣味形成很好的对照；丰盛油腻的食物必须和同样

味重的干红搭配，口感厚重、架构丰满、富含高单宁酸的赤霞珠（Cabernet Sauvignon）葡萄酒会是理想的选择。桃红葡萄酒与香槟酒可以和所有的菜肴搭配。

表4-15　西式宴会酒—菜—杯搭配规律

菜　点	酒　水
餐前	选用具有开胃功能的酒品，如味美思、比特酒、鸡尾酒和软饮料等
冷盘	喝烈性酒，用烈性酒杯
汤	喝雪利酒，用雪利酒杯
鱼、海味菜	喝白葡萄酒，用白葡萄酒杯。选用干白葡萄酒、玫瑰露酒，如德国莱茵白葡萄酒、法国波尔多白葡萄酒等。喝前需冰镇
副菜、主菜（肉、禽、野味）	选用酒精度为12°～16°的干红葡萄酒。其中小牛肉、猪肉、鸡肉等用酒精度不太高的干红葡萄酒，如法国的布娇莱、波尔多红葡萄酒，意大利的干蒂红葡萄酒和玫瑰葡萄酒等。牛肉、羊肉、火鸡等红色、味浓、难以消化的肉类，用酒精度较高的红葡萄酒，如法国夜坡地红葡萄酒等，用红葡萄酒杯。主菜喝香槟，用香槟杯
甜点	选用甜葡萄酒或葡萄汽酒，如德国的莱茵红葡萄酒、法国的高夫红葡萄酒和香槟酒以及德国的摩泽尔白葡萄酒，用葡萄酒杯
水果或奶酪	一般不上酒。食用奶酪也可配较甜的葡萄酒，也可配主菜的酒品，有时也选用跑特酒
咖啡	喝利口酒或白兰地酒，用利口酒杯或白兰地酒杯
餐后	选用甜食酒、蒸馏酒、利乔酒、白兰地、爱尔兰咖啡等。香槟酒则在任何时候都可配任何菜肴饮用

2．酒水与酒水搭配

（1）不同酒水上席顺序。根据先抑后扬的原则，设计各种酒水上席顺序，目的在于使宴会由低潮逐步走向高潮，在完美中结束，如表4-16所示。

表4-16　各种酒水上席顺序

中式筵席各种酒水上席顺序	西式筵席各种酒水上席顺序
先低后高（低度酒在前，高度酒在后）	先白后红（先上白葡萄酒，后上红葡萄酒）
先软后硬（软性酒在前，硬性酒在后）	先干后甜（先上干酒，后上甜酒）
先有后无（有汽酒在前，无汽酒在后）	先新后陈（先上新酒，后上陈酒）
先新后陈（新酒在前，陈酒在后）	先淡后醇（先上清淡型的、味道单纯的，后上浓郁醇厚型、味道多种的酒）
先常后贵（普通酒在前，名贵酒在后）	
先干后甜（干冽酒在前，甘甜酒在后）	先短后长（先上酿造期短的，后上酿造期长的酒）
先淡后醇（淡雅风格的酒在前，浓郁风格的酒在后）	先冰后温（先上冰冻过的，后上接近室温的酒）
	先低后高（先上价格低的，后上价格高的酒）
先无糖后有糖（不含糖分的饮料在前，含糖分的饮料在后）	
先无汽后有汽（无汽的饮料在前；融入二氧化碳的有汽的碳酸饮料在后）	

（2）酒水与酒水搭配。详见西式宴会常用混合调制酒。

（3）酒水与饮料搭配。酒水与饮料的搭配没有明显的规律，凭人们兴趣进行。我国民间饮酒有橘子水冲啤酒、葡萄酒掺果汁等做法，东欧人喜欢用水兑酒精饮用，英美人喜爱用冰块、冰水稀释烈性酒后再痛饮。有的民族用咖啡（爱尔兰咖啡）兑酒，用奎宁水兑酒（金汤力），用巧克力同酒一起食用（酒心巧克力）。除了将酒与其他饮料同时饮用外，人们还在酒后再饮用一些其他饮料，如咖啡、茶、果汁、汽水等。但酒后饮茶在我国被认为是不可取的，酒后饮汽水是有害无益的，特别是饮高度酒之后再饮汽水会加速酒精在血液中的分散，加重酒精中毒。

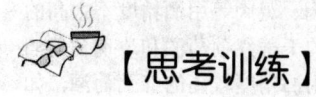 【思考训练】

（一）研讨分析

【案例 4-7】烹饪绝活中的文化意味

上海锦江集团北京昆仑饭店的烹饪大师赵仁良兼学京、川、淮扬、闽、上海等各都烹饪技法，同时对西餐、西点、日本菜的制作也颇有研究，对中西烹饪技艺的融会贯通已达到了挥洒自如、炉火纯青的境界。他会切菜、配菜、烧菜，会雕刻、制作冷盘与点心。赵大师说："做菜要讲究文化意境——好的厨师就是半个艺术家，做菜就是进行艺术创造的过程，是一种精神享受。做菜需要心情，心情好就会越做越喜欢，我总是保持自己的好心情……"赵大师的菜肴总会有新的变化。他的拿手菜"蛋煎鳕鱼"借鉴了西餐蛋煎鱼的烹饪方法，将食材改用肉质肥嫩的银鳕鱼，不用沙司，以适合中国人的口味，配以土豆条、黄瓜片等使之营养互补，成为一道典型的中西合璧佳肴。水晶虾仁的上浆、火候都极见功力，晶莹如玉，入口爽脆而富于弹性，回味清甜。传统的油爆虾油重味浓，减去了酱油，看起来清清爽爽，味道清淡却鲜美十足。泰炉飘香、鸳鸯吞鱼翅、迷你冬瓜盅、火焰鹿肉串、佛手瓜瑶柱、全翅煮干丝……都是倾倒中外宾客的菜肴精品。他指导徒弟打造的高档、昂贵的"金秋蟹宴"，就是一个精美艺术创作过程，其中的蟹肉珍珠水饺更是一绝，直径小到 8mm，堪称极致。赵大师的文化意境延伸到餐具艺术，或一菜一器，或组合成套，注重"衬托主题、协调氛围，凸显品位、展现意境"的艺术构思和技术创新。

讨论： 筵席配菜如何在外观与内在品质上进行设计，上升到艺术的高度？

（二）操作实训

1. 收集不同规格、不同类型与不同档次的菜单，运用宴会菜肴设计的十大原则与面点设计的"四适应一变化"原则对其宴会出品的特色做出评价。

2. 观察研究一桌筵席，具体分析筵席格局中的冷菜、热菜、席点、水果和酒水的具体构成及其作用。

3. 根据某西餐厅零点菜单里的菜品，选用与其搭配的宴会酒水。

4. 根据某酒店中餐厅、西餐厅的酒水单里提供的各种酒水，说明其上席的先后顺序。

5. 角色扮演：一些学生扮演顾客，一位学生扮演服务员。服务员对客人进行点菜服务，并根据顾客所点的菜肴，服务员推荐搭配酒种。

项目五

宴会菜单设计

学习目标：

知识目标： 1. 认知菜单的作用、类型和各类菜单的特点。

2. 认知宴会菜单设计程序和制作方法。

能力目标： 1. 能采用实用性或寓意性的各种方法来命名菜肴名称。

2. 掌握各类宴会特点，能设计与制作各类宴会的菜单。

【导入案例】

"汪辜会谈"的"特殊文件"——宴会菜单[①]

1993年4月27日，大陆海协会会长汪道涵为庆祝举世瞩目的"汪辜会谈"签署的海峡两岸4份文件，在新加坡著名的董宫酒店，宴请台湾海基会董事长辜振甫伉俪及其一行。酒店进行了精心设计，在新颖别致的菜单上列着9道别出心裁"前所未闻"的菜谱，把中国大陆、中国台湾两岸同胞欢聚一堂、骨肉情深的气氛烘托出来，令主客兴趣与食欲俱增：情同手足（系乳猪与鳝片。烤乳猪是广东名菜，蘸甜酱与葱白一起包薄饼进食。不用薄饼、葱白，而以炸鳝片配之，一金一黄一紫黑，煞是好看）、龙族一脉（大龙虾，原菜为乳酪龙虾）、琵琶琴瑟（以一种形似琵琶的名贵海鲜蛤为原料，其间塞进虾茸、芹菜末与奶酪配制而成，每人一只）、喜庆团圆（董宫酒店名菜董宫鲍翅的别名，其喜庆之名有口皆碑）；万寿无疆（宫廷菜，又名宫燕炖双皮奶。宫燕，即燕窝。满汉全席把一品宫燕列为头道菜，其祝福之意尽现）；三元及第（以新加坡3种名贵鲜鱼搓成鱼丸氽汤，其味美不胜收）；兄弟之谊（系木瓜素菜，取诗经"投之以木瓜，报之以琼瑶"之意）；燕语华堂（为荷叶饭）；前程似锦（水果拼盘）。宴会后，两岸出席宴会的22个人，全部在菜单上签名留念，台湾海基会秘书长说道："我们又签署了一份共同文件。"

模块一 宴会菜单筹划制作

任务一 宴会菜单基础知识

（一）菜单作用

1. 餐饮经营方面：凸显酒店档次风格

（1）反映餐厅经营方针。菜单是酒店向客人提供商品的目录，是餐饮产品销售的品种、说明和价格的一览表，反映了酒店的经营方针、管理风格、产品特色和规格档次。

（2）昭示菜肴特色水准。菜单所展示的品种、规格，以及这些产品背后的制作工艺是酒店经营特色和水准方面信息在菜单上的客观真实反映。

[①] 资料来源：邵万宽. 现代餐饮经营创新[M]. 沈阳：辽宁科学技术出版社，2004.

（3）沟通客我信息桥梁。菜单是连接顾客与酒店的桥梁，菜单在向顾客传递酒店经营、销售、生产、服务等信息的同时，也将顾客口味喜好的信息反馈给了经营者。

（4）企业形象宣传载体。菜单既是一种艺术品，又是一种宣传品。重要宴会的菜单，装潢精美，雅致动人，色调得体，洁净靓丽，读起来赏心悦目，看起来心情舒畅，客人乐于欣赏和玩味，具有纪念意义和收藏价值。

2. 餐饮管理方面：宴会管理工作指南

（1）实施宴会管理纲领。宴会菜单是宴会运行过程中关键性的聚焦点，是餐饮管理的指挥棒，是开展宴会工作的基础与核心。一场大型宴会工作量大、涉及面广、工作环节复杂，必须紧紧围绕菜单这个"生产计划单"来有条不紊地进行指挥。

（2）选聘员工素质依据。选择、培养厨师和服务员的人员依据。

（3）影响设备选配布局。选择、购置餐饮设备的依据与指南，影响着厨房布局及餐厅室内装潢、家具配置和不同规模、类型的厨房设备的选购。

（4）影响原料采购储存。决定了食品原料采购和储藏工作的规模、方法和要求。

（5）决定服务规格要求。菜单是酒店制定服务规程、选购服务器具的主要依据。

（6）影响出品成本控制。决定餐饮成本的预算与控制。

（7）控制产品质量工具。定期对菜单上每个菜点的销售状况、顾客喜爱程度、价格敏感程度等因素进行调查与量化分析，从而发现菜肴的定价、烹制、质量等方面的问题，改进生产计划和烹调技术，改善菜肴的促销方案和定价方法。

（二）菜单类型

（1）按使用时间分。① 固定菜单。能够长期使用的、菜式品种相对固定的菜单。按国际惯例，时间一般为一年。② 变动菜单。一类是根据某一时期原料供应情况而制订的菜单，如每日菜单、会议菜单、节日菜单；另一类是根据某一特定宴会设计的一次性菜单，如筵席即席菜单、宴会订单。③ 循环菜单。按一定天数周期循环使用的菜单，即周期有多少天，这套菜单相应就有多少份各不相同的菜单。每天使用一份，再周而复始地使用。

（2）按使用作用分。① 销售菜单。又称零点菜单、固定式菜单。由酒店设计体现经营风格的、含有所有菜点内容的、形式精美的、供客人零点使用的菜单。为营销宣传用，制作较复杂。② 生产或教学菜单。又称繁式菜单、表格式菜单。以表格形式将菜肴的名称、用料、味型、色泽、上菜顺序、刀工成型、烹调方法等内容清楚地列出来，有的还列明所用餐具规格、各菜成本及售价等，便于厨师生产、员工服务和老师教学之用。③ 筵席菜单。又称简式菜单、提纲式菜单。它是置于筵席桌面上的菜单。

（3）按出品组合分。① 零点菜单。详见销售菜单的内容。② 套餐菜单。又称公司菜单。由酒店根据市场需求，事先制订有高、中、低不同档次的多种套装菜单，供客户

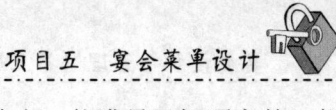

选择其中一套。价格档次分明，由低到高，菜品组合基本确定。能满足目标顾客的一般性需要，但对有特殊需要的顾客针对性不强。

（4）按页码数目分。① 单页式菜单。主菜排列在中间位置。用于快餐、咖啡厅早餐以及"每日特选""厨师特选"等销售形式中。制作简单，成本较低，一次性使用。② 多页式菜单。常用于中、西餐宴会以及销售菜单，以两折、三折的形式居多，既可平放于桌面，也可立在桌面。双页式（对折式），主菜放在右页的上半部分。三页式（三折式），主菜安排在中页的中间。四页式（四折式），主菜安排在第二与第三页上。③ 活页式菜单。方便、灵活，可随时根据市场需求变化调整菜单品种而不必重新制作菜单封面。④ 杂志式菜单。最常见菜单形式，适用于各种正餐菜单，印刷精美，有硬朗、漂亮的封面及排列有序的内页。常用于零点菜单。

（5）按版式形状分。① 单页式菜单。② 折叠式菜单。③ 杂志式菜单。④ 多姿多彩式菜单。用于特别推销、节日推销菜单。形式多样，色彩纷呈，如用于圣诞特别推销的松树状菜单，用于中秋佳节推销的月圆形菜单，以及江南水乡餐厅采用的宫灯式菜单等。

（6）按产品类别分。① 菜单。狭义菜单，特指各类菜肴。② 点心单。各色咸甜点心、糕饼。③ 饮料单。纯饮的各种酒类、软饮料类和混合饮品类。④ 餐酒单。用于西餐，主要是各类葡萄酒。

（7）按饮食风格分。① 中餐菜单。② 西餐菜单。③ 其他风味菜单等。

（8）按用餐时间分。① 早餐菜单。② 正餐菜单，即午餐、晚餐菜单，品种完整、齐全。③ 宵夜菜单。为习惯夜生活的人而设计，供应时间是子夜前后。

（9）按使用地点分。① 餐厅菜单。② 酒吧菜单。③ 茶座菜单。④ 楼面菜单（客房用餐，也称门把菜单）等。

（10）按使用对象分。① 对外菜单。各营业点用于顾客点菜的公开、正式的营业菜单。② 对内菜单。酒店内部员工使用的菜单与用于教学、生产的菜单。

（11）按使用材质分。① 纸质菜单。② 实物菜单。③ 电子菜单等。

（12）按消费对象分。① 儿童菜单。② 家庭菜单。③ 女士菜单等。

一家酒店使用什么菜单，使用多少种菜单，取决于酒店的性质、风格与经营模式、设施数量及种类、餐饮服务项目，以及各餐厅每天开餐次数与时间等因素。酒店使用的菜单越多，餐饮服务设施越齐全，服务项目也越丰富。

（三）宴会菜单

1. 宴会菜单含义

宴会菜单又称简式菜单、提纲式菜单。按客人预订菜式制定，按照筵席的结构和要求，将冷盆、热菜、羹汤、席点、水果与酒水等食品按一定比例和程序编制成菜点清单。

一般只用文字标有菜点名称，置于筵席桌上供客人就餐时使用或作市场销售使用，制作较简单，外观漂亮，有推销价值和收藏价值。

2. 常用宴会菜单

（1）宴会销售菜单。酒店根据市场定位，面向目标顾客人群，设计组合的菜点结构完整、菜式品种限定、口味烹法多样、价格档次明确的系列菜单。供顾客定宴时参考、选择。顾客可以直接选用销售标准菜单，也可以调换部分品种。

【案例 5-1】无锡万达喜来登酒店婚宴套餐菜单

A 套　龙凤呈祥宴	B 套　永结同心宴
喜聚八碟（精美八味碟）	喜来八碟（精美八味碟）
之子于归（一品三黄鸡）	鱼水衷情（老上海熏鱼）
凤鸾祥和（黄焖鳕鱼羹）	福来缘至（发财太湖银鱼羹）
龙运达畅（鲍汁焗龙虾）	腾龙呈祥（金汤汁龙虾）
白凤报喜（深井烧鹅）	满堂吉庆（吊烧琵琶鸭）
相敬融和（盐酥焗扇骨）	百好永年（雀巢虾仁黄金贝）
包容蜜意（至尊牛肋排）	互信欢谐（豉汁牛脷配米饼）
瑶台共汇（蒜茸蒸鲜鲍）	心印相守（蒜香蒸带子）
鸳盟永定（豉油汁深水斑）	俯首甘同（游水深海斑）
满堂同庆（顶汤海肚鲍鱼菇）	沉鱼落雁（避风塘乳鸽）
同德心志（家乡红圆蹄）	永结融合（家乡红圆蹄）
积善家兴（南粤叉烧包）	共护家和（南粤奶黄包）
相倾蜜意（养身花菇扒驴胶）	悠情常乐（海参扣智鲍）
如沐春风（党参炖老鸡）	爱慕同心（水仙炖老鸡）
亲朋同欢（上汤田园蔬）	四季康宁（清炒西兰花）
欢悦齐叙（浓情八宝饭）	同德至尚（浓情八宝饭）
爱意情绵（红豆沙汤圆）	丰泽圆满（椰汁西米露）
四季和康（时令水果拼盘）	佳果丰硕（时令水果拼盘）

菜单仅供参考，酒店会根据时令提供最佳菜单。

一席 10 位，人民币 4 299 元/桌（2015 年底的价格），宾客凡消费满 20 席以上可额外享受以下优惠：

喜宴美馔：18 道中式菜肴，两套精选中式婚宴菜单可供选择，自备酒水免开瓶费，进口店酒特价优惠，免收 15%服务费，全场瓶装品牌酒水畅饮 2 小时（太湖水啤酒、可乐、雪碧及橙汁）。

专业服务：签到台，司仪讲台，婚庆舞台，渲染喜庆的背景音乐及婚礼进行曲，大堂及宴会楼层电子指示牌，屏幕（100寸屏幕），多媒体投影仪（仅限1个），全场专业音响设备，无线话筒两支（配音响师）。

贴心好礼：超过60人的婚宴可免费提供化妆间、嘉宾题名册、香槟、鲜花、装饰餐台、精美装潢16寸照片、8人抬花轿。超过100人的婚宴还可赠送幸福婚礼蛋糕（3磅可食用蛋糕），蜜月豪华行政套房一晚，婚宴来宾享受订房特价优惠，免费提供酒店指定数量的停车位，婚宴试菜可享受八折优惠（仅限10人），免费婚房内奉送红酒1瓶，鲜花1盆，免费享用次日双人盛宴西式白助早餐，免费提供喜庆布置婚房1套（早生贵子），赠一周年结婚纪念日双人晚餐，凡婚宴和生日宴均在本酒店举办，生日宴可享受九折优惠。享用住中国地区其他喜来登饭店的优惠价。

适用于法定假日（除元旦、春节、劳动节、国庆节以外的法定假日）婚宴客人。

套餐菜单往往是宴会宣传册中的一部分，宣传册融入了中华民族几千年的文化，其正面圆形的翡翠上点缀着一颗璀璨的名珠，温馨的粉色和浪漫的紫色衬托在翡翠的两侧，整个创意既温馨浪漫又预示着美好的祝愿。宣传册上用中英文两种文字详细介绍婚宴服务的内容五星级的服务设施。2张粉底红字的套餐菜单整齐地排列在宣传册内，宣传册还配有4张彩色图片，包括气势宏大的宴会主厅，龙凤戏珠的大红喜帐装饰在厅堂的正面，典雅的小宴会厅内服务员正在精心地摆台，金柱红墙的宴会厅内，婚宴餐台以华贵的金黄色和雍容的红色为主彩色，宴会厅入口处服务员正迎候着来宾。

（2）宴会定制菜单。① 高规格宴会或重要宾客宴会，由酒店按照宴会主办者的宴请标准、宴请主题、宴请客人特点等诸多因素专门为客人"量身定制"的个性化菜单。设计内容复杂。② 一般聚会或便宴，由客人根据酒店零点菜单自己选配菜点组合成宴会菜单。内容简单，只记菜名。

【案例5-2】"盛世龙蟠宴"设计思路

南京某饭店在2003年4月举办的江苏省第四届烹饪大赛推出的"盛世龙蟠宴"一举夺得"主题宴席"的金奖第一名。"钟阜龙蟠，石头虎踞，此乃帝王之都也。"古都南京，青山绿水，物产丰饶，饮食文化博大精深。"盛世龙蟠宴"融南京的历史、文化、景观、物产、烹饪技法于一体，以金黄色台面作衬托，展示了皇家饮宴之气势和盛世物丰之华丽；将菜品与典故相结合，凸显南京饮食文化之久远；一宴一题，一品一景，一菜一意，以其烹饪内功和文化余韵展示现代"天厨"之技艺。筵席华丽、精细、清醇、营养，既保持了江苏传统筵席之特色，又具有龙蟠盛世之气势，更体现了现代饮食文化之潮流。菜单是：金陵美碟（八味冷碟、四色味盏，烘托琼脂立体雕"辟邪"，展示南京特色风味。冷拼色美俱佳、刀工精湛；台面错落有致，食品丰盛；味盏四色四味，各取所需；传统与创新结合，充分体现盛宴与盛情）。鸿运迎宾（主料鱼翅，体现盛宴高贵）；龙腾欢歌（运用时尚原料，以江苏风味特色烹制，突出主题）；牛首踏春（巧借南京牛首山之春景，

取鳄鱼掌来会意传神）；盛世龙蟠（借海参点明主旨，营造盛世之极品）；田园乡情（江南之春，乡蔬满园，凸显盛世丰收喜讯）；钟阜揽秋（南京钟阜石榴满枝，金秋果实累累，前景喜人）；王谢堂前（通过南京乌衣巷古诗"旧时王谢堂前燕，飞入寻常百姓家"，表现太平盛世寻常百姓丰衣足食，点明主题。以"燕窝"配食，一语双关）；莫愁圣棋（"圣棋楼"乃莫愁湖一景，此菜以"棋盘"为造型，谱写盛世休闲娱乐生活）；金蟾拜塔（金秋栖霞红叶映照，石城大地一派繁荣景象，那金蟾在塔下也唱着欢歌）；花神竞艳（百花争春在金陵，厨艺交流"汤"更浓）；雨花茶趣（雨花茶乃国之名饮，以独特面点技艺描绘金陵酥点新风格，可食可赏，气势不凡）；秦淮渔唱（鱼米之乡的秦淮河，孕育了南京的一草一木，徜徉的鱼儿跳动着欢快的舞曲）；果香满舱（金陵帝王地，行至有好运。满舱的水果欢迎着来自四面八方的中华儿女）。

（3）筵席席面（或桌面）菜单。置于筵席桌面供客人就餐时使用的菜单。内容较简单，只用文字标明宴会名称、时间、性质和菜名。高档宴会即席菜单在材质、印制、文字、形式等方面都精心设计，精美典雅、艺术性强，具有纪念意义与收藏价值。

【案例5-3】新春宴菜单

凉菜：一熏牛肉、二姐兔丁、三丝春卷、四季皆春（蒜苣四季豆）、五香鳝丝、六拼风车（酱肉、酱肚、腊猪舌、香肠、酱牛肉、豆腐干）。热菜：一品海参、二龙戏珠、三鲜汤锅、四喜炸饼、五彩鱼丝、六子迎春。汤菜：七星白菜。甜点：八宝锅蒸。果盘：什锦果品。

特点：一是春天的气息，如"四季皆春""六子迎春"都阐明了春的主题。另外，美食家们有"春兔秋鸭"的说法，该席谱安排"二姐兔丁""春卷"也配合了这个主题。二是全部用数字来取菜名，使菜谱饱含着乐趣和吉祥，能让食客们增加一些话题。

任务二　宴会菜单设计程序

（一）了解办宴信息

设计宴会菜单要知己知彼，心中有数，了解信息，掌握客情。

（1）知己：掌握酒店信息。① 酒店的经营方针、组织机构、管理风格、财务政策、实施设备与生产条件。② 员工素质、技术水平、团队精神。③ 出品构成、菜点种类、菜点营养、时令季节。④ 接待能力、服务方式、上菜次序与服务技能。⑤ 原料性质、货源供应、价格水平、酒店储备等。⑥ 熟练掌握菜单的设计原则。

（2）知彼：掌握客人信息。"八知三了解"：知开宴时间，知出席人数（或宴会桌数），知筵席标准，知宾主身份，知宴会主题，知宴会程序，知菜式品种及出菜顺序，知服务要求；了解宾客饮食习惯，了解宾客风俗忌讳，了解宾客特殊要求等信息。

【案例 5-4】一顿讨巧的筵席①

省里有关部门通知山东济南珍珠大酒店，有一个二十余人的台湾老人旅行团要入住本店。虽然这些客人逗留时间不长，要求却很高，因为他们大多是新中国成立前夕去台湾的古稀老人。多年来他们天天惦念大陆，有一个共同的心愿：在有生之年亲眼看一看大陆的变化，亲口尝一尝地道的家乡菜。"可是，他们到底要吃哪个帮系的菜呢？"餐饮部经理思考着。他想到，这批客人是从上海到济南的，何不先请上海朋友打听一下他们的口味和特殊要求呢？他一连打了十几个电话才知道台湾客人此时正下榻在上海火车站附近的一家高档酒店里。他与那家酒店联系上了，掌握了许多非常有价值的信息，通过传真还要到几份台湾客人在上海吃的菜单。那二十多位客人都是当初从浙江宁波去台湾的，他们渴望吃上一顿不折不扣的甬菜。可在上海的 3 天时间里，他们每天都忙着应酬，顿顿吃的几乎都是上海人心目中最上品位的大闸蟹。了解此情后，经理"量身定制"设计了菜单。周四，客人准时抵达酒店，晚餐设在装潢一新的包间。当服务员端上 8 碟地道的宁波菜时，所有客人一片欢呼，只见筷子如雨点般在一个个碟子中"扫荡"，不一会，黄泥螺、臭冬瓜、蟹酱、鳗鲞等冷菜便荡然无剩。接下来的一道道热菜几乎也是一扫而光，那些老人仿佛是一群孩子，又说又笑又大吃。席后，客人异口同声地说，这是他们到大陆以来吃得最香、最满意的一顿饭。

（二）明确宴会性质

（1）明确宴会主题。根据主题设计菜单。详见本项目各类菜单设计特点和案例内容。

（2）明确筵席价格。明确宴会消费总额、人均消费额。高档宴会以精、巧、雅、优等菜品为主体，如"鱼翅捞饭""清汤蒸燕窝""金葱海参"等名贵菜；选用新原料、时令原料、贵重原料；烹调方法讲究色、香、味、形，做工精细，注重装饰；色泽鲜艳，造型优美，盛器高雅。中低档宴会菜肴组配以实惠、经济、适口、量足为主体，使用常见食材"粗菜细做、细菜精做"，如"清炒虾仁""砂锅鱼头""北京烤鸭""灌馅鱼网"等菜肴，增加配料用量降低成本，以丰富的数量及恰当的口味让客人吃饱吃好。

（三）合理组配菜品

（1）确定筵席风味。根据酒店经营风格、设施设备、菜品特色、厨师技术力量、筵席成本及菜品数目，依据客人对象、宴会类型、就餐形式、饮食需求等要求，发挥所长、显现风格，明确全席的菜点类别及风味特点。

（2）选择核心菜点。主菜是菜单的精华、筵席的"帅菜"，是原料最名贵、工艺最

---

① 资料来源：蒋一飘. 酒店服务 180 例[M]. 上海：东方出版中心，1996.

讲究、起着担纲作用的菜肴。做到"三突出"：全席菜品中突出热菜，热菜中突出大菜，大菜中突出主菜。主菜在食材、烹制、造型、装盘、上菜方式上有别于其他的菜，主菜出场整个宴会进入高潮。

（3）配备辅助菜点。主菜选定，其他菜品"兵随将走"，按主次、从属关系配备各类菜点，各就各位，鱼贯而行，形成筵席菜单的基本格局。辅佐菜品发挥着烘云托月、绿叶红花的作用。核心菜品与辅佐菜品数量比为1:2或1:3，质量要"相称"，档次可稍低于核心菜品，但不能相差悬殊。

（4）统筹全席出品。全部菜点初步确定之后，要遵循出品设计原则，统筹兼顾，平衡协调。综合考量原料选择的广泛、加工形态的各异、烹调方法的多样、菜肴造型的美观、色彩搭配的协调、调味变化的起伏、质感差异的多变、菜点道数的多少、装盘器皿的特色、营养成分的全面、筵席服务的方式、食品卫生的安全、菜点变革的创新、筵席价格的盈利等方面，做到色、香、味、形、器有机配合，冷菜、热菜、点心、主食、水果合理搭配。

（四）规定菜肴原料

（1）确定食材总量。宴会菜肴总净料量一般按人均 500 克左右净食材预测消耗，避免餐桌出现食物一扫而光或堆积如山的现象。而参宴人数多少、顾客构成与心理需求、餐饮活动时间长短、菜单内部结构、酒水酒精度的含量高低以及自然环境，如空气湿度、温度的高低等因素都与人均消费量成对应关系。

（2）保证原料质量。根据宴会标准选用原料，是进口原料还是本地原料，是时令原料还是普通原料，是高价原料还是低价原料，明确原料的品种、质量、价格，保证菜肴的质量与规格标准相符。

（3）控制原料数量。根据原料价格、拆净率及宴会售价，确定每一个菜品所用的主料、配料、调料的比例、质量及数量。

（五）核算菜肴成本

（1）制定筵席毛利率。筵席售价和毛利率是宴会成本控制的关键，不同类型的筵席其毛利率有差异，特色筵席比普通筵席、高档筵席比低档筵席、工艺复杂和技术性较强的筵席比工艺相对简单的筵席、名师主理的筵席比普通厨师主理的筵席毛利率要高。

（2）保证毛利率实现。重视原料成本控制，对各种原料的市场价格、拆净率、涨发率、成本毛利率、售价的核算应该烂熟于心。对每一道菜点进行细致的成本核算，根据毛利率制定合理的销售价格。选择、组合较高利润的菜品。对整套筵席菜品进行成本核算，将成本控制在规定的毛利范围之内。

（六）艺术命名菜名[①]

1．菜点命名要求

（1）内容要求。"名从菜来、菜因名传"。菜肴命名要紧扣宴会主题，烘托宴会气氛。① 贺寿宴：松鹤延年、八仙过海、红运高照、福如东海、年年有余、齐眉祝寿、子孙满堂、生日吉祥，万寿无疆。② 婚庆宴：吉祥如意、百年好合、鸳鸯戏水、子孙饺子、双喜临门等。③ 高升宴和升学宴：鲤鱼跃龙门、连升三级、大展鸿图等。④ 庆祝开业大吉宴：紫气东来、恭喜发财、财源滚滚等。⑤ 全家团聚宴会：全家福、子孙满堂、合家团圆等。

（2）文字要求。文字优美，富有情趣，雅致得体，含意深刻，简明易懂，读来顺口、好听、易记。菜名字数4～5字为宜，最多不要超过7个字。一份菜单中每道菜的名字字数最好相等。如有外文翻译，应准确贴切。

（3）艺术要求。结合宴会主题巧妙命名，富有情趣艺术，雅致得体，含意深刻。因各地的风土人情、饮食习惯不同，客人的消费心理不同，设计满足人们求平安、求发财、求安康的美好愿望的菜名。但不可牵强附会，滥用辞藻，更不能庸俗下流。

2．菜点命名方法[①]

（1）写实性命名方法。菜名如实反映原料搭配、烹调方法、风味特色或冠以发源地。强调主料，再辅以其他因素，通俗易懂，简单明了，名实相符。中国北方菜名偏重写实，一般菜品崇尚朴实，日常便宴菜名趋向自然、稳重朴实。适用于餐厅零点菜单、宴会销售菜单和厨师生产、员工服务的生产菜单。写实性菜品命名方法如表5-1所示。

表5-1　写实性菜品命名方法

命名方法	命名特点与实例
配料加主料	如龙井虾仁、腰果鸡丁、芦笋鱼片、松仁鳕鱼、西芹鱿鱼等 使客人知道菜肴主、辅料的构成与特点，能引起人们的食欲
调料加主料	如黑椒牛排、茄汁虾仁、蚝油牛柳、豆瓣鲫鱼、韭黄鸡丝等 用特色调料制成菜肴，突出菜肴口味
烹法加主料	如小煎鸽米、大烤明虾、清炒虾仁、红烧鲤鱼、黄焖仔鸡、拔丝山药等 突出菜肴的烹调方法及菜肴特点，知道用什么烹调方法和原料制成
色泽加主料	如碧绿牛柳丁、虎皮蹄髈、芙蓉鱼片、白汁鱼丸、金银馒头等 突出菜肴艺术特性，给人美的享受
质地加主料	如脆皮乳猪、香酥鸡腿、香滑鸡球、软酥三鸽、香酥脆皮鸡等 突出菜肴质地特性，给人美的享受

[①] 资料来源：贺习耀. 宴席设计理论与实务[M]. 北京：旅游教育出版社，2010.

续表

命 名 方 法	命 名 特 点 与 实 例
外形加主料	如寿桃鳊鱼、菊花才鱼、葵花豆腐、松鼠鳜鱼、琵琶大虾等 突出菜肴美观外形，给人美的享受
味型加主料	如酸辣乌蛋羹等 突出菜肴味型特性，给人美的享受
器皿加主料	如小笼粉蒸肉、瓦罐鸡汤、铁板牛柳、羊肉火锅、乌鸡煲等 突出烹制器皿或盛装器皿及烹调方法
人名加主料	如东坡肉、宫保鸡丁等 冠以创始人姓名，具有纪念意义和文化特色
地名加主料	如北京烤鸭、西湖醋鱼、千岛湖鱼头等 突出菜肴起源与历史，具有饮食文化和地方特色
特色加主料	如空心鱼丸、千层糕、京式烤鸭、响淋锅巴等 体现菜肴特色
数字加主料	如一品豆腐、八珍鱼翅等 富有语言艺术性
调料加烹法加主料	如豉汁蒸排骨、芥末拌鸭掌等 全面了解菜肴所用的主、辅料及采取的烹调方法
蔬果加盛器	如西瓜盅、雀巢鸡球、渔舟晚唱等 将蔬果、粉丝做出食物盛器形状，来装盛菜肴，既是盛器，又是菜肴
中西结合	如西法格扎、吉力虾排、沙司鲜贝等 采用西餐原料或西餐烹法制成，吃中餐菜肴，体现西餐味道

（2）寓意性命名方法。抓住菜品某一特色加以形容夸张渲染，赋予诗情画意，满足客人希望、祝愿心理，起到引人入胜的效果，但不可牵强附会，滥用辞藻，更不能庸俗下流。讲究文采和字数整齐一致，工巧含蓄，耐人寻味。南方菜名擅长寓意。适用于宣传推销、顾客纪念与量身定制的宴会菜单。对不太容易看明真相的菜名，可在后面附上写实命名。若是外国菜肴名称不能随意修饰和改变，保证菜名特色和原貌。适用于筵席即席菜单和宴会定制菜单。寓意性菜品命名方法如表 5-2 所示。

表 5-2　寓意性菜品命名方法

命 名 方 法	命 名 特 点 与 实 例
模拟实物外形	强调造型艺术，形象法。如金鱼闹莲、孔雀迎宾
借用珍宝名称	渲染菜品色泽，借代法。如珍珠翡翠白玉汤、银包金
镶嵌吉祥数字	表示美好祝愿，修辞法。如二龙戏珠、八仙聚会、万寿无疆

续表

命名方法	命名特点与实例
谐音寓意双关	讲究寓意双关，谐音法。如早生贵子（红枣桂圆）、霸王别姬（鳖鸡）
敷演典故传说	巧妙进行比衬，拟古法。如汉宫藏娇（泥鳅钻豆腐）、舌战群儒等
赋予诗情画意	强调菜肴艺术，文学法。如百鸟归巢、一行白鹭上青天等
寄托深情厚谊	表达美好情感，寄情法。如全家福、母子会等

资料来源：贺习耀. 宴席设计理论与实务[M]. 北京：旅游教育出版社，2010.

【案例 5-5】充满书卷气的菜单（用词牌名加菜名命名）

4 凉菜：【一剪梅】胭脂百叶、【浣溪沙】三寸金莲、【蝶恋花】珊瑚菜卷、【点绛唇】卤水鸭舌。7 热菜：【满庭芳】东坡府邸参、【定风波】江团狮子头、【卜算子】东坡肘子、【夜半乐】红花芙蓉鸡、【千秋岁】黑笋烧牛肉、【南乡子】竹还山珍、【浪淘沙】秋风流霞羹。1 汤菜：【水调歌头】玉笋老鸭汤。

备注：餐厅或包间用词牌名、曲牌名取名，如天引香、一枝花、人月圆、醉太平、普天乐、殿前欢、小桃红、寿阳曲、节节高等，室内饰以相应的文化，效果就更好了。

【案例 5-6】"1999 年世界 500 强会议"宴会菜单（菜肴命名是首藏头诗）

由美国"财富杂志"主办的"1999 年世界财富论坛年会"，即世界 500 强会议于 1999 年在上海举行，上海锦江集团承办了这次宴会。精心构思筵席菜单命名，意境深远、妙趣横生。菜单里面蕴藏了一首藏头诗：风传萧寺香（佛跳墙）、云腾双蟠龙（炸明虾）、际天紫气来（烧牛排）、会府年年余（烙鲟鱼）、财用满园春（美点笼）、富岁积珠翠（西米露）、鞠躬庆联袂（冰鲜果）。前 4 个菜和 2 道点心的第一个字连在一起，便是"风云际会财富"，最后一道水果的名字，则是服务员向大家致意，庆祝会议隆重召开与全球经济合作繁荣。自从此菜单见报后，在报道描述国际会议时经常引用"风云际会"一词，可见一张好的筵席菜单命名具有极大的影响力。

（七）编排顺序格式

1. 排列顺序

（1）中餐菜单菜品类别排列顺序：按冷菜、热菜（海鲜、河鲜、肉类、禽类、锅仔煲仔类与蔬菜类等分类排列）、汤羹、饭面点心、饮料等大类名称排列。

（2）西餐菜单菜品类别排列顺序：按主菜（海鲜、鱼虾、牛猪羊肉、禽）、开胃菜、汤、淀粉食品及蔬菜、色拉、甜点、饮料等大类名称排列。

（3）注意要点。零点菜单菜品不要按价格高低排列，否则客人会仅根据价格来点菜，不利于宴会推销。把重点推销的菜点放在菜单的首、尾部分，易引起客人的注意力和点击率。主菜排在最醒目的位置，用粗大的字体和最详尽的文字介绍。特色菜要用区别于一般菜品，用粗大黑体字排印，有更详尽的促销文字介绍，或用更丰富的色彩点缀和以彩色实例照片来衬托。特色菜数量占菜单上菜肴总数的 20%～25%。

2．书写格式

（1）提纲式。最常用。按照上菜程序只写上菜名，简便明了。作生产、服务之用。

（2）排列式。用于广告宣传、纪念菜单。突出大菜，略去冷碟（或围碟）、面点或水果。顺次排列下来。菜名讲究文采，寓意菜名要注上写实性菜名。

（3）表格式。以表格形式将菜肴的名称、用料、味型、色泽、上菜顺序、刀工成型、烹调方法、餐具规格、各菜成本及售价等内容清楚地列出来。用于厨师生产、员工服务和老师教学。此类菜点为生产菜单，又称繁式菜单、表格式菜单、菜谱。

3．文字格式

零点菜单的字体要与餐厅风格协调。隶书、草书以艺术性见长，实用价值不大，应慎用；楷书工整端庄，行书行云流水，均可选用。正文一般使用仿宋体、黑体等字体。同一张宴会菜单可用两至三种不同的字体，分别用于标题、分类提示与正文菜单。各类菜的标题字体应与其他字体有区别，既美观又突出。字体大小（一般用三号字体）和间距、行距要适当。菜单篇幅应留有 50%左右的空白。空白过少、字数过多会使菜单显得拥挤，让人眼花缭乱，读来费神；空白过多则给人以菜品不够，选择余地太少的感觉。有手写和打印两种书写方式。涉外菜单要有中英文，拼写法统一规范，符合文法，防止差错。要以阿拉伯数字排列编号和标明价格。

以上是零点菜单编排顺序格式与要求，宴会菜单编排顺序格式与此基本相同。

（八）编撰文字内容

1．宴会菜单

（1）筵席席面菜单。详见案例5-7。主办者信息：宴会名称，宴请时间，菜品名称。菜名按菜品上席顺序排列，不分类、不提示。突出热菜、大菜，简略冷盆、面点或水果。菜名讲究文采，好用排比句。若菜名寓意含蓄，可在菜名旁边注上写实性菜名，以便熟悉和了解（本教材中的菜单案例基本上都是此类菜单）。

（2）宴会销售菜单。详见案例 5-2。内容可稍详细一些，除了上述信息外，还有酒店的营销内容。

（3）宴会定制菜单。详见案例5-3。详细阐明宴会设计思路与菜单内容、命名。

2．零点菜单

零点菜单是酒店向客人展示本酒店所有菜点的说明书，供客人零点就餐或宴会点菜使用，因此文字内容较为详细。① 菜品类别。品种 120 种左右（具体数量视餐饮规模和经营需要而定）。菜品按一定标准、规律分类排列，方便客人选择点菜。② 菜肴名称和价格。菜单设计的主体，是顾客选择菜肴的决定因素。菜肴的名称和价格必须与顾客的阅读习惯和消费能力相适应，必须具有真实性。③ 菜肴特点和风格说明。如某菜肴特别辣、某点心特别甜、过桥米线特别烫等。④ 菜品制作描述。主辅料及分量、烹法、份额、浇汁和调料、主要营养成分、服务方法、需等候的时间，着重简介高价菜、名牌菜、特色菜、时令菜。如"叫花鸡"的介绍："镶有肉丁、火腿、海鲜、香料的童子鸡，外裹荷叶和特殊焙泥烤制而成。"⑤ 酒店信息。宴会厅名称（在菜单封面）、特色风味（在宴会厅名下列出其风味）、餐厅地址（酒店所处地段的简图）、预订电话（在菜单封底下方）、营业时间（列在封面或封底）、接受的信用卡类别、加收费用、使用币种等告知性说明，现在还有二维码、电子支付方式。有的还介绍酒店的历史背景、宴会厅的特点与设施、知名人士对本餐厅的光顾及赞语、权威性宣传媒体对本餐厅报道的妙语选粹等荣誉性说明。⑥ 彩色照片。印制高价菜、名牌菜、受顾客欢迎的菜和形状美观、色彩丰富的菜的彩色照片，菜肴照片配以菜名、介绍性文字，是展示出品及宣传促销的极好手段。照片印制要精美。

3．酒水单、甜品单

在规模不大的餐厅里也作为菜单的一部分列在菜单的后面。档次高、规模大的酒店将酒水单与菜单分开设计制作。甜品单用于西餐服务中，有较高的标准和要求。

（九）选择陈列方式

1．纸质菜单

（1）平放式。传统的陈列方式。不论单页或多页，菜单都平放于餐台之上。一般筵席放一份，中档筵席在正、副主人前各放一份。

（2）竖立式。装帧精美的折叠式菜单，将折页打开，立放于餐台上，富于立体感。

（3）卷筒式。豪华宴会菜单卷成筒状，用缎带捆扎，或放或立于每个餐位正前方，人手一份。客人可将其携走，以作留念。上述三种方式常用于宴会。

（4）悬挂式。常用于高星级酒店客房用膳的早餐零点菜单，又称门把菜单，悬挂于客房门把手的内侧。

2．实物菜单（展示式菜单。常用于零点）

（1）实物模型展示。在餐厅门口或客人经过处，或陈列出品的实物模型，或张贴产品的图片、招贴画、布告牌等，对客人进行感官刺激，激发消费者的消费欲望。

（2）原料展示。在酒店进门处设置海鲜池，既有很强的观赏性，又可目睹原料的新鲜、卫生度，还可当着客人的面称取海鲜，使客人对分量与质量放心。

（3）半成品展示。将菜肴主辅料切配装盘陈列，标明价格，供客人选点。

（4）推车（成品）展示。采用推车展示推介早茶的各色小吃、茶点精美菜品。

3．电子菜单（常用于零点）

（1）品种齐全，分类明细。使齐全的电子菜单不显得冗长烦琐，操作简单、快捷。

（2）灵活搭配，针对个性。对各种菜肴进行实时组合和调整，彻底改变了传统菜单教条型的点菜方式，满足大众化、个性化的餐饮口味需求。

（3）有形展示，明码标价。有效展示各种菜肴的价格、主辅材料、简单烹调方法以及菜式图片，让客人在明确、轻松的环境中点菜。

（4）多种渠道、多向预订。突破时空限制，在不同场所、不同时间向客人展示和推介菜肴，接受客人异时异地的网络预订，实现预订的多向性。

（5）自动生成、简便高效。只需录入宴会标准及宴会主题，即可自动生成多份同等档次及内容的宴会菜单，供客人选择；对已选择的菜单中某个菜肴还可以进行同等价格及类别的其他菜肴替换。

（十）印刷制作菜单

1．宴会菜单制作

（1）筵席席面菜单（一次性菜单）。一般筵席可选轻巧、便宜的纸质材料，高档筵席要用高级的薄型胶版纸或铜版纸、花纹纸，底色为粉红色或深棕色的纸质材料。酒店可制作一批折叠型菜单卡，即菜单封皮。正面印有店名、店徽或酒店建筑外貌，内为空白，有重大宴会或应顾客需要，将菜谱书写或印刷在上面或另选纸张，然后粘贴在菜单卡内。

（2）宴会定制菜单（一次性菜单）。专门为某次定制宴会而制作的筵席即席菜单，在深圳、广州、香港、澳门等地的宾馆较为流行，多用于婚宴、寿庆席、开业庆典等喜庆宴席的特色筵席或 VIP 筵席。选纸讲究，印刷精美，成本较高。从礼品角度考虑可选用其他材质载体当菜单，但要与宴会台面布置相吻合。如满汉全席用仿清式的红木架嵌大理石菜单、西北风情宴用仿古诏书式菜单、竹园春色宴用竹简式菜单、药膳宴用竹匾式菜单、红楼宴用线装古书式菜单、商务宴用印章式菜单、满月宴用玩具形菜单、豪华商务宴用中式扇面菜单、中餐西吃用油画架式菜单、小挂件菜单等。

（3）宴会销售菜单（耐用性菜单）。因长久使用，采用质地精良、厚实且不易折断的重磅涂膜纸或防水纸或过塑重磅纸质，防污、耐磨、美观、高雅，拿在手里读时"手感"舒适，经久耐用。印刷精美，图文并茂，成本较高。

2．零点菜单制作

（1）外观装帧。封面材料选用经久耐用且不易沾油污的重磅纸，还可选用高级塑料和优质皮革做封面。内容有酒店和宴会厅的名称和标志，形式要与整体装饰及情调和谐，颜色与酒店主题色吻合。达到三个要求：一是视觉效果，要有视觉冲击力，色彩要突出、简单，要有视觉中心；二是画面质量，图像清晰且有锐角，聚焦色温准确；三是表达内容，要准确无误。菜单封底印上饭店与宴会厅的有关信息。

（2）菜单形状。根据餐饮内容、宴会厅规模以及陈列方式，用不同方法折叠成不同的形状，如长方形、正方形及各种特殊形状（如心形、刀形、手风琴形、圆形、立体形等形状），力求使客人使用起来方便，太大拿起来不舒适，太小会使篇幅不够或使菜单显得拥挤。

（3）菜单色彩。最易快速阅读的色彩搭配是：白（或浅黄色、浅粉色）底黑字，最难阅读的色彩搭配是：深黄色上的黑字、橘红色上的黑字、黄底红字、红底绿字、绿底红字。菜单色彩有纯白、柔和、素淡、浓艳重彩之分，可用一种色彩加黑色，也可用多种色彩，视成本而定。可选用一面为彩色，另一面为白色的色纸，封二、封三、封四就能印刷广告或促销性的信息或插图。如只使用两色，将类别标题，如蔬菜类、肉类、海鲜类等少量文字印成彩色，具体菜肴名称用黑色印刷。大量文字印成彩色，读来既费眼神又费精力。色纸的底色不宜太深。菜单折页、类别标题、食品实例照片宜选用鲜艳色调，采用柔和轻淡的色彩，如淡棕色、浅黄色、象牙色、灰色或蓝色+黑色+金色。

模块二　各类宴会特点与菜单案例

任务一　各类中式宴会特点与菜单案例

（一）国宴特点与菜单案例

（1）主题都为国事，庆典形式多样。① 庆典类国宴。在国庆纪念日，由国家元首或政府首脑举行国庆招待会，党和国家主要领导人、党政军各部门负责人、各群众团体、民主党派负责人、无党派人士和社会各界知名人士、人民群众代表等出席。邀请届时在北京的国宾、重要外宾、各国驻华使节、港澳台同胞、外国专家和记者等参加。场面宏大，主桌人数较多。② 迎送类国宴。国家元首或政府首脑为欢迎来华访问的国宾而举行的正式宴会。邀请外国的国家元首或政府首脑、主要随行人员、有关国家驻华使节等出席。③ 接待类国宴。为国际或国内的重大活动而举行的宴会，如为感谢外国专家，为表彰全国劳动模范、科技界精英，为在我国举行的大型国际峰会的重要与会代表，为大型国际体育赛事的重要官员等而举行国宴款待。④ 迎春茶话会。在中国传统节日春节，为迎接新年的到来，由国家元首或政府首脑举行迎春茶话会，邀请各界人士同欢同庆，相互拜年，气氛轻松欢快随意，伴有演出，以茶水、点心、小吃、水果为主。

（2）主宾多为政要，接待规格最高。主人、主宾都是本国或外国的国家元首或政府首脑，内容都为国家重大庆典或重大国事活动，是接待规格最高、礼仪最隆重、气氛最热烈友好、程序要求最严格、政治性最强的一种宴会。

（3）显示国家形象，体现民族尊严。国宴设计既要体现民族自尊心、自信心、自豪感，又要体现各国家和各民族之间的平等友好、和睦气氛。在环境布置、筵席台面、菜单设计、宴会程序与席间服务上突出本国的民族特色，又要考虑宾客的宗教信仰和风俗习惯。

（4）环境高贵典雅，气氛热烈庄重。宴会场所悬挂国旗，安排乐队演奏双方国歌及小型文艺节目等，双方元首或政府首脑席间致辞、祝酒等。宴会场面宏大，主桌突出，人数较多，台面大于其他桌。宴会时间通常掌握在45~75分钟以内。

（5）菜点精美极致，服务精心细微。菜肴以中式菜点为主，中西餐具并用，采用各吃等特色。菜单精美、餐具精致，服务要求十分严格。20世纪50年代时，国宴大多由北京饭店承办。人民大会堂建立后，多数由人民大会堂承办，规模可达5千人。钓鱼台国宾馆建立后，部分国宴也由钓鱼台国宾馆承办，规模大的仍在人民大会堂举行。有时到访的国宾因日程安排不到北京，也会在地方举行国宴，其要求与在首都一样。现在国宴菜单格局为：1冷菜、4热菜、1汤、3点心、1水果、1主食。

【案例5-7】国宴，大型宴会。"开国第一宴"菜单

1949年10月1日晚，北京饭店，毛泽东、刘少奇、周恩来、朱德等600人出席，淮扬名厨掌勺。菜单如下：美味小碟：扬州乳乳瓜、琥珀核桃、白糖生姜、蜜腌金橘。淮扬冷菜：香麻海蜇、虾子冬笋、炝黄瓜条、芥末鸭掌、酥火烤鲫鱼、罗汉猪肚、水晶肴蹄、桂花盐水鸭。热菜（大菜）：清炒翡翠虾仁、鲍鱼浓汁四宝、东坡肉方、鸡汤煮干丝、蟹粉狮子头、全家福。汤菜：口蘑镶闷鸡。点心：炸年糕、黄桥烧饼、艾窝窝、淮扬汤包。主食：菠萝八宝饭。水果：时果拼盘。

（二）政务宴特点与菜单案例

（1）内容政务。由地方政府或部门因交流合作、庆功庆典、祝贺纪念等有关重大政务事项接待国内外宾客而举行的宴会。主客方都以政务身份出现，接待活动围绕宴会政务活动主题安排。

（2）注重规格。环境布置气氛热烈，放置或悬挂宴请方和被宴请方的标志或旗帜等。接待规格与宾主双方的身份相一致。宴会程序相对固定，如开宴前的祝酒致辞、席间祝酒和宴会结束后的安排等都有相应的惯例。

（3）形式多样。按照政务活动从简的原则，可以是规范的正式宴会，菜肴道数为1

冷菜、4热菜、1汤、2点心、1水果、1主食，菜肴以地方特色菜与时令菜为主。也可以是简便的鸡尾酒会、冷餐会、茶话会或中西合璧式的宴会。

【案例5-8】政府正式宴会。"××省政府欢迎英国政府代表团"宴会菜单

百花齐放（用烤鸭、芦笋、肝、蛋白、红黑鱼籽拼成一只百花齐放的各客花盆）、鸡汁鲍片（用高汤、鲍鱼片、竹荪、菜心制成汤菜）、碧绿虾片（用明虾、荷兰芹、柠檬烤制而成）、茄汁牛排（牛排用番茄沙司等调味烹制成熟，另加荷兰豆、薯条加热成熟后点缀而成）、满园春色（用黄瓜、白萝卜、南瓜、茭白、橄榄菜等时蔬制成）、中式美点（萝卜丝酥饼、素菜包、翡翠水晶饼拼成）、硕果满堂（用西瓜、芒果、木瓜、猕猴桃组成）。

注：上述菜品均为各客各吃。

（三）大型宴会特点与菜单案例

（1）主题鲜明。有明确的宴会主题，围绕主题设计宴会场境、菜品、菜单、台面、台型和服务。宴会程序复杂，有致辞，有祝酒，有的配合娱乐演出活动（如组织乐队演奏；邀请歌星、影星前来助兴；组织有奖竞猜，席间抽奖；派发神秘礼物等）。

（2）人数众多。少则数百、多达几千，菜品统一、服务一致。在原料运用、口味设计、服务形式的设计上，以主人及主宾的饮食习惯、风土人情等因素为主，同时兼顾大多数客人的饮食习惯。

（3）内容综合。工作涉及面广，参与部门多，产生影响大。要求宴会设计者与管理者有较高的文化素养、较全面的综合知识和管理能力。对各方面的工作进行认真考虑、周密安排，并使之配合默契，达到理想效果。

（4）实施细致。根据菜单内容，从采购、加工切配、烹调、上席、服务等工作程序和厨师的技术水平，对每一环节作细致、周密的安排。宴前，具体分工，责任到人，培训演练，各负其责，反复检查。宴时，走动管理，加强现场协调督促，严格执行程序，确保万无一失，按质、按量、按时完成各项工作。宴后，认真总结经验，以利提高。做到出菜速度不快不慢，菜肴质量不折不扣，上菜数量不错不漏，服务程序不乱不差。

（5）菜单特点。菜品道数不宜太多，每一菜品量可略增加。菜肴制作不宜太精细、太复杂，可设计一些提前烹调制作的菜肴，但又不影响菜肴的色泽及口味。充分利用厨房不同设备，采用不同烹调方法，避免因烹法单一而影响出菜速度。

【案例5-9】中国南京第六届世界华商大会的"世界中餐第一宴"。

2001年9月16日晚，为参加在中国南京召开的第六届世界华商大会嘉宾，南京市人民政府在大会主会场——南京国际展览中心举行盛大的欢迎晚宴。中国国务院副总理钱其琛与海内外华商和各界嘉宾近5 000人出席了规模盛大的欢迎晚宴。

国际展览中心2楼的巨大展厅，整齐有序摆放着400多张圆餐桌，主席台下是由75

张长条桌拼成的宽 2 米、长 46 米可坐 150 人的主餐桌。整个大厅共 22 000 平方米，餐桌摆放面积为 8 700 平方米。餐桌、座椅精心装扮：餐桌铺上洁白桌布，四周围着明黄桌裙；座椅配上橘红椅套；餐桌中央摆放色彩鲜艳的玫瑰做饰品。地面铺着蓝黄相间的羊毛地毯，天棚张挂着上百面红黄两色彩旗，整个会场足以让人感到"华商第一宴"的宏大气势。宴会规格为 6 菜 1 汤，由金陵饭店、状元楼大酒店、希尔顿国际大酒店、金丝利喜来登酒店、古南都饭店、玄武饭店、南京饭店和国际会议大酒店等指定酒店按菜单分别烹饪，然后用冷藏车与保温车送到宴会厅。为确保准时送达，有警车给送菜车开道。菜送到后，厨师们迅速将菜一盘盘整理好交给跑菜员。宴会服务人员有 1 000 多人，其中跑菜的男服务员就有 300 多人。餐桌服务的女服务员都是从各大饭店抽调来的最好的业务骨干，她们统一穿着中式旗袍，盘髻，其服饰、胸花、皮鞋都由专家特为设计制作。旗袍面料选自杭州，黑底金花，与明黄色的桌裙、水红色的椅套相配衬，典雅大方，楚楚动人。考虑到席间华商们要起身走动，每张请柬后面还印着餐位平面图，不致迷路。为了让不同宗教信仰的华商能同桌用餐，欢迎晚宴不上以猪肉、牛肉为原料的菜点。主要原料都是经农林部门特选的安全食材，从原料、烹饪、运输、装盘到出菜，全过程监测。按组委会与卫生部门的规定，冷菜必须被保藏于零下 5 ℃，热菜保存温度在 65 ℃以上。各指定酒店八仙过海，使用了多种保温装置，以确保菜肴新鲜与保温。菜式以中餐为主、中西合璧，并体现出南京地方特色。第一道菜南京盐水鸭便是闻名遐迩的南京名菜，什锦团圆菜、富贵焗鳕鱼、瑶柱竹笋汤、美点齐争鲜，从菜名便可看出喜庆气氛。宴会主桌菜肴由南京金陵饭店承办。整个用餐时间约一个小时左右。

世界中餐第一宴的举行，为我国大型中式宴会外卖开了先河，并为多家酒店密切合作承办大型中式宴会提供了很好的经验。

（四）商务宴特点与菜单案例

（1）目的皆为商务。各类企业、营利性机构为了一定的商务目的而举行的宴会，既可以是为了建立业务关系、增进了解或达成某种协议而举行，也可以是为了交流商业信息、加强沟通与合作或达成某种共识而进行。

（2）消费档次较高。宴请价格较高，菜单设计精美，菜品规格高调，就餐环境高雅，服务细腻礼貌。

（3）营造洽谈气氛。在环境布置、菜品选择上突出与迎合双方共同的喜好，表现双方的友谊，使商务洽谈在良好的气氛与环境中进行。环境要安静不受干扰，便于客人沟通。及时与厨房沟通，根据客情掌握上菜节奏。

（4）酒店主营业务。随着我国改革开放程度的加强，市场经济的繁荣，商务宴会在社会经济交往中日益频繁，越来越成为我国酒店餐饮的主营业务之一。

【案例5-10】商业开业宴菜单

1看盘：彩灯高悬（瓜雕造型）。4凉菜：囊藏锦绣（什锦肚丝）、抬金进银（胡萝卜拌绿豆芽）、童叟无欺（猴头菇拼香椿）、一帆风顺（西红柿酿卤猪耳）。8热菜：开市大吉（炸瓢加吉鱼）、万宝献主（双色鸽蛋酿全鸡）、地利人和（虾仁炒南荠）、顺应天意（天花菌烩薏仁米）、高邻扶持（菱角烧鸭心）、勤能生财（芹菜财鱼片）、贵在至诚（鳜鱼丁橙杯）、足食丰衣（干贝烧石衣）。1座汤：众星捧月（川菜推纱望月）。2饭点：货通八路（南味八宝甜饭）、千云祥集（北味千层酥）。

（五）婚宴特点与菜单案例

（1）人生重要仪式。婚宴是新人在举行婚礼时为宴请亲朋好友的祝贺而举办的宴会，是人生中最讲排场的一次家宴，是婚礼仪式中的重要环节。

（2）氛围喜庆热闹。宴会厅布置富丽堂皇，气氛要喜庆、热闹、气派时尚。大红囍字悬挂中央，两旁布满鲜花，红色地毯铺满主道，突出新郎新娘主桌，背景音乐喜气洋洋。

（3）菜式突出婚庆。菜式选料与道数上要符合喜庆风俗习惯，"喜事排双，丧事排单，庆婚要八，贺寿须九"。菜名要吉祥，菜肴原料应有红枣、莲子、百合，寓意"早生贵子""百年好合"，菜名用"鸳鸯鲑鱼""早生贵子""知音丝萝"来突出婚庆主题。

（4）赴宴人数众多。人数多，规模大，规格高，要根据大型宴会的特点来操办。

（5）菜单类型多样。不同的文化层次、不同出身的客人，对宴会有不同的要求。① 传统型婚宴：菜式丰富实在，菜名吉祥如意，菜品道数较多，追求吃剩有余。② 排场型婚宴：菜式既有传统菜，又有流行名贵菜，道数较多，追求豪华排场。③ 浪漫型婚宴：菜式组合随意，喜欢流行菜点，道数不讲究，追求过程享受。④ 玫瑰型婚宴：菜式爱好自己做主，喜欢流行菜点，道数按常规，价格中低档位。⑤ 华丽型婚宴：菜式传统与豪华结合，讲究规格，又要大气，追求排场。⑥ 知识型婚宴：菜式精制细巧，编制讲究，菜肴命名高雅，透出文化品位。⑦ 海归派婚宴：菜式实用、简捷、清淡，色彩素雅，讲究仪程，中西合用。⑧ 简约式婚宴：菜式家常实用，流行普通，价格实惠，数量适当。

【案例5-11】金陵饭店喜庆婚宴（花好月圆宴）菜单

心心相印：鸳鸯彩蛋、糖水莲子、大红烤肉、香酥花仁。如意鸡卷：称心鱼条、相敬虾饼、恩爱吐司。全家欢庆（烩海八鲜）：比翼双飞（酥炸鹌鹑）、鱼水相依（奶汤鱼圆）、琴瑟和鸣（琵琶大虾）、金屋藏娇（贝心春卷）、早生贵子（花仁枣羹）、大鹏展翅（网油鸡翅）、万里奔腾（清炖全膀）。喜庆蛋糕、酥心香糖、一帆风顺（水果）。

（六）生日宴特点与菜单案例

（1）人生纪念意义。人们为纪念出生日和祝愿健康长寿而举办的宴会。一般在 50

岁前称为生日宴，50 岁之后称为寿宴。一般的生日宴规模较小，主要是家人庆贺；人生节点的生日宴，如逢十的生日，尤其是 50 岁后的逢十寿宴，邀请亲朋好友的人数就多了。

（2）突出健康长寿。环境布置、菜点出品要突出健康长寿，如冷菜拼盘采用松鹤延年，主食配寿桃、寿面等。随着中西文化的不断交流，人们在生日宴会上配以生日蛋糕，庆祝程序也中西合璧，如点、吹蜡烛，唱生日歌等。

（3）菜式老少皆宜。此类宴会都是全家出席，菜式安排中必有数款是主人平时最喜爱的菜肴，或程式中必备的菜点，菜式要老少兼顾，众人皆宜。

【案例 5-12】松鹤延年寿庆喜宴菜单

1 彩盘：松鹤延年（像生图案）。4 围碟：五子献寿（5 种果仁酿拼）、四海同庆（4 种海鲜酿拼）、玉侣仙班（芋芳鲜蘑）、三星猴头（凉拌猴头菇）。8 热菜：儿孙满堂（鸽蛋扒鹿角菜）、天伦之乐（鸡腰烧鹌鹑）、长生不老（海参烹雪里蕻）、洪福齐天（蟹黄油烧豆腐）、罗汉大会（素全家福）、五世祺昌（清蒸鲴鱼）、彭祖献寿（茯苓野鸡羹）、返老还童（金龟烧童子鸡）。1 座汤：甘泉玉液（人参乳鸽炖盆）。2 寿点：佛手摩顶（佛水香酥）、福寿绵长（尹府龙须面）。2 寿果：河南仙柿、上海北芒蟠桃。2 寿茶：湖南老君茶、湖北仙人掌茶。

（七）节日宴特点与菜单案例

（1）举家团聚设宴。逢年过节赴酒店设宴团聚的宾客越来越多，尤其是团年饭（俗称年夜饭）是一年节日里最重要的团聚。针对不同节日的特点及各个节日所处的季节，推出既传承习俗又新颖独特的菜单。一家人年龄、嗜好、身份状况均不同，对饮食的种类、口味要求也不尽相同，因此菜单既要照顾全面，又要兼顾少数。

（2）突出节庆氛围。选用具有节日特点的装饰物来布置宴会厅，如春节张贴春联、悬挂彩灯、摆放金橘树等；圣诞节用圣诞树、彩灯、彩球、圣诞老人画像、员工戴圣诞小红帽，圣诞老人为来宾发放圣诞礼物，同客人合影留念等。菜肴名称要突出节庆、祥和的喜气，表达人们良好的祝愿，增添浓厚的文化氛围。注意出菜程序，通常香的、炸的菜肴要先上，接着是软的、酥的菜肴，后面再跟着炒的、硬的菜肴，最后甜的菜点收尾。

【案例 5-13】"年夜饭"（团年饭）家宴菜单

冷菜：仙桃祝庆（糖拌番茄）、有凤来仪（椒麻鸡片）、繁花似锦（红油鸡丝）、银丝三色（凉拌三丝）。热菜：瑞雪丰年（白油肉片）、吉庆有余（红烧中段）、金色汤圆（糖醋里脊）、余意相思（鱼香肉丝）、玉牌金钩（玉兰片炒金钩）、甘心情愿（干贝炒菜心）、多彩聚会（蘑菇烧杂烩）、交全始终（清蒸鱼头尾）。甜食：八宝锅蒸（用蛋黄、猪油、面粉、白糖炒制成）。汤菜：欢聚一堂（鸡杂白菜汤）。

两个特点：一是烘托节日气氛，二是把握家宴实惠性。具有绚烂色彩的菜名将节日的气氛显现出来了。全席的主料是鱼和鸡，很平凡，但是由于充分利用了鱼和鸡的不同部位，做出了不同名字的多个菜品，因而使筵席显得较为丰盛，又十分家常。

（八）欢聚宴特点与菜单案例

（1）目的相会团聚。志同道合的朋友相会、团聚，强调共同的情谊。

（2）气氛平等轻松。聚宴次数多、要求多，主人身份不明确，客人身份差异较大，但是很平等。菜式随意，氛围轻松，菜肴档次高低差异很大。

（3）追求宴饮环境。就餐环境以小包房为主，追求就餐环境和氛围。服务上尽量不要打扰客人。

【案例 5-14】亲友团聚宴菜单

1 彩碟：凉亭叙旧（青松凉亭造型）。6 围碟：岁寒三友（香菇、银耳、蒜苗制）、冰心玉洁（海蜇、鸡蓉、蛋清制）、暗香疏影（梅花造型）、幽谷独茂（兰花造型）、高风高节（翠竹造型）、耐寒凌霜（金菊造型）。6 热菜：喜逢机遇（鸭掌与鸡片制）、心花怒放（鸭心、笋片、菱角制）、庐山寻珍（石鸡、石鱼、石耳合制）、别后思恋（土豆丝与挂霜苹果制）、囊括四海（海鲜口袋豆腐）、豪气干云（油爆鲜蚝）。1 座汤：八鲜过海（海八珍炖盆）。2 面点：酬酢面卷（网油花卷）、三白米饭（清蒸香稻）。2 美果：广东茂名香蕉、浙江明月脆梨。1 香茗：安徽敬亭绿雪茶。

（九）嘉年华会、尾牙宴特点与菜单案例

（1）嘉年华。它是英文单词 Carnival 狂欢节的中文译音，起源于古埃及，后来成为古罗马农神节的庆祝活动，演变成欧美的一种民间狂欢活动。如今"嘉年华"逐渐从一个传统的节日，成为各种文化艺术活动形式的公众娱乐盛会。

（2）尾牙宴。每月的初一、十五或者初二、十六，是中国台湾商人祭拜土地公神的日子，称为做牙。二月初二为最初的做牙，叫头牙；十二月十六的做牙是最后一个做牙，叫尾牙。尾牙是民间最为热闹、时间最长的节日，从农历十二月十六的尾牙开始，到正月十五元宵节过完，历时整整一个月。尾牙是商家一年活动的尾声，也是百姓春节活动的先声。尾牙宴已经逐渐演变成公司年终宴请犒赏员工的重要聚会，总结一年工作，宣布重要决定，甚至发放年终奖金。董事长、总经理这些平日难得一见的大佬们都会亲自出席，有的还会携带家属。他们往往一改平常严肃、刻板的面孔，打扮成影视作品或童话故事中的人物，与全体员工同乐。丰盛的晚餐后便是大联欢和抽奖，公司老总、员工和嘉宾们一起唱歌跳舞、表演节目、自娱自乐，中间插科打诨，烘托气氛。

（3）内容多样综合。宴会程序是开会、宴饮、交流与娱乐多种目的的综合。宴会规模大，要求多、变化快。人数不易控制，客人社会地位较高。布置要求突出主题，符合

主办单位的要求。菜式按标准而定，流行菜式较受欢迎。服务要规范化，出菜较快，通常要求有停车场地。因限制"三公"消费，目前国有企业、行业协会举办此类宴会较少，民营企业举办较多，但规模通常较小。

【案例5-15】普天同庆宴菜单

龙凤呈祥（龙虾鸡脯拼）、辞旧迎新（片皮乳猪全体）、普天同庆（夏果虾仁带子）、群星璀璨（时蔬白鱼丸）、鸿运丰年（红烧果子狸）、合浦还珠（驼掌田鸡球）、万家欢乐（琵琶鲍鱼翅）、百业兴旺（三菇烩六耳）、前程似锦（虫草炖锦鸡）、百年好合（莲子百合羹）、永结同心（香酥萝麻枣）。

（十）团队餐特点与菜单案例

（1）事先预订。团队餐分为会议包餐、旅游包餐及其他类型包餐。团队餐人数较多，进餐时间较短，要求事先预订。

（2）统一包餐。以统一标准、统一菜式、统一时间进行集体简易就餐。集中开席，一般没有席间服务。

（3）菜品简单。价格较低，菜品一般为8菜1汤，主食不限量，不备酒水（也可酒水自理）。

【案例5-16】旅游团餐菜单

A 套：五香凤翅、芝麻香芹、粉蒸排骨、豆瓣鲫鱼、蒜苗肉丝、炒白菜苔、青椒炒牛肚、香菇煨鸡汤、米饭。

B 套：椒麻鸭掌、腊香白鱼、干烹带鱼、蒜茸菠菜、腊蹄藕汤、萝卜焖羊肉、蒜茸筒蒿、鱼头豆腐汤、米饭。

（十一）套餐特点与菜单案例

（1）菜点组配，菜品成套。套餐菜单又称公司菜单、定菜菜单或定食菜单，由酒店根据市场需求设计制作，将客人一次消费所需的菜品和席点组配在一起，制定有高、中、低不同档次（价格）与不同人数多少的多种系列菜单。菜式品种有限，菜品结构完整。价格固定，档次分明，售卖方式以套为单位。

（2）方便快捷，经济实惠。由菜肴和主食所组成，以热菜为主，有时配以适量的点心、水果。烹制材料普通，制作工序简洁，能小批量生产，节省人力成本，降低生产费用。

（3）结构简练，讲究设计。品种齐全，搭配合理，风味突出。符合接待标准，菜品数量及用量要满足客人需求。提供多套套餐菜单，增加顾客选择机会。

【案例5-17】工作套餐菜单

A 套：红烧鱼块、香干回锅肉、蒜茸炒黄瓜、番茄鸡蛋汤、米饭。

B 套：煎糍粑鱼、千张炒肉丝、清炒白菜秧、紫菜虾皮汤、米饭。

【案例 5-18】情侣套餐菜单

A 套：甜汁番茄、清蒸鳊鱼、油爆鲜鱿、鱼香茄子、花菇乳鸽汤、米饭。

B 套：蜜汁红枣、香酥鹌鹑、腰果鲜贝、鸡汁菜心、鱼圆汆鸡汤、米饭。

（十二）特色宴特点与菜单案例

（1）特色鲜明。① 广义特色宴。以广博见长。一是风味特色宴。荟萃某类风味名馔，给人以鲜明的印象，如"孔府特色宴""粤味特色宴"等。二是情趣特色宴。追求某种审美理想，展示特有情韵和风采，如"西湖十景宴""秦淮景点宴"等。② 狭义特色宴。凭专一取胜。用料专精，技法规整，风味谐调，情趣盎然，席面构成博大的气势和完备的体系，以精纯、严密、整齐、高雅著称。一是主料特色宴。荟萃某类主料的高档宴会，如满汉全席、全羊宴、全鱼宴、全鸭宴、全素宴等。二是技法特色宴。以烹调技法为重点，如"烧烤宴""药膳宴"等。③ 多元特色宴。融专博之长，汇中西之优，集各家之特，创新于一席，如"中西合璧沙文鱼宴""西味花卉宴"。在主题、原料、烹调、菜品等方面做到"四既四有"：主题特色既美食又美境，原料特色既要专又要广，烹调特色既要精又要异，菜品特色既要雅又要新。

（2）量身定制。特色宴一般都是量身定制的个性化宴会菜单。

【案例 5-19】主料特色宴。时令水果宴菜单

冷菜：雪梨双脆、橙汁鱼片、柠檬软鸡、橘香牛肉、酸辣白菜、樱桃晶虾、果味香芹、三丝泡藕。热菜：橘盅炒虾仁、芙蓉瓜丝羹、裙边苹果盅、红烛荔枝鸽、鳜鱼蜜瓜条、菠萝桂候鸭、四色蔬果拼。席点：三鲜枇杷果、鲜美柿子团。汤品：龙眼乌鸡汤。甜品：猕猴西米盅、拔丝金钩蕉。

【案例 5-20】文化主题特色宴。无锡"孔府家宴"菜单

冷菜：主拼：凤凰戏牡丹；围碟：香糟鸭舌、蜜汁火腿、嫩醉鸡脯、挂霜金橘、凤凰薹笋、蚝汁小排、芫拌白菜、双色萝卜条。甜品：诗礼银杏（各客）；羹品：乌云盖雪；热菜：蟹黄一品翅、葱爆双脆花、火泼乳羊脯、孔府龙眼肉、文龙布袋鸡、麒麟献绣球、礼鱼参北斗、文寿汇四宝、扇面扒菜心；汤品：飞鸽传家书。席点：金枣拉糕、盘丝酥饼、小笼汤包、炒龙须面。水果：王冠哈密瓜。

【案例 5-21】文化主题特色宴。上海"红楼宴"菜单

冷盘：十二金钗缠护贾宝玉。热菜：美妙玉品茶龙井虾、王熙凤高谈茄子鳖、薛宝钗论酒食鸭信、敏探春油盐炒枸杞、秦可卿山药健脾胃、贤李纨敬老撕鹌鹑、史湘云围炉烧鹿肉、懦迎春牛乳蒸羊羔。点心：林黛玉滋阴燕窝粥、巧姐儿风里吃糕饼、小惜春素志馒头庵。鲜汤：贾元妃元宵满堂春。

备注："红楼宴"菜单别具风格。菜点名用红楼金陵十二钗人名。冷盘中间是一块用果子冻做的晶莹透明的"通灵宝玉"，鸡、鸭、鱼、肉、香菇等十二种冷菜围成一团，喻为十二金钗正册；外层放置着十二瓣橘子，喻为十二金钗副册，色彩鲜艳，煞是好看。菜单是以金陵十二钗平时食用的菜肴和补品为主料，结合书中人物不同的身份、性格和故事情节，配以不同的基色、调味，运用炸、烩、炒、蒸、炖、烤等烹饪技术融合而成。

【案例5-22】 美景主题特色宴。西湖十景宴菜单

西湖十景宴由浙江杭州楼外楼菜馆创新推出的鱼席，多用于接待外国游客，评价甚高，称为"袖珍西湖图"。十景冷盘：苏堤春晓、平湖秋月、花港观鱼、柳浪闻莺、双峰插云、三潭印月、雷峰夕照、南屏晚钟、曲院风荷、断桥残雪。十大名菜：西湖醋鱼、东坡肉、龙井虾仁、油焖春笋、叫化童鸡、荷叶粉蒸肉、干炸响铃、蜜汁火方、咸件儿、西湖莼菜汤。四大名点：幸福双、马蹄酥、万莲芳千张包子、嘉兴五芳斋鲜肉粽子。1茶4果：虎跑龙井茶、黄岩蜜橘、镇海金柑、塘栖枇杷、超山梅子。

【案例5-23】 文化主题特色宴，无锡乾隆宴菜单

金龙迎贵宾，湖鲜满台飞，游龙绣金钱，春园金银环，大红袍蟹斗，三凤桥排骨，红嘴绿鹦哥，乾隆龙舟鱼，五子伴千岁，天香芋芳乐，翡翠玉兰饼，无锡小馄饨，时令鲜水果。

【案例5-24】 全席宴，某酒店全鸭宴菜单

冷菜：盐水鸭、卤鸭肫、三色鸭肝、辣油鸭舌、双黄咸鸭蛋、黄瓜拌鸭肠、冬笋咖喱鸭掌、陈皮鸭丝。热菜：太极鸭血羹、鸭包鱼翅、松子鸭卷、炒美人肝、掌上明珠、烤鸭两吃、鸭油时蔬、扁尖老鸭汤。点心：鸭肉烧卖、鸭油萝卜丝酥饼、鸭丝花卷、鸭茸蒸饺。

甜菜：杏仁豆腐。水果：三色拼盘。

【案例5-25】 全席宴，某饭店全羊宴菜单

冷菜：麻辣羊心、芝麻腰花、美味羊肝、水晶羊羔、三丝羊肉卷、芝麻羊宝、卤水口条、银丝拌蜇头。热菜：铁板羊柳、鱼羊鲜天下、荷香烤羊腩、黑椒蒜味骨、红扒羊脸、羊汁扒时蔬、羊肚菌炖鞭花。点心：水晶羊肉饺、羊肉粽子、羊奶蛋挞、羊肉叉烧包。甜菜：拔丝羊肉丸。水果：四色水果拼盘。

【案例5-26】 全席宴，某宾馆水鲜宴菜单

冷菜：主盘：双鱼戏水；围碟：蝴蝶鱼片、咖喱鱼球、鱼茸蛋卷、油爆大虾、葱油海蜇、红油鱼丝、糖醋泡藕、开洋水芹。热菜：美味明虾、三丝鱼翅、西汁煸海贝、生炒甲鱼、春白鱼肚、葱油文蛤、豆豉蒸河鳗、田螺茭白、鱼肉云吞。点心：生煎鱼肉锅贴、鱼汤小刀面、水晶虾饺、荷花酥。甜菜：红枣蛤士蟆。水果：六色水果拼盘。

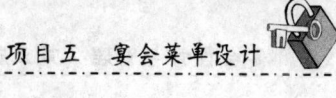

【案例5-27】全席宴，武汉大中华酒楼的楚乡全鱼大宴菜单

看盘：年年有余。围碟：樱桃才鱼、五香鲫鱼、鱼茸蛋卷、琼脂青鱼、发菜鱼糕、酸甜鱼丝、挂霜鱼球、椒盐鱼条。热炒：酥炸鱼排、花仁鱼饼、翻馓鳜鱼、姜辣墨鱼。大菜：花篮鱼片海参、干贝绣武昌鱼、鱼茸汽酿银耳、糖醋飞燕全鱼、兰草宫扇鱼卷、东湖荔枝鳜鱼、口蘑百花鱼肚、红烧凤翅甲裙。甜汤：什锦冰糖鱼脆。咸汤：奶汤琵琶鱼。饭菜：香醇糟鱼、红椒鱿鱼、多味鱼丁、瓜酱鱼丝。点心：鳄鱼香酥、鲤鱼豆包、金鱼蒸饺、银鱼豆皮。果品：秭归脐橙、随州蜜枣、巴河鲜藕、孝感红菱。香茗：蒲圻花茶。

这一鱼席席面堂堂富丽，体现了鱼米之乡的富足和编排全鱼大宴的实力，排菜36道，既使用了10余种湖北名鱼，还配置了适量海鲜，丰富多彩，有高档酒宴的恢宏气质和文化底蕴，像干贝绣武昌鱼、东湖荔枝鳜鱼、口蘑百花鱼肚、红烧凤翅甲鱼、奶汤琵琶鱼等，都是鄂菜的精品，以不同的色、质、味、形交相错杂地编排在席中，在食欲和心理上给了食客最大的满足。

【案例5-28】全席宴，海参全宴

冰拌活参、裹蒸香参、罗汉参肚、薯丝蝶参、龙袍海参、海上鸳鸯、烀瓢海参、銮驾海参、天地三宝、干揽海参、懿荣海参。此菜单形式为胶东流行的"四一六"式，即：4个凉菜，1个大件，6个热菜。这是"胶东海参王"高速建先生所编制并提供。

【案例5-29】全席宴，湖北全菱宴菜单

红菱青萍、盐水菱片、椒麻菱丁、蜜汁菱丝、酸辣菱条、虾仁红菱、糖醋菱块、里脊菱茸、才鱼菱片、鱼肚菱粥、酥炸菱夹、鸡茸菱花、肉蒸菱角、拔丝菱段、莲米菱羹、红烧菱鸭、菱膀炖盆、菱花酥饼、菱茸小包。

【案例5-30】八珍哪及野笋香

炒笋、炖笋、烤笋、焖笋，笋条、笋丝、笋片、笋块，尤其当热腾腾的手剥笋端上桌时，一股沁人心脾的鲜香令人垂涎欲滴。筵席上，无论男女，都一改平日的斯文，双手齐下撕开"笋衣"大朵快颐。这幅全笋美食图，发生在安吉天荒坪镇中国大竹海景区的一家农家乐中，主角是一群上海客人。

食笋的奥秘在文学与科学之间反复被提及。《诗经》中就有"维笋及蒲"的记载，苏东坡吟出"长江绕郭知鱼美，好竹连山觉笋香"的诗句，后来传诵的"无竹令人俗，无肉使人瘦。若要不俗也不瘦，餐餐笋煮肉"，更明确表示笋是餐桌上不可或缺之物。李渔在《闲情偶寄》中谈到，"笋是蔬菜食中第一品"，吴昌硕一句"客中虽有八宝尝，哪及山家野笋香"，更是将食笋推至极致。全世界竹类植物约有70多属、1 200多种。因竹种和季节不同，可分为冬笋、春笋和鞭笋（竹鞭的先端部分）三类。笋有一张叫"亚斯颇拉金"的白色含氮物质，它与各种肉类烹调后释放出鲜的味道。由于笋富含蛋白质、脂肪、维生素以及磷、镁等微量元素和氨基酸等成分，加之鲜、嫩、香、脆，使人百吃不厌。在安吉，四时不乏笋，餐餐不离笋。为让鲜笋保质保味，积累了一整套竹笋加工制作方法。如腌笋、酱笋、泡笋、笋衣、笋干、清斗笋等。曹位钧大师独创了"百笋宴"，分别以烩、爆、炒、焖等10余种烹饪方法，或独立成笋，或辅以各种原料配合成菜，有近200道菜式。

（资料来源：蒋萍《文汇报》2017年1月31日）

（十三）烧烤宴特点与菜单案例

（1）突出当地烤品。如江苏"叫化鸡"，北京"烤鸭"，新疆、内蒙"烤全羊""烤羊肉串"，广东"烤乳猪"，山东"烤海鲜"等；日式"煎烤鱼""煎烤虾"，欧式"鱼排""牛排""猪排"扒烤，土耳其"牛肉糜""羊肉糜饼"烧烤，韩国"铁板扒鸡""扒鱼"，巴西烧烤"火鸡腿""巴西香肠""巴西羊腿"等。

（2）注重口味变化。通过各类调料，如番茄酱、辣椒酱、咖喱、孜然、黑胡椒粉、XO酱、卡夫奇妙酱等新型的调味品及复合味，通过利用如明炉烤、暗炉烤、叉烧烤、挂炉烤、整形整只烤、切割烤、串烧烤等烧烤加热的不同方法，通过如先腌渍后烤或先烤制再用调味蘸食的不同调味方法，通过刀工处理及包、卷、捆等不同手法，使菜肴的色、香、脆、鲜、嫩、酥、软等口味各异，形态一菜一形，富有变化，色泽五颜六色，丰富多彩。

（3）显示烧烤风格。烧烤风格多样：宴会厅设置烤炉现烤现吃；在厨房烧烤后装盘上桌；由厨师或服务员把已烧烤成熟的菜品当着客人的面进行分割、装盘，将切割与服务成为别具一格的操作表演技艺。

（4）营造独特氛围。烧烤宴必须在菜品制作、服务方式、餐厅环境等方面要有独特之处。有些烧烤餐厅外环境设有游泳池或野外自然风光等，使烧烤餐厅富有特色和风格，成为环境幽雅、风味独特的饮食天地。

【案例5-31】某饭店中式正式宴会烧烤菜单

冷菜类：主盘：烤乳猪；围碟：蝴蝶鱼片、烤鸭丝拌水芹、葱油蜇皮、油爆虾、蒜泥黄瓜、香烤牛肉、咖喱冬笋、酸辣白菜。热菜类：烤鸡豆腐羹、葱烤大虾、黄油煸海螺、西式烤鲑鱼、烤鸭两吃、双色时蔬。汤类：干贝竹荪汤。点心类：生煎包子、黄桥烧饼。甜菜：蜜汁橄榄山芋。水果：水果拼盘。

【案例5-32】某大酒店自助餐烧烤菜单

冷菜类：茄汁鱼片、盐水鸭、叉烧肉、烤牛肉、葱油海蜇、海味蘑菇、蒜汁黄瓜、酸辣大白菜、麻辣串串香、油爆大虾、蔬菜沙拉、鸡肉沙拉、生菜、胡萝卜丝。熟菜类：芥末焗扇贝、咕咾肉、炸银鱼排、蚝油牛排、香茅元宝虾、家常豆腐、双冬时蔬。烧烤类：烤羊腿、烤乳猪、烤香肠、烤海鳗、烤火鸡、烤鸡翅、叉烧鸭、串烤基围虾、烤兔肉蘑菇串、烤玉米、烤香蕉、烤山芋、烤山药、烤芋艿。点心类：黄桥烧饼、枣泥拉糕、虾肉馄饨、炸春卷、菜肉水饺、雨花汤圆、各式蛋糕、法式面包、苹果派、鸡肉布丁、香肠布丁。汤类：酸辣汤、烤鸭骨头汤、洋葱牛肉汤、奶油蘑菇汤。甜菜类：红枣银耳汤、蜜汁芋球、桂圆莲子羹。水果类：芦柑、葡萄、香蕉、樱桃番茄、苹果。

（十四）火锅宴特点与菜单案例

（1）客人自烹自食。火锅是炉、炊、餐具三位一体的食具，客人根据自己的饮食爱好，自行调味，自烹自食。由于使用方便，气氛热烈，深受顾客青睐，广泛流行全国。

（2）火锅种类多样。① 按结构组成分。有单体火锅、分体火锅、鸳鸯火锅、多格火锅、各客小火锅等。② 按使用燃料分。有木炭火锅、煤炭火锅、液化气火锅（包含天然气）、酒精火锅、电火锅、煤油火锅等。③ 按制作材料分。有铜质、铝质、陶质、搪瓷质和不锈钢材质等火锅等。④ 按经营形式分。有自助餐会火锅、套餐宴会火锅、零点火锅等。⑤ 按大小分。1 号为大型火锅，2 号、3 号为中型火锅，4 号为小型火锅。⑥ 按食材原料分。有毛肚火锅、泡菜火锅、菊花火锅、药膳火锅、鱼头火锅、酸菜鱼火锅、肥肠火锅、甲鱼火锅、海鲜火锅、三鲜火锅、豆花火锅、羊肉火锅、肥牛火锅、全素火锅、四喜火锅、什锦火锅等。⑦ 按调料口味分。有白汤火锅（咸鲜味）、红汤火锅（麻辣味）、鸳鸯火锅（一边白汤、一边红汤）、三味火锅（白汤、红汤、酸辣汤）、咖喱火锅、奶酪火锅等。

（3）原料运用广泛。凡能用于制作菜肴的原料几乎都能用作火锅原料，依据就餐人数及费用标准来配置原料的多少及品质的高低。原料要新鲜卫生，无泥沙、无污染物；要少骨无筋，形状大小适宜。自助餐火锅一次性不宜提供太多的高档原料或单价偏高的原料，应分时分批供应，既能控制原料数量和成本，避免先来就餐客人品尝到这些高档原料，而后来客人可能吃不到；又能防止因餐厅温度高，原料容易吹干变质。

（4）汤料富有变化。又称火锅底料、底汤。不同的汤料有着不同的口味。白汤（又称咸鲜汤）通常用老母鸡、肥鸭、猪蹄或猪骨头、火腿、肘子、猪瘦肉、葱姜、料酒、精盐等熬制而成。还有各种酸辣汤、药膳汤、奶酪汤、鱼香汤、怪味汤、咖喱汤、番茄汁汤等，加上各种蘸料味碟，使口味富有变化。根据客人的口味喜好设计出不同的汤料，使火锅的菜肴达到丰富可口的效果。

（5）蘸料多滋多味。调味蘸料是决定火锅菜品口味变化的关键。品种要多，口味要好，有蒜泥味、酸醋味、麻酱味、OK汁味、美极鲜味等。

（6）操作安全第一。火锅有用液化气、煤气、汽油、酒精等易燃易爆的燃料，有用木炭、煤炭等易污染环境的燃料，还有用电来加热等，操作不当，易危及人身安全。应选择安全性能好的火锅，比较安全的燃料，操作时火焰不宜太大，火锅中的汤汁不宜太多太满，要防止火锅中汤水烧干，应及时添加汤水。

（7）经营灵活多样。可以按每人消费标准、包餐自助餐会的形式食用，也可设有套餐的宴会形式。

【案例5-33】某餐厅各客自助鸳鸯火锅宴会菜单

冷菜：主盘：盐水鸭；围碟：油爆虾、蝴蝶鱼片、葱油海蜇、五香牛肉、辣白菜、油焖冬笋、开洋青菜、卤冬菇。动物性原料：薄片羊肉、牛柳、腰片、鸡片、猪肉丝、鳜鱼片、基围虾、甲鱼块、鱼丸、乌鱼片、银鱼、鹌鹑蛋、鲜贝、野兔肉。植物性原料：香菇、猴头菇、鸡腿菇、金针菇、木耳、银耳、豆苗、大白菜、腐竹、豆腐、粉丝、菠菜、花菜、大白菜、生菜、冬笋片、番茄。面食类：荠菜水饺、面条、水馄饨、藕粉圆子、米饭。瓜果类：西瓜、哈密瓜、香蕉、橙子、苹果、葡萄。汤料：红汤、白汤、怪味汤、咖喱汤。蘸料：芥末味、辣油味、麻酱味等20种。

【案例5-34】某宾馆砂锅宴会菜单

砂锅炖牛肉、枸杞炖牛冲、羊肉豆腐砂锅、当归炖羊肉、什锦砂锅、砂锅狮子头、砂茶炖排骨、蛤蜊蚧肉、红枣炖肘、火腿炖芽菜、砂锅煨腰酥、红煨猪舌、砂锅肚肺、砂锅蹄筋、三鲜砂锅、砂锅狗肉、栗子烧鸡块、砂锅人参鸡、砂锅凤脯猴蘑、清炖鸡腿、砂锅鱼头、砂锅甲鱼、火腿炖鸭块、砂锅广肚、砂锅杂烩、砂锅冻豆腐。

任务二　各类西式宴会特点与菜单案例

（一）西式正式宴会特点与菜单案例

（1）注重环境气氛。宴会，中国人重视"宴"，西方人重视"会"。西餐艺术性主要体现在餐厅环境、餐具与音乐服务程序上。西式宴会气氛活泼、和谐、轻松、愉快，环境布置洁净雅致，餐台配有鲜花、蜡烛等饰物，菜品讲究色彩、注重点缀，注重展台装饰，喜用冰雕、黄油雕及食品雕刻来烘托宴会气氛。选用客人喜食的易烹制、易切配、易表演的菜品，进行客前烹制或现场表演及派菜，客人在品尝菜品美味的同时又是一种艺术享受。

（2）宴会程序隆重。晚宴分三个阶段举行。第一阶段：18:00—20:00鸡尾酒会。氛围宽松，相互介绍认识，可在花园、中厅等地方举行，此时不能进入主宴会厅。第二阶段：20:00—23:00 正餐。古典式西式宴会的菜肴道数较多，现今有三四道足够了。第三阶段：餐后酒会，有时也举行舞会，可在会客室进行，也可在餐桌边进行。男女分开，男宾们谈生意、谈政治；女宾们拉家常。提供咖啡、红茶、力娇酒、巧克力等。

（3）菜点格局别致。菜肴质量高档，菜品组合精致，食物味道清淡；调味不浓，多数不放调料，由客人自己调放；多带奶油味；鲜嫩，多是半生不熟的；荤素结合，少用或不用动物性的内脏及肥膘；所有菜品去骨，便于客人食用；时令水果和甜食必不可少；菜肴与汤、酒水要匹配。

（4）讲究营养平衡。西方的饮食观念首先是果腹与营养，接着才是好吃与艺术性。菜点只有三五道，加些水果而已。菜肴形体变化不多，原料切配多以块、饼、条状迎合刀叉，烹调方法也显简单，调料更是单调。高度重视营养平衡，荤素搭配格外分明。

（5）进餐方法各吃。分食制，每道菜按参加宴会人数各人一盘，装盛的菜肴内容一样、式样一样；吃完一道菜，再上一道菜；根据宾客身份高低按规定座位就座饮食。

（6）服务规范细致。服务形式有法式、英式、俄式与美式，操作细致具体，规范化程度很高。员工要掌握菜肴与酒水知识，操作技能要求很高，不少服务带有"表演"成分。

（7）宴会形式多样。有正式宴会、鸡尾酒会、冷餐酒会、自助餐会等，其规格、菜品、服务及特色不一。

（8）精心核算成本。正式宴会头盆（含色拉）成本占20%，汤、主菜占65%，甜点、水果占15%。大型冷餐会的每个菜品的总量要精心计算。为营造气氛而用冰雕、黄油雕及食品雕刻来装饰台面的物品，都要纳入宴会成本。

【案例5-35】某国际大酒店西餐正式宴会菜单

野味批（Game Pie）、法式洋葱汤（French Onion Soup）、香蕉龙利柳（Sauted Filet of Sole with Banana）、薄荷雪吧（Mint Sherbet）、西冷扒班尼诗汁（Grilled Sirloin Steak with B6arnaise Sauce）、芝士拌无花果（Cheese with Fresh Fig）、巧克力慕司（Chocolate Mousse）、时令水果（Seasonal Fruit）、咖啡和茶（Coffee or Tea）。

（二）鸡尾酒会特点与菜单案例

（1）形式灵活，无拘无束。鸡尾酒会是早在 18 世纪流行于欧美社会的一种传统宴会活动形式，它以鸡尾酒（用 1~2 种烈酒加入一些果汁、汽水等调酒制成的混合饮料）为主，配备一定数量的点心与冷菜，如布丁、三明治、串烧、炸薯条等。鸡尾酒会是冷餐会的一种特殊形式，盛行于欧美，在我国称为酒会。酒会举行时间灵活，中午、下午、晚上均可。宴会请柬应注明活动延续时间，宾客可在期间任何时间到达或退席，来去自

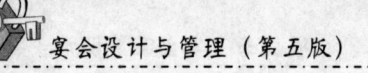

由不受约束。鸡尾酒会从举办时间分析，可以分为三类，如表5-3所示。

表5-3　鸡尾酒会类型

类　型	特　点
餐前鸡尾酒会	宴会前举行，时间在45分钟左右。用于举办记者招待会、新闻发布会、签字仪式等活动，便于客人相互认识与交流。地点安排在靠近宴会厅附近的中厅、会客室、大宴会厅的门口。 使用纯软饮料、纯葡萄酒、开胃酒及开胃鸡尾酒，可用小三明治、炸薯片、小吃等食品。托盘式服务，人数较多时适当放些小圆桌
餐后鸡尾酒会	宴会后举行。西式宴会用餐时不谈公务，工作是在餐后鸡尾酒会进行交谈；也可与舞会结合在一起，时间要比餐前鸡尾酒会长。安排在宴会厅内或会客室内，可设吧台。酒水可用咖啡、红茶、白兰地、力娇酒；食品可用坚果类、巧克力、西式甜品。客人自助式或托盘式服务
纯鸡尾酒会	可在任何时间、地点举行，酒水、食品可简可繁。简单的纯鸡尾酒会仅饮一杯饮料，时间半小时；复杂的纯鸡尾酒会，食品有二十余种，时间在两小时左右

（2）以饮为主，以吃为辅。酒水有鸡尾酒、低度酒、啤酒、果汁，少用或不用烈性酒。略备小吃，菜品可简可繁。现场有鸡尾酒的调制表演，活跃气氛。

（3）自由选食，站立进餐。形式简单灵活，不设主宾席、不设座椅，仅置小桌或茶几，有的周边设少量桌椅，供年老者或愿坐者使用。客人自由选取酒水和食品，站立进餐，方便客人随便走动，广泛接触交谈，气氛活跃而无拘束。

（4）适应面广，简便易行。适应各种办宴目的聚会，如朋友欢聚、告别、重大事件纪念、庆祝、商务交易、交际、开业典礼等。菜肴制作与服务简单便捷，易于操作。

（5）控制数量，注重口味。菜品及数量不宜太多，菜品形状要求小而干爽，不宜太油腻，不要勾芡，不能焦煳，不带汤水，便于宾客用牙签取食。口味不要太重，少用刺激味重的食物。

（6）装盘艺术，讲究卫生。在餐厅为客人切割熟制菜品，保持设备、工具及衣帽整洁，员工必须戴上口罩、手套。菜品装盘不宜太满。如人数太多，为分流客人取菜，不致拥挤，可分几处布置菜台，每组菜品应一样。可安排若干服务员端着一些客人喜食菜品，来回穿梭于客人之间，给客人派送菜品。

【案例5-36】某宾馆高档型西式鸡尾酒会菜单

开拿批拼盘（Assorted Canapes）、鱼子酱（Caviar）、生鲜蔬菜杯（Crudites）、什锦寿司（Assorted Sushi）、咖喱肉丸（Meatballs Curry）、鹅肝串（Goose Liver Skewers）、蜗牛培根卷（Escargot Rumaki）、肠仔花（Deep Fired Cocktail Sausage）、扒鸡翅（Grilled Chicken

Wings）、芝士培根焗土豆（Baked Potatoes with Cheese and Bacon）、酿馅蘑菇（Stuffed Mushrooms）、什锦干果（Assorted Nuts）、草莓慕司蛋糕（Strawberry Mousse Cake）、黑森林蛋糕（Black Forest Cake）、什锦曲奇（Assorted Cookies）、蛋挞（Egg Tartlet）、鲜果（4款）[Fresh Fruits（4 Kinds）]。

（三）冷餐酒会（自助餐会）特点与菜单案例

（1）适应范围广泛。冷餐酒会属于自助式宴会，常用于正式的官方活动或各种隆重的活动。举办场地选择余地大，既可在室内，也可在户外；既可在正规餐厅，又可在花园里举行。举办时间可在12:00—14:00或17:00—19:00进行。

（2）气氛热烈隆重。根据酒会主题布置餐厅，餐台布置大型食品雕刻（如冰雕、黄油雕、瓜果雕）以及瓜果、鲜花、餐具、艺术品等装饰，造型优美、丰富多彩，显得富丽堂皇，夺人眼球。菜品可在菜肴装盘做点缀或造型。烤鸭、烤牛排等特色菜肴可由厨师或服务员在现场用牛车上进行客前切配、派送等表演，既增加就餐气氛，又缓解餐台拥挤。

（3）形式自由灵活。台型布置多样，菜点、酒水摆放在桌上，供客人自由选择，多次取食。一般不排席位，不设主宾席；用长桌，有时也用小桌；既可设座椅，宾客自由入座，也可不设座椅，以前者居多。酒会在主宾致辞后就可用餐。客人自由取食、站立用餐，有利于客人相互交谈、轻松愉快，有利于减少食品浪费、降低人工成本。

（4）菜品丰富多彩。以冷食为主，热菜、点心、水果为辅，以饮为主、以吃为辅。选用客人喜食的，易于运送、存放和取食的，反复加热后仍能保持色、香、味、形特点的菜品。菜品种类根据就餐人数多少、价格高低、风味不同而定。开餐前摆放在菜台上，整齐、美观、丰满；客人自由取用时，服务员可适时整理、补充。口味不宜太甜、太酸、太苦、太刺激。有些高档或特色菜品不应一次全部制成装盘上桌，根据客人进餐情况决定添加与否，既保证菜肴供给，又控制菜肴成本。

（5）规格规模各异。由于不设固定席位站立用餐，餐厅空间较大，宴会规模少则几十人，多则可上千人。但必须确保一个最低客流量，客人太少是不合算的。各种菜品制作后可一起上桌展示，不必像正式宴会按上菜顺序一道道地上菜。高标准酒会的菜品可由山珍海味、生猛海鲜、禽蛋畜肉和各种时蔬水果等组成；普通经济型酒会只使用普通原料，但都要求品种繁多，口味多样。

（6）就餐速度较快。客人进餐无须等待，餐位周转率高。菜肴事先准备，可调剂厨师劳动忙闲不均的状况，缓和高峰时期厨房的忙碌和厨师人手紧张的矛盾，服务员配备也非常节省。

【案例5-37】冷餐酒会菜单

以冷菜为主，热菜、点心、水果为辅，其比例是冷菜占菜品总量的60%左右，热菜占 20% 左右，点心占 15% 左右，瓜果占 5% 左右。冷菜类：安排 15～30 种，如各种沙拉、冷鸡卷、大虾冻、烤牛排等。热菜类：安排 5～12 种，如咖喱鸡、炸鱼条、匈牙利烩牛肉等。甜品：安排 4～10 种，如巧克力慕司、苹果派、黑森林蛋糕、法式面包等。汤类：安排 2～4 种，如乡村浓汤、法式洋葱汤、龙皇汤等。瓜果类：安排 4～8 种，如西瓜、香蕉等。饮料类：安排 2～6 种，如啤酒、橙汁、咖啡、可乐等。

【案例 5-38】自助餐会菜单

自助餐会与冷餐酒会的菜单稍有区别。冷餐酒会以冷菜为主，其与热菜、点心的比例为 6:4 左右；而自助餐会就不必以冷菜为主，菜点范围广泛，花色品种较多。汤类：安排 1～4 种，炖牛尾汤、海鲜浓汤、罗宋汤等。冷菜类：安排 4～8 种，如法式鹅肝、烟熏鸡脯、烤鳜鱼等。沙拉类：安排 2～6 种，如龙虾沙拉、土豆沙拉、苹果沙拉等。热菜类：安排 6～15 种，如红酒煨牛脯、茄汁鳜鱼块、扒葡式辣鸡等。甜品类：安排 4～6 种，如吉士布丁、拿破仑饼、各式蛋糕。面包类：安排 2～4 种，如法式餐包、香肠面包等。客前烹制类：安排 1～3 种，如西式烤鸭、扒大虾等。瓜果类：安排 2～6 种，如哈密瓜、橙子、香蕉等。饮料类：安排 2～6 种，如红茶、啤酒、咖啡、橙汁等。

任务三　中西合璧宴会特点与菜单案例

（一）学习借鉴西餐长处

（1）由人定量，绝少浪费。每客所配菜点的数量与就餐者的食量挂钩，基本吃完。

（2）荤素分明，营养平衡。一盘荤菜边总有蔬菜，保证营养平衡。

（3）菜、汤、酒搭配规范。法式西餐强调做什么菜喝什么汤，如鱼菜用鱼汤，牛肉菜用牛肉汤，能很好地增强原汁原味；吃什么菜喝什么酒，以酒助菜之美味。

（4）进食各吃，清洁卫生。强调分餐制，各人吃各人的，互不干扰，互不污染。

（5）环境艺术，气氛高雅。重视环境布置，气氛活泼愉快，宴会形式多样。

（6）尊重客人，服务规范。服务富有特色，专业规范。

（二）中西合璧宴会特点与菜单案例

（1）中西合璧，别具一格。在宴会环境布局、厅堂氛围、台面设计、筵席摆台、餐具用品、菜式格局、菜点制作、菜肴风味和服务方式等方面，吸取、融合中西宴会之长而集于一身的新型宴会形式，使人耳目一新。

（2）风味独特，风格各异。菜品在原料、烹法及口味上，发扬中西菜品各自优势。菜肴风味有中、有西、有中西混合，花式品种多样，使客人享受到异国饮食情调。

（3）气氛活跃，随意自由。按中西合璧正式宴会、鸡尾酒会、冷餐酒会的不同形式采取不同的宴会气氛。

【案例5-39】某酒店中西合璧正式宴会菜单

风景冷盘、清炖鸽吞翅、千岛菠萝虾、蟹黄裙边、海鲜酥盒、美式烤牛排（现场切肉）、西芹带子、冬菇扒青蔬、鸽蛋菌汤、焦糖布丁、萝卜丝酥饼、火焰冰淇淋、时令水果拼盘。

【案例5-40】某酒店中西合璧"圣诞狂欢"自助餐菜单

冷菜类：盐水鸭、油爆虾、凉拌海蜇、白斩鸡、辣白菜、卤冬菇、红油莴苣、咖喱冬笋、红油耳丝、烤肉片、烟熏鳟鱼、鲜虾多士、西芹丝、番茄、黄瓜、胡萝卜丝、帕玛腿蜜瓜卷、什锦寿司、包烟火腿、冰鹅肝慕司。小吃类：山楂片、梅子、芒果干、炸臭干、蒸芋仔、马蹄培根卷、美国芝士饼、脆炸鲜鱿圈。色拉类：虾仁色拉、什菌色拉、么茹色拉、海鲜色拉、苹果鸡色拉、意式蔬菜色拉。热菜类：鸡粒泰米羹、脆皮炸虾、什锦鱼肚、京都肉排、菠萝烤鸭、酸辣鱿鱼丝、四喜蔬菜、椒盐花菜、双冬煎豆腐、香草烤羊排、烤鳕鱼、烤乳猪、蘑菇烩鸡条、椒盐基围虾、土豆球。客前烹制类：烤鸭、叉烧肉。点心：素菜包、水晶包、黄桥烧饼、水饺、枣泥拉糕、烧卖。汤类：法式洋葱汤、木耳鱼圆汤。甜品类：圣诞小蛋糕、桂花元宵、水果挞、泡芙、巧克力沙勿来。水果类：西瓜、哈密瓜、香蕉、葡萄、什锦水果丁。饮料类：啤酒、咖啡、可口可乐、橙汁、矿泉水。

（中、西式宴会菜单实例资料来源：贺习耀. 宴席设计理论与实务[M]. 北京：旅游教育出版社，2010；周妙林. 宴会设计与运作管理[M]. 南京：东南大学出版社，2009；丁应林. 宴会设计与管理[M]. 北京：中国纺织出版社，2008；邵万宽. 美食节策划与运作[M]. 沈阳：辽宁科技出版社，2000.）

【思考训练】

（一）研讨分析

【案例5-41】具有海派风情的"世博第一宴"

2010年5月至10月在中国上海举行世界博览会。4月30日晚，国家主席胡锦涛在上海国际会议中心举行"世博第一宴"，欢迎前来出席上海世博会开幕式的贵宾。晚宴共计接待400余人，其中有15位国家元首和5位政府首脑出席。这次高端宴会的菜单由上海锦江集团北京昆仑饭店行政总厨赵仁良高级技师和他的徒弟共同担纲设计。"世博第一宴"菜肴刻印着上海标记，体现出中国风情和海派特色。菜单追求"绿色、营养、健康"

理念，选用上海本地最为平常的食材，如塘鲤鱼、荠菜、豆苗、小塘菜、"上海馄饨"里的马兰头、"黑鱼籽龙虾"里的南瓜、"迎宾冷盘"里的毛豆烤麸、椒盐蚕豆板等，都是市民家中餐盘里的家常小菜；"黑鱼籽龙虾"里的麻油散子和作为点心的上海馄饨都是地道的上海传统小吃。让法式小面包搭配上海馄饨，使外国嘉宾最喜欢的牛排搭配上海小塘菜，中西合璧的菜式，绝对中国制造的食材，使贵宾们十分赞赏。将中国的饮食文化融入菜单中，使中外宾客有了一种全新的感受。

通过"世博第一宴"海派风情的菜单设计，讨论分析其设计思路与菜品特色。

【案例5-42】镇江饭店"乾隆御宴"[①]

乾隆皇帝曾六下江南，每到一地赐宴地方官员，场面之大、菜肴之丰是可以想见的，而地方官员为取悦于龙颜也精心烹制有特色的地方菜肴供皇帝品尝。为进一步继承和弘扬饮食文化，镇江饭店根据有关记载的菜谱，从百款珍肴中挑选出有地方特色的、原料易得的菜肴，用现代烹调方法精心制作，形成了镇江乾隆御宴。御宴菜肴口味鲜美，内涵丰富，符合清淡、低脂、营养的特点。为更好地体现宫廷宴的气氛，饭店还专门布置了乾隆宴会厅，购置全套宫廷用餐具，餐桌、餐椅都铺为绣着龙凤图案的黄色台布和椅垫，员工着装也为清代宫女服饰。使宾客如置身于高贵典雅的皇宫餐厅，体会皇帝般的享受，确实是人生一次难忘的经历。御宴根据时令不同，分为仲春、仲夏、金秋、冬令4套菜谱。御宴名菜：金山浮屠、八味美碟、飞燕奔月、招隐玉蕊、凤尾子雪、天地同庚、鱼皮云吞、金蹼仙裙、禧贝河豚、海不扬波、群雏贺寿、洗沙双鼓、金山炒饭等。其他名菜：水晶肴蹄、清蒸鲥鱼、白汁鲴鱼、清蒸刀鱼、鸡汁干丝、拆烩鲢鱼头、蟹粉狮子头。名点：蟹黄汤包、白汤大面、翡翠烧麦。名酒：中国老酒、百花酒、丹阳封缸酒、句容草莓酒。

讨论镇江饭店"乾隆御宴"菜单是如何适应市场的？菜品是如何命名的？

（二）操作实训

1. 收集不同类型与档次的宴会菜单，对菜单进行比较研究，加深对各类宴会菜单特点的认识。

2. 以某酒店中餐厅零点菜单中所提供的各种菜品为依据，设计一份由10人就餐的、人均250元（含酒水）餐标的、符合出品格局要求的、具有某一主题的筵席菜单。

3. 组织一次菜单设计比赛，制作两份从内容到形式具有特色的筵席即席菜单与宴会销售菜单。

4. 收集、汇总、归类各类菜单中的菜品名字，做好菜名资料库的数据收集工作。

---

① 资料来源：邵万宽. 现代餐饮经营创新[M]. 沈阳：辽宁科学技术出版社，2004.

项目六

宴会餐台设计

学习目标:

知识目标: 1. 认知台面与宴会餐台设计知识。

2. 认知筵席摆台与装饰的要求、程序与方法。

3. 认知筵席席位排位知识。

4. 认知大型中式宴会、西式宴会的各种台型知识。

能力目标: 1. 掌握筵席摆台与装饰的程序与操作技法。

2. 能设计各类大型中式宴会、西式宴会的各种台型。

【导入案例】

APEC宴会台面设计思路

2001年10月上海APEC宴会"中华第一桌"在上海科技馆四楼近800平方米的圆形宴会厅举行，宴会环境以绿色为主色调、粉色为副色，与宴会的绿色主题相吻合。在绿色环抱中，宴会厅里摆放着直径7.5米、周长27.3米（人均弧长1.3米）的主餐桌。主餐桌上一簇簇由质细色糯的玫瑰组合而成的鲜花盛情怒放，娇艳中流淌着高贵典雅。从江苏定制的主桌座椅是中国的太师椅和西式椅子的结合，四只脚用金套包住，扶手下方镶有金边，中间用海绵做的软垫，既具太师椅的气派，又有西式椅子的舒适感。台布选择豌豆绿色，以墨绿色丝光绒的台裙为间隔，缀以墨绿色的中国结，满眼绿色，深深浅浅地染成了立体的层次。其他餐桌按标准可坐14人，但只坐10人，为的是留出空间让贵宾观赏节目时视线没有阻碍。台布、椅套、装饰鲜花以白色为主，用红、黄两色绸缎装饰，台布镶上一圈红色的裙边。餐桌中央花盆插上10支白玫瑰及一二支红掌、红鸡冠花与一支紫色洋兰，显得高贵典雅。餐具选择中式银器，品牌为张家港幸运牌手工打制的13寸银麻点看盘，配以三角形银筷架、乌木银头筷、银勺、半圆形毛巾碟；刀叉选用意大利圣安琪品牌，华丽精致，中西合并天衣无缝。餐具颜色以银色为主，金黄色点缀。银色冷盆盖上镶着金黄的小把手，银色冷盆底托的三只脚为金黄的龙头；筷架、刀叉、毛巾、白脱油的碟子都在银色的主体上烫了金边，连葡萄酒杯上也烫了金边。玻璃器皿选择德国品牌的肖脱、滋维泽尔无铅水晶杯，晶莹剔透。瓷器选用唐山泊金边白色骨质瓷，装饰盘选用景德镇青花盘，白色镶蓝色的牡丹花图案围边，漂亮而又大气。与之相映，淡黄的口布松松地卷着，一个红色的中国结将其轻轻扣住；筷子套与口布同色，也由软布制成，布口、布圈采用粉色布镶装中式盘钮。菜谱由红木架子作底座，玻璃上刻着英文菜单，上面是古色古香的卷轴，展开是由书法家书写的中文菜单。台面餐具布局及餐具规格如图6-1所示。

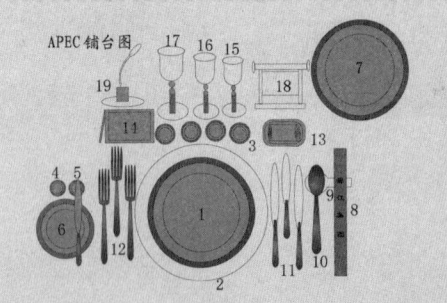

图6-1　APEC宴席台面布局图

图6-1中，①～② 菜盆，12寸。宴会按中餐西吃法，全部菜肴各吃，因台面较大因此菜盆全部放大。银看盘。13寸。③ 味碟，4寸。各吃小冷碟，便于客人取用，在服务中用完后给予添加。④～⑤ 味碟，2.5寸。盛黄油与鹅肝酱配面包用。⑥ 面包盆与黄油刀，8寸。客人入座前上面放有口布。⑦ 青花看盆，12寸。客人入座前是看盆，入座后将盖在冷菜上的南瓜雕刻盖打开后放在此盆上成为台面饰品之一。⑧～⑫ 筷子、筷架、银勺、银大刀、鱼刀、小刀、银叉大、鱼叉、小叉。因是工作午餐，在宴会中每人还要工作发言，为了尽少打扰客人，把能上席的餐具全部上台。⑬～⑭ 银毛巾碟。席位卡架。⑮～⑰ 水杯、红葡萄酒杯、白葡萄酒杯。客人入座后先斟饮料，后斟白葡萄酒，上主菜前斟红葡萄酒。⑱ 菜单。红木架画轴式中文菜单，中间为玻璃雕刻英文菜单。⑲ 话筒。

模块一　筵席台面概述

任务一　台面含义

（一）各种筵席台面名称与特点

（1）台面。台面即客人就餐的餐桌餐台，又称素台、食台、席面，行业称为正摆台。

（2）中式筵席台面。以圆桌台面为主，桌上摆放转盘，中央摆设鲜花，四周摆设10个座位，寓意十全十美。根据客人就餐人数、进餐需要、菜单编排和宴会标准配备中式餐具。各种餐具、酒具、用具与口布间距适当，美观大方，整齐一致，相对集中地摆放在每位客人就餐席位前。台面中心用各种艺术形式进行装饰造型。

（3）西式宴会台面。① 正式宴会台面。根据赴宴人数确定餐台形状，常用方形、长形台面，或大型宴会的各式台型。西式餐具摆台，间距适当，整齐美观。台面布置简洁、素雅，台饰花卉和布置的图案要根据进餐对象国别的不同而有所区别。② 冷餐酒会台面。一种是立式冷餐酒会：只摆放食品台，不摆放客人就座台面；另一种是座式冷餐酒会：除了摆放食品台外，也要摆放客人就座台面。

（4）中西合璧筵席台面。也称中餐西吃筵席台面，是兼有中西式筵席台面优点的一种新型台面，可用中式宴会的圆台或西式宴会的各种台面。餐具由中餐使用的筷子、骨盆、汤碗与西餐使用的刀叉勺、其他小件餐具和各种酒具组成。进餐方式以分餐各吃为主，提供西餐美式服务（又称各客式服务）。

（5）展台。又称观赏台、看台，根据宴会的主题，用各种花卉、盆景、食品雕刻、大型冰雕、面塑、彩灯、标花大蛋糕与小件物品等装饰物摆设成各种图案造型，专供客人欣赏观看的装饰台面，以烘托宴会气氛、显示规格档次、展示服务工艺，愉悦客人身心。常用于特别高档的宴会。

（6）花台。① 背景花台。在大型宴会中用鲜花堆砌而成来渲染主题气氛、供人观赏的豪华艺术装饰，呈多阶梯立体形状。② 筵席花台。与素台相对应的台面，又称艺术台面。用鲜花、绢花、盆景、花篮以及各种工艺美术品和雕刻物品、小件餐具等作点缀，构成各种新颖别致，融就餐与观赏、实用与艺术、食台与看台于一体的餐台。花台中央有主题装饰物以突出宴会主题，图案造型要结合筵席特点，色彩要鲜艳醒目，造型要新颖独特。开宴上菜前，客人欣赏完毕，可撤去中央装饰物（实行分餐制的可不撤）。花台是目前酒店最常用的一种台面形式，一般用于中、高档豪华宴会。

（7）台型。大型宴会因餐桌多，要根据宴会主题、接待规格、赴宴人数、习惯禁忌、特别需求、时令季节和宴会厅的结构、形状、面积、空间、光线、设备等情况，设计宴会的餐桌排列组合的总体形状和布局。

（二）筵席台面类型与命名

（1）按使用目的分。食台（餐台）、看台（花台和展台）。

（2）按台面风格分。中式筵席台面、西式宴会台面与中西合璧宴会台面。

（3）按台面的形状或构造分。中餐的圆桌台面、方桌台面、转台台面；西餐的直长台、T 形台、M 形台、"工"形台等。

（4）按每位客人面前所摆小件餐具件数分。5 件头、7 件头、9 件头或 12 件头餐具台面（便于了解宴会的档次和规格）。

（5）按台面造型及其寓意分。百鸟朝凤席、蝴蝶闹花席、友谊长存席等。

（6）按宴会的菜肴名称分。全羊席、全鸭席、鱼翅席、海参席、燕窝席等。

（7）其他分类命名方法。详见项目一中的有关内容。

任务二 台面设计

（一）台面设计含义

台面设计又称摆台、餐桌布置艺术，最初源于欧洲，19 世纪末 20 世纪初传入我国。台面设计是根据宴会主题，采用多种艺术手段，对筵席台面的餐具等物品进行合理摆设以及宴会厅房内多桌筵席台型的布局，使餐台及宴会形成一个完美的组合艺术形式。它是一门科学，也是一门艺术，具有基本规律和共性，但各地、各酒店可根据用餐形式的不同，在餐具数量、摆放方式不必完全统一，可以创造独特的台面设计方式。

（二）台面设计作用

（1）衬托宴会气氛。宴会具有社交性和隆重性，讲究进餐气氛。当客人走进宴会厅，看到餐桌上造型别致的餐具陈设、千姿百态的餐巾折花、玲珑鲜艳的餐桌插花，隆重、高雅、洁净、轻松的气氛便跃然席上。

（2）反映宴会主题。通过台型、口布、餐具、中心饰物的摆设和造型，将宴会主题和主人愿望艺术地再现在餐桌上。如"孔雀迎宾""喜鹊登梅""青松白鹤""和平鸽"等台面，分别反映了"喜迎嘉宾""佳偶天成""庆祝长寿""向往和平"的宴会主题。

（3）显示宴会档次。宴会档次与台面设计档次成正比。一般宴会台面布置简洁、实用、朴素；高档宴会台面布置复杂、富丽、高雅。

（4）确定宾客座序。按照国际礼仪，通过对餐桌用品的布置来确定宾客座序，确定主桌与主位，如用口布来确定主人与其他客人的席位；多桌宴会，通过台型来明确主桌。

（5）便于就餐服务。合理的台面设计便于客人进餐，易于员工服务。

（6）体现管理水平。一台精美的席面既反映出宴会设计师高超的设计技巧和服务员娴熟的造型艺术，也反映了酒店的管理水平和服务水准。

（三）台面设计内容

（1）筵席台面设计，有摆放餐桌、确定席位、提供必要的餐具、美化席面等工作，具体包括台面设计、餐巾花设计、中心造型设计、筵席摆台基本技法与筵席席位设计。

（2）宴会台型设计，根据不同宴会厅的环境和餐桌的数量以及舞台、乐池等因素进行不同台型的布局。

（3）其他台面设计，大型宴会或烹饪比赛、菜点展销等为显示气氛，围绕主题设计展台、花台等欣赏看台。

（四）台面设计原则

（1）特色原则。突出宴会主题，体现宴会特色，如婚庆筵席摆设"囍"字席、百鸟朝凤、蝴蝶戏花等台面，接待外宾摆设友谊席、和平席等。根据季节设计台面，如春桃、夏荷、秋菊、冬梅。根据不同宴会规格的高低决定是否设计看台、花台等装饰物，决定餐桌间距、餐位大小、餐具种类与品牌、服务形式。

（2）实用原则。餐桌间距、餐位大小、餐桌椅子高度与距离，餐具摆放，台面大小与服务方式，儿童椅的高低、要否护栏，残疾顾客出入等，都应以满足方便顾客为原则。按宴会菜单配备餐具，以座椅正前方中心作为中点按规定摆放各种餐具，能让客人清楚地判断出每个餐位的整套餐具。餐具间距离均匀，最小距离以不碰另一件餐具为宜。酒具要与酒品配套摆放。吃什么菜配什么餐具，喝什么酒配什么酒杯。符合进餐要求，如上带骨食品、味道较重的海鲜等菜品，应跟上洗手盅等。

（3）便捷原则。在实用、美观的前提下，做到方便、快捷。每个客位所占有的桌边不少于0.5米，餐位间距便于客人就餐、活动与员工服务。选用餐具应符合民族用餐习惯，餐具摆放紧凑、整齐、规范、方便。位置恰当，骨盆靠桌边对准客位，汤碗在左，酒具在前，筷子在右，茶具在筷子的右边。餐区各种标识清楚，指示清晰，自助餐取食和进食区域区别明显；客人动线与服务动线应合理，少交叉；桌号牌能清楚看到。

（4）美观原则。台面装饰要符合宴会厅整体风格，富有艺术性，与宴会规格档次匹配。餐台摆放成几何图形，餐椅摆放整齐划一。台面大小与进餐者人数适应，席位安排有序。台面上的布件、餐具、用具、装饰品要配套、齐全、洁净，色彩与宴会厅环境协调、平衡。餐用具摆放相对集中，位置恰当，横竖成行。餐具布局上下间距1.5厘米，左右间距1厘米，酒杯的中心点成直线，筷子、勺与台面中心点的虚线平行。圆形餐台，各餐具都应以圆心直线为准，围绕圆心平行于圆心直线，协调地放置。公用器具摆放对称美观，数量恰当，把柄、标签朝外，方便客人取用。餐具的图案、花纹、长短、高低搭配合理，其图案方向一致。善于利用不同材质、造型、色彩的餐具进行组合，如由玻璃餐具组成的全玻璃台面体现出雍容华贵、晶莹剔透，陶瓷餐具乡土气息浓郁，宜兴紫砂餐具显示出悠久历史。

（5）礼仪原则。摆台要根据各国、各民族的社交礼仪、生活习惯、宴饮习俗、就餐形式和规格而定。主人与主宾的餐位应面向入口，处于突出或中心位置，能环视宴饮场面；按照国际惯例安排翻译陪同的餐位以及其他客人的餐位。餐具、餐巾、台布、台裙的颜色，插花的花卉，餐巾的折花，供应的酒类，服务的先后顺序都应符合国际礼仪，符合民族风俗和宗教信仰。当多个宴会在同一场地举行时，可利用灯光、花草、低墙、屏风或隔断等方式进行餐区分隔，归属明确，尊重客人的隐私和自主权，不使相邻顾客感到为难或混乱。

（6）卫生原则。要求服务人员手法卫生、操作规范。操作前，应清洗消毒双手。检查所需餐饮用具完整无缺，不得使用残破、有缺口、有裂纹的用具。餐具洁净，不能有污迹、水渍与手迹，消毒指标达到国家有关标准。操作工具安全干净，装饰物品符合卫生标准。摆台时，要求盘碗拿边，杯盏拿底，刀、叉、匙、筷拿柄，不能用手拿餐具、杯具的与口直接接触的部位和用具内壁部分，不准拿筷子尖和汤勺舀汤的部位，折叠餐巾花时不能用嘴咬餐巾。倡导分食制就餐方式，即便是采用共餐制就餐也应设置公用餐具。

模块二 筵席台面设计

任务一 筵席摆台程序

（一）中式筵席摆台程序与操作规范

1．合理布局（多桌宴会要设计台型，详见本项目模块三宴会台型设计的内容）

2．席位安排（筵席要确定主位，多桌宴会要确定主桌，详见本模块任务三的内容）

3．摆餐台、餐椅

（1）餐台。中餐筵席选用木制圆台，根据宴会规格、人数多少、场地大小选择合适的餐台。客人所占的餐桌圆弧边长至少为 0.5 米，一般为 0.6 米，舒适为 0.7 米，豪华为 0.85 米。摆放时，四条桌腿正对大门的方向，避免主人碰撞桌腿。台椅完好稳妥。

（2）餐椅。选用高靠背的中式餐椅。从主位开始，按顺时针方向依次摆放餐椅。① 圆形。餐椅围绕圆桌均匀摆放。每把餐椅正对着餐位，椅间距离均等，前端与桌边平行，椅座边沿刚好靠近下垂台布。② 方形。餐椅围绕圆桌三三两两摆放，即南北方向成"1"字形摆放三把椅子，东西方向成"一"字形摆放两把椅子。

4．铺台布

（1）铺台布的操作流程与规范。① 确定站位。洗净双手。根据环境选用合适颜色和质地的台布，根据桌子形状和大小选择合适规格的台布。检查台布是否洁净、有无破损，有一项不合格就不可使用。将座椅拉开，站在副主人位置上，把折叠好的台布放于铺设位的台面上。② 拿捏台布。右脚向前迈一步，上身前倾，将折叠好的台布从中线处正面朝上打开，两手的大拇指和食指分别夹住台布的一边，其余三指抓住台布。使其均衡地横过台面，此时台布成 3 层，两边在上，用拇指与食指将台布的上一层掀起，中指捏住中折线，稍抬手腕，将台布的下一层展开。③ 撒铺台布。将抓起的台布采用撒网式或抖铺式或推拉式的方法抛向或推向餐桌的远端边缘。在推出过程中放开中指，轻轻回拉至居中，做到动作熟练，用力得当，干净利落。④ 落台定位。台布抛撒出去后，落台平整、位正，做到一次铺平定位。台布平整无皱纹。台布中间的十字折纹的交叉点正好处在餐桌圆心上，中线凸缝在上，直对正副主人位，两条副线，雄线（凸缝）在主人位的右面，雌线在左。台布四角下垂均等，20～30 厘米为宜。下垂四角与桌腿平行，与地面垂直。

（2）铺台布的方法。① 推拉式。用两手臂的臂力将台布沿着桌面向胸前合拢，然后沿着桌面用力向前推出、拉回，铺好的台布十字取中，四角均匀下垂。适用于零餐餐厅、空间较小的餐厅和有客人等候用餐的餐厅的餐桌。② 抖铺式。身体呈正位站立式，利用双腕的力量，将台布向前一次性抖开，然后拉回，平铺于餐台。适用于较宽敞的餐厅或在周围没有客人就座的情况下进行。③ 撒网式。抓住多余台布提拿起至左肩后方，上身向左转体，下肢不动并在右臂与身体回转时，台布斜着向前撒出去，将台布抛至前方时，上身同时转体回位，台布平铺于台面上。适用于宽大的场地或技术比赛场地。

（3）铺台布垫、铺装饰布和装台裙。中高档筵席可增铺台布垫；为了丰富美化台面，根据需要选择与台布颜色不同的装饰布，铺放在台布上；选择颜色较深的装饰布做台裙。将台裙的折边与桌面平行，使用台裙夹或大头针将台裙从主客右手边，按顺时针方向一次固定在餐桌边缘上。

5．摆转盘

选用规格、档次与台面相一致的转盘。在餐台中心摆上转盘底座，将转盘竖起，双手握转盘，用腿部力量将盘拿起，滚放在台面中心。要求转盘圆心与圆桌中心和台面中心三点相重合。注意检查转轨旋转是否灵活。

6．摆餐具

（1）确认筵席配置餐具、酒具与用品的品种与数量。

（2）每客餐具摆放顺序原则。"骨盆定位、先左后右、先里后外、先中心后两边"。

（3）席面餐具摆放流程与规范："五盘法"。将餐具按照摆台程序分五盘依次码放在有垫布的托盘内，用左手将托盘托起（平托法），从主人座位处开始，按顺时针方向依次用右手摆放餐具。筵席餐具摆放效果如图6-2所示。

第1盘：摆看盆、骨盆。一般宴会只需放骨盆；高档宴会下摆看盆，上放骨盆，两盆之间垫放垫子（可用一次性的纸质或多次性的其他材质垫子），图案要对正，既美观艺术，又减少噪声。从主人位开始，顺时针方向依次摆放。看盆正对着餐位，盆边距离桌边为1.5厘米。盆间距离相等，盆中主花图案在上方正中间。正、副主人位的看盆，应摆放于台布凸线的中心位置。按上述方法依次摆放其他客人的看盆。

第2盘：摆筷架、筷子、匙。筷架摆在骨盆的右上方，距骨盆3厘米。带筷套的筷子摆放在筷架的右边，筷子尖端距筷架5厘米，筷子后端距桌边1.5厘米，筷套图案向上。匙摆放在筷架的左边，距盆边1厘米。

第3盘：摆酒具。一般使用三杯，即水杯、葡萄酒杯、白酒杯。将葡萄酒杯摆在看盆的正前方，居中，杯底距看盆边1厘米。白酒杯摆在葡萄酒杯的右侧，与葡萄酒杯的距离约为1厘米。水杯摆在葡萄酒杯的左侧，距离葡萄酒杯约1厘米。将折叠好的餐巾花插放在水杯中。3只杯子要横向中心点，成一条直线。

第4盘：摆口汤碗、汤匙、公用餐具。将口汤碗放在葡萄酒杯的正前方，距离1厘米。将汤匙摆在口汤碗内，匙把向右。牙签摆法：一是摆牙签盅，摆放在公用餐具右侧；

二是将印有本店标志的袋装牙签摆放在每位宾客看盆的右侧，要注意摆放方向。在正、副主人汤匙垫的前方2.5厘米处及两边，各横放一副公筷架，摆放公筷、公匙。筷子手持端向右，公匙摆在公筷下方。椒、盐调味瓶放在主客的右前方，两副公筷的中间，对面放酱、醋壶，壶柄向外。

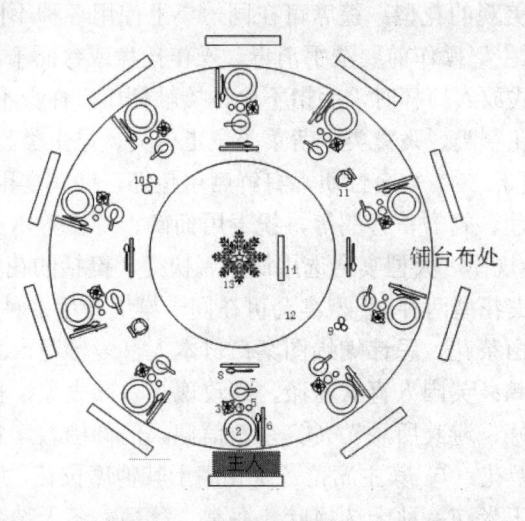

1. 看盆　2. 骨盆　3. 水杯口布花　4. 红酒杯　5. 白酒杯
6. 筷子筷架银勺　7. 汤碗勺　8. 公筷勺架　9. 椒盐瓶牙签盅
10. 酱醋壶　11. 烟灰缸　12. 转台　13. 鲜花摆设　14. 台号牌

图6-2　筵席餐具摆台

第5盘：摆菜单、台号牌、花瓶。全部餐具摆好后，再次整理，检查台面，调正椅子，最后放上花瓶，以示结束。

7. 折餐巾花、摆餐巾花

（1）折餐巾花含义。把口布折叠成栩栩如生的花草类、飞禽类、蔬菜类、走兽类、昆虫类、鱼虾类和其他造型类的活动称为折餐巾花，简称折花，口布经艺术折叠后成为餐巾花，也称席花。

（2）餐巾花作用。① 点缀美化席面。使餐台生机勃勃富有变化，给宾客以艺术美的享受。② 表达烘托气氛。表达宴会热烈、欢快、吉祥气氛，体现东方美食情韵。③ 标示主宾座位。主座上的餐巾花称为主花，主花花型明显突出，花型高度高于其他席位，以示尊贵。④ 卫生保洁用品。餐巾花打开后作为卫生保洁品使用。

（3）餐巾折花要求。① 美观大方。按筵席主题，根据"大调和、小对比"的台面色彩装饰原则选择餐巾颜色，避免与台布、桌裙、餐具、花饰及台面上其他饰物的颜色顺色，采用同色系的近似色或反差色以形成层次感。即便采用同种颜色，也应在织物的条纹、抽花、色度深浅等方面有所区别。餐巾色调以单色为宜，最多不能超过 3 色。多色餐巾的折花，色彩分布要均衡。花型神似简洁，品种搭配得当，高低错落有序，观赏面朝宾客。② 简单快捷。餐巾花型有两百多种，常用的也有二三十种。大型宴会可选用简单、快捷、挺括、美观的花型；筵席可在同一桌上使用各种不同的花型，形成多样协调的布局。③ 清洁卫生。操作前要洗手消毒。操作托盘或台面干净。折叠时不允许用嘴叼、口咬。采用杯花式放入口杯时，手指不允许接触杯口，杯身不允许留下指纹。④ 花型适宜。花型大致有花草类、飞禽类、蔬菜类、走兽类、昆虫类、鱼虾类和实物造型类。

（4）选择花型因素。① 宴会性质。海鲜席用鱼虾，迎宾宴用迎春花篮、孔雀开屏，婚礼用玫瑰花、并蒂莲、鸳鸯、喜鹊等，祝寿用仙鹤、寿桃等，圣诞节用圣诞靴和圣诞蜡烛等花型。② 宴会规模。大型宴会选用简单、快捷、挺括的花型，种类不宜过多，每桌只用主位花型和来宾花型两种；小型宴会可在同一桌上使用多种花型，变化协调。③ 风俗习惯。美国人喜欢山茶花，忌讳蝙蝠图案；日本人喜爱樱花，忌讳荷花、梅花；法国人喜欢百合，讨厌仙鹤；英国人喜欢蔷薇、红玫瑰，忌讳大象，把孔雀看成是淫鸟、祸鸟。花型要"投其所好、避其所忌"。④ 宗教信仰。信仰佛教，宜选植物类、实物类造型花，不用动物类造型花。⑤ 宾主席位。主花高于其他席位花。⑥时令季节。春天选迎春花，夏天选荷花、玉米花，秋天选枫叶、海棠、秋菊，冬天选冬笋、仙人掌、企鹅等花型。⑦ 冷盘图案。荷花图案的花色冷盘筵席要配花类折花，营造"百花齐放"的氛围；鱼翅为主的宴会配各种鱼虾造型的餐巾花。⑧ 宴会环境。开阔高大的厅堂宜用花、叶、形体高大一些的品种，小型包厢宜选小巧玲珑的品种。⑨ 工作状况。时间充裕可折叠造型复杂的花型；客人较多、时间紧，折叠造型较简单的花型。

（5）餐巾折花手法。五种基本手法，即折叠、推折、卷、翻拉和捏，经过模仿、练习和创新，就能折出多种多样美观大方的餐巾花。

（6）餐巾花摆放方式。① 杯花。餐巾花插入水杯或酒杯中，用杯口加以约束，取出后即散形。花型多，花向空间发展，立体感强。但打开后褶皱较多，不美观。中餐使用较多。② 盘花。餐巾花平放在看盘上，因有较大的接触面，成型后不会自行散开。简洁明了，适用范围广。③ 环花。将餐巾推卷或折叠成一个尾端，套在餐巾环内，平放在骨盆上。餐巾环材质有银制、骨制、象牙制等，有的环上有纹饰和徽记；也可用色彩鲜艳、对比强烈的丝带或丝穗代替餐巾环，在餐巾卷的中央系成蝴蝶状，配以小枝鲜花，置于衬碟或面包盘上。盘花和环花折法快捷、造型简单、清洁卫生、高雅精致，常用于西餐，如今，中高档宴会也常使用。

（7）餐巾花摆放要求。① 主花鹤立鸡群。主桌或主位的餐巾花应与其他桌面或餐位有别，要更加突出、更加精美。主位摆最高花，副主位摆次高花，其他席位摆一般花。

花型高低起伏、错落有致。② 插入深度恰当。采用杯花摆放方式要保持花型完整不散形、线条清楚整齐，插入深度须恰当。插花时动作缓慢，顺势而插，不能乱插乱塞。③ 整齐对称均衡。摆正摆稳，整理成形，使之挺立。席花间距一致。不同花型同桌摆放时，要错开对称摆放。西餐长台上的席花要摆成直线。④ 便于观赏识别。席花看面正对客人，适合正面观赏的席花，如孔雀开屏、白鹤、和平鸽等要将头部朝向客人；适合侧面观赏的餐巾花，如金鱼、三尾鸟等要将头部朝向右侧。席花摆放不能遮盖餐具。

8. 摆台号、席卡、菜单

（1）菜单。一般筵席放 1 份菜单，摆在主人筷子旁；中档筵席放 2 份，摆在正、副主人筷子右侧，下端距桌边 1 厘米。12 人以上餐台放 4 份，另 2 份摆在正副主人之间位置居中的宾客旁成"十"字形；高档宴会每位宾客席位右侧都摆放 1 份。菜单下端距桌边 1 厘米。菜单也可竖立摆放在水杯旁边。

（2）台号牌。放在中心花饰的左边或右边，并朝向大门入口处。现在公共场所禁止吸烟，不再摆放烟缸与火柴。

（3）席位卡。

9. 美化餐台（摆筵席中心台饰，详见下面筵席台面美化的内容）

10. 检查餐台

开宴前1小时按照宴会标准摆台完毕。要求台面美观典雅；台衬、台布铺设平整、美观；餐具、茶具、酒具、餐巾、台号、菜单、席卡等摆放整齐、规范、无损坏；餐巾花挺括、形象逼真，全场摆放一致；转台旋转灵活；酱油、醋等调料倒在调料碟中；席卡正确；花草鲜艳、清洁卫生、无异味。由于各地的操作习惯不尽相同，使用餐具不同，中餐宴会摆台的内容、方法与程序也不完全一样，可以创新。

（二）西式筵席摆台程序与操作规范

1. 合理布局（详见本项目模块三宴会台型设计的内容）

2. 席位安排（详见本模块任务三席位安排的内容）

3. 摆餐台

一般情况下，1～2 人适宜选用正方形餐台，3～8 人适宜选用长方形餐台，9～10 人适宜选用"一"字形餐台，也可采用方形、半圆形、长方形、1/4 圆形。人多时餐台可以拼接，台子的大小和台型的排法可根据人数、宴会厅形状和大小、服务的组织、客人的要求拼成一字形、T 字形、U 字形、椭圆形等台型；大型西餐宴会中，也会选用圆形餐台。

4. 铺台布

（1）选布。先铺设防滑、吸音、吸水和触感舒适的大小与餐桌面积相同的法兰绒桌垫，台布铺在垫布上。台布颜色选用白色、香槟色、浅灰色或淡咖啡色等素洁颜色，也可根据西方节日选用与节日主题吻合的颜色，如圣诞节的金色、绿色和红色，感恩节的黄色等。

（2）铺法。铺长台时，服务员站立于餐台长边一侧，双手将台布横向打开，中缝凸面朝上，捏住台布一侧边，将台布送至餐台另一侧，轻轻回拉至中缝居中，四周下垂部分均等。其他台形需要几块台布拼铺时，要求所有台布中缝方向一致，连接的台布边缘要重叠，台布下垂部分应平行相等，视觉形象要有整体感。

5. 摆餐椅

选用带扶手的沙发椅，宽敞舒适，摆放在餐位正前方。赴宴人数如是偶数，可采用面对面式方法摆放餐椅；如是奇数，可交错摆放餐椅，使每位客人前面视野开阔，没有阻挡。椅子之间距离相等，不得少于 20 厘米，椅子与下垂台布距离 1 厘米，每个餐位最小宽度为 60 厘米。

6. 摆餐具、饮具（见图 6-3）

按照一底盘、二餐具、三酒杯、四调料用具、五艺术摆设程序进行。

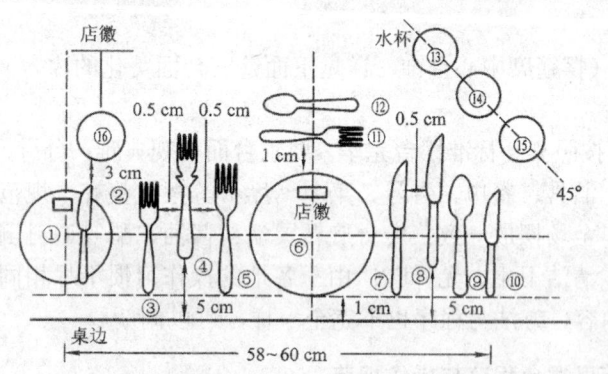

① 面包盘　② 黄油刀　③ 沙拉叉　④ 鱼叉　⑤ 主餐叉　⑥ 看盆　⑦ 主餐刀　⑧ 鱼刀
⑨ 汤匙　⑩ 沙拉刀　⑪ 甜点叉　⑫ 甜点匙　⑬ 水杯　⑭ 红酒杯　⑮ 白酒杯　⑯ 黄油碟

图 6-3　西式筵席基本摆台

（1）摆底盘（也称看盘、装饰盘、服务盘、展示盘）。从主人（使用长台时，主人安排在长台正中或长台顶端；使用圆桌时，与中餐宴会安排相同）位置开始，按顺时针方向摆放。摆放在每个餐位的正中，图案端正，盘边距桌边约 1.5 厘米。摆台时不用托盘，左手徒手垫一块接手布，托好看盆，右手四指轻轻抬起看盆，伸直拇指用拇指近掌的部位拿起看盆，尽量减少对盆边的接触。

（2）摆刀、叉、匙。用托盘托起刀、叉、匙，拿餐具手柄，餐具上勿留手指印。摆放顺序从餐盘的右侧由里往外依次摆放正餐刀（大餐刀）、鱼刀、冷菜刀（小刀），从餐盘的左侧依次摆放主菜叉（大餐叉）、鱼叉、汤匙、冷菜叉（小叉）。餐刀与餐台垂直，刀口朝左，刀柄向下；餐叉的叉面向上，叉把与刀平行。看盆、刀、叉、匙间距 0.5 厘米，与席边距离如图 6-3 所示。

（3）摆面包盘、黄油刀和黄油碟。面包盘摆放在餐叉的左侧，面包盘的中心与看盆的中心连线平行摆放，面包盘距餐叉 0.5 厘米。黄油刀置于面包盘右 1/3 处，刀刃向左，柄端向下，悬空部分相等。黄油盘摆放在面包盘的上方，黄油盘的左侧与面包盘的中心线在一条直线上，距黄油刀 3 厘米。

（4）摆甜品叉匙。甜品叉、匙摆放在看盆前方，平行摆放，甜品叉靠近看盆，叉柄向左，距看盆 1 厘米。甜品匙摆在甜品叉外侧，匙柄向右，距甜品叉 1 厘米。

（5）摆饮具。摆放多位上下三角形，先摆冰水杯，摆在主餐刀顶端（只用一种杯时位置也在此），相距约 5 厘米，红葡萄酒杯与白葡萄酒杯可根据台型和距离，从左到右依次摆放。如有第四只酒杯，将白葡萄酒杯下移 1～2 厘米，在其上放置酒杯。个酒杯之间距离 1 厘米。

7．摆用具

（1）摆花瓶（插花）。摆于餐台中心位置。（详见下面筵席台面美化的内容）

（2）摆烛台。两个烛台分别摆放于花瓶（插花）左右两侧，距花瓶 20 厘米。

（3）摆牙签筒。两套，分别放在烛台两侧，距离烛台 10 厘米的中线上。

（4）摆椒盐瓶。两套，分别放在烛台两侧，距离烛台 12 厘米，分别置于中骨线两侧，左盐右椒，间距 1 厘米。

（5）摆菜单。放于正、副主人餐具的右侧，距桌边 1.5 厘米。

（6）摆咖啡用具、水果刀叉。筵席布置中，预先不摆在台上。用完菜点撤除全部餐具后，才摆放所需的咖啡用具、水果刀叉、烟灰缸等用具。

（7）摆餐巾花。将折叠好的盘花摆放于看盆内，餐巾花形象逼真、折叠挺括。

8．检查餐台

检查餐台上各种餐、用具是否齐全，每套餐具间距是否合适，餐具是否清洁无破损，座椅是否整齐干净，台布是否符合标准。

（三）自助餐筵席摆台程序与操作规范

1．摆放装饰物品

筵席中央摆放一个大型装饰物，如黄油雕塑品、大型盆景等。选用一些小型的装饰品，如鲜花植物、面粉制品、小工艺品，巧妙地安插在菜肴之间。饰物摆放高低错落有层次感。详见下面筵席台面美化的内容。

2．摆放菜肴

（1）归类摆放。可根据冷菜类、热菜类、点心水果类分类放置。汤汁、调味品等摆在相关菜肴的旁边。

（2）摆放顺序。先摆冷菜，用保鲜膜封好，用冰块保持其凉度；再摆成本较低的热菜，用保温锅保温。限制热主菜的种类，这对降低食品成本和减少厨房工作量关系重大。

（3）选用盛器。使用银盘、镜盘、竹篮等盛器来盛装不同的菜肴，注意色彩搭配，做到美观整齐。在每盘菜肴前都应放置一副取菜用的公用叉、勺或餐夹，供客人取食时使用。

3．摆放餐具

摆放数量充足、供宾客取菜用的餐具，如餐盘、口碗、水杯、筷子、汤勺、餐巾纸或刀叉等。小型宴会可在自助餐台的两头各码放一摞餐盘，大型宴会可分几处摆放餐具，起到分散客流的作用。如供应酒水，还应专设酒吧台，酒水有葡萄酒、啤酒、果汁饮料、汽水等。鸡尾酒会中还应为宾客调制鸡尾酒。

4．摆放餐桌椅

（1）座式自助餐。高级座式自助餐宴会根据宾客的人数安排餐桌和座椅，台面形状与台型可以采取中式、西式都可。餐具摆放根据宴会所提供菜点品种来决定。

（2）立式自助餐。采用站立式用餐方式。宴会厅不设餐桌椅，只需分区域设立小型的服务台，台上摆放纸巾等简单用品，供客人使用。也可在大厅四周摆放几张座椅，供需要入座的宾客随意使用。

任务二　筵席台面美化

筵席台面装饰美化主要是筵席台面中心饰品装饰，其造型方法有以下几种。

（一）鲜花造型（又称筵席台面中心花饰）

1．鲜花造型作用

鲜花是大自然的精华、美的天使，鲜花装饰是餐厅和餐桌台面布置中最贴近大自然的艺术之作。北周诗人庾信云："春色方盈野，枝枝浣翠英""好招待宾客，金盘衬红点"，我国古代已有将花枝置于铜盘中、花瓣撒在餐桌上作装饰接待宾客的习俗。如今，餐桌插花已形成一种时尚，小到在精致的花瓶中插上一朵玫瑰，配上满天星；大到宴会席面主题插花和艺术花台的设计，都拥有一番艺术施展的天地。筵席台面鲜花造型盎然蓬勃，艳丽多姿，令人赏心悦目，以烘托宴会隆重、热烈、和谐、欢快的气氛。

2．鲜花造型方式

（1）插花或花瓶、花篮、花束、盆花。详见鲜花造型要求。

（2）花坛。高档宴会为了烘托气氛，14 人以上的大圆桌可布置观赏坛（可代替转盘），形式有花坛、雕刻坛等。花坛放置在台面中心，大小根据桌面而定。布置方法：① 先用草叶做一圆形的衬底，再把绿叶整齐地覆盖在上面，形成一个带有坡度的圆形绿色坐垫，然后再将不同鲜花穿插摆放，形成均匀美丽的花坛。② 在台面中心摆放一个插好鲜花的花盆或花杯，以其为中心四周摆放花草，用矮小的碎叶做垫底，再用较长的枝叶盖住花盆向外延伸，最后在花坛上面点缀鲜花。③ 西式宴会可采用花坛花环混合式。在餐台中间先摆好一个花坛，两边再以花环相连，如果餐台较长，除了在中间设一个主花坛外，还可在两侧对称摆放两个小花坛。

（3）花簇。① 西式宴会"一"字形台面装饰，用绿叶在长台的中间摆一长龙，在距离餐台两端约 40 厘米处分开，各向长台的两角延伸 15 厘米；然后在绿叶上摆插一些鲜花或花瓣，但要注意鲜花的品种与色彩的搭配。② 在每位宾客的餐位左侧摆放一个小花簇，宾客入座后，可将花别在左胸前或插在西服小袋中。

3. 鲜花造型要求

（1）风格协调。插花风格有东方与西方之别、现代与传统之分，选用的花卉、造型、风格要与宴会场景、宴会主题、餐台风格相一致。

（2）艺术美观。采用鲜花，不要用假花。花形饱满而多姿多彩，花的数量要适中，色彩搭配要合理，造型要有艺术性。插花盛器的材质、造型、价值应与餐具协调，避免反差过大。如中餐台面采用瓷器餐具，花瓶或花插也宜采用同质瓷器，而不宜使用玻璃盛器。盆花底部用装饰布或花草进行修饰，不能露出花盆。鲜花造型可以是西式圆球型、西式园林平铺型，要求四面对称。注意重要正式场合一般不用中式插花。

（3）清洁卫生。为固定鲜花并保持其鲜艳常采用花泥。筵席清洁卫生关系到客人的健康，应慎重选择插花盛器与花泥，小心处理腐根烂叶，防止食品污染。

（4）突出主桌。主桌台花要雍容华贵、高雅亮丽，起到画龙点睛的装饰作用。

（5）不挡视线。插花造型不宜过高、过大、过于浓密，应以低矮为主，不能阻挡坐在餐台对面客人的视线，以免影响宾客视线交流。如有桌旗，桌花的高度要略低于桌旗。

（6）不盖席面。菜点是筵席中的核心，因此，插花不能过分渲染、喧宾夺主，影响并掩盖菜点。插花颜色应与菜点有适当的反差，避免顺色；花材香味不宜过浓，以免干扰和破坏菜点香味。

（7）尊重习俗。各个国家和地区都有国花、代表花，把它作为民族精神的体现。但是也有被称作"禁花""凶花"，例如菊花是日本的传统花卉，而欧洲人忌讳用菊花；欧洲人钟爱玫瑰花，而印度人认为它是悼念用花；荷花是泰国宗教精神的象征，而日本人认为它是丧花。尊重不同国家、不同民族的风俗习惯和喜忌心理，选用最合适、最能表达主人心愿的花卉，防止使用宾客忌讳的花材。

4. 插花器具与技术（详见项目三制作花台与插花的相关内容）

（二）雕塑造型

（1）类型。具体有：① 果蔬雕。通过雕刻技术，把南瓜、萝卜、土豆、冬瓜、西瓜等食材雕刻成各种艺术造型，如孔雀开屏、丹凤朝阳、春色满园等主题的冬瓜盅、西瓜盅。② 黄油雕、冰雕。把黄油、冰等材料雕刻成各种形状，如奥运主题的五环、和平主题的和平鸽和中秋主题的嫦娥奔月等，周围衬以花草辅助。③ 面团塑，采用捏塑技术，用面团塑造各种图物，或用蛋糕奶油塑造各式形状，用于主宾席台面或展台进行台面装饰。

（2）要求。① 雕刻对象。一般雕刻花鸟虫鱼及具有吉祥意义或民间喜闻乐见的一些动物，如鹿、鹤、鸟、牛等，而一些如狮、虎、野猪等凶猛野兽以及带有贬义色彩的鼠、狗、狼等不宜作为雕刻描摹对象，人物也不适宜于雕塑。② 食品特点。食品雕刻品有整体的、半立体的、平面的三种形式，不管哪一种形式一定要与食材有机结合起来才显出艺术魅力来。③ 筵席主题。根据筵席主题制作食品雕刻，能使与会者情趣盎然，心旷神怡。老年人的寿席常摆松鹤延年、老寿星等；结婚席上常摆鸳鸯戏水、喜上眉梢等；招待亲友常摆幸福花篮、翠羽春光等；一年四季中常摆飞燕迎春、金鱼戏水、花果满篮、冬梅傲雪等；国际宴会中常摆富有民族特色的凤凰展翅、龙飞凤舞、锦上添花、熊猫戏竹等作品。

（三）饰品造型

采用鲜花、果蔬雕、面团塑装饰有其优点，但成本较高，摆放时间不长，易造成浪费；而且一些客人对花粉过敏，会影响客人就餐；鲜花中易藏着很多小飞虫，上菜时飞虫从花丛中飞出，影响食品卫生和就餐环境。因此不少酒店试图以其他工艺物品来装饰、创新、丰富台面文化，因其独特性和针对性，使客人留下了难忘的印象。

1. 饰品造型内容

（1）镶图造型。用不同颜色的小朵鲜花、纸花、五彩纸屑或各种有色米豆等谷物，在餐桌上镶拼各种图案或字样，用以渲染筵席气氛。如接待外宾的宴会，摆出"友谊""迎宾"等字样，以表示宾主之间的友好情谊。

（2）剪纸造型。用单色或彩色纸剪刻成各种有意义的图案装饰台面，既可增加筵席台面的美观，又可做菜盘垫底。如"喜气洋洋"台面，把传统的剪纸和拉花艺术引入台面造型，剪出 20 个大小不同的"囍"字摆在席桌边沿，中间采用绢花造型，花瓶底座围以彩纸拉花并配上餐巾折花，小件餐具配合喜庆主题进行适当造型。

（3）金鱼造型。圆形的玻璃鱼缸内游弋着几条各具色彩的金鱼，给人充满生机灵动之感，使静态的席面增加了动态的活泼。

（4）国旗造型。当宾客是某外国人时，桌上就摆放体现该国家的国旗、标志或吉祥物，显示友好和礼仪。这类摆件装饰经常会出现在带有外交、经济、文化等性质的大型宴会餐桌台面的布置中。桌旗摆放的数量要根据餐桌长度来定，摆放一面桌旗在餐桌中央为宜，摆放两面桌旗的位置要间隔相等。桌旗的高度要略高于桌花。

（5）摆件造型。① 中式宴会。摆放具有中国民间传统工艺特色的泥人、青铜器、兵马俑、马踏飞燕、唐三彩、编钟、青瓷花瓶、陶瓷花瓶、景泰蓝花瓶、大型紫砂茶壶、根雕、红木雕、陶瓷景泰蓝、面塑、皮影、京剧脸谱、微型风筝、折扇等小摆件。② 西式宴会。以西洋雕塑和土著人崇拜的图腾等为蓝本，如古希腊米隆的"掷铁饼者"像、古希腊"米洛的阿芙洛蒂忒"像（断臂维纳斯）、古罗马的"奥古斯都"像、文艺复兴时期意大利米开朗琪罗的"大卫"、近代法国罗丹的"思想者"、北美印第安人图腾标志旗杆等。

（6）果蔬造型。运用果蔬作为插花的原材料"便宜又便当"，但效果并不差。果蔬对自然风光、乡土气息、丰收秋色都有很强的表现力，体现了农家原生态的美感和氛围。果蔬插花没有鲜明的东西方风格和流派上的区别，只要掌握一定的园艺美学，如不等边三角形的造型、和谐的色彩搭配，再加上自己的创意，就能制作出好的作品。果蔬可与常用花卉搭配，也可用土生土长的野草、野花点缀，甚至树枝树叶、秸秆、干枯的荷叶都可使用。盛器可以是竹篮、竹筒，也可把南瓜、冬瓜、萝卜等挖空，放入湿花泥就成了"花瓶"。

2．饰品造型要求（三突出）

（1）突出主题。中国宴会可摆放大熊猫玩具、八达岭长城模型；春节宴的"福"字；寿宴的"寿"字和瓷质的寿星、面制的寿桃。美国宴会摆放星条旗、山姆老鹰、自由女神模型或西部牛仔草帽。法国宴会摆放蓝、白、红三色旗和埃菲尔铁塔模型，标志明显，精神闪耀。荷兰宴会在精雕细刻的船形木鞋内，载着数枝黄色的郁金香，小风车在餐桌吱吱地转悠着。意大利宴会摆放"刚朵拉"小船，戴上餐桌上为您准备好的面具，与爱人共享一段"假面烛光晚餐"的美好时光。加拿大宴会，将图腾标志旗杆屹立于餐桌中央，升起一面面硕大红枫叶图案的"美食部落旗"，意味着对美食的信仰也具有宗教般的意志。日本宴会，成双成对的"小偶人"端坐在餐桌中央，由樱花铺满的稻草筏上。

（2）突出节日。根据举办宴会时间，摆放各种中外民俗节日摆件来装饰餐台。① 春节，拜年小瓷娃、小金橘、贴有"满"字的小金坛、鞭炮串、金元宝、红鲤鱼、对联条幅、生肖饰物等；元宵节，小花灯、灯谜。② 情人节（2月14日），玫瑰花、巧克力和贺卡。③ 复活节（春分月圆后的第1个星期日），彩蛋、小鸡、小兔子和鲜花等。④ 端午节，长命缕（用麻扎成小巧玲珑的小扫帚、小葫芦，用五颜六色的绸布拼缝成小粽子、小娃娃及瓜果、小动物等，然后用五彩丝连在一起）、老虎头（编铜钱为虎头形）、香囊、艾草、桃枝等。⑤ 母亲节（5月）和父亲节（6月），贺卡、鲜花和小礼物。⑥ 七夕节（中国情人节），仙楼（剪五彩纸为层楼）、仙桥（剪纸为桥，桥上有牛郎、织女及仙人侍从）、花瓜（在瓜上刻花纹）、种生（以绿豆、小麦、小豆等在瓷器内用水浸泡，长出数寸长的绿芽，用红蓝色彩条束起）。⑦ 中秋节，嫦娥奔月彩塑、玉兔、桂枝。⑧ 重阳节，茱萸，重阳彩旗。⑨ 万圣节（10 月 31 日），千奇百怪的面具和南瓜掏空后的"杰克"灯及各种糖果等。⑩ 感恩节（11 月第 4 个星期四），玉米、南瓜和水果等。⑪ 复活节，蛋类装饰，在蛋上蜡染各种彩色图案，或以蛋类附加装饰毛线、毡、软木等，制成小猪、小兔、小鸡或小滑稽人等。⑫ 圣诞节（12 月 24 日），圣诞夜的餐桌上的烛光、喷上金粉的松果和精巧的圣诞树，另外还有渲染气氛的鲜花、装饰布、糖果、小礼物等。

（3）突出喜庆。根据各民族的喜忌心理，台面设计可充分发挥吉祥图物的喜吉作用，反映宴会主题，满足人们求吉心理，如表 6-1 所示。

表 6-1　中国筵席台面设计常见的吉祥物及寓意

吉　祥　物	寓　　意
龙	为"四灵"之一，万灵之长，中华民族的象征，最大的吉祥物，常与"凤"合用，誉为"龙凤呈祥"。寓意"神圣、至高无上"
凤凰	为"百鸟之王"，雄为凤、雌为凰，通称"凤凰"，被誉为"集人间真、善、美于一体的神鸟"，亦被喻为"稀世之才"（凤毛麟角）
鸳鸯	吉祥水鸟，雌为鸳，雄为鸯，传说为鸳妹鸯哥所化，故双飞双栖，恩爱无比。比喻夫妻百年好合，情深意长
仙鹤	又称"一品鸟"，吉祥图案有"一品当朝""仙人骑鹤"，为长寿的象征
孔雀	又称"文禽"，言其具"九德"，是美的化身、爱的象征、吉祥的预兆
喜鹊	古称"神女""兆喜灵鸟"，象征喜事濒临、幸福如意
燕子	古称"玄鸟"，吉祥之鸟、春天象征。古人考中进士，皇帝赐宴，宴谐音燕，故用以祝颂进士及第、科举高中。燕喜双栖双飞，用"新婚燕尔"贺夫妻和谐美满
蝴蝶	两翼色彩斑斓，又称"彩蝶"。彩蝶纷飞是明媚春光的象征。民间因"梁山伯与祝英台"故事中化蝶的结局，喻义夫妇和好、情深意长。又因"蝶"与"耋"谐音，耋指年高寿长，故以蝴蝶为图案表示祝寿
金鱼	有"富贵有余""连年有余"的吉祥含义，因"金鱼"与"金玉"谐音，民间有吉祥图案"金玉满堂"
青松	为"百木之长"。宋王安石云："松为百木之长，犹公也，故字从公。""公"为五爵之首。"松"与"公"相联系，成为高官厚禄的象征。松树岁寒不凋，冬夏常青，又为坚贞不屈、高风亮节的象征。松为长寿之树，历来是长生不老、富贵延年的象征
桃子	最著名的是蟠桃，为传说中的仙桃。民间视桃为祝寿纳福的吉祥物，多用于寿宴席

资料来源：方爱平. 宴会设计与管理[M]. 武汉：武汉大学出版社，1999.

（四）餐品造型

（1）台布造型。选用与主题相融洽的颜色、图案、材质的印花、刺绣、编织的台布、台裙、台垫、口布等布件来装饰餐台，如中国的传统节日常用红色，四川筵席可用蓝地白花的土布作台饰，美国宴会可用星条旗的图案或美国西部的格底布，圣诞节用印有圣诞树和圣诞老人的餐巾等，以特制的台面中心图案的寓意（如金鱼戏莲、岁寒三友、松柏迎宾、春燕双飞）作为台面的主题，再辅以餐具造型，简单明了，寓意深刻，使整个台面协调一致，组成一个主题画面。台布要因宴会主题而更换、选择使用。

（2）餐具造型。中国筵席以筷子和各式瓷制、银制餐具为主；西式筵席用金属的刀、叉、勺和瓷制的餐具和各式玻璃杯具为主体。利用不同形状、不同色彩、不同质地的各种杯、盘、碗、碟、筷、匙等席面餐具，摆成互相连续的金鱼、春燕、菱花、蝴蝶、折扇、红梅等纹饰图案，环绕于桌沿，形成具有一定主题意境的宴席席面。

（3）餐巾造型。详见有关餐巾花的内容。

（4）菜点造型。将各式凉菜通过一定的刀工处理和拼摆，制成具有一定意义的图案。如花碟采用一主碟带若干围碟，主辅内容呼应，构成一幅秀色可餐的画面。选用酥、发、烫等各种面团，运用搓、捏、塑、包等多种手法，制成花鸟虫鱼、飞禽走兽、古玩器物等图形，置于特制盘中，放在筵席中央，供顾客鉴赏品用，既美化筵席台面，又有较高的食用价值。

（5）果品造型。根据季节变化，将各种色彩和形状的时令鲜果或部分干果衬以绿叶或其他饰物置于高脚盘中，摆成金字塔状，既供观赏又供食用；或通过刀工将各色瓜果改切拼摆成"龙舟竞渡""百花齐放"等图案做成花色果盘，置于筵席中央显示特色。

任务三 宴会席位排位

（一）宴会席位排位原则——"八尊"原则（见表6-2）

表6-2 席位排位"八尊"原则

原　则	要　求
以中为尊	左右横向排列时，中心第一，中央高于两侧。突出主位、主桌和主宾区
以右为尊	左右横向排列时，右高左低，主人边的右席位置高于左席位置
以前为尊	前后纵向排列时，前高后低，前排位置高于后排位置
以上为尊	空间上下排列时，上高下低，上面位置高于下面位置
以近为尊	与主位（主桌、舞台）距离远近时，近高远低。靠近主位的位置高于离主位远的位置
以坐为尊	站立或坐下时，就座位置高于站立位置
以内为尊	与房门的距离，内高外低。房间靠里面的位置高于离房门近的位置
以佳为尊	面门为上、观景为佳、靠墙为好。筵席座位面对正门、面对景观、背靠主体背景墙面为上座

（二）中式宴会席位排位方法

1. 确定筵席主位（又称主座、宴会第一主人，即宴会主办人的席位）

（1）单桌筵席主位。按照席位排位原则选择主位，面对宴会厅入口处，背靠有特殊装饰的主体墙面。若有些宴会厅不是正开的门，以背靠主体墙面的位置为准；如是正门，但装饰特殊的主体墙面不与正门相对，也以主体墙面来确定主人席位。

（2）多桌宴会主位。两桌以上的多桌宴会，按照席位排位原则确定主桌，然后再确定各桌筵席主位。① 朝向相同。每桌筵席主位与主桌主位同朝一个方向，即各桌筵席主位背向主桌主位。如用长桌，主桌只一面坐人，并面向分桌，主要人物居中而坐。② 朝向相对。各桌筵席主位面向宴会主桌主位。

2. 确定其他座位

（1）副主位，即第二主人（主陪）的席位。位于主位正面相对的席位，正、副主人位与餐桌中心呈一条直线相对，即处于台布的中缝线的两端。

（2）其他席位。以离主人座位远近而定，原则是近高远低、以右为尊、主客交叉。① 主人（主位）右侧坐主宾，左侧坐第二宾客，主陪（副主位）右、左侧分别坐第三、第四宾客。其他座位是主客方翻译与陪同、次宾，如图6-4所示。② 主位右侧坐主宾，副主位右侧坐第二主宾，使主宾位与副主宾位呈相对式；第三宾客位与第四宾客位分别在主人位与副主人位的左侧，呈相对式，如主宾、副主宾均偕夫人出席时，此席位则分别为夫人席位；主宾位与副主宾位的右侧分别为翻译席位；第三宾客位与第四宾客位的左侧分别为其余陪同席位，如图6-5所示。

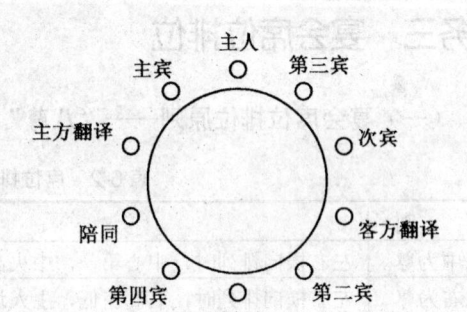

图6-4 主人与主宾等客人的席次安排（1）　　图6-5 主人与主宾等客人的席次安排（2）

3. 确定宴会主桌（详见下面主桌的位置与布置的内容）

（三）西式宴会席位排位

1. 便宴席位排位

在餐厅或家中举办的家庭、朋友式宴会，气氛活跃，不拘形式。席位安排不很严格，

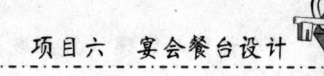

只有主客之分，没有职务之分。为便于扩大交际、席上交谈，只需考虑：男女宾客穿插落座，同姓夫妇穿插落座；以女主人为准，主宾在女主人右上方，主宾夫人在男主人右上方；也可根据宾客习惯，将主宾夫妇安排在一起。

2. 正式宴会席位排位

正式宴会在宴会厅举行，氛围严肃，礼仪规范。安排席位时，需考虑的因素有以下几方面。

（1）双方各有几位重要人物。若各有二位，第一主宾坐在第一主人的右侧，第二主宾坐在第二主人的右侧。次要人物由中间向两侧依次排开。

（2）双方带夫人。① 法国式（也称欧陆式）坐法。如图6-6所示，主人席位在餐台横向面向门的上首正中，副主人席在主人席对面，即背对门的下首中间。主宾夫人坐在第一主人右侧，主宾坐在第一主人夫人的右侧。其他宾客则从上至下、从右至左依次排列。② 英美式坐法。如图6-7所示，主人夫妇各坐两头，主宾夫人坐在男主人右侧的第一位，主宾坐在女主人右侧的第一位。其他人员男女穿插，依次坐在中间。这种安排可提供两个谈话中心，避免客人坐在末端。

（3）双方各自带有译员，主人翻译坐在客人左侧，客人翻译坐在主人左侧。

（4）主客穿插落座。当双方人数不等时，应尽量做到主要位置上主客穿插，其他位置不必在意。

（5）大型宴会分桌。餐桌主次以离主桌远近而定，一般是右高左低，以客人职位高低定桌号顺序，每桌要有若干主人作陪。每桌的主位要与主桌的主位方向相同。如用长桌，主桌只一面坐人，面向分桌，主要人物居中，分桌客人侧向主桌。

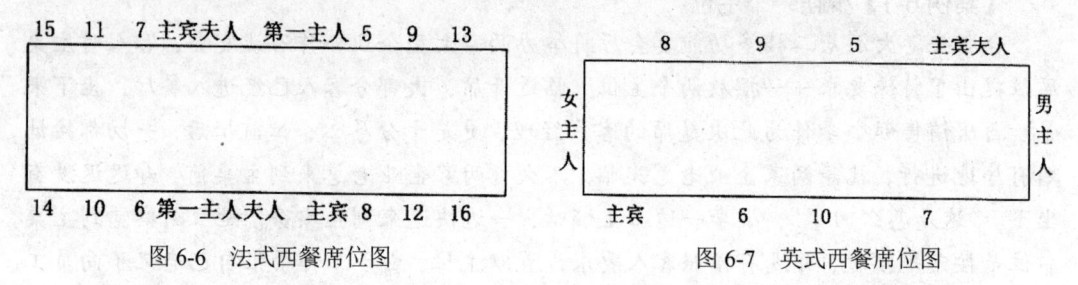

图6-6 法式西餐席位图　　　　　　　　图6-7 英式西餐席位图

（资料来源：陆永庆. 旅游交际礼仪[M]. 第三版. 大连：东北财经大学出版社，2006.）

（四）座次排位要求

礼宾次序是安排席位的主要依据。席位安排没有统一的标准，因不同国家、地区和民族，不同宴会对象等都各有所异。

（1）外交宴请。根据主办单位提供的主、客双方出席名单，按礼宾次序设计。同时要考虑其他一些因素，如宴请多个国家的客人时，要注意客人之间的政治关系，政见分歧大，两国关系紧张者，尽量避免排到一起。适当照顾各种实际情况，如身份大体相同，使用同一语言者，或属同一专业者，可以排在一起。译员一般安排在主宾的右侧。

（2）国内宴请。宾客座次，尤其是主桌座次要根据主办单位意见排列。国宴与政府公务宴由礼宾部门、外事部门或办公室安排。我国习惯按职务排列座次。当主宾身份高于主人时，为表示尊重，可把主宾安排在主人位置上，主人则坐在主宾位置上，第二主人坐在主宾的左侧。如夫人出席，通常把女方安排在一起，即主宾坐在男主人右上方，夫人坐在女主人右上方。赴宴人员不分宾主时，如学术会议宴会，席位安排以学术地位、职务职称高低为依据，确定一人为主人席，然后依次按离主人席位远近排列。民间私人宴会，埋单者坐主人席位，其他人员根据埋单者意图安排。家庭宴会，由年长者或辈分高者坐主人席位，其他依年龄大小或辈分高低依次排列。

（3）操作规范。正式宴会应事先安排席位，有的只安排部分宾客席位，其他人员可自由入座。大型宴会可事先将宾客席位打印在请柬上，让宾客心中有数。主席区或主台设置座次席位卡，一般是印好的长方形纸片，通常用毛笔或钢笔书写，也可电脑打印。书写时姓名要端正、清晰、正确，绝不能出现错误。若有外宾，中方宴请应将中文写在上方，外文写在下方；外方宴请则将外文写在上方，中文写在下方。摆放端正，每人席位卡置于个人的餐具前。不设个人席位卡的台面只需设置一桌筵席客人名单卡，写明10人姓名，或平放或立放于餐桌号旁。

【案例6-1】少摆一个主位

合肥安港大酒店二楼多功能宴会厅将举办两家大型企业合作洽谈宴会，客人对主桌席位提出了特殊要求——摆放两个主位。临近开席，大部分客人已经进入餐厅，坐下来了。酒店销售部小李作为此次筵席的客户经理，更是十分尽心，忙前忙后，一切都按计划有序地进行，就等两家企业老总光临。不久，两家企业老总来到主桌前，却迟迟没有坐下。"这是怎么回事"，小李一边心里嘀咕，一边快速来到主桌旁。她立刻察觉到主桌席位是按常规摆放，并没有按照客人要求设置双主位，由于工作紧张自己忘记了向员工作交代，导致主桌摆台的时候只有一个主位位置，难怪两位老总都不愿意坐下。"怎么办"，豆大的汗珠出现在小李的脑门上。此时，她看见宴会厅里有致辞台，便灵机一动，轮流邀请两位老总主持开场语，一边示意餐厅人员抓紧增加一个主位席位，这才避免了尴尬。

（资料来源：安徽安港大酒店餐饮部韩勇经理.）

模块三　宴会台型设计

【案例6-2】"中华人民共和国建国十周年国庆宴会"台型设计

建国十周年国庆宴会意义重大、规模空前，将有80多个国家和地区的贵宾、十多位国家元首参加，党和国家领导人、中国人民解放军高级将领、各民主党派、人民团体、少数民族代表、华侨代表、港澳台爱国人士代表等共5000多人光临，为古今中外所罕见。中央把这一光荣而艰巨的任务交给了北京饭店。这是一个规模空前的特大型国宴，所需厨师好几百、服务人员达1200多人，从菜单设计、原材料采购、加工直到菜肴的烹制，从筵席的摆台到台型的设计，从走菜、上菜、斟酒到席间服务，从宴会的进行程序到安全、卫生管理等工作，宛如一部恢宏的大合唱，需要统一指挥调度。北京饭店领导挂帅，由从1949年"开国第一宴"到1959年十周年国庆宴会之前，设计了近30个国家约40位国家元首的几十场国宴的经验丰富、知识广博郑连福大师担纲。郑大师首先碰到的难题就是宴会厅空间设计，新落成的人民大会堂宴会厅虽然很大，但要摆放500张餐桌，还要设30座的主宾席和大型乐队，还须摆放固定服务台，加上必须留有严格宽度要求的安全通道和服务通道，这就得摆扯着皮尺拉来拉去地仔细丈量、精确计算。郑大师经过反复筛选、比较，决定主桌30人，副桌470桌（其中的370桌，每桌增加一个人），并画出了宴会厅台型图。接着，从菜单设计到环境布置设计，从原料购进到出锅上盘的食品安全卫生，餐具器皿的选择与摆台，台面的艺术装饰，菜点从烹制、装盘到上桌的程序安排，服务人员的行走路线和服务位置，宴会的每道程序、每项服务都是以分、秒来计算的，精确得如一场重要的科学实验，紧张得像一场现代化战争，和谐得如一台大型交响乐，以保证食品的新鲜与温度，使宴会和谐有序地进行。

任务一　中式宴会台型布局

（一）中式宴会台型布局原则

1. 宴会台型设计含义

根据宴会主题、接待规格、赴宴人数、习惯禁忌、特别需求、时令季节和宴会厅的结构、形状、面积、空间、光线、设备等情况，设计宴会的餐桌排列组合的总体形状和布局。

2. 中式宴会台型布局原则

总原则是"突出主桌，合理布局"。具体有四条：（1）中心第一。突出主桌或主宾席。（2）先右后左。按国际惯例，即主人的右席的地位高于主人的左席。（3）近高远低。离主桌近的席位高于离主桌远的席位。（4）方便合理。台型排列布局合理美观，整齐划一，间隔适当，左右对称。所有的桌脚、椅脚、桌布、花瓶、席号都要成一条线，横竖成行，呈几何图形美。餐桌间距方便穿行与服务，主、副通道方便客人进出和员工操作，大型宴会要设 VIP 通道。

（二）中式宴会台型布局形式

1. 不同桌数宴会台型布局（见表 6-3）

表6-3　不同桌数宴会台型布局

桌　　数	台型布局要求
1 桌	餐桌应置于宴会厅房的中央位置，屋顶顶灯要对准餐桌中心
2 桌	餐桌应根据厅房形状和门的方位来定，分布成横"一"字形或竖"1"字形，主桌在厅房的正面上位，如图 6-8 所示
3 桌	正方形厅房：摆成"品"字形 长方形厅房：摆成"一"字形，如图 6-9 所示
4 桌	正方形厅房：摆成正方形 长方形厅房：摆成菱形，如图 6-10 所示
5 桌	正方形厅房：摆成"器"字形，厅中心摆主桌，四角方向各摆一桌。也可摆成梅花瓣形 长方形厅房：主桌放于厅房正上方，其余 4 桌摆成正方形，如图 6-11 所示
6 桌	正方形厅房：摆成梅花瓣形或金字形 长方形厅房：摆成菱形、长方形或三角形，如图 6-12 所示
7 桌	正方形厅房：摆成 6 瓣花形，即中心主桌，周围摆 6 桌 长方形厅房：主桌在正上方，其余 6 桌在下，呈竖长方形，如图 6-13 所示
8～10 桌	主桌在厅堂正面上位或居中，其余各桌按顺序排列，或横或竖，或双排或 3 排，如图 6-14～图 6-16 所示
中型宴会 （11～30 桌）	突出主桌。设计主桌区域，由 3 桌组成，1 主宾桌、2 副主宾桌，如图 6-17 所示。台型参考 8～10 桌宴会台型设计。如宴会厅很大，也可摆设成别具一格的台型。可设置背景墙，可装饰看台。在主桌的后侧面设讲话台和话筒
大型宴会 （31 桌以上）	将宴会厅分成主宾席区和来宾席区。主宾席区设 5 桌，1 主 4 副，突出主桌。来宾席区可分为几个区域。主宾席区与来宾区之间有不少于 2 米的通道。设置背景墙、看台与讲台。如有乐队伴奏，安排在主宾席的两侧或主宾席对面的筵席区外围

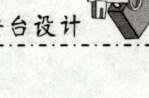

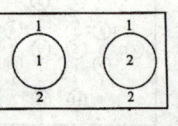 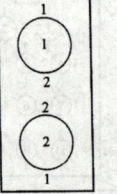

图6-8　2桌宴会台型设计

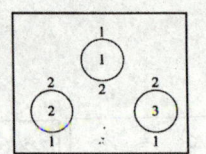

图6-9　3桌宴会台型设计

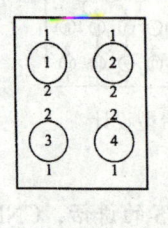 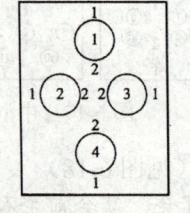

图6-10　4桌宴会台型设计

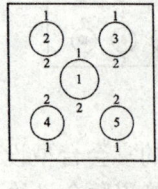 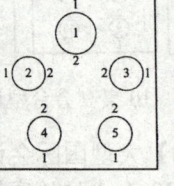 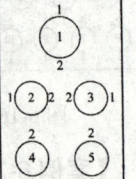

图6-11　5桌宴会台型设计

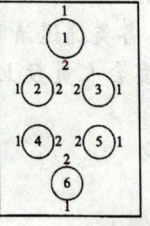 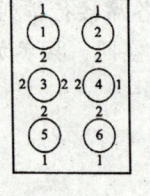 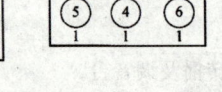

图6-12　6桌宴会台型设计

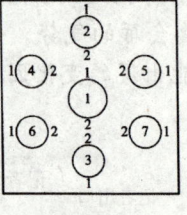 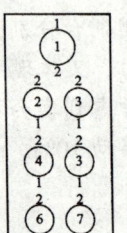

图6-13　7桌宴会台型设计

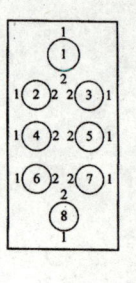 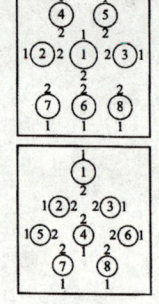 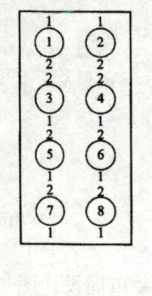

图6-14　8桌宴会台型设计

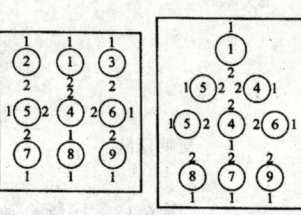 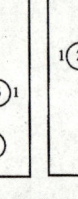 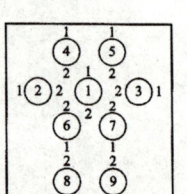

图6-15　9桌宴会台型设计

2．不同形式宴会台型布局

（1）"一"字形。一字排列成方格形或长方形，横竖对齐，任何角度都保持一条直线。适用于大型宴会厅，体现庄重、气派；但中小型宴会厅使用，会给人呆板的感觉。

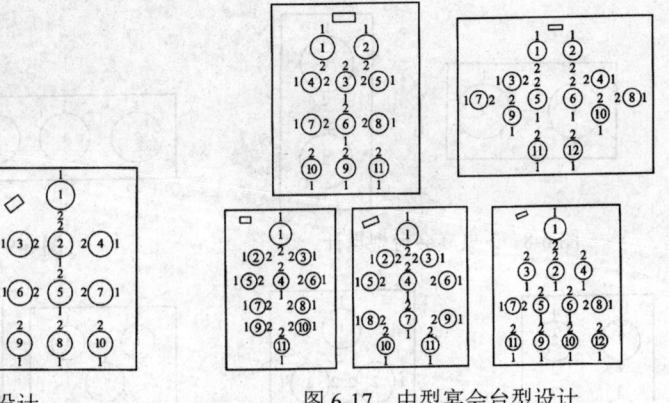

图 6-17　中型宴会台型设计

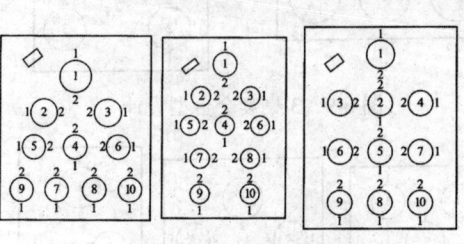

图 6-16　10 桌宴会台型设计

【案例6-3】 大型国际会议的宴会台型设计图（见图6-18）

一场有 1 120 人出席的高规格国际会议的大型宴会，宴会前主人与主客的讲话，CNN电视台向世界实况转播。台型布局采用"一"字形，主席台为主人与主客讲话使用，两侧副台分别为交响乐团和民族乐团的乐队使用，这样设计既弥补了主席台两边的大片空白，又体现了整个宴会厅的气势。主桌正对主席台，其他各席按行排列。各类通道清晰。考虑到宴会人数可能出现的变化因素，后排留有了变化的空间，按参加宴会人员数上下浮动 10%。

图 6-18　国际会议的宴会布局设计图

（2）"品"字形。以 3 桌为一组，排列成三角形，顶部位于餐厅上方，摆放主桌。两侧布置绿色植物，改善空旷感觉。适用横向性厅房或厅大、桌少的情况。

【案例6-4】 超大型宴会厅的国宴台型设计图（见图6-19）

这次宴会客人仅有 230 多人，而超大型宴会厅面积却达 5 000 平方米，所需面积大了

10 多倍。为了弥补空旷感觉的缺陷，宴会台型设计采用了"品"字形排列，周边点缀绿色植物，在讲话舞台的正对面搭有乐队的演奏舞台，舞台稍稍拉出，拉近了纵向空间，使空间感觉上缩小了许多。

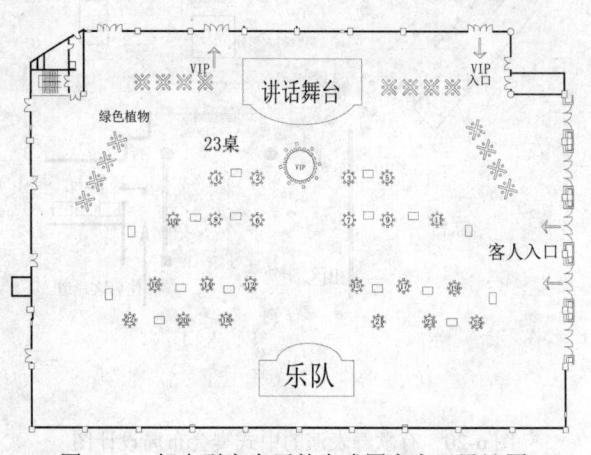

图 6-19 超大型宴会厅的中式国宴布局设计图

（3）菱形。以 4 桌为一组，排列成菱形，餐厅上方的一桌为主桌。适用于小厅房。大型宴会使用，周边有较多空余面积，可采用绿色植物扩充。

（4）五角星形或"器"字形。以 5 桌为一组，排列成五角星形或"器"字形。适用于中等宴会厅、正方形房型、门开两边的厅房。

（5）圆形。主桌摆在中间，其他席桌围绕主桌排列造型，理论上可行，但实际很少采用。适用于超大型宴会厅内，有多家宴会同时进行，如集体婚礼后的婚宴，以新娘新郎的主桌为中心将其他席桌围绕主台排列。

（6）创意形。因宴会场地不规则，可创新或借用其他场地布局。

【案例 6-5】有歌舞表演的借用酒吧大堂的宴会台型设计图（见图 6-20）

图 6-20 是一场有歌舞演出的 200 人规模的宴会，但酒店没有大型宴会厅及舞台，宴会只能借用大堂吧（A 区）和三分之一的大堂（B 区）。由于 A 区高于 B 区 0.45 米，A 区的中心又有一个固定的小舞台，宴会台型设计把小舞台扩大，舞台后面立背景板，背景板后面不能利用的空间，做演员的候场区。主桌用长条弯月形台，单面坐，方便观看演出。舞台两边的餐桌安排主办方的工作人员。B 区由于是大堂公共区域，为减少干扰，两边立有高大的可双面看的宴会主办方的宣传立板，并留有可供住店客出入的通道。宴会入口处用高大的绿色植物做屏障，以加强通透感，减少两边高大立板带来的压抑感。宴会台型设计还考虑到客人与 VIP 客人的分道入口、演员出口、员工走菜线路等因素。

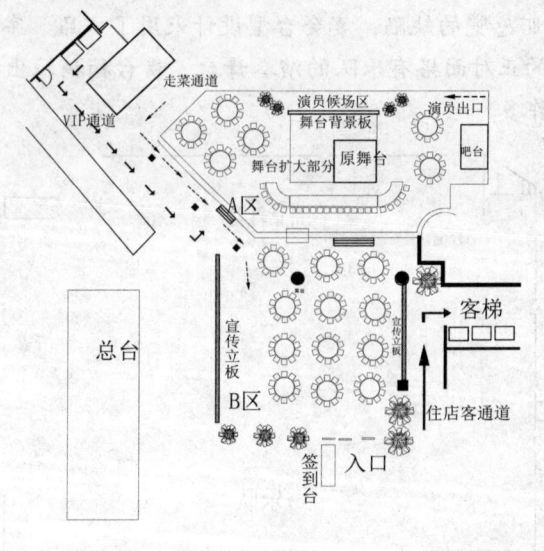

图 6-20　有歌舞表演的中式宴会布局设计图

（三）中式大型宴会台型设计操作流程与规范

1．划分区域

根据宴会厅房的结构形状、面积大小和宴会桌数、宴会档次等多种因素划分不同功能的空间区域。

（1）客人宴饮区域。宴会厅客人就餐区域。

（2）服务辅助区域。① 签名台、礼品台。选用长条形桌，设在宴会厅大门外的地方。② 备餐台。又称服务桌，以备餐、上菜、分菜、换盘之用。③ 临时酒水台。方便值台员取用。要精心布置，具有装饰效果。酒水台的规格、数量、形状从实际出发，不做统一要求。

（3）讲话致辞区域。若设置主席台，台上要有表现宴会主题的横幅、徽章、标语、旗帜等布置；配有立式话筒或简易讲台；必要时设台板使讲话人更加凸显，并用鲜花盆栽簇围，盆栽高度一般不要超过 1 米。不设主席台的宴会厅可在主桌后面用花坛、画屏或大型盆景等布置宴会背景装饰墙。

（4）伴宴乐队区域。有正规舞台的宴会厅，可设于舞台的左侧或右侧，一般不宜设在舞台正中，除非伴宴后有文艺演出或其他活动。无正规舞台的宴会厅，伴宴乐队安排在距宾客座席 3～4 米处的厅内后侧或左右两侧，太近会影响交流，太远又达不到伴奏效果。

（5）席间演出区域。无固定舞台的宴会厅，如有文艺演出或乐队演奏可搭建临时舞台，场地可设于餐台正前方，或餐厅的中间，铺上地毯，场地四周用花木围起或点缀。

（6）绿化装饰区域。一般是在厅外两旁、厅室入口、楼梯进出口、厅内的边角或隔断处、话筒前、花架上、舞台边沿等，宴会厅有时也布置鲜花。

2．突出主桌

（1）主桌。① 设置。主桌又称主台、"1 号台"，供宴会主宾、主人或其他重要客人就餐的餐台，是宴请活动的中心部分。两桌以上的多桌宴会首先要确定主桌，一般只设 1 桌，安排 8～20 人就座。② 位置。设在宴会厅的上首中心处，一般面对大门、背靠主体墙面（指装有壁画或加以特殊装饰布置、较为醒目的墙面）。如受厅房限制，也可安排在主要入口的大门左侧或右侧的中间，将面向大门的通道作为主通道。如从会见厅到主桌不通过主通道时，还应有主宾通道。③ 布置。可用圆形台（圆台直径至少要 2 米以上）或条形台（规格至少 2.4×1.2 米），根据所坐人数选择相应规格的台面。主桌台面应大于其他餐桌台面，中间不设转台，而摆花台、花坛或其他装饰台。主桌的餐椅、台布、餐具的规格均应高于其他餐桌。菜品装盘精细，讲究出菜方法。现在一般都采用"中菜西吃"的做法，从冷菜到热菜均以"各客"形式上菜，既卫生，又便于食用。

（2）副主桌。参加贵宾较多时，可设若干副主桌。一般以圆台为主，席面大小在主桌与普通台面之间，直径为 1.8 米以上。

（3）其他餐桌。其他各餐桌的主次位置以离主桌的远近和方向来定，按"近高远低、右高左低"原则来排定桌号顺序。多选用圆台，每席坐 10 人，餐台直径一般为 1.8 米。中低档大型宴会由于受场地限制，也可选用略小一些的餐台。

3．编制台型

按照宴会通知单告知的桌数、人数，选择大小、颜色、风格一致的圆桌与座椅，根据餐厅的面积、地形、门的朝向、主体墙面位置等因素，根据中式宴会台型布局形式设计台型布局。多，不能拥挤；少，不能空旷。各桌摆台应统一，主桌可例外。不规则、不对称的厅房，由于门多或有柱子，可通过设计来改变。

4．编排台号

台号是餐台位置的标识，可方便客人入座与员工服务。小型宴会的主桌编为 1 号，大型宴会主桌可以不编号。按剧院座位排号法编号，左边为单号，右边为双号，采用小写的阿拉伯数字印刷体。编排桌号时应照顾到宾客的风俗习惯，如有欧美宾客应避开 13 号桌。小型宴会也可用花名作为台号编排。台号号码架的高度不低于 0.4 米，客人在宴会厅入口处就可清楚看到；餐台少时可适当低一些。台号架放在餐台中央，也可放于主人、主宾餐位中间靠餐台内侧处。台号牌应保持清洁，也可艺术化处理。

5．绘台型图

绘制宴会场景示意图，即台号位置图，简称台型图。方便宴会主人安排客人座位，宴会管理者划分员工工作区域，客人查找餐桌号码。台型图内容有：宴会厅主席台、餐桌编排位置与台号，服务台、装饰台、乐队表演、植物摆放、宣传品展示的摆放位置，卫生间、出入口与通道以及目前所在地的位置等。内容较为简单的台型图可用文字标明，内容复杂的则另列清单说明。宴会前，将台型图绘制放大一至几幅，放置在客人入口的显眼处。

任务二　西式宴会台型布局

（一）西式正式宴会台型布局

1. 设计要求

西式宴会以中、小型为主，大型宴会采用自助餐形式。一般使用长餐桌，餐台由长台拼合而成。椅子间的距离不得少于 0.2 米，餐台两边的椅子应对称摆放。台型设计要求左右对称，出入方便。

2. 台型形式

（1）"一"字形。设在宴会厅的中央，与四周距离大致相等。餐台两端留有充分余地，一般应大于 2 米，便于服务操作。长桌两端可分为弧形与方形。① 方形长桌。如图 6-21 所示，用于大型宴会的主桌，主人与主宾坐在长桌的中间。适用于欧式古典大型宴会厅或大型宴会的主桌。② 弧形长桌。如图 6-22 所示，适用于豪华型单桌的西式宴会。为体现尊贵、与众不同，正、副主人坐在长桌两端弧形处，其他客人坐在长桌两边。

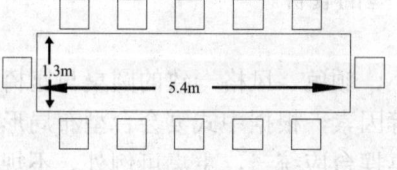
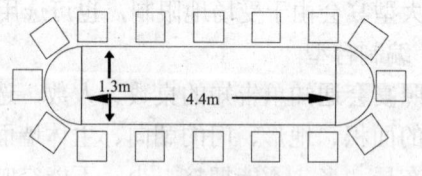

图 6-21　"一"字形方形长桌样　　　　图 6-22　"一"字形豪华桌样

（2）U 形。横向长度比竖向尺度短一些，桌形凸处有圆弧形与正方形两种形式，圆弧形摆放 5 个餐位，正方形摆放 3 个餐位。桌形凹处口，是法式服务的现场表演处，便于主客的观看，如图 6-23 和图 6-24 所示。适用于主客的身份要高于或平行于主人。

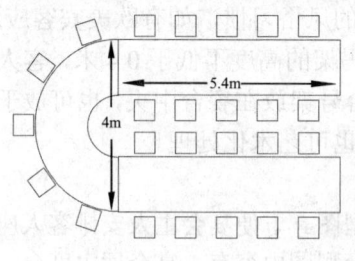
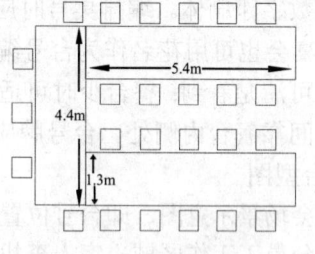

图 6-23　U 形圆头桌样　　　　　图 6-24　U 形方头桌样

（3）E、M 形。横向要比纵向尺度短（面向餐桌的凹处），3 个或 4 个翼的长度要一致。适用于人数较多的单桌，如图 6-25 和图 6-26 所示。

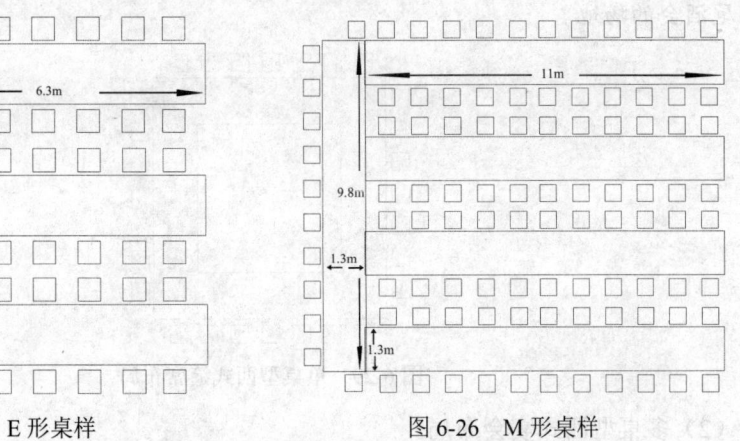

图 6-25　E 形桌样　　　　　　　　图 6-26　M 形桌样

（4）"回"字形。设在宴会厅中央，是一个中空的台型，如图 6-27 所示。

（5）教室形。人数较多的西式宴会采用教室形台。主宾席用"一"字形长台，一般席用长方形餐桌或圆形餐桌。

（6）其他。如 T 形（见图 6-28）、鱼骨形、星形等。现在，许多西餐宴会也使用中餐的圆桌来设计台型。总之，应根据宴会规模、宴会厅形状及宴会举办者的要求灵活设计。

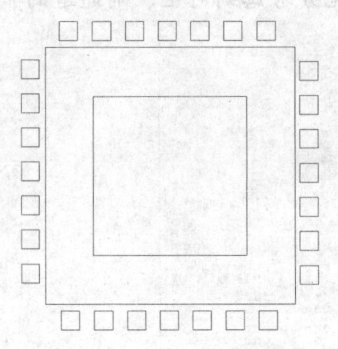
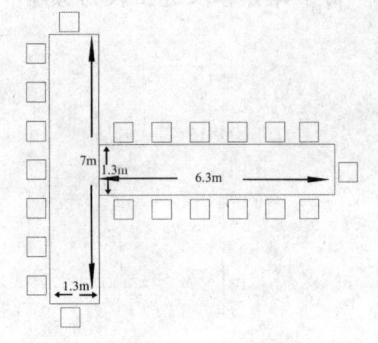

图 6-27　"回"字形桌样　　　　　　图 6-28　T 形桌样

（1）单桌型西式筵席布局。

【案例 6-6】单桌型西式筵席（见图 6-29）

一间中间有柱子的西式宴会厅，利用柱子把它分成两个区域：休息区（又分为男女两个休息区）、用餐区。中间布置餐前鸡尾酒台，服务员可提供餐前酒服务，客人们也可在此调制自己喜欢的鸡尾酒。男主人餐位按习惯安排在壁炉前。在女主人的后面有自助生菜沙律台，上主菜前客人们可以按需要取用，女主人也可在此展示她的厨艺与好客。席间有钢琴伴宴，宴会结束后撤去生菜摆上咖啡、餐后酒、巧克力等餐后小吃，成了餐后鸡尾酒会的场地。

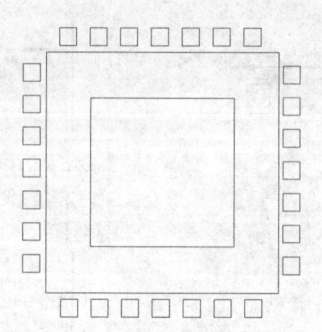

图 6-29　单桌型西式筵席布局

（2）多桌型西式宴会布局。

【案例 6-7】多桌型西式宴会（见图 6-30）

是一场圣诞晚宴，要求晚宴中有演出，晚宴结束后还有舞会。舞台背景采用双层立板，两边的小立板是为了方便演员上下舞台，舞台前面的活动舞板既是舞会的舞池，也是舞台的延伸，加大了演出舞台的面积。为方便主桌贵宾观看演出，主桌按课堂式安排，面向舞台，位置后移至近宴会厅中间，给人以同欢同乐的感受。其他餐桌朝向基本都能看到舞台。由于舞会客人进出较为频繁，在设计中充分考虑到对主、副通道的布局。

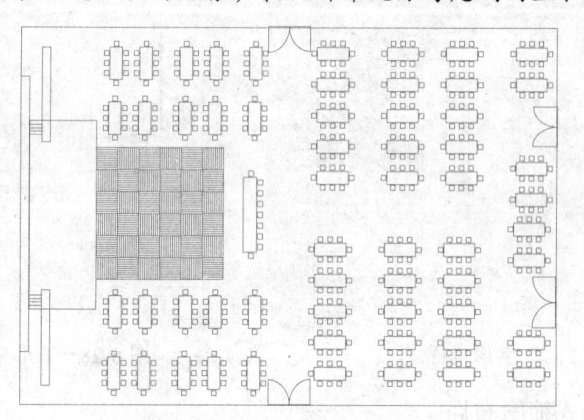

图 6-30　多桌型西式宴会布局

（二）西式冷餐会台型布局

1．布局要点

（1）布置餐台。保证有足够的空间布置餐台，餐台数量应充分考虑客人取菜进度，以免造成客人等候时间较长。每80～120人设一组菜台，500人以上可每150人设一组菜台。餐台面积应根据厨房装菜盘的大小与数量、餐桌布置装饰物的大小与多少来决定。客人单边取菜的餐台宽度不能超过0.6米，两边取菜不大于0.6米+0.6米+中间装饰物的宽度，长度为（菜盆长度+两菜之间的间距）×菜的数量，菜盆长度为菜盆的寸数×2.54厘米（14寸=35.56厘米，16寸=40.64厘米，18寸=45.72厘米）。简便算法，一张常规标准的条桌（1.83×0.45米）可放4个菜盆。

（2）明炉亮灶。现场操作的菜点如豆腐脑、烤鸭等服务时间稍长，主菜如烤牛排等客人较受欢迎的菜点，为了避免拥挤，应该设置独立的供应摊位。

（3）装饰台。为了突出主题，可在厅房的主要部位布置装饰台，通常是点心水果台。

（4）座位。分为设座与不设座两种形式，所以它的台型设计形式也各不相同。

（5）取菜路线。人流的交汇处应在取菜口上，而不能是取菜处的尾部，因为客人手持盛满菜肴的菜碟，穿过人群是比较危险的。客人取菜路线应与加菜厨师的线路分开。

2．菜台形式

冷餐会菜台拼搭的各类桌子尺寸必须规范，桌形的变化要服从实际需要。餐台分布匀称，餐桌可组合成各种图案进行摆放。

（1）U形长条类主菜台（见图6-31）。中间的空隙可以站服务员，为客人提供分菜服务，提高客人的流速。

（2）步步高形长条类主菜台（见图6-32）。在相同的占地面积下拉长了桌子的周长，增加了同时取菜客人的数量，从而减少了客人的等候时间。

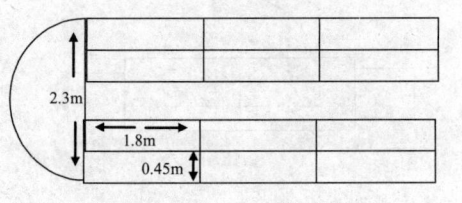

图6-31 U形长条类主菜台　　　　　　　图6-32 步步高形长条类主菜台

（3）V形长条类主菜台（见图6-33）。从中间开始取菜的客人取完菜后，很自然地顺着台型分散开，减少因为客人手持盛满菜肴的菜碟穿过人群的危险。

（4）Y形长条类主菜台（见图6-34）。当从Y底部开始取菜的客人取完菜后，很自然地顺着台型分散开，而不会聚集在餐厅中间180°后转，引起翻碟。

（5）串灯笼形长条类主菜台（见图6-35）。与圆灯笼桌形配合布置可营造出中国式的喜庆氛围。

（6）长蛇形长条类主菜台（见图6-36）。中间的大圆台的嵌入，使此台样成为菜台带有装饰台功能，圆台处是摆放饰品的，此台样对仅排1组菜台的小型冷餐会很适应。

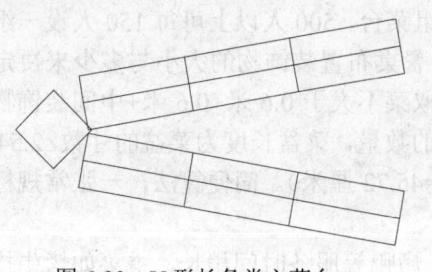

图6-33　V形长条类主菜台

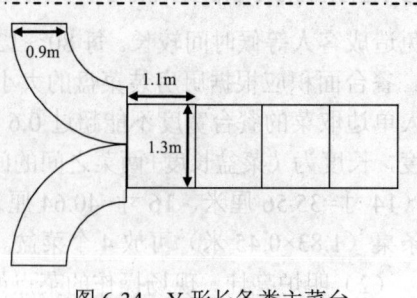

图6-34　Y形长条类主菜台

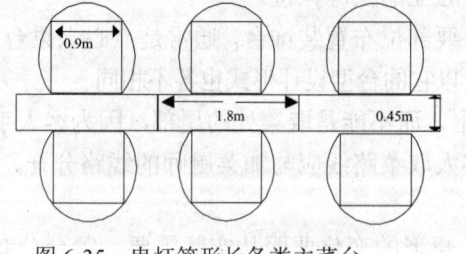

图6-35　串灯笼形长条类主菜台

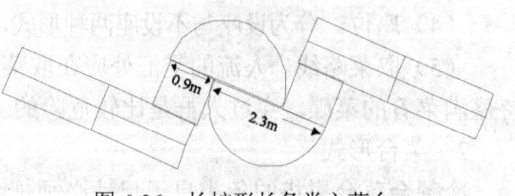

图6-36　长蛇形长条类主菜台

（7）J形组合长条类主菜台（见图6-37）。由多块半圆形台面组合的台面给人以动态的感觉。

（8）红灯笼形多类型主菜台（见图6-38）。可当主菜台，也可当主饰台，适用于正方形厅房内使用。

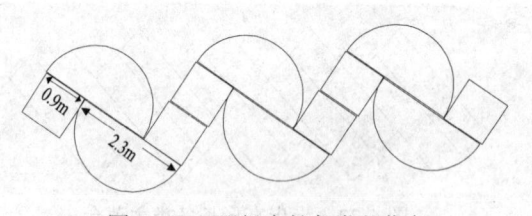

图6-37　J形组合长条类主菜台

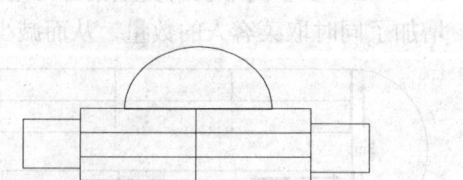

图6-38　红灯笼形多类型主菜台

（9）车轮形中心类饰台（见图6-39）。菜台中心抬高后可摆放大型黄油雕、冰雕等饰品。

（10）三角形中心类饰台（见图6-40）。菜台中心以大型绿色植物为造型，降低布置成本。

（11）齿轮形中心类饰台（见图6-41）。菜台中心以大型绿色植物为造型，三处小间隙摆放小型绿色植物，使台面有机地分割成三个区域，更能突出菜肴主题。

（12）五星形中心类饰台（见图6-42）。菜台中心抬高后可摆放大型黄油雕、冰雕等饰品，间隙摆放小型绿色植物，它是饰品与植物组合装饰台。

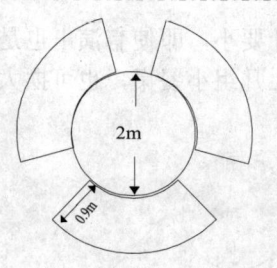
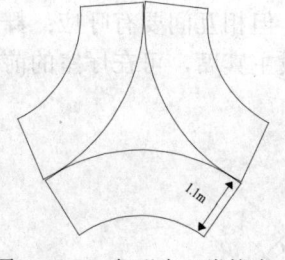
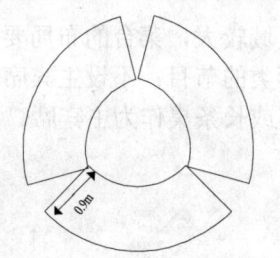

图 6-39 车轮形中心类饰台　　图 6-40 三角形中心类饰台　　图 6-41 齿轮形中心类饰台

（13）W 形贴边类主菜台（见图 6-43）。在相同的占地面积下拉长了桌子的周长，增加了同时取菜客人的数量，后面的空隙可以站服务员，为客人提供分菜服务，提高客人的流速，从而减少了客人的等候时间。

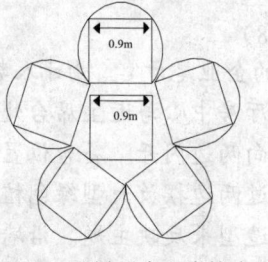

图 6-42 五星形中心类饰台　　　　图 6-43 W 形贴边类主菜台

（14）半灯笼形贴边类主菜台（见图 6-44）。菜台与饰台的结合，与圆灯笼桌形配合布置可营造出中国式的喜庆氛围。

（15）蝙蝠形贴边类主菜台（见图 6-45）。后面较大的空间为厨师操作留有了余地。

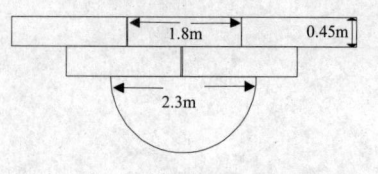
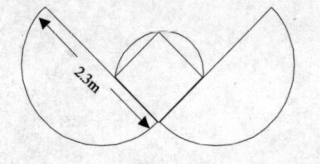

图 6-44 半灯笼形贴边类主菜台　　　　图 6-45 蝙蝠形贴边类主菜台

（16）W 形嵌角类主菜台（见图 6-46）。紧贴近厅房的四角，适应厅房面积较紧的冷餐会。

（17）V 形嵌角类主菜台（见图 6-47）。利用厅房的四角，也可用于两组特色独立供应摊，菜台后面空间布置绿色植物与员工的服务空间。

3．台型布局

（1）不设座冷餐会的布局设计要点。站立式就餐，时间不会很长，菜台设计要加快客人的流量；不用大圆桌与椅子，四周可摆少量椅子，供女宾和年老体弱者使用；空旷区域较大，菜台的布局要松散，但相互间要有呼应；舞台设计要小，即使有演出也是独奏类的节目；不设主宾席，若设主宾席，可在厅室的前方摆上几组小餐桌，也可摆大圆桌或长条桌作为主宾席。

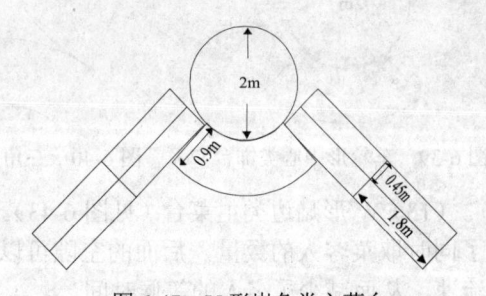

图 6-46　W 形嵌角类主菜台　　　　　图 6-47　V 形嵌角类主菜台

【案例 6-8】不设座冷餐会的布局设计之一（见图 6-48）

菜台设计成"三羊开泰"，是为迎"羊年"到来而举行的企业尾牙宴。由于人数较多，采用的是无座式自助餐。突出主桌，只在主桌设置座位。厅房中心与近主席台处留有较大的空间。菜台斜放是为了在餐台中心开始取菜后能顺势向两边闪开。餐台位置靠近入口，便于客人进入餐厅。由于没有演出，主席台较小，通过两边摆放大型绿色植物来拉大主席台的感觉。主席台对面摆放大型花台，通过花台的造型来反映主题。沿墙壁摆放的椅子是为年老者准备的。

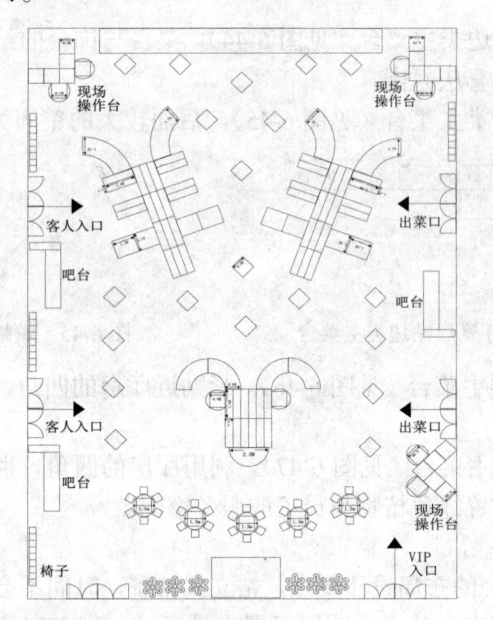

图 6-48　不设座冷餐会的布局设计之一

【案例6-9】不设座冷餐会的布局设计之二（见图6-49）

两组菜台布置。以横向面的设计较好，竖向设计会使主席台的位置比较拥挤，或使取菜台较拥挤。由于主席台背景墙较长，可以通过摆放绿色植物与两边搭建立体装饰台来弥补。设计"一"字形菜台时，应注意客人取完菜后有个顺势拐弯的设计，不要180°后转。此外，还需要有明显的主桌区域。

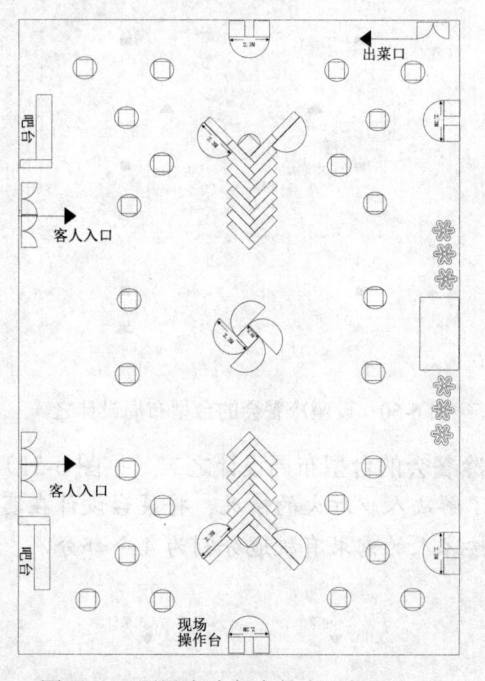

图6-49 不设座冷餐会的布局设计之二

（2）设座冷餐会的台型布局设计。形式：① 小圆桌。每张桌边摆 6 把椅子。在厅内布置若干张菜台；② 10 人桌。摆 10 把椅子，将菜点和餐具按西餐美式用餐的形式摆在餐桌上。③ 主桌。可按出席人数，用 12～24 人大圆桌或长条桌进行布置。无论是何种台面，菜台以摆放在宴会厅四周为佳，在人少厅大的情况下，菜台放在中间也可以，并在一角设置酒吧。

【案例6-10】设座冷餐会的台型布局设计之一（见图6-50）

为有柱子的宴会厅，合理地把柱子利用到菜台的中间，节省了很大的空间。设座冷餐会的酒水采用上桌服务，没设酒水台，但设计了服务员使用的接手桌。由于受柱子的影响，主通道设为两条。

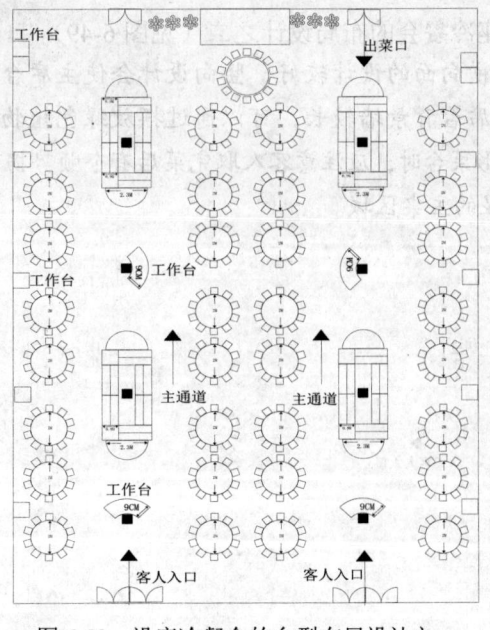

图 6-50　设座冷餐会的台型布局设计之一

【案例6-11】设座冷餐会的台型布局设计之二（见图 6-51）

为梯形宴会厅，为了解决人少厅大的情况，将菜台设计在宴会厅的中间，通过 X 形的菜台设计，把宴会厅按客人的需求有机地分割为 4 个部分。

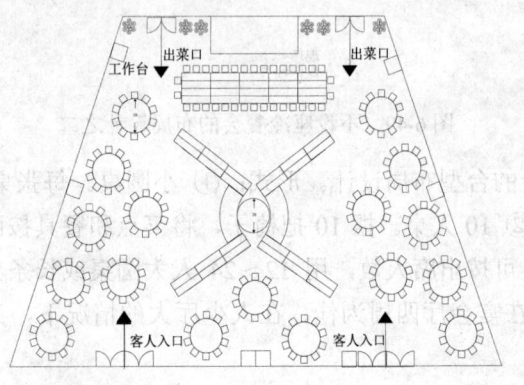

图 6-51　设座冷餐会的台型布局设计之二

（三）西式鸡尾酒会台型布局

鸡尾酒会在不同的时段，使用不同品种、数量的食品，选用不同的饮料、酒水，人数可多可少，地点随意，台型设计无定式。

（1）宴会前的鸡尾酒会。如小型的则可设在会见厅内，或利用宴会厅内一角现有的茶几设置，不设菜台，不设座位，在厅室的左右两侧摆上酒台，供服务人员送酒和备餐之用。食品由服务员托盘派送。如大型的在宴会厅前的中厅内进行，靠近中厅入口处安排酒水台，并在适当部位放一些酒吧高圆台，视厅房面积大约每30平方米内放一张。

（2）宴会后的鸡尾酒会。为50人左右的小型酒会，场地可选择会见厅、行政酒廊、宴会厅的休息区域等，可利用现成的沙发茶几，另设咖啡、酒吧台与小吃台。

（3）商务型鸡尾酒会。大型酒会按客人需要搭建舞台，供主人讲话和小型乐队演奏使用，舞台背景的布置要符合酒会的主题，会场内可放些1.3米圆桌（约每30平方米内放一张）或0.9×0.9米小方桌（约每20平方米内放一张），不放椅子。按照菜单与人数摆放酒台与小吃台，每100人摆放1张。酒台放在厅房的边上，最好靠门口与靠近主桌附近；小吃台安排在厅房的中间。

【思考训练】

（一）研讨分析

【案例6-12】筵席摆台小毛巾放哪边

某家庭12人来酒店举行家宴，可酒店只有10人座的标准台面。为气氛浓厚与节省费用，客人要求挤一挤坐一桌，酒店按12人规范摆放餐具。因为每位客人所占餐桌圆弧边长低于0.5米，所以，每人餐具的边界不甚清晰。就餐开始后，不时发生客人拿错小毛巾的现象。宴后的班会上，主管就"为客服务的小毛巾在特殊场合应摆放在哪边好"为案例，组织员工进行讨论，是放右边还是左边？或是其他方位？为什么？

讨论：为客服务的小毛巾放在客人的哪边好？既方便客人使用，又不会造成混用。

（二）操作实训

1. 收集酒店宴会厅举办大型宴会时的台型设计的案例，进行分析评价。
2. 采用"五盘法"正确摆放筵席餐具与酒具。
3. 组织一次台面美化造型的比赛，要有新意。
4. 如何根据不同情境，确定宴会的主桌和每桌筵席的主位。
5. 组织一次折餐巾花与摆餐巾花的比赛，要有新意。

项 目 七

宴会服务设计①

学习目标：

知识目标： 1. 认知中式宴会与西式宴会的服务方式与服务流程。

2. 认知筵席菜点服务规范。

3. 认知中式宴会与西式宴会的酒水服务流程。

能力目标： 1. 掌握开餐前的各项准备工作。

2. 掌握筵席上菜、分菜与席间其他服务的时机与操作规范。

3. 掌握冷餐会的服务方式与服务流程。

4. 掌握酒水服务的操作规范。

---

① 本项目资料来源：李勇平. 餐饮服务与管理[M]. 第四版. 大连：东北财经大学出版社，2010；杜建华. 酒店餐饮
服务技能实训[M]. 北京：清华大学出版社，2009.

【导入案例】

绽放在 G20 杭州峰会国宴上的"五朵金花"[1]

2016 年 9 月 4 日晚上，G20 杭州峰会东道主中国为与会的各国领导人在杭州西子宾馆举办了一场最高规格的宴请。从邀请函到现场布置，从菜单到用餐的器具无不透露着中国传统文化礼仪。现场身着水墨西湖手绘风格的中式上衣、黑色百褶长裙的女子，薄施粉黛，淡扫蛾眉，清新脱俗，仿佛刚从江南雨巷中走出来的"仙子"，将中国风演绎得淋漓尽致。她们是来自开元酒店集团的本次宴会服务员。此次国宴共邀请了约 300 位各国重量级嘉宾，参与本次国宴厅面的服务员近 100 名。为了确保这场高规格的国宴"零瑕疵"，对服务员的挑选可谓是千里挑一，经过了服务技能、个人素质、外形等方面的层层选拔。

徐庆龄服务的是 4 号桌，坐的是俄罗斯嘉宾。每上一道菜，她都会用中文和俄语分别报菜名，并简单解释菜的原料和做法。林露露服务的是 23 桌，嘉宾来自联合国、WTO 等国际组织。在上菜时，她发现其中一位嘉宾因频频与他人交流，上一道菜还没动过，下一道菜已经要上了。她在服务好其他客人后，端着那道菜静静地等待这位嘉宾先用上一道菜。"上第一道菜时我比较紧张，后来慢慢适应了。"19 号桌是国宴的副桌，除主桌嘉宾外，这张桌前的嘉宾是国宴上最具分量的。对朱艺青来说这场硬仗最大的压力不是技能而是心理，而她成功地战胜了自己。张丽丽服务的 5 号桌是来自塞内加尔的贵宾，他们对饮食有严格的禁忌，张丽丽分毫不差地记住了每位贵宾的饮食喜恶，根据他们的饮食习俗上菜。而瘦小的毛芳芳原本手臂不太能受力的她在国宴上稳稳地托着 10 多斤重的托盘。那一晚，开元的五朵金花就这样静静地绽放着，她们把丰富的宴会经验和个性化服务带到这连盘子间的距离都要用卷尺一寸一寸测量出来的国宴上，并获得了嘉宾的赞扬。

台上一分钟，台下十年功。国宴不过短短的 45 分钟时间，但它不仅考验着这群姑娘平时的工作素养，也与那一个月的"魔鬼培训"分不开。"抠细节包括站姿、动作、言语、走姿和微笑。到了集训阶段，每天 8~9 小时的练习时间是必需的，有时整周都不休息。托盘、上菜、撤菜等，14 斤的托盘，一托就是几个小时，每个动作不能有偏差，还要注意不同国家的礼仪。""我们需要将每个服务点精确到秒，一杯饮料倒 7 分满，3 秒钟倒完。""我们是一边训练一边淘汰，要求相当严格。我们不敢有一丝怠慢。训练

---

[1] 资料来源：王玮. 中国旅游报，2016-10-06.

艰苦，还要保证健康。一旦感冒也会面临被淘汰。"尽管如此艰苦，但要这五位90后姑娘用一个词来形容时，她们还是用了"苦中有乐""精益求精""激动""感恩"甚至是"好玩"这样的词汇。

这场国宴和国宴前的培训，让她们收获良多。"培训的过程也是我们相互讨论和学习的过程"，林露露说，例如，折口布时如何将G20的LOGO一步到位正对着客人，她们讨论了好多方案，最后选择了一个最优的。期间结识了很多前辈，给了她们很多鼓励，告诉她们从事餐饮服务很辛苦，但可以学到方方面面的知识，如营养学、红酒文化、茶道、各国风俗礼仪等。徐庆龄说："难得有这样的机会，让我可以接触、学习到如此完美、完整的高级别宴会接待培训流程，尤其是上菜流程，从走位到与跑菜员的默契度到上菜时胳膊伸展的幅度都精细到极致。把它们记录下来，不仅可作为宝贵的资料，还可用于新员工培训。"毛芳芳则直言这次经历在她的职业履历表上画上了浓墨重彩的一笔。

模块一　中式宴会服务设计

任务一　中式宴会服务方式

（一）宴会进餐方式

（1）共餐式。又称聚餐式、共食制、和食制，就餐者用个人的餐具直接在公用的食器中取食的用餐方式。传统筵席10人围坐一个圆桌，菜肴上席后，主人挟第一筷菜给主宾后，众人方可伸筷进食。中式宴会的用餐形式经历了一个从分食制到共食制，将来再回到分食制的完整过程，这是历史发展的一种必然。五代时期，贵家宴饮是实行一人一桌一椅的一席制。聚餐式的进餐形式源于隋唐，唐代宴饮图描绘了众人围坐在一起合餐的场景，证实了隋唐时期宴会逐步转变为聚餐的形式。明清时期出现了八仙桌、团圆桌后，人们习惯同桌共食。20世纪70年代末又发明了转台，在大圆桌的中间放上一个小圆转台，方便客人的夹菜。这是中国特有的一种饮食文化，体现了儒家文化"和为贵"的思想。圆桌含有平等、不分尊贵的内涵，围桌而坐有一种团圆、和谐的氛围，同吃一个碗里的比同吃一个锅里的感情更深，形成有难同当、有福共享、关系和谐、感情融洽的氛围。

（2）分餐式。又称分食制。由服务人员、厨师或客人自己通过使用公共餐具分派菜点，使用个人餐具进食的就餐方式，既卫生又高雅。详见分餐式宴会服务方式的内容。

（3）中餐西吃式。随着改革开放对外交往的增多，近年来从分餐式发展演变而来的一种中式宴会新的用餐形式。其用餐方法是，按纯正的中式烹调方法制作菜肴，按西餐的方法与要求设计菜单结构、菜肴装盆与上菜方法，餐台同时摆放中式的筷子与西式的刀叉供客人选用，采用分餐式进食，有逐步推广的趋势。

（二）宴会服务方式

1. 共餐式宴会服务方式

（1）服务特点。优点：适用于 2～6 人的中餐零点和筵席。菜点上席后，由客人使用各自的餐具夹菜进食，服务员进行席间服务。用餐客人比较自由，可由主人为客人分菜，也可由客人各取所需。所需的服务员较少、技术要求不是很高，可以同时为多桌的客人提供服务。保存继承了中国传统的家庭式用餐方法和气氛融洽的特点。短处：客人得到的服务较少。不善使用中餐具的外国客人会把夹菜看成是一种负担，会对一盘装饰精美的菜肴不知所措。由于所有的菜肴都在餐桌上，用餐到后来，台上容易出现杯盘狼藉的现象。

（2）服务程序和要求。摆台时，根据餐桌大小和用餐人数摆放一至两副公筷、公匙。上菜时，服务员站在适当位置，将托盘中的菜盘摆放在餐桌上。报出菜名，向客人介绍菜肴特色。如发现有外国客人不会使用筷子或使用有困难时，应主动提供西餐餐具。在台面上摆不下菜盘时，应征得客人同意将剩菜不多的大盆更换成小盆，切勿将菜盘叠架起来摆放。整鱼、整鸡、整鸭等整形菜，由服务员分解后上席。席上摆放公共餐具，由各人用公匙、公筷、公勺取菜摆放在自己的餐盘后才进食。

2. 转盘式宴会服务方式

（1）服务特点。适用于大圆台的多人用餐的服务方式，可用于旅游团队、会议团体用餐，也可用于正式宴会。在大圆桌面上，安放一个直径为 90 厘米左右的转盘，将菜肴等放置在上，方便就餐者挟取。

（2）转盘式便宴服务。在台面上摆放 2～4 副公筷、公匙。服务员站在适当位置上菜，报出菜名，向客人介绍菜肴特色。客人用公用餐具为自己取菜。服务员协助客人分派整鱼、整鸡、整鸭等大菜。在多骨、多刺和口味截然不同的菜肴之间为客人调换骨盆；换骨盆时应注意：先撤后上、先女后男、先长后幼、先宾后主。

（3）转盘式正式宴会服务。服务员站在适当位置上菜、分菜。① 单人服务。一位服务员单独服务时的程序：收撤脏盆；介绍新上菜肴；干净骨盆沿着转盘边放好；用公用餐具分派；请客人享用新上菜肴。② 双人服务。两位服务员共同服务时的程序：收撤脏盆；介绍新上菜肴；两人配合分菜，一人分菜，一人递盘，注意分清主次先后；请客人享用。

3. 分餐式宴会服务方式

（1）服务特点。分菜也称派菜、让菜，起源于欧洲贵族家庭。分菜服务是指菜点经

客人观赏后，服务员代替主人，使用服务叉、匙将菜点依次分让到客人餐碟中的服务过程。适用于官方的、正式的、高档的宴会服务。分菜是宴会服务中技术性很强的工作，吸收了众多西餐服务方式的优点，并使之与中餐服务相结合的一种服务方式。将这种方式称之为"中餐西吃"时所用的服务方式。优点：客人感觉受到关照，倍感亲切。既能显示中餐菜肴的整体精美，又使客人对食用菜肴的卫生放心。短处：服务用工较多。对服务员分菜技艺要求高。高档宴会每菜必派，其他视情况而定，但是整鸡、整鸭、整鱼和汤，还是为客人分派为好。

（2）分菜方式分类。① 按身份分，有厨师分菜、服务员分菜和客人分菜。② 按操作人数分，有单人分菜、双人分菜。③ 按桌面分，有餐桌（餐位）分菜、旁桌（服务台）分菜。④ 按地点分，有厨房分菜（盆）、现场分菜。⑤ 按位置分，有手托分菜、转盘分菜等。

（3）各种分菜方式的操作程序。详见本模块有关分菜的内容。

4. 自助餐宴会服务方式

（1）服务特点。菜肴丰富，陈列精美，能唤起人们的食欲。花费不多，却能品尝到众多具有地方风味的中西美味佳肴。就餐速度快，客人进餐厅后几乎无须等候，餐座周转率高。菜肴可事先准备，可调节厨师劳动忙闲不均的状况，缓和高峰时期厨房的忙碌和厨师人手紧张的矛盾，服务员配备非常节省。主要适用于会议用餐、团队用餐和各种大型活动的用餐。对早餐提供自助餐服务更为普遍。开设自助餐必须确保一个最低客流量。有设座与不设座两种，以设座居多。

（2）服务要求。① 根据计划和要求布置餐厅，设座式自助餐要摆好餐台，要求和正餐相似，保持餐厅内整洁。② 高级的西式自助餐常在客人去自助餐前，就把开胃品和汤送到客人的桌上；饮料、面包、黄油也由服务员送到餐桌，服务的规格与正餐一样。③ 不设座的西式自助餐将餐具、餐巾、面包、黄油、甜点和饮料安放在自助餐台上。标准是：客人用的盘子在最前端，餐具、餐巾、面包、黄油在最后端，开胃品、饮料、甜点可分别在几处设台，以加快服务速度，避免拥挤。④ 对须保热的食品的暖锅和电热炉要留意照顾，经常检查添加燃料。保冷食物必须备有冰块，盛冰块的碗要时常更换。点燃的蜡烛要保持笔直、不流蜡。为避免意外事故，暖锅和蜡烛都应离开服务线一定距离。菜盘和其他器皿离桌边 10cm 左右。⑤ 在自助餐台后应设一厨师，穿上洁白的服装来照顾餐台。厨师要像主人那样向客人介绍、推荐和分送菜肴；分切大块的烤肉；整理餐台，保持其美观；及时更换和添加餐盘；检查设备，保持食品的热和冷；回答客人问题；如果客人把食品溅出及时提供帮助。⑥ 一个陈列菜盘里菜肴有三分之一空缺时，就应补偿或换上一盆满的，否则很不雅观。⑦ 保持有足够数量的冷热菜盘以及其他各种服务用具、餐具和餐巾等。⑧ 大块牛排和整个火鸡等的切割分派是一项技术工作，带有表演性质，服务员或厨师在操作时要注意分量、形状、装盘和卫生。⑨ 如客人意外打翻盘子时，服务员要迅速将打翻的食物刷在空盘内，去除污迹，再盖上清洁的餐巾；打翻在地上或地毯上的食物要盖上一块餐巾，以免其他客人踏上去，立即通知有关人员清洗。⑩ 如是自取自烹的火锅式自助餐，服务员要为客人准备并开启火锅，告诉客人一些特殊食品的烧法，提供各种调料，随时加汤和斟酒。

【案例 7-1】 20 世纪 50 年代中国国宴上的"各客式"服务

20 世纪 50 年代，随着新中国对外交往的扩大，越来越多的外国政要来到中国，当宴会主宾有十几个国家元首时，该如何设置主桌与安排席位呢？国不分大小，一律平等，10 人圆台无法适应了。北京饭店大胆创新，采用十几人甚至 26 人的特大型圆桌，使宴会气氛格外热烈、隆重、活跃。可是圆桌大了，客人夹菜很不方便，主人为客人布菜也得站起来，很不雅观，有时还够不着。当时还没有转盘，能创新其他方法吗？厨师们将冷菜做成每人一份的"多色拼盘"，既方便也卫生。那热菜怎么办呢？正巧周恩来总理从东欧访问归来，对时任北京饭店的经理王志甲说："北京饭店要改进了，这次我去东欧，看到人家那里上菜是服务员手托菜盘逐一端到客人面前，请客人选用，你们为什么不能主动给客人分一分呢？也省得主人给客人分菜影响交谈嘛。"总理的话使大家深受启发。一些老员工说，过去北京饭店就采用过这种"托让"的布菜形式，只不过新中国成立后把它废除了。其实，这种方式有利于宾主的谈话、方便客人就餐，为什么不可以用？只要是好的东西，不管是哪个国家的，我们都可以采用。不久，宴会上菜形式就改为服务员为客人逐一分菜后再"托让"上席的方式。这种"各客式"的服务使主宾都感到既方便又自然，反映很好。

任务二 中式宴会服务流程

（一）宴前准备工作

1. 组织准备

（1）组建机构。大型宴会、重要宴会涉及面广、工作量大，在组织协调衔接、工作执行落实等方面任务很重，需调配各部门的力量，临时组织一套接待班子，确定总指挥。一般宴会可按照原有管理体制的部门分工，明确任务职责。

（2）联络各部。根据工作计划制订宴会任务书，通知厨房、宴会厅、酒水部、采购部、工程部、保安部等有关部门。各部门认真做好各项准备工作，群策群力，密切合作，保证宴会成功举行。

2. 人员准备

（1）人员配备。按照宴会要求，对人员做出配备计划。大型宴会人员紧缺时，可从其他餐厅及部门临时抽调；若还不够时，可向兄弟酒店、旅游院校商借员工或学生。调配和外借人员必须进行严格的突击培训，达到要求后才能上岗；新员工上岗应有熟练工带教。

（2）员工资质。仪表仪容端庄，态度热情礼貌，服务技能娴熟，工作经验丰富。男女比例恰当，值台女员工身材高挑，亭亭玉立；传菜男员工托盘基本功要好、有体力。宴会重点区域要安排技术熟练、动作敏捷、应变能力强的员工；服务贵宾席、主宾席的员工的技能要高于其他人员。主管要有丰富的工作经验、很强的协调能力与处理突发事件的能力。

3. 任务准备

（1）明确任务分工。根据宴会要求设置主管、迎宾、值台、传菜、斟酒及衣帽间、贵宾室等岗位，对工作区域、工作范围、工作职责和工作要求有明确的分工与要求。要有专人负责账务，因为常发生临时增加菜点、饮料、酒水的情况，避免漏账、错账现象。为保证服务质量，可将宴会桌位和人员分工情况标在宴会台型图上，使所有员工明确自己的岗位职责。各部门、各岗位、各员工要做到"六明确"：明确工作目标、明确任务要求、明确操作细则、明确时间节点、明确质量标准、明确相互协作，所有这些要有书面文件加以确定。任务分配的方式有：可以写在分工簿上，也可以通过告示栏，更多的是通过餐前会的形式进行工作安排。大型宴会要通过专门的会议进行分配。

（2）掌握宴会要求。① 宴会要求。掌握宴会主题、形式、规格、程序，开宴时间、出席人数或宴会桌数，宴会环境、主席台布置，员工仪表仪容、工作纪律、工作时间等要求，特殊、重点之处要讲明白应怎样做，为什么要这样做，并进行操练检查，合格后方能上岗。② 菜单要求。熟记菜单知识，掌握菜名（如有外宾须有英文菜名）、主要原料、配料、烹调方法、口味、种类和数量、所跟小料、装盆、掌故知识、冷菜和热菜的安排顺序、上菜时间、摆放规格与分菜方法等要求，便于上菜时主动、流利地向客人介绍。③ 摆台要求。一是筵席台面要求，按照要求主管先摆一个台样，使大家一目了然，然后员工按样去做，保证全场台型一致。二是餐具使用要求，高级宴会每道菜要换一次餐盘，对餐具数量、种类和位置要心中有数。④ 服务要求。明确迎客与送客、站立与走位的位置，上每道菜的具体时间，跟配的作料，分派菜的方法，更换餐具的位置、要求和时间，每桌酒水、水果、烟茶的配备情况，斟酒要求，了解客人风俗习惯、习俗忌讳、特殊需求等，筵席服务中应注意的问题。⑤ 走菜要求。何时、何处取菜与出菜，出菜顺序，走菜队列，装托盘要求。⑥ 结束要求。宴后清场工作分工，各种餐具回收规程，各类工具的正确使用方法等。⑦ 时间要求。掌握宴会举办时间、延续时间、结束时间，每个服务节点的时间，要求精确到分秒。

4. 业务准备

（1）宴前培训。明确每个岗位具体工作的内容、方法、质量和效率要求。培训时间可因时、因地制宜，可在班前会或检查工作时培训，也可安排时间专门培训。

（2）实操演练。为了保证大型宴会的优质服务，要做到全场在同一时间采用同一种服务方法进行同一种服务，全场服务标准化、规格化、统一化。如同时上菜、斟酒、撤餐盘，采用同一分菜方式，撤换骨盆、上热毛巾做到时机和次数的统一。在培训基础上进行实地模拟预演，在演练中发现问题及时解决，以便员工熟悉将要做的工作，确保宴会万无一失。

5. 身心准备

通过各种途径与方法，如召开相关会议讲意义、交任务、提要求、明责任、究奖惩，加强对员工的身心教育。上岗前，按照仪容仪表规范要求员工化妆上岗、淡妆上岗。工服整洁挺括、具有特色，重要宴会需戴白手套。行为举止规范，使客人产生良好的第一印象和愉悦的美感。开宴前一小时召开例会（午餐班前会上午 10 时，晚餐班前会下午 4 时召开），会议时间 15 分钟左右。会议的目的是使员工对工作充满热情，具有敬业精神和专业技能。

6. 环境准备

（1）场境布置。场境布置详见项目三宴会厅形象设计的内容，台型布置详见项目六宴会台型设计的内容。宴会场景布置在开餐前 4 小时、宴会台型布置在开餐前 2 小时完成。大型宴会厅提前 30 分钟、小型宴会厅提前 15 分钟开启照明灯光和空调。

（2）清洁卫生。宴会厅大门及周围环境干净整齐；客用通道及卫生间清洁卫生；地毯干净无杂物，无起包现象；服务车干净，无异味；沙发桌椅干净，无污迹；备餐柜内外干净，物品整齐；台布干净，无褶皱等。

7. 物品准备

（1）餐具准备。详见项目二宴会餐具配备的内容。

（2）其他准备。准备相应数量的台布、口布、火柴、牙签、餐巾纸、开水等；准备足够的服务托盘；备齐菜肴的配料、调料，瓶罐干净，摆放在服务台上，做到随用随开；席上菜单每桌一至两份放于桌面，重要宴会人手一份。根据菜单要求，席前 30 分钟按照每桌用量准备好各种酒品、饮料与茶水，水果配备按每客两个品种、250 克数量准备，应是应季水果，最好是本地特产。

8. 筵席摆台（详见项目六筵席摆台的内容）

9．摆放冷盆

宴会正式开始前5～15分钟（大型宴会为30分钟）摆放冷盆。冷菜上早了，既不符合卫生标准，也容易被空调风吹干，影响菜肴造型。不准用手拿取冷盆，必须使用托盘；不要盆子摆叠，以免损坏冷盆拼摆的艺术形象。要按每桌规定的冷盆数拿取，不要多拿、错拿；如发生错拿现象时，一定要把错拿的冷盆送回厨房，不要放在厅内。筵席如使用转台，冷菜一律摆放在转台上。

10．准备酒水

开宴前10分钟准备好酒水，一般为低度酒，如葡萄酒。详见本项目酒水服务的有关内容。

11．宴前检查

（1）检查时间。准备工作全部就绪后，由宴会主管在宴会开始前一小时负责检查。检查工作必须在客人到来之前进行，以便一旦查出问题有足够时间解决。

（2）检查要求。对所有的事与物都必须一丝不苟地认真检查，多变的、重要的事项必须反复检查，确保万无一失。检查过的事与物，除主管外任何人绝不能擅自修改与改变。

（3）检查内容。检查类目如表7-1所示，具体可细化为检查细目表，按项检查、打钩，最后签名以示负责。

表7-1　宴前检查内容

检 查 项 目		检 查 内 容
场地检查	环境布置	有足够的空间，出口通道不堵塞，上下舞台的台阶，空调是否已提前打开，温度是否适合，通风是否良好，停车场所
	设施设备	舞台、讲台、横幅、指示牌、接待台、酒吧台等，位置是否正确
员工检查	到位	各岗位的服务员是否已到位工作
	形象	服务人员的仪容仪表是否规范等
餐桌检查	台型	是否符合主办单位的要求。主桌安排、桌距、餐位是否恰当
	餐椅	桌椅是否干净、牢固、舒适，摆放整齐
	台面	摆台是否按要求完成，杯具是否与酒水相对应
	菜单	菜单是否正确、美观，摆放是否符合要求
	台号、席卡	是否正确；席卡是否按规定放到指定的席位上
	备用品	每桌应有的备用餐具及棉织品是否齐全
卫生检查	员工	工作服、双手是否清洁卫生，是否吃过有刺激性的食物
	餐、用具	餐具及用具是否干净、整齐、齐全，有否缺口、破损
	环境	检查地毯、门、墙壁及房内的装饰物是否干净，洗手间的一切用品是否齐全，专用洗手间是否有人值守
	食品菜肴	菜点外观整洁，有无异物

续表

检查项目		检查内容
安全检查	通道	各出入口有无障碍物,安全通道、太平门标志是否清晰
	消防	各种灭火器材是否按规定位置摆放,灭火器周围是否有障碍物,如有应及时清除。要求服务人员能够熟练使用灭火器材
	用具	各种用具是否牢固可靠,如发现破损餐桌和椅子应立即撤换,不稳或摇动的餐桌应加固垫好
	陈设	吊灯是否牢靠,墙上的画框是否牢靠
	地板	有无水迹、油渍等,如新打蜡地板应立即磨光,以免使人滑倒;查看地毯接缝处对接是否平整,如发现突出应及时处理
	易燃品	酒精、固体燃料等易燃品,要专人负责,检查放置易燃品的地方是否安全
设备检查	电器设备	各种灯具是否完好,电线有无破损,插座、电源有无漏电现象。要将全部开关开启检查,确保照明灯具效果良好
	空调设备	空调机是否良好,要求开宴前半小时宴会厅内就应该达到所需适宜温度。若厅房较大,空调设备开启的时间也应相应提前
	音响设备	要装好扩音器,调整好音量,逐个试音,保证音质。如用有线设备,应将电线放置在地毯下面,防止客人经过时绊倒

12. 准备迎客

宴会开餐前半小时一切准备工作就绪,打开宴会厅门。开餐前10分钟,员工按规定位置面向门口精神焕发地站立迎客。

(二)宴会现场服务

宴会现场服务是宴会餐饮服务中时间最长、环节最复杂的服务。中式宴会现场服务程序依次是:热情迎宾—领位引导(如是贵宾,贵宾室的服务程序是:导入休息厅—接挂衣帽—领位引座—递送香巾—奉送香茗—敬烟点火—敬上茶食—宴前活动服务)—请宾入席—拉椅让座—介绍与祝贺—铺口布—收台号、席卡、筷套—递送香巾—奉送香茗—示意开宴—斟倒酒水与续酒水—陆续上菜(介绍菜名和内容)—席间服务—轻声通知联系人结账—结账、签单—拉椅送客—取递衣帽—门口道别—收台检查等程序。这里择其主要程序作阐述。

1. 热情迎宾

(1)站立迎候。开餐前10分钟,领位员身着旗袍或制服站在门口迎宾,值台服务员站在各自负责的餐桌旁,面向门口迎候客人。如有重要人物出席宴会,为示礼貌和尊重,有关人员在门口迎候。客人到达时热情迎接,目光专注,三米微笑,主动问好。在服务过程中要注意分辨主人和主宾。

（2）欢迎方式。① 夹道式。在酒店门口夹道欢迎或在宴会厅门口夹道欢迎。② 领位式。领位员在酒店门口或在宴会厅门口欢迎客人并引领客人到位。③ 站位式。服务员站在餐桌前欢迎，客人到来后拉椅落座。几种方式可以综合使用，也可单独使用。

2. 贵宾休息室服务

如宴会厅设有休息室，迎接贵宾进入室内就座。领位员要站在门口外一侧（与客人到来方向相对）迎候客人。客人抵达后，主动与客人礼貌问好；用手示意客人进入，并在客人右侧前方 1.5 米距离处引领客人入座。客人就座后，立即为客人送茶或根据客人要求服务其他饮料。在客人谈话中断间隙，为客人续茶、添加饮料。等候服务时，服务人员要保持正确站姿，不得随意走动和交谈。等宴会正式开始时，再请贵宾入席。

3. 接挂衣帽

如客人欲脱外衣、帽子，服务员要主动接挂在衣帽架上或存入衣帽间。宴会规模较小，可不专设衣帽间，只需在宴会厅门旁置放衣帽架；规模较大的宴会应设衣帽间，衣物件数较多，用衣帽牌区别，一枚挂在衣物上，另一枚交给客人以备领取，凭牌为客人提供保管衣物的服务。对 VIP 贵宾则不可用衣帽牌，而要凭记忆力进行准确的服务，以免失礼。接挂衣帽应握住衣领，切勿倒提，以防口袋物品倒出。贵重衣帽要用衣架，以防衣服走样。贵重物品提醒客人由自己保管。

4. 宴前活动服务

宴前活动的特点是活动时间短、开始时间早、事情变化多，因此服务人员到岗要准时、准备工作要充分，有适应变化的思想准备。

（1）酒会。对场地要求不高，可在宴会厅前的中厅、走道或其他场地举行。形式以站立为主。饮料有鸡尾酒（预调、现调都可）、软饮、啤酒、葡萄酒、香槟与小吃、小点。饮料酒品可由服务员端着托盘穿梭于客人之间派送，也可让客人在吧台自取。时间在半小时至一小时之间。

（2）会见。在厅房主画下安排会见座位。沙发三面围坐，中间主人与主宾平行单排；其他宾客座位不够，可安排第二、第三排，但主人后面不可安排座位（翻译除外）。沙发之间摆放茶几。沙发摆放应留有主人迎客握手的空间。茶水可在主人到达后、客人来到之前倒好。会见结束后，要及时整理会客室，避免宴会结束时主人再回到会客室时措手不及。

（3）照相。一般在主客握手时和主客刚入座时内拍照，员工不要穿梭于其间，以免破坏相片画面。集体照相在接见结束后进行，要预先摆放好台阶，但不能影响客人的入场。摆放台阶要事先进行过场、入场与退场的操练，力争在最短的时间里一步到位。

（4）采访。现场采访可在任何地点。采访时要保持安静，并适当提醒其他客人，避免对采访的干扰。

5．引领入席

重要客人应引领入席。引领客人时应面带微笑，走在客人右侧（有时可在左侧，视情形而定）前方1.5米处，并且不时回头，把握好距离，引领客人到预订座位入席。顺序是先女宾后男宾、先主要宾客后一般宾客、优先照顾年长和行动不便的宾客。

6．拉椅让座

迎宾员把客人带到餐桌，值台员工应主动上前问好并协助为客人拉椅让座。站在椅背的正后方，双手握住椅背的两侧，后退半步的同时将椅子拉后半步。用右手做请的手势，示意客人入座。在客人即将坐下时，双手扶住椅背两侧，用右腿膝盖顶住椅背，手脚配合将椅子轻轻往前送，使客人不用自己移动椅子便能恰到好处地入座。拉椅、送椅的动作要迅速、敏捷，力度要适中、适度。如有儿童就餐，需搬来加高的儿童椅，并协助儿童入座。

7．开餐服务

（1）铺餐巾。依据先宾后主、女士优先的原则，在客人右侧为客人铺餐巾（如不方便，也可在客人左侧服务）。拿起餐巾，将其打开，右手在前，左手在后（左侧服务相反），将餐巾轻轻铺在客人膝盖上或将餐巾一角压在骨盆下面。注意不要将胳膊肘送到客人的面前。

（2）撤（补）餐具。宴请人数如有增减，应按用餐人数撤去多余餐具或补上所需餐具，并调整座椅间距。撤花瓶、台号与席位卡。

（3）撤筷套。在客人的右侧，左手拿筷，右手打开筷套封口，捏住筷子的后端并取出，摆在原来位置。将每次脱下的筷套握在左手中，最后一起收走。

（4）茶水服务。询问客人喜欢饮用何种茶，适当作介绍。上茶时，按照先宾后主的顺序，在客人右侧倒第一杯茶，以八分满为宜。为全部客人倒完茶水后，将茶壶续满水，放在转盘上，壶柄朝向客人，供客人自己添茶。

（5）毛巾服务。根据客人人数从保温箱中取出小毛巾，放在毛巾篮中。按服务顺序站在客人右侧，用服务夹夹住毛巾依次递给客人或放在毛巾碟中。客人用过的毛巾需在征询客人同意后方可撤下。毛巾要干净、无异味，热毛巾一般保持在40℃左右。

（6）撤冷菜保鲜膜。从主宾右侧按顺时针方向，用服务夹撤去冷菜的保鲜膜。

8．酒水服务（详见本项目酒水服务的内容）

9．菜品服务（上菜服务、分菜服务详见本项目筵席席间服务的内容）

10．就餐服务（详见本项目就餐服务的内容）

11．意外处理

（1）客人不慎行为。如客人餐具或用具不慎掉在地上时，员工应迅速将干净的备用餐具补给客人，然后将掉在地上的餐具拾起拿走；如客人不慎将酒杯碰翻酒水流淌时，员工应安慰客人，及时用干餐巾将台布上的酒水吸去，然后用干净的干餐巾铺垫在湿处，同时换上新酒杯，斟好酒水；客人若将菜汤洒到身上时，员工要迅速将洒落物清除掉，用湿毛巾擦干净，并请客人继续用餐；若有客人突感身体不适，应立即请医务室协助，并向领导汇报，将食物原料保存，留待化验。

（2）员工操作失误。员工不慎产生如翻盘、洒酒等意外事件，及时进行补救服务。管理者不要现场批评操作失误员工，以免影响其后面的工作情绪与宴会气氛。

（3）酒店意外事件。对突变情况，如停电、客人人数增加等情况，要冷静、理智、迅速、灵活地处置。领导必须在关键的时间出现在关键的地方，进行现场指挥工作。

【案例7-2】同一天的红白喜宴

某周六中午，酒店计划有两场大型婚宴。前两天，宴会预订部门又接受了一场宴会预订。在周五晚上召开酒店管理层会议时，才得知这场宴会是丧宴。酒店可同时接待几家喜宴，但十分忌讳同时接待红白宴（丧宴）。在中国人的观念里，红白事撞在一起，会对新人产生不吉利的影响。酒店老总决定马上与客人联系，建议取消预订或调换时间，酒店也愿作一点补偿，可客人绝不同意。这可怎么办？酒店只能做出同时举办红白宴的决定，但希望客户积极配合。当晚，酒店做了周密安排，错开宴会举办场所，错开宴会举行时间，错开行走通道，专人负责引领陪同。要求保安部、迎宾员及各部门密切关注丧宴客人到店时间和动态，决不能让两拨客人同时出现在一个场所。

第二天，当喜宴客人刚进场不久，丧宴客人的大巴也到达了餐厅门口。一位女士抱着逝者遗像，所有丧宴客人都佩戴了孝章陆续走下车。酒店领导迎上前欢迎，同时希望客人暂时把遗像遮挡一下，孝章隐藏一下。因事先做好了工作，客人也给予了配合。保安及时引导把大巴停在指定的安全处。酒店领导亲自引导客人到指定的包间就餐，避免丧宴客人走错场地。当大部分丧宴客人进入房间，这时，突然从楼面传来消息，说有个别客人走向二楼宴会厅婚礼现场，总经理立即命令楼面主管引领顾客从二楼员工通道带到丧宴就餐区，由于处理及时，未让喜宴客人发现。在就宴全过程中，酒店有专人负责监控、引领丧宴客人，在丧宴客人走动时，员工也紧随身旁，想方设法把客人胳膊上的孝章及时遮挡。丧宴结束，及时指挥全体顾客上车离店。谢天谢地，总算没有在接待过程中出现红白两宴客人相互碰头的事情。

（资料来源：北京新世纪青年饮食有限公司）

12．餐间巡视

宴会主管应具有高度敏锐的观察力，加强巡视，及时发现和纠正服务上的问题。巡视的重点应放在主宾席的服务上。巡视检查的主要内容有：上菜顺序、速度与节奏，人员调整、劳动量平衡，服务规范执行情况，卫生整洁保持情况，重点客情、常客的关照，结账效率与准确性等。一旦发现有与服务规程不符的行为时，要立即纠正，使宴会圆满成功。

（三）宴后收尾工作

1. 收银结账（从客人消费角度可称"买单"，从酒店服务来说俗称"埋单"）

（1）结账要求。① 掌握结账时间。上完水果后，再给每位客人斟杯热茶，送上香巾，准备结账。结账应由客人主动提出，以免造成赶宾客离开的印象。不得催促客人结账，不得在客人没要求结账时将账单交与客人。② 掌握结账对象。要了解是谁是结账付款者，如果搞错了结账对象容易造成客人对酒店的不满。③ 打印核实账单。清点已消费的酒水以及菜单以外的各种消费，不能漏账，保证准确无误。大型宴会活动结束后，马上与承办者共同确定酒水饮料的使用数量，核实宴会活动的全部费用，仔细写明各项内容的费用。服务员到账台打印账单。要求账单清洁、干净，账目要清楚，认真核对账单上所列的各个项目与价格是否正确。④ 服务态度热情。结账时客人如有疑问，要认真核对、耐心解释，决不允许与客人发生冲突。不允许催促客人或暗示客人付小费。结账时如出现跑账或跑单的情况，有关人员要注意策略、艺术处理。

（2）结账方式与操作规范。

① 现金结账。员工将账单放入账单夹内或放于托盘内，用口布盖好，递交给客人核审。走到客人右侧，打开账单夹或掀开口布，右手持单递至客人检查，账单正面朝向客人，用手势将消费金额示意给客人。礼貌收取客人钱款，收现金时应注意辨别真伪和币面是否完整无损，应当面点清唱收，但要尊重客人隐私，不要大声唱收唱付。收钱后请客人稍等，将账单及现金交给收银台，收银员收账找零，并加盖"付讫"章。核对收银员找回的零钱及账单联是否正确。结账完毕，站在客人右侧，将账单上联、收据及所找零钱送给客人，待宾客查点收妥后真诚地向客人致谢，并征询客人对宴会菜肴、服务的意见。结账后仍应热情满足客人的要求，继续提供服务。

② 票证结账。将账单及支票、证件交给收银台。收银员检查支票是否有开户行账号和名称，印鉴（公章与私章）完整清晰。如有欠缺，应先问交票人是否印鉴相符，并在背书留下联系人的姓名与电话。结账完毕，记录证件号码及联系电话。员工将账单上联及支票存根核对后送还给客人，并真诚感谢客人。如客人使用密码支票，应请客人说出密码并记录在纸上；如客人使用旅行支票结账，应告诉客人到外币兑换处兑换成现金后结账。中国酒店一般不接受私人支票。

③ 签单结账。住店客人签单时，礼貌要求客人出示房卡，示意客人写清房号并签名。

客人签好账单后做好检查，真诚表示感谢。迅速将账单送交收银员，以查询客人的名字与房间号码是否相符。非住店客人签单时，须核实客人是否具有签单权。

④ 刷卡结账。请客人到收银台或把 POS 机拿到客前划卡结账。在客人输入密码时，员工应回避。划账后打印收银条，并请客人签字，检查签字是否与信用卡上的一致。

⑤ 网上结账。客人手机绑定银行卡，通过网上支付。程序同刷卡结账。

2．剩菜打包

提倡"光盘"行动、绿色消费，宴会结束有多余剩菜时，婉言提醒客人可以提供食品打包服务。当客人同意或主动提出打包服务时，应提供相应的食品盒袋，根据客人的要求，将需要的剩菜分类装入食品盒内。同时温馨提示客人：打包食品到家后请立即冷藏与保存的时间限制，防止食物变质。食用时应高温煮透，一旦变质请停止食用。剩菜打包请客人过目后将食品递交给客人或放在服务柜上。如客人自行打包，员工做好配合。

3．倾听意见

应主动征求客人或陪同人员的意见（方式可以书面或口头的），态度要虚心真诚。如果在宴会进行中发生了一些令人不愉快的场面，要主动向客人道歉，求得客人的谅解。整理客人意见，填写在宴会工作记录本上，以利总结经验提升服务水平。

4．送客服务

宴会即将结束时，员工要把工作台上的餐具、酒水归置好，然后退到桌边等候客人起座。主人宣布宴会结束，客人起身离座时，要主动为其拉开座椅，照顾好重要客人、老弱客人、妇女与儿童离席。要疏通走道，方便离席行走。提醒客人带好自己的手机、提包等物品，主动、及时递送衣物与打包食品。客人出餐厅时，根据取衣牌号码，及时、准确地将衣帽或提包取递给客人。客人步出宴会厅时热情道谢再见。三米目送或随送客人至宴会厅门口外。

5．现场检查

在客人离席的同时，员工要迅速检查台面或地毯上是否有未熄灭的烟头，是否有客人遗忘的物品，如发现有遗留物品，要及时通告客人或及时上缴有关部门。

6．撤台清理

（1）零点筵席翻台。按酒具、小件餐具、大件餐具的顺序规范撤台，清扫、整理餐桌，按要求重新摆台，收拾整齐服务台，补充必备品，准备迎接下一批客人。翻台时要文明操作，保持动作轻静、文雅，不要损坏餐具物品，不应惊扰其他用餐客人。

（2）大型宴会撤台。按餐巾、毛巾—玻璃器皿、金银器、高档瓷器餐具—刀叉筷等小件餐具—汤碗、餐碟等个人餐具—公用大餐具的顺序分类清理撤台。金银器餐具要点清数量，收拣保管好。收拾餐具要用合适的工具，如水杯用杯筐、银器用小筐、瓷器餐具装箱装车等，这些筐具必须预先准备并摆放在预定地点，方便取用。为提高工作效率，大型宴会结束工作可分组进行，按物品类别分组收集并清点。全部工作结束后，专人进行检查。

（3）注意要点。在客人尚未全部离开宴会厅时，决不许收拾台面物品，以免引起客人误会。客人全部离开后立即清理台面。

7．清洁卫生

按要求做好餐桌、椅子、转盘、服务台和周围环境的清洁卫生工作。

8．存放家具

收集运送家具整齐地摆放在储存间，将餐椅每10把方向一致地叠放起来；将餐桌放倒，收起桌腿，分类码放。运送长台时用双手提起，不得在地毯上拖拉前进。运送圆台可将圆台竖起，滚动运送。运送特大和特殊台面时，要由多人将台面抬起运送。

9．安全检查

关闭煤气总开关、关闭水闸、切断电源，除员工出入口外，锁好所有门窗。主管在安全检查后，填写《班后安全检查表》。

10．检查落实

检查落实的内容有：顾客用餐效果及相关意见反馈的收集；VIP客史档案内容充实；酒水销售复核结账；备餐用具复原归位；棉织品（布草）点交送洗；打扫卫生，卫生彻底达标；餐具点验归位；补充物品和维修项目登记；全面检查，确保有无烟头和电器火灾隐患；空调、音响、灯具关闭；橱柜和门窗关锁、整洁情况；已预订下一餐客情落实情况。

11．善后处理

收藏清点或归还特殊的陈列品、装饰品、设备和借用品。归还借用品时向有关部门与人员致谢，有的可赠送感谢信。与有关部门与工作人员协调处理未了事项。

12．总结提高

召集餐后工作会，认真总结工作经验和教训，不断提高服务质量和服务水平。向上级与有关部门汇报或呈送工作总结。总结材料做好归档。

任务三　筵席就餐服务规范

就餐服务即台面服务，是指把客人点的食品、饮料送到餐桌，并在整个进餐过程中照料客人的需要。

（一）上菜服务

【案例7-3】别致的上菜仪式

1986年10月18日，广东省政府在白天鹅宾馆举办欢迎英国女王伊丽莎白二世的大型宴会，菜肴6道，主菜是"金红化皮乳猪"。上席时，由两位"侍女"提着宫灯作前导，穿着唐装的轿夫，一前一后抬着古香古色的轿子，内摆着两只金红色的化皮乳猪，矫健地步入席间；跟在轿子后面的两排各6名服务员，用手托着乳猪，像舞台上跑龙套似地鱼贯而上。轿子绕着主宾席一圈，乐队奏起了欢快高亢的广东音乐《得胜令》，显得气派非凡，场上跟着爆响了阵阵掌声，顿时整个宴会进入高潮。

1．上菜准备

上菜，是由服务员将厨房烹制好的菜点按一定的程序端送上桌的服务。上菜准备工作有：检查上菜工具的清洁和准备情况，熟悉菜单、菜名，了解上菜顺序及数量；菜品烹制经打荷岗位盘饰点缀后，送菜员要仔细核对台号、品名和分量，避免上错菜。

2．出菜服务

（1）出菜通道。出菜又称传菜、走菜与送菜。厨房应分设进出两扇门，服务员出菜时应遵守行走规定。

（2）出菜要求。核对菜点，不要拿错。菜品点缀美观。发现菜色差错自己又拿不准时请教厨师长。将菜盘平稳地摆放在托盘上，送到餐厅。行走时注意平衡，留心周围情况，以免发生意外。

3．上菜位置

（1）选择原则。上菜位置俗称"上菜口"，选择原则是"方便客人就餐、方便员工服务"。

（2）上菜口位置。① 零点筵席、团餐。上菜位置选在不干扰客人或干扰客人最少的地方，应尽量避开老人、小孩及穿着入时的客人，靠近服务台便于员工操作。② 正式筵席。上菜位置选在陪同与翻译人员之间，或副主人右侧，有利于翻译或副主人向客人介绍菜肴名称、口味特点、典故和食用方法。严禁从主人与主宾之间上菜。

4．上菜时机

（1）冷菜。开宴前15分钟预先将冷盆端上餐桌。

（2）热菜。① 团体包餐。进餐时间较短，进餐前摆好冷盆及酒水饮料，待客人入座后快速将热菜、汤、点心全部送上。② 一般宴会。要把握好第一道热菜的上菜时间。当冷盆吃到一半时（约10～15分钟后）开始上第一道热菜，或主动询问客人是否"起菜"，得到确认后即通知厨房及时烹制。其他热菜上菜时机要随客人用餐速度及热菜道数统一考虑、灵活确定。③ 大型宴会。宴会经理现场指挥安排上菜，以主桌为准，先上主桌，再按桌号依次上菜，绝不可颠倒主次，以免错上、漏上，并注意上菜的速度与节奏。

（3）席尾。上完最后一道菜时要轻声地告诉副主人"菜已上齐"，并询问是否还需要加菜或其他帮助，以提醒客人注意掌握宴会的结束时间。

【**案例7-4**】只为少说一句"菜上完了"的话①

某大餐厅的正中间是一张特大的圆桌，从桌上的大红寿字和老老小小的宾客可知，这是一次庆祝寿辰的家庭宴会。朝南坐的是位白发苍苍的八旬老翁，众人不断站起对他说些祝贺之类的吉利话，可见他就是今晚的寿星。一道又一道缤纷夺目的菜肴送上桌面，客人们对今天的菜点显然感到心满意足。寿星的阵阵笑声为宴席增添了欢乐，融洽和睦的气氛又感染了整个餐厅。又是一道别具一格的点心送到了大桌子的正中央，客人们异口同声喊出"好"来。整个大盆连同点心拼装成象征长寿的仙桃状，引起邻桌食客伸颈远眺。不一会，盆子见底了。客人还是团团坐着，笑声、祝酒声、贺词声，汇成了一首天伦之曲。可是不知怎的，上了这道点心之后，再也不见端菜上来。闹声过后便是一阵沉寂，客人开始面面相觑，热火朝天的生日宴会慢慢冷却下来。众人怕老人不悦，便开始东拉西扯，分开他的注意力。一刻钟过去，仍不见服务员上菜。一位看上去是老翁儿子的中年人终于按捺不住，站起来朝服务台走去。接待他的是餐厅的领班，他听完客人的询问之后很惊讶："你们的菜不是已经上完了吗？"中年人把这一消息告诉大家，人人都感到扫兴。在一片沉闷中，客人快快离席而去了。

5．上菜顺序

（1）食品上席顺序。一酒（以酒为引导，遵循"因酒布菜"的进食原则）、二菜（按九先九后原则上菜）、三汤、四点、五果（现在一些地区也有筵席开始先上水果）、六茶。

（2）菜点上席原则。"九先九后"原则：先冷后热，先主（优质、名贵、风味菜）后次（一般菜），先炒后烧，先咸后甜，先淡后浓，先荤后素，先干后稀，先菜后汤，先菜后点。

（3）热菜上席顺序。突出热菜、大菜和头菜。第一道头菜，为整个筵席定调、定规格的菜，如头菜是金牌鲍鱼，那么这个筵席就称为鲍鱼席。第二道烤炸菜，如北京烤鸭、烤乳猪、烧鹅仔、煎炸仔排等，要配白味小吃，并配葱酱或者其他蘸碟。第三道二汤菜，采用清汤、酸汤或酸辣汤，目的是用来冲淡酒精，起到醒酒的作用。随汤跟上一道酥炸点心。第四、五、六道是可以灵活安排的菜，依次为鱼类菜，鸡、鸭、兔、牛肉、猪肉菜。第七道素菜，笋、菇、菌、时鲜蔬菜均可。第八道菜甜菜，因为喝酒、品菜已到尾声，必须调整口味才舒服，羹泥、烙品、酥点、蒸炸菜品均可。第九道饭菜，用以下饭的小菜。第十道座汤，全鸡、全鸭等浓汤、高汤，目的一是再次冲淡酒精，二是意味着虎头豹尾，全席有一个精彩的结尾。中间可配点心和主食。

（4）"席无定势，因客而变"。近来，许多地方都把上汤的时间提前了，有的则先后上二道汤，以适应客人的习惯。如广东习惯在冷菜后的第一道菜就上炖品汤，结尾时也

---

① 资料来源：蒋一骠. 酒店服务180例[M]. 上海：东方出版中心，1996.

是汤；安徽某些地区的头道菜是开胃甜汤，鱼在座汤前面上。上点心，各地习惯亦有不同，有的在中间上，有的在将结束时上；有的甜、咸点心一起上，有的则分别上；有的要上二次点心。按照营养学要求，现在不少地区在宴会开始时首先上水果。这都要根据宴会类型、特点、需要，因人、因事、因时而定。按照三水（黄河、长江、珠江）四方（东、南、西、北）的中国四大菜系辐射区域的食俗和食礼，中国不同地区出品上席顺序如表7-2所示。

表7-2　中国不同地区出品上席顺序

地　　区	出品上席顺序
北方地区（华北、东北、西北）	冷荤（有时也带果碟）—热菜（以大件带熘炒的形式组合）—汤点（面食为主体，有时也跟在大件后）
西南地区（云贵川渝和藏北）	冷菜（彩盘带单碟）—热菜（一般不分热炒和大菜）—小吃（1～4道）—饭菜（以小炒和泡菜为主）—水果（多用当地名品）
华东地区（江浙沪皖，江西、湖南、湖北部分地区）	冷碟（多系双数）—热菜（也为双数）—大菜（含头菜、二汤、荤素大菜、甜品和座汤）—饭点（米面兼备）—茶果（数量视席面而定）
华南地区（两广、海南、港澳地区，福建、台湾地区也受影响）	开席汤—冷盘—热炒—大菜—饭点—时果

资料来源：贺习耀. 宴席设计理论与实务[M]. 北京：旅游教育出版社，2010.

　　6．上菜节奏

　　（1）速度：先快后慢。根据客人进餐情况控制出菜、上菜速度。宴会主管随时与厨房保持联系，以免早上、迟上、错上、漏上或造成各桌进餐速度不一致的现象。上菜太快会显得仓促忙乱，客人享受不到品尝的乐趣；太慢可能使菜点出现中断，造成尴尬局面。宴会开始之初，上菜速度可快一些；当席面上有了四五道菜之后，则可放慢上菜速度，否则会出现盘上叠盘的现象。上菜关键是"一头一尾"，杜绝宴会开始后第一道菜迟迟难以上席，宴会接近尾声而水果或点心不能及时跟上，甚至顾客离席后还有菜品未上席的现象出现。

　　（2）要求：符合客情。根据菜肴道数和客人就餐速度确定每道菜上菜的间隔时间，一般为10分钟左右。如客人需要加快速度或延缓时，应及时通知厨房，做出相应调整。上新菜时，前一道菜肴尚未吃完或是转盘上已摆满几道大盘菜，无法再摆上新菜时，在得到客人许可后，可将桌上的大盘剩菜换成小盘盛装或拼装在其他盆内。

　　7．端送菜点

　　送菜员用托盘将菜点送至服务桌，值台服务员检查菜点与筵席菜单是否一致。上菜时，或将菜肴放在托盘内端至桌前，左手托盘，右脚在前，侧身插站在上菜口的两位客人餐椅间，用右手上菜；或直接用右手端菜盘在上菜口上菜。

8. 摆菜艺术

（1）对称摆放。摆菜要根据品种色调的分布、荤素的搭配、菜点的观赏面、刀口的逆顺、菜盘间的距离等因素艺术摆放，使得整个席面荤素搭配、疏密得当、整齐美观，增添宴会气氛。讲究对称摆放，如鸡对鸭、鱼对虾等，同形状、同颜色的菜肴相间对称摆在餐台的上下或左右位置上。摆放位置与形式按席面菜点数量而定，摆放原则与艺术如表 7-3 所示。

表 7-3　不同数量菜点摆放原则与艺术

数　量	原　则	艺　术
1 只菜	一中心	1 菜时，放于餐台中心
2 只菜	二平放	2 菜时，摆成横一字形；1 菜 1 汤时，摆成竖 1 字形，汤在前、菜在后
3 只菜	三三角	3 菜时，摆成品字形；2 菜 1 汤时，汤在上、菜在下
4 只菜	四四方	4 菜时，摆成正方形；3 菜 1 汤时，以汤为圆心，菜沿汤内边摆成半圆形
5 只菜	五梅花	5 菜时，摆成梅花形；4 菜 1 汤时，汤放中间，菜摆在四周
5 只菜以上	六圆形	以汤或头菜或大拼盆为圆心，其余菜点围成圆形

（2）突出看面。菜肴看面就是菜肴最宜于观赏的一面，各类菜肴的看面如表 7-4 所示。上菜时，菜肴看面要对准主位。

表 7-4　各类菜肴的看面

看　面	实　例
头部	凡是烤乳猪、冷盆"孔雀开屏"等整形的有头的菜或椭圆形的大菜盘，头部为看面
身子	头部被隐藏的整形菜，如八宝鸡、八宝鸭等，其丰满的身子为看面
刀面	双拼或三拼，整齐的刀面为看面
正面	有"喜""寿"字的造型菜，字画正面为看面
靓部	一般菜肴，刀工精细、色调好看的一面为看面
腹部	上整形菜时，如整鸭、整鸡、整鱼，要"鸡不献头，鸭不献掌，鱼不献脊"，将其头部一律向右，腹部朝主人，表示对客人的尊重，腹部为看面
盆向	使用长盆的热菜，其盆子应横向朝主人

（3）尊重主宾。主宾是服务的重点对象，挪盘时要向陪客方向移动。每上一道热菜前，都要对餐桌上的菜肴进行一次调整，将新上的菜摆在餐台的中心，或摆在转盘边上，再转至主宾前，以示对主宾的尊重。

（4）操作规范。一平：菜盘拿在手上要平稳，不能倾斜将盘中汤汁滴出来。二准：上菜前挪出空位，将要上的菜盘准确落位。三轻：菜盘放下时动作要轻，不可发出响声。四正：有形菜上席时要面向主人席摆正位置。

【案例7-5】让市长"终身难忘"的一次宴会服务[①]

20世纪90年代中期，某中心城市的一家外方独资的五星级饭店的宴会厅，该市的一位副市长身着白色西服套装，正在举行一个政务宴会，款待西方的一位政要。宴会进程已过半，宾主双方的交谈渐入佳境，气氛相当热烈。此时，值台服务员开始上其中的一道菜，可能出于紧张的原因，服务员手中的餐盘翻倒在侃侃而谈的副市长白西服上。顷刻间，宾主与服务员均一脸通红、十分窘迫。宴会经理与其余服务员赶紧将翻落在副市长身上的菜及汤汁去掉，并立马找了件合身的西装换下副市长身上的白西服，宴会得以继续进行。当宴会将要结束、宾主正要握手相别时，值台服务员手捧整净如初的白西服出现在宴会厅，这位副市长认真地说："你们的餐饮服务，当然还包括后面的补救措施及速度，将使我终生难忘！"

9．展介菜品

（1）展示。大拼盘、头菜要摆在餐桌中间；其余菜在"上菜口"上席后，将转盘按顺时针方向慢慢转一圈，最后停在主宾面前，使所有客人均可欣赏领略到菜品的色、香、味、形、质的风韵。

（2）介绍。后退半步，表情自然，吐字清晰，脸带微笑，声音悦耳。向客人介绍菜名、风味特点、相关的民间故事，有些特殊的菜应介绍食用方法。

10．跟进服务

（1）作用。① 为菜肴调味。有些菜肴烹制时不便调味，如蒸制菜肴若在蒸制前加醋，因醋见热易挥发，不但起不到调味的作用，还可能会改变菜肴的白嫩色质。因此，有些菜肴上席时需要跟上调味品。② 满足顾客多种口味。顾客来自四面八方，口味各有所好，在餐台上摆上酸、辣、麻、咸等各种调味品，顾客各取所需。③ 点缀菜点、美化席面。如闻名中外的北京东来顺的涮羊肉，其精妙之处，不仅是用了精选的羊肉、特殊的烹饪技法、别致的吃法，而且有赖于十多种精美可口的作料。

（2）品类。上什么菜肴跟什么调料，大有讲究。考虑因素有：① 原料。鱼、蟹、虾等海河鲜类菜肴，羊羔肴肉，汤包等带有肉皮的菜点，需要跟姜、醋等作料，起到提鲜、助香、去腥、解腻、助消化作用。鸡丝拉皮、白切鸡、白切肉等凉菜，要跟芥末、芝麻酱等作料。因为这类菜肴性凉、油腻重、味较轻淡，这些作料能起到暖胃、起香、增味的作用。② 烹法。以鱼、肉为原料的炸制菜肴，需要跟花椒盐、辣酱油等作料。干

① 资料来源：李勇平，叶伯平．餐饮企业流程管理 [M]．北京：高等教育出版社，2010．

炸、脆炸、软炸类的炸制菜，跟花椒盐。面拖、上糊、拍面包粉后再煎炸的菜肴，如炸猪排、炸牛排、炸鱼排等，因菜味较清淡，用花椒盐、辣酱油佐食，可起到助香、增味的作用。烤鸡、烤鸭、叉烧肉、锅烧鸭、酥方等烧烤菜，需跟大葱段、甜面酱等作料，并带有荷叶夹、家常饼、空心饽饽等一类的煎制或烙制的面食，以及用鸡骨、鸭骨、排骨等熬制的清汤。此类菜肴油腻较重，有的还带有毛腥气、鸭腥气或烟熏味，配以上作料、面食、清汤佐食，能起到去腥、解腻、调味、润口的作用。③ 地区。挂炉鸭，除普遍跟大葱、甜酱外，北京地区跟卤虾油，广东地区跟蚝油，四川地区跟麻辣味调料。油爆肚、爆双脆、爆菊红、爆腰花等爆类菜肴，北方跟卤虾油，其他地区则不跟。④ 口味。四川人多喜麻辣味，要跟红油、椒麻、豆瓣酱等带有麻辣味的作料；北方人多喜食大葱、大蒜、香菜；江浙人喜食甜味，要跟各种糖醋、甜酱、甜面酱等作料；广东、福建人喜食海鲜，要跟蚝油、海鲜酱等带海鲜味的作料。

（3）形式。① 先上。将一种或数种作料分别盛入味碟（或味瓶、味盅）中，在上菜之前摆在餐台上，由客人自取、自配、自用。如上油浇全鸭菜之前，先要上分别盛装大葱段、甜面酱两个味碟。② 同时上。或是将作料和菜肴一起端上餐台，或是将菜肴的作料摆放在菜盘四周，随菜一起端上餐台。如炸桃腰、锅烧牛肉、色烧鱼等菜肴，就是将糖醋生菜摆放在菜盘的一头或两头，供顾客佐食的。

（4）不同菜肴跟进的调料。① 冷菜。潮式卤水拼盆要上白醋；鱼鲞类要跟米醋。② 作料菜。作料配齐后，或先上作料后上菜，或与菜同时摆上。如清蒸鱼配有姜醋汁，北京烤鸭配有大葱、甜面酱、面饼、黄瓜等作料。③ 声响菜。海参锅巴、肉片锅巴、虾仁锅巴一出锅要以最快速度端上台，随即把汤汁浇在锅巴上，使之发出响声。④ 油炸爆炒菜。凤尾明虾、炸虾球、油爆肚仁等，易变形，一出锅应立即端上餐桌，配番茄酱和花椒盐。上菜时要轻稳，以保持菜肴的形状和风味。⑤ 拔丝菜。拔丝香蕉、拔丝苹果、拔丝山芋等，为防止糖汁凝固，要托热水上，即将装有拔丝菜的盘子搁在盛装热水的汤碗上，用托盘端送上席，并跟凉开水数碗。⑥ 外包菜。采用特别工艺的泥包、盐焗、荷叶包的菜，如灯笼虾仁、荷叶粉蒸鸡、纸包猪排、叫花鸡、盐焗鸭、荷香鸡，上台让客人观赏后，再拿到操作台上当着客人的面打破或启封，以保持菜肴的香味和特色，再将整个大银盘以左手托住，由主宾开始，按顺时针方向绕行一圈，让每位客人都能看到厨师的精心杰作。⑦ 原盅炖品菜。冬瓜盅要当着客人的面启盖，以保持炖品的原味，使香气在席上散发。揭盖时要翻转移开，以免汤水滴落在客人身上。⑧ 河海鲜菜。需要用手协助食用带壳的虾类或螃蟹时，必须随上洗手盅。如贵宾式服务每人一盆洗手盅。洗手盅盛以温水，加上柠檬片或花瓣。⑨ 大闸蟹。吃大闸蟹时，必须上姜醋味碟并略加绵白糖，以利祛寒去腥，同时提供蟹钳。吃完大闸蟹后为每位客人上一杯糖姜茶暖胃。备洗

手盅和小毛巾，供食前餐后洗手。⑩ 多汁菜。除了汤品需要使用小汤碗盛装之外，一些多汁的菜肴也需采用小汤碗，以方便客人食用。⑪ 铁板类菜。铁板大虾、铁板牛柳、铁板鸡丁等菜既可以发出响声烘托气氛，又可以保温。服务时要注意安全，铁板烧的温度要适宜，向铁板内倒油、香料及菜肴时，离铁板要近，最好用盖子半护着，以免锅内的油烫伤客人。⑫ 汤、火锅、铁板、锅仔。一为安全、二为服务方便，须在火锅、铁板、锅仔下面放置一个垫盘。

11．保持整洁

随时整理台面、撤去空菜盆，保持台面整洁美观，严禁盆子叠盆子。如果满桌，可以大盆换小盆、相似的菜点可二盆合并为一盆，或帮助分派，当然事先须征得客人的同意。

（二）分菜服务

1．分菜准备工作

（1）掌握分菜技术。了解各种菜肴的烹制方法，菜肴成形后的质地、特点，整形菜的结构特点，熟练掌握分菜技术，做到操作自如。

（2）准备分菜工具。根据不同菜点，正确选择分菜工具。分菜工具清洁、无污渍，大小适当，可事先备在餐具柜中或用托盘在上菜时托出。

（3）清洁分菜台面。认真清理、洗净、擦干工作台或餐车，保证卫生安全。

2．分菜工具与使用操作

（1）匙、筷配合。使用中餐具分菜，用于定点分菜。

（2）勺、筷配合。使用中餐具分菜，用于分汤。

（3）刀、叉、匙配合。使用西餐具分菜，用于分切带骨带刺的菜肴，如鱼、鸡、鸭等。先用刀叉剔除鱼刺或鸡鸭骨，然后分切成块；后用服务叉、匙进行分菜。

（4）叉、匙配合。使用西餐具分菜，是最常用的分菜方法与工具，用于丝、片、丁、块类菜肴分菜。服务员右手中指、无名指和小指稍加弯曲，勾着匙把的后部；也可将中指和小指放在匙的一边，无名指放在匙的另一边，三指配合夹住匙把，然后让食指垫于匙叉之间，与拇指配合捏住叉把。操作时右手背向下、掌心向上，用匙先插入菜中，同时用拇指和食指将叉、匙分开，待匙盛起菜肴后，再将叉夹紧菜肴送至餐碟。

3．分菜方式与操作程序

（1）厨房分盆。又称各客式服务，俗称"各吃""个吃"，又称"每人每（份）"。借鉴美式上菜服务的一种创新宴会服务形式。按中餐方法制作菜肴，厨师在厨房将菜肴按每人一份装盆，由服务员送给每位客人进食。适用于比较高档的炖品、汤类与羹类的上席，采用分餐制或中餐西吃的高档宴会，以显示宴会的规格和菜肴的名贵。

（2）餐桌分菜。餐桌分菜也称餐位分菜，源于俄式上菜服务。菜肴上席展介后，由服务员在餐桌上分菜。分菜具有服务的针对性和表演性，可以提升服务质量、活跃就餐气氛，适用于大圆台的多人就餐服务。分菜要做到每客数量均匀，可以一次性将菜全部分完，也可分好后盘中略有剩余，经过整形重新摆上餐桌让需要的客人自取。服务方式有以下三种。

① 单侧（左）分菜。员工左手托菜盘，将菜肴放在垫上口布的托盘上，右手用服务叉勺，侧身站在客人左边侧，左脚向前，侧身而进，腰部略弯，使餐盘与客人的餐碟相连接，以免菜汁滴洒在餐桌上。然后用右手的叉勺进行分让，将菜从客人的左边派入其餐盘中，避免托盘与匙、叉的交错。每派完一个客人，应退后两步，再转身给下一位客人服务。分菜顺序按主宾、主人，然后顺时针方向绕桌进行。

② 两侧（左右）分菜。员工站在两位客人的中间，用勺把菜均匀地分到左右两边客人的骨盆内，依此进行。因感觉缺乏个性服务，现实中较少采用此种方式分菜。

③ 转盘分菜。餐桌使用转盘可采用转盘分菜。从上菜口处将菜盘端至转盘上，示菜后从主宾位开始依次分菜。方法：a. 员工先用托盘将所有骨盆间距摆在转台四周边缘，采取单侧派菜形式，用分菜勺均匀地把菜肴分派在骨盆里，从左侧放在每位客人的看盆上。b. 采取单侧派菜形式，直接将转盘上的菜依次分派到每一客人的骨盆中。

（3）旁桌分菜。也称服务台分菜、边桌分菜，旁桌是指服务餐车或工作台。菜点从"上菜口"按要求上菜、示菜并报菜名，经客人观赏后将菜撤下，由服务员在旁桌上将菜点分盆后上席。

① 单人分菜。员工手持分菜工具，快速、均匀地将菜肴按份分派到每个餐盆或汤碗中，然后再装入托盘托送至餐桌，按先宾后主的顺序依次从宾客的右边送到每个客人的面前。分菜时让大部分客人或至少主人能观赏分菜艺术。多余的菜肴经过整形后重新摆上餐桌让客人自取。

② 双人分菜。由两位服务员同时操作合作分菜，常用于高档宴会服务。分菜员站在定点的位置，左手拿银器汤勺，右手用筷子把菜挟在汤勺内为客人分菜；另一服务助手先撤下前一道菜的脏盘，然后递上骨盆，把菜放在骨盆内，从客人右侧将菜肴送在客人面前。

（4）公具取菜。就餐者使用席上公共餐具自行取菜。筵席上备有公筷、公勺，上菜后，由客人用公筷、公勺把菜点挟到自己个人使用的骨盆内，然后换成自己的筷、勺用餐。自助餐、套餐、快餐都属于此类方式服务方式。

4. 分菜顺序

从主宾位开始，然后按顺时针方向依次为主人、第二主宾等所有客人进行服务。

5. 分菜要求

（1）清洁卫生。员工手部与餐具保持高度卫生，不得将掉在桌上的菜肴拾起再分给客人；手拿餐盆的边缘，避免污染。分菜时留意菜的质量和菜内有无异物，及时将不符合标准的菜送回厨房更换。若发现台面上滴留汤汁或食物，用湿抹布擦拭干净。

（2）动作利索。在保证分菜质量的前提下，以最快的速度完成分菜工作。分菜时，一叉一勺要干净利索，切不可在分完最后一位客人时，菜已冰凉。

（3）分量均匀。估计每位客人所分菜量，宁可起先少分一点，以免最后几位不够分配。分完后，菜肴略有剩余 1/10，稍加整理餐盘，把叉匙放在骨盘上，待客人用完时自行取用或是由服务人员再次服务。一次分不完的菜或汤，主动进行第二次分让。有两种以上食物（如大拼盘或双拼盘）的菜肴，分菜时须均匀搭料。

（4）跟上作料。如有需要作料的菜肴，分菜时要跟上作料，并略加说明。

（5）注意反应。分菜时应留意客人对该菜肴的反应，是否有人忌食或对该菜肴有异议，并立即进行适当处理。

（6）抓紧服务。分完一道菜后，抓紧时间做斟酒、换烟灰缸、收拾工作台等服务工作，不能一味站着等下一道菜。

6. 特殊菜肴分菜操作程序

（1）名贵菜肴。鱼翅是高档次的一道佳肴。通常，一盘鱼翅仅有上面一层为鱼翅，下面一层则为配菜。分鱼翅时，不可将鱼翅跟配菜打散，否则会造成有些客人鱼翅分得多，有的客人连一点都没分到。首先将垫底配菜分在每位客人的碗底，然后再将鱼翅分在配菜上。尽可能先少量地分配，如果尚有剩余再平均分配。等到积累经验后，即可在汤勺上一次完成配菜与鱼翅的分配。

（2）全鱼菜肴。转盘上准备两个骨盘，一个摆放餐刀及服务叉匙，一个用来放置鱼骨头。将菜肴按规范上席展示介绍后，使鱼头朝左、鱼腹朝桌边进行分菜。首先，用餐刀切断鱼头及鱼尾，接着沿着鱼背与鱼腹最外侧，从头至尾切开鱼的皮与鳍骨，然后再沿着鱼身的中心线，从头至尾深割至鱼骨。切完后，用餐刀及服务叉将整片鱼背肉从中心线往上翻摊开，再将整片腹肉往下翻摊开，至此即可很容易地将餐刀从鱼尾断骨处下方插入，慢慢地往鱼头方向切入。在餐叉的协助下，将整条鱼骨头取出放在旁边的骨盘上，然后在鱼肉上淋上一些汤汁，再把背肉和腹肉翻回原位即成一条无骨的全鱼。一切就绪后，将转盘轻轻转到主宾前面，开始使用服务叉匙分配。

（三）席间服务

【案例 7-6】宴请香港足球队[①]

1985 年 5 月 19 日，中国队与中国香港队在北京争夺世界杯足球赛小组出线权，结果中国队以 1:2 输了。这场球输得很窝火，有少数球迷闹事，酿成了"5·19"事件。当时，此事给国家、给体委造成了尴尬被动的局面。次日晚上，国家体委在仿膳饭庄宴请香港

---

① 资料来源：张永宁. 饭店服务教育案例[M]. 北京：中国旅游出版社，1999.

足球队，有挽回影响之意。在接待过程中，我们的服务员虽说也很爱看足球，对这场球输了也憋着火，但服务员没有把这种感情带入服务中，而是比平常更为热情地投入服务。服务员微笑相迎，请他们入座、递小毛巾、敬茶，热情而周到。而一进门就沉着脸的香港队员甩出一句"我们自己带茶叶了!"服务员碰了软钉子，一点不恼，微笑着说："那好，我帮您泡茶吧。"席间宴会气氛十分沉闷。国家体委的同志就昨晚事件道了歉，但气氛仍没有多大改变。菜一道道上来，服务员按规范斟酒、布菜，介绍每道菜的典故。当介绍完"肉末烧饼"的典故，又灵活地补充说："当年慈禧太后吃肉末烧饼圆了梦，说是有福气。你们踢球赢了，也是很有福气的。"香港教练反问道："我们赢了，你们不高兴吧?"服务员反应很快，立即答道："我们都是炎黄子孙，谁赢了我们都高兴。"顿时，客人笑了，主人也乐了，气氛立时缓和了下来。服务员又趁热打铁说："祝你们吃了肉末烧饼后，再打胜仗，冲出亚洲走向世界，为咱们炎黄子孙争光!"服务员真诚自然的话语，周到灵活的服务，活跃了气氛，和谐了关系。宴会结束后，国家体委领导称赞服务员水平高，巧妙地帮助解决了难题，再三表示感谢。

1. 撤换餐具

为保证宴会服务质量，显示服务的优良和菜肴的名贵，突出菜肴的风味特点，保持桌面卫生雅致，使宾客就餐方便、舒适，在客人用餐过程中，席间需要多次撤换餐具。撤换餐具应严格按照"右上右撤"的原则，站在客人右侧操作，右手操作时，左手要自然弯曲放在背后。按服务顺序撤换，不能跨越递撤。摆放餐具要轻拿轻放。

（1）撤菜盆。及时收撤空菜盆，尤其是在上新菜之前。撤换餐盘需在客人将盘中食物吃完后方可进行，如宾客放下筷子而菜未吃完时，应征得客人同意后才能撤下。如餐桌上菜盆过多，而客人又要求保留未吃完的菜肴时，可为客人分菜、并盆或换小盆。

（2）换骨盆。① 更换时机。一般宴会换骨盆次数不得少于 3 次，高档宴会每一道菜都必须更换。② 必须更换骨盆的情形。吃过冷菜换吃热菜时；上翅、羹或汤之前，上一只小汤碗，待客人吃完后，送上毛巾，收回汤碗，换上干净餐碟；装过鱼腥味食物的骨盆，吃完带骨的食物后，再吃其他类型菜肴时；吃汁芡各异、味道有别的菜肴时、吃完辣菜时；在上甜菜、甜品之前应更换所有的餐碟和小汤碗；出现骨盆洒落酒水、饮料时；上水果之前，要换上干净的餐碟和水果刀叉；残渣骨刺较多及有其他脏物，如烟灰、烟蒂、废纸、用过的牙签的餐碟，要随时更换；客人失手将餐具跌落在地时要立即更换；客人提出要求后，都需要及时更换。③ 操作要求。使用托盘放置替换的新骨盆，更换时要边撤边换，撤、换交替进行。撤旧骨盆时，应先将残物倒在另一骨盆内，方可与其他骨盆叠起，否则容易因倾斜而跌落。如有客人将筷子、汤匙放在骨盆上，在换上干净的骨盆后，要将筷子、汤匙按原样放回骨盆上。必须更换好全桌宾客骨盆后，才可继续上下一道菜。

（3）上汤碗。如果下一道菜为汤品时，需先将小汤碗整齐地摆放在转盘边缘，然后才上汤，并进行分汤的服务。

2．更换小毛巾

（1）更换时机。客人刚到时、上第一道菜时、上需要用手取食的菜肴时、上海鲜类菜肴时、上甜品时以及客人离席归来时均需更换毛巾。换毛巾次数根据客人及菜肴种类的需要而定。

（2）操作要求。小毛巾冬天要热的，夏天要温的。递送毛巾时，可用专用的毛巾托盛放毛巾，放于每位宾客餐位的左侧；或用毛巾夹将毛巾直接递送到宾客手中。用过的毛巾要及时收回，以免弄湿台布等。

3．吸烟服务

根据文明就餐、公共场所禁止吸烟的规定，酒店取消了这项服务。如特殊情形允许客人吸烟时，要主动为客人点烟，并准备烟灰缸。

（1）点烟服务。① 用打火机点火。在客人右后侧，用右手握住打火机，拇指按住打火机开关，在客人侧面将打火机打着火，检查火焰大小适当后再递送过去。② 用火柴点火。为尊重客人与安全，划火柴的动作方向应向内划向自己一边，不允许对着客人方向往外划。无论哪种点烟方式，点燃一位客人香烟后，应熄灭火焰，再为另一个客人重新打火点烟，绝不能用一个火苗为两位甚至多位客人点烟。

（2）更换烟灰缸。① 及时更换。在吸烟区域或特殊情形，要观察吸烟客人的周围有无烟灰缸，如无烟灰缸就应及时送上。烟灰缸内应始终保持清洁，如缸内已有两个以上烟蒂或其他杂物时就应及时更换。② 操作规范。准备两个干净的、消过毒的烟灰缸，放入托盘中。左手托盘，站在客人的右侧，示意客人，右手从托盘中取出一个干净的烟灰缸，盖在台面的脏烟灰缸上，用食指压住上面的干净烟灰缸，用拇指和中指夹住下面的脏烟灰缸，把两个烟灰缸一同撤下放入托盘中，再将托盘中另一个干净的烟灰缸放在原来烟灰缸的位置。这样可以避免烟灰飞扬，污染菜点或落在客人身上。如所更换的烟灰缸中还有半截正在燃烧的香烟时，需先征询客人是否可以撤换掉。

4．酒水服务（详见本项目酒水服务的内容）

5．加菜服务

仔细观察、及时了解客人是否需要加菜，了解客人加菜的原因（所点的菜肴不够吃，想将菜肴带走，对某一道菜肴特别欣赏，想再吃一次，对某道菜肴不满意或是点错了），主动介绍菜肴，帮助客人选择菜肴，根据客人的需要开单下厨。

6．水果服务

清理台面，除留下酒水杯外，把餐台上的残菜盆撤净，将吃菜点用的骨盆、小汤碗和酱油碟、小汤碗、小汤勺、筷子、银勺、筷子架全部撤下，做简单的餐台清理。根据不同水果，提供相应的水果刀、叉，上水果盆。如是各吃，将水果盘从客人右侧放在看盆上。待客人用完水果后，从右侧将水果盆、水果刀叉、垫碟一同撤下。用完水果后，擦净转台，重新摆上鲜花，以示宴会结束。

7. 其他服务

如客人暂时离席，应主动拉椅，餐巾叠好放于餐位旁。客人上洗手间归来后，为其更换毛巾。其他如更换客人不满意的菜品、回答客人问话、为客人提出建议等服务。

【案例7-7】海底捞富有人情味的服务[①]

在海底捞，你真的可以体会到富有人情味的服务。酷暑的夏日里，若中午到店，下车时不免被阳光暴晒，海底捞的员工会在第一时间给你送上阳伞，护送你进入门店内。人多等座时，海底捞为你准备好了各项活动：嗑嗑瓜子，吃点儿虾片、点心和水果，喝点豆浆、柠檬水、薄荷水等饮料；女士顺便美美指甲，男士趁机擦擦皮鞋；还可下下跳棋、打打牌，免费上网冲冲浪，等待时间似乎转瞬即逝。入座后，殷勤的服务员会帮你把手机装到小塑料袋内以防进水，会给长头发的女士提供橡皮筋和小发夹，为戴眼镜的朋友送来擦镜布；如厕洗手后，会有服务员呈上纸巾……带孩子来就餐的父母不必担心淘气的孩子，因为这里有儿童天地，可以尽情玩耍。就餐时，能看到服务表演，厨师的甩面功夫自不必说，连服务人员擦桌子都像是一种艺术表演。所有的服务员都面带微笑并以饱满的精神状态投入工作，以自己的快乐传递并点燃了客人的快乐。显然，海底捞吸引顾客到来的不仅仅是味道，更是细致新颖的服务。在大众点评网、饭统网等著名餐饮网站上，海底捞一直牢牢占据"服务最佳"榜单的前列，甚至让跨国餐饮巨头百胜也放下姿态观摩请教，组织200名区域经理到海底捞参观取经，事实上，百胜旗下的必胜客和肯德基已经是餐饮业界管理的典范。

模块二　西式宴会服务设计

任务一　西式宴会服务方式

（一）西式宴会服务类型与特点

1. 法式服务（餐车服务、手推车服务）

（1）炫耀豪华。源于欧洲贵族家庭与王室的贵族式服务，用于高档西餐零点用餐。

---

① 资料来源：罗旭华，王文惠. 餐饮企业品牌经营 [M]. 北京：高等教育出版社，2010.

环境幽雅，设施豪华，讲究礼仪，服务周到，节奏较慢，费用昂贵。摆台严格按客人所点的菜肴配备餐具，吃什么菜肴用什么餐具。餐具全部铺在餐桌上，右刀左叉，勺与点心叉、勺放在上面，按上菜的顺序从上到下、从外到内地摆放，有几道菜点，就上多少套餐具。

（2）桌边烹调。每道菜的最后加工，或简或繁，都必须在宾客餐桌边完成。菜肴在厨房进行半加工后，用银盘端出，置于带有加热装置的餐车上，由首席服务员当着客人的面进行分切、焰烧、去骨、加调味品及装饰等，烹制过程能让宾客享受到精致的菜肴、优雅浪漫的情调和出色的操作表演。每道菜的加工方法不同，头道冷菜是在现场加调料，搅拌后分到每个餐盆中，一起派给客人；主菜是厨房加工完后，在现场进行分割，再派给客人；甜品是加工成半成品后，在客人面前进行最后加工完成的。

（3）双人服务。首席服务员主要负责点菜、桌边烹调、桌面服务和结账，助理服务员负责传菜、上菜、收撤及协助首席服务员。员工技艺精湛，受过严格的专业训练；着装规范，穿标准的小燕尾服套装，并佩戴白手套。除了面包、黄油、配菜外，菜肴与酒水服务用右手从客人的右侧送上并从右侧收撤。调味汁和配料可从客人左侧进行收撤（但鲜胡椒必须从客人右侧进行收撤），并要说明调味汁和配料的名称，询问客人调味料放在盘中的位置。

（4）酒水专司。有专职酒水服务员，使用酒水服务车，按开胃酒、佐餐酒、餐后酒的顺序依次为客人提供酒水服务。

（5）服务特点。节奏缓慢的豪华式个性化服务，服务具有"表演性"。员工所服务的客人较少，专业要求高，服务进程很花时间。餐具贵重投资大，员工人工成本和培训费用高。因需要餐车和小圆桌服务，餐厅服务面积较大，空间利用率与座位周转率都较低。

2. 俄式服务（大盘服务）

（1）银盘服务。源于沙皇宫廷与贵族的豪华服务，渐为欧洲其他国家用于高档西餐宴会。采用银质餐具，装饰非常精美。一道菜肴在厨房烹制好，美观地放入大银盘内并加以装饰，由服务员递送到餐厅。服务员左手垫餐巾托起大银盘，右臂下垂，呈优雅姿势进入餐厅。也有一人拿主菜，另一人拿蔬菜，鱼贯进入餐厅。

（2）单人分菜。俄国式的摆台和法国式相同。服务员放低左手托盘，向主人客人展示菜肴，同时报出菜肴名称，随后右手拿叉勺，站在客人的左边，先女宾，后男宾，最后是主人依次为客人分派。服务台有保温设备，热菜上热盘，冷菜上冷盘。斟酒、上饮料和撤盘则都在客人右侧操作。派分食物从客人的左侧按逆时针方向进行。

（3）两次分菜。第一次分菜保证每位客人的菜肴基本相同；保持盘内剩余菜肴的美观。第二次只分给需要添菜的客人。两次分派完成后，盘内只能剩下少许菜肴，并及时送出餐厅。

（4）服务特点。讲究礼节，风格雅致，服务周到；表演较少，费用较少，节省人力；服务效率高，服务速度快；餐厅空间利用率较高，为客服务较多；按客人需求派菜，浪费较少。银质餐具投资较大，当每个客人点不同菜品时，所需的银盘数量较多；分菜时，最后一位客人只能从余下的不太完整的菜品中择其所好。俄式服务是目前世界上所有高级餐厅中最流行的服务方式，因此也被称为国际式服务。

3. 英式服务（家庭式服务）

（1）私人家宴。起源于英国维多利亚时代的家庭宴请，是一种非正式的、由主人在服务员的协助下完成的特殊筵席服务方式。私人宴请中采用较多。家庭气氛活跃，客人感到随意。各种调味汁和一些配菜摆放在餐桌上，由客人自取并相互传递。客人像参加家宴一样，取到菜后自行进餐。这种服务方式可节省人力成本。

（2）主人服务。服务员从厨房拿出大盘菜品和加热过的餐盘，放于坐在筵席首席的男主人面前，由男主人亲自动手切开肉菜分夹到每个餐盘，女主人负责蔬菜、其他配菜与甜点的分配及装饰。服务员充当主人助手的角色，负责摆台、传菜、清理餐台等服务。

（3）服务特点。讲究气氛，节省人工，但家长式味道太浓，服务节奏较慢，客人得到的周到服务较少，在大众化的餐厅已不太适用。

4. 美式服务（盘式服务）

（1）各客装盘。厨师根据订单制作菜肴，菜食在厨房内装盆，每人一份，由服务员直接端盘（可采用三盘端盘技巧）送进餐厅。如是小型家庭式宴会，主菜的量上得较少，厨房装盆后多余的主菜，另装在一个大盆中，放在色拉台上让客人自行添加。

（2）快捷方便。不做献菜、分菜的服务，服务快速、迅捷、方便，易于操作，不太拘泥形式，同时可服务多人。服务简单容易学习，不需要熟练的员工，不需要昂贵的设备，人工成本低。原来遵循菜品左上右撤、酒水右上右撤原则，为避免在客人两侧服务过多而打扰客人，现全改为右上右撤。

（3）服务特点。起源于美国餐馆，只适用于中低档的西餐零点和宴会用餐。这种服务方式缺乏亲切、细腻和个性化，不太适合有闲阶层的消费者。对员工而言，技术要求相对较低；对企业而言，人工成本较为节省。目前，国内高端中式宴会服务常采用盘式服务的各吃。

（二）西式宴会服务特色与中、西式服务对比[①]

（1）尊重客人。西式服务中任何服务都须征求并服从客人的选择，如牛排需加工到

---

① 资料来源：王大悟. 饭店管理 180 个案例品析[M]. 北京：中国旅游出版社，2007.

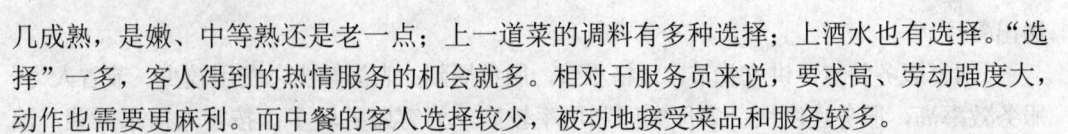

几成熟，是嫩、中等熟还是老一点；上一道菜的调料有多种选择；上酒水也有选择。"选择"一多，客人得到的热情服务的机会就多。相对于服务员来说，要求高、劳动强度大，动作也需要更麻利。而中餐的客人选择较少，被动地接受菜品和服务较多。

（2）知识技能。西式服务对服务员的知识和技能要求高，服务难度大。以酒水来说，中国仅白酒、黄酒、葡萄酒几大类，而西餐市场上流行的酒有三千多种，什么菜配什么酒都有讲究，从开瓶、掀瓶、用杯到斟酒的姿势和深浅都各不相同。如白葡萄酒要当场开，红葡萄酒要提前半小时开，让酒中微生物与空气接触，产生第二次化学反应，味道更醇。中餐就简单得多，大多数场合一句"满上"可以解决所有问题。中餐配调料，无非酱油、醋等有限的几种。有名的涮羊肉，虽然有几十种调料，但事先调好，对服务员来说，只是"一种"或"几种"而已。而西餐每道菜都配调料，如上大马哈鱼，要给客人上芥末、黑胡椒、柠檬、小洋葱等的专门配料。从更高要求看，说西餐服务员相当于半个厨师决不过誉。正规的法式扒房，服务员要掌握面对客人切、煎牛排，做沙律，自制甜品的技能。

（3）标准规范。西式服务标准化、规范化程度高。4位客人就是4人台，8位客人就是8人台，无论客人多少，每位客人占有桌面的宽度是一样的。不像中餐圆台，10人一桌可挤到12人，也可减到8人。奥林匹克大赛中比赛斟酒，西餐出身的服务员走3步倒一杯酒，步法一点不差；而从中餐转行西餐服务的员工，没有精确走步的习惯，不是走步过头就是走步不够，影响服务质量。茶是中国人最常喝的饮料，但茶的沏泡方法却从未有过标准。西方酒店沏红茶用漏格、勺子量出茶叶用量或用袋泡茶。一壶一沏，倒光了再新来一壶。

（4）注重服饰。西式服务讲究服装的多样性、整洁性，白天的服装与晚上的服装有严格的区别，服务员每开一顿饭必须换一次衣服。服务员养成了定期换衣洗衣的好习惯。中餐服务服饰虽也不错，若细看整洁性就差远了，大大影响了酒店文明。

【案例7-8】致词时有菜端出

某四星级酒店里，富有浓烈民族特色的宴会厅热闹非凡，可以容纳三十余张圆桌的空间座无虚席，主桌上方是上书"庆祝×××（集团）公司隆重成立"的宴会横幅，赴宴的都是商界名流。由于人数多、品位高，餐厅上自经理下至员工早就忙坏了。上午起，员工即开始更换地毯、检查电器设备、布置环境、放置花篮、添加移动无线电话、安排录像等。宴会前30分钟，所有服务员均到位。宴会开始，一切正常进行。值台员送菜、报菜名、派菜、递毛巾、倒饮料、撤菜盘，秩序井然。按宴会议程，上完"红烧海龟裙"后，主人与主宾要讲话。值台员早已接到通知，给每位客人的杯子里斟满了酒和饮料。主人和主宾离开座位，款款走到话筒前，一位英俊的男服务员站在离话筒几步之处，手中托着一只垫有小毛巾的圆盘子，盘子上有两只斟满酒的杯子。主人和主宾简短而热情的讲话结束准备祝酒，男服务员及时递上酒杯，正当宴会厅内所有来宾站起来举杯祝酒时，厨房里走出一列走菜员，手中端着刚出炉的烤鸭，向各个不同方向走去。主宾不约而同地把视线朝向这支移动的队伍，热烈欢快的场面就此给破坏了。主人不得不再次提议干杯，但气氛已大打折扣。

（资料来源：蒋一骢. 酒店服务 180 例[M]. 上海：东方出版中心，1996.）

任务二　西式宴会服务流程

（一）西式正式宴会服务流程与规范

1. 宴前准备

（1）明确任务。召集员工会议，布置任务，明确工作职责、要求、规范和注意事项。落实员工分工，两人为一组，一人负责前台，一人当助手，始终保持前台服务区域内至少有一人值台，不会出现"真空"现象。服务人员应戴白手套，做到制服整齐，仪容大方。了解宴会举办单位、宴会规格、标准、参加人数、进餐时间、来宾国籍身份、宗教信仰、饮食习惯和特殊要求、是否 VIP 客人等信息。

（2）掌握信息。① 宴会菜单。了解宴会菜单内容，了解菜肴结构，熟悉食品原料知识。② 烹调方法。了解每道菜肴的烹调方法与特点。③ 烹制时间。菜肴烹制时间取决于厨房设备、菜肴本身烹制时间及加热方法。正确掌握烹制时间，可控制宴会上菜速度。有些预制食品菜肴可事先烹制好，上席前只需在微波炉中加热即可。常见菜肴烹制时间：鸡蛋：沸水下锅 10 分钟；鱼：10～15 分钟；牛排：（一英寸厚）半熟 10 分钟、适中 15 分钟、熟透 20 分钟；羊肉排：20 分钟；猪排：15～20 分钟；野味：30～40 分钟；炸鸡：10～20 分钟；蛋奶酥：35 分钟。④ 配料调味。鱼菜配 V 形柠檬片；鱼和海鲜类配鞑靼调味汁（含有捣碎的熟蛋黄、碎酸菜、橄榄油、干葱粒等）；汉堡包配番茄酱和泡菜；牛排配牛肉酱汁；热狗配芥末汁酱；土豆薄煎饼配苹果酱；薄煎饼配糖浆、蜂蜜；色拉配调味汁（3 种以上供选择）；面包配黄油；烤面包配黄油、果酱；汤配咸苏打饼干；龙虾配澄清的黄油；烤鸭配薄饼、葱和甜酱；煎炸的鸡鸭配椒盐和番茄酱；主菜配欧芹以增加色彩；咖啡配牛奶和糖；茶配柠檬切片和糖；螃蟹、龙虾等配洗手盅（倒入 5 成温水，放入少许柠檬片、菊花瓣）等。

（3）布置餐厅。宴会最好在单厅举行，以利服务工作和安保工作。认真做好宴会厅、过道、楼梯、卫生间、休息室等处的清洁卫生。仔细检查办宴场所的家具与设备，如发现问题，要及时整修或调换。按"宴会通知单"要求进行陈设、墙饰、绿化装饰。

（4）备餐具柜。餐具柜用于储藏服务设备，放在靠近宴会区的地方，便于取用。开宴前，服务员将各种餐具、调料和服务用品领来储存在餐具柜中。收台时，把换、收回的脏餐具放在托盘里暂时搁在餐具柜上，由助手负责送到洗涤间。

（5）备齐餐具。根据菜单准备每客必用餐具，按占总数 1/10 餐具量备用，口布按客数准备，小毛巾按每客 2 条准备，牙签等物按 4 客 1 套准备，台布、鲜花或瓶花按宴会台数准备。备好餐盘、底盘、面包盘、大小托盘、特种菜的餐具和用具，如柠檬压汁器、吸管、海味叉等，备好饮料杯、杯垫等。糖罐、盐瓶、胡椒盅擦净装满。备好服务托盘，新鲜咖啡壶、茶壶及加热器，冰壶和冰块夹，火柴，筵席菜谱以及儿童用的桌垫、围嘴和。

（6）准备酒水。领取、配对好酒水，如要举办宴前酒会，准备好足够的酒水和其他饮料，准备好开水，调制好鸡尾酒、多色酒。瓶装酒水要逐瓶检查质量，并将瓶身揩干净。需冰镇的酒水要按时冰镇好。准备红酒篮，并将红酒提前半小时打开，斜放在酒篮中，使其与空气接触。备好咖啡保温杯、冰桶，放在各服务区。

（7）准备食品。准备好足够的开胃品、新鲜面包、面包篮、黄油、果酱等，开席前10 分钟，把面包及黄油、果酱摆放在面包篮、黄油碟中，有每人一盘，也有集中摆在餐桌上，由客自取或由服务员分派。茶、烟、果按宴会标准领取。水果新鲜饱满并洗涤干净，需去皮剥壳的要准备好工具。准备好色拉油和其他调料，按菜单配制辅助作料。

（8）摆餐桌椅。检查餐桌椅子的稳固性，用在清洁剂和温水溶液里浸泡过的抹布擦洗干净。台型布置采用长桌形式，根据人数和来宾情况以及餐厅的面积和设备进行设计。美观适用，左右对称，出入方便，有整体感。编制每席台号，划分餐桌区域。

（9）铺餐台布。先用毡、绒等软垫物按台形的尺寸铺垫台面，用布绳扎紧后再铺筵席台布。台布尺寸合适，颜色有白、黄、粉红、红和红白格子色，以白色最为普遍；一场宴会只选用一种颜色的台布，配以其他辅助色彩给予点缀。规格为圆桌台布和方桌台布，方桌台布以每边下垂约 40 厘米为宜，台布的边正好接触到椅子的座位；圆桌台布四角下垂部分相等且正好盖住桌子的四脚；由数块台布拼铺的长台面，应从内往外铺设（使客人一进门时看不到接缝，台布的接缝要错开主宾就餐的台面）。台布要平整美观。铺台布时宜两人合作。

（10）摆放餐具。按宴会菜单要求摆放垫盘、骨盆、餐刀、餐叉、特种餐具、餐巾和玻璃杯等。餐具摆法取决于宴会采用何种服务方式和筵席菜点。摆台时要用干净的托盘端出餐具，不能图省事而用手抓或用洗涤筐盛装。盆碗要拿其边沿，杯要拿底部或杯脚，刀、叉、勺要拿把柄。同时检查餐具，把破损的、不干净的餐具挑出来，退回洗涤间。酒杯在宴前应倒扣在台上，但台布和垫子要干净；开宴前，再把杯子正过来。

（11）全面检查。宴会主管在各项工作准备就绪后，应进行全面检查，包括清洁卫生、环境布置、席面布置、物品准备、服务员仪容仪表等。

2．宴前服务

（1）迎候宾客。开宴前，主管应带领迎宾员提前在宴会厅门口迎候来宾。见客热情欢迎，主动招呼问好，迅速引领、安排客人到自己座位就座。控制好客流量，避免客人堵塞大厅与通道。贵宾先引领到休息室提供茶水或餐前鸡尾酒服务。遵守"先主宾、后随员，先女宾、后男宾"的服务顺序。

（2）宴前鸡尾酒会。在宴会厅的一侧或另外的休息室先举行半小时至一小时的餐前酒会，让客人互相问候、认识交流。厅内摆设小圆桌或茶几，备几种干果、鸡尾酒和其他饮料，服务员用托盘端上鸡尾酒、饮料，巡回服务。鸡尾酒从宾客右边送上。高级西餐厅在鸡尾酒服务前先供应一份清汤，其作用是保护胃壁，减少酒精刺激。如无清汤供应，可供应冰水。与此同时，另一名服务员开始送面包、黄油，面包、黄油碟摆放在宾客左首。

（3）接挂衣帽（详见本项目中式宴会服务的内容）

（4）引宾入席。值台服务员应精神饱满地站在餐台旁，宴会开始前请宾客入宴会厅就座，遵循"先宾后主、女士优先"的原则，帮助客人拉椅入座。为客人铺上餐巾、倒冰水。

3. 席间服务

（1）出菜服务。当宾客到齐后，主管应主动询问主人是否可以开席，经主人同意后立即通知厨房准备上菜。按照宴会进程，遵守厨房出菜秩序出菜，特殊情况与厨师长商量。同时举办几场宴会，由厨师长给厨师统一分配任务，采用多种方法控制出菜速度。出菜时应根据菜单核对菜肴，不要拿错菜肴；发现菜肴有问题，自己又拿不准时，应请示厨师长；走菜要保持平稳，将菜盘平稳地摆到托盘上，端送至餐厅，防止汤汁外溢；留心周围情况，以免发生意外。为避免发生事故，宴会厨房分设进出两扇门。

（2）酒水服务。详见本项目酒水服务的内容。

（3）冰水服务。在西方，人们饮用冰水已成习惯，在筵席中冰水尤其不可或缺。冰水服务的程序及要求：先冷却矿泉水，使其温度达到 4℃ 左右；将玻璃水杯预凉；如是瓶装矿泉水，要当着客人面打开、倒入杯中，由客人决定是否要加冰块或柠檬片；用冰夹或冰勺将冰块盛入玻璃水杯中（绝不能用玻璃杯代替冰夹、冰勺到冰桶里取冰）；将盛有冰块的水杯放在客人桌上，再用装有冰块的水壶加满水，或者先加满水，再将水杯服务给客人；水壶中常保持有冰块和水，便于需要时随时取用；保持水杯外围的干净，避免提供微温、浑浊的冰水；提供冰水时可用柠檬、酸橙等装饰冰水杯；冰水应卫生，以确保客人健康。

（4）台面服务。① 同步上菜、同步撤盘。大型宴会，以桌为单位，同一种菜品要同时上桌，一起撤盘。撤盘时要留意客人餐具摆放，如果将刀叉并拢放在餐盘左边（或右边）或横于餐盘上方，表示不再吃了，可以撤盘；如果呈八字形搭放在餐盘的两边，则表示暂时不需撤盘。用右手从客人的右边撤盘，然后绕桌按逆时针方向顺序从每位客

人的右边进行。小型宴会，需等到所有客人都吃完后，才可以收拾残盘。② 保持清洁。拿餐具时，应手拿刀叉的柄或杯子的底部，更不可与食物碰触。餐桌上摆设的胡椒罐、盐罐或杯子等物品要保持干净。上菜时需注意盘边是否干净，若不干净，应用服务巾擦干净后，才能上席。撤盘时不要在餐桌上刮盘子里的残羹剩菜，或者将盘子堆放在餐桌上。收下的餐具要收拾到服务台上的托盘里，操作动作要轻。③ 保持温度。盛装热食的餐盘需预先加热才能使用，加盖的菜肴等上桌后再打开盘盖。因此，服务用的餐盘或咖啡杯必须存放在具有保温功能的保温箱中，而冷菜类菜肴绝对不能使用保温箱内的热盘子来盛装，以维持菜肴应有的温度。④ 放准位置。摆设印有标志的餐盘时，应将标志正对着客人。牛排等主菜必须靠近客人；有尖头的蛋糕尖头应指向客人。⑤ 上调味酱。冷调味酱如番茄酱、芥末等由服务员准备好后摆在服务桌上，待客人需要时服务；热调味酱由厨房调制好后，由服务人员以分菜方式进行服务。服务方式应为一人上菜肴，一人随后上调味酱，或者在端菜上桌之际，向客人说明调味酱将随后服务，以免客人不知另有调味酱而先动手食用。⑥ 补置餐具。有客人用错刀叉时，也需将误用的刀叉收掉，务必在下一道菜上桌前及时补置新刀叉。⑦ 上洗手盅。凡是食用有壳类或需用手的龙虾、乳鸽、蟹虾等菜肴，应提供洗手盅与香巾，盅内盛装约 1/2 的温水，放有花瓣或柠檬片装饰，用托盘送至客人右上方的酒杯上方，上桌时稍做说明。随菜上桌的洗手盅，收盘时必须一起收走。

（5）巡视服务。开宴过程中，照顾好每一个台面的客人，各项服务均做到适时、准确、耐心，操作规范，让客人十分满意。

4. 上菜服务

（1）上菜顺序。开胃菜（头盆）—汤—色拉—主菜—甜点和水果—餐后饮料（咖啡或茶）。待客人用完后撤去空盘再上另一道菜。

（2）上菜位置。为少打扰客人和方便服务操作，大多遵从"右上右撤"（服务员用右手从客人右侧上菜、撤盘）的原则，服务方向按顺时针方向绕台进行。若从左侧服务则按逆时针方向进行。

（3）上菜要求。上菜时，盘中主料应摆在靠近客人的一侧，配菜放在主菜的上方。报菜名，介绍菜品风味与特点。餐具较热时要及时提醒客人注意。需要跟上配汁、调料时，应将其盛器放在铺有花纸垫的小碟托上，在客人右侧服务。每上一道新菜前，要先为客人提供斟酒服务，并主动征求客人意见，得到允许后撤下上一道菜的餐具。清理台面，及时摆上与新上菜点相匹配的刀叉、盘碟。上水果、甜点前，撤去酒水杯外的餐具，摆上新的餐具。服务细致，技术熟练，杜绝汤汁、菜点洒在桌上或客人衣物上的现象发生。

（4）上主食。宴会前几分钟摆上黄油，将面包放入装有餐巾的面包篮内。面包可在任何时候与任何菜肴相配，要保证面包篮内总是有面包。一旦面包篮空了，应立即续添，直到客人表示不再需要为止。从客人的左侧把面包送到客人的面包盘内。宴会中,不管面包盘上有无面包,面包盘都需保留到收拾主菜盘后才能收掉;若菜单上有奶酪,则需等到客人用完奶酪后,或在上点心之前,才能将盘子收走。

(5)上开胃菜。从客人右侧上菜,要将盘子放在客人面前看盘的中央。冷盘为熏鲑鱼、鹅肝排、鱼子酱、各式虾类等,餐盘必须事先冷冻过。

(6)上清汤或肉汁汤。上到客前正中,汤匙放在垫碟的右边。为保持温度,盛器必须加热,上席时要提醒客人小心,带盖的汤盅上席后要揭去其盖,放于托盘带走。色拉盛器一般用木制的色拉钵,用小推车推到餐台,上席后放在餐具左边,把正中位置留给主菜,因很多客人喜欢与色拉同时食用。

(7)上主菜。主菜又称大菜,是一餐主要的菜肴。餐具与主菜相对应,如吃牛排要配牛扒刀,吃龙虾要配龙虾开壳夹和海味叉,吃鱼要配鱼刀、鱼叉等。主菜摆放在餐台的正中位置,将肉食鲜嫩的最佳部位朝向客人,配有蔬菜、沙司盘放在客人的左侧。

(8)上甜点、水果。从客人右边撤下餐桌除水杯、酒杯、饮料杯以外的所有餐具。分别左右两边摆好客用甜品叉、勺。若备有香槟酒,需先倒好香槟才能上点心。甜点应从客人右手边上桌。水果要摆在水果盘里上席,同时跟上洗手盅、水果刀、叉。

(9)上饮品。先放好糖缸、淡奶壶、烟缸和火柴,有些高档宴会在餐后需向客人服务雪茄烟。每位宾客右手边放咖啡杯或茶具。上咖啡时,若客前还有点心盘,则咖啡杯可放在点心盘右侧;如点心盘已收走,可直接放在客人面前。为方便随时擦掉壶口滴液,护住热壶以免烫到客人,员工左手拿一块干净、叠好的餐巾,右手拿咖啡壶或茶壶从客人右边依次为客人斟满饮料(不要从餐桌上手拿杯具,直接斟倒饮料)。随餐服务的咖啡或茶,必须不断地供应,但添加前应先询问客人,以免造成浪费。

5.筵席收尾服务(与中式宴会收尾工作相同)

【案例7-9】热砖午宴——里兹"救驾"[①]

一天气候相当寒冷,偏巧酒店取暖设备又出了严重故障,短时间里无法修复。根据营业部门的通知,一个40人的美国豪华旅游团按计划将在中午到达酒店,经联系大巴已经出发,连更改日期的余地都没有。就在全店上下一片茫然无助之时,酒店老板里兹想出妙策,胸有成竹、从容不迫地接连不断地发出指令。他仔细审阅、调整了当天午宴的菜谱,并吩咐厨师立即准备。接着叫人准备了40块砖,把它们立即放进炉子里烘烤。吩咐服务员把小餐厅里的一张长条餐桌搬到一间小客厅里,并把客厅用红颜色装点起来。同时,又叫人把门厅里摆棕榈树的四个大铜盆取来,放进小客厅,里面装上酒精。当时,人们糊里糊涂,不知就里。中午,客人到了,立即被热情地迎到热腾腾的小客厅,装着

---

① 资料来源:饶勇.现代饭店营销创新500例[M].广州:广东旅游出版社,2000.

酒精的四只大铜盆早已被点燃，淡蓝色的火苗夹杂着酒香，令人感到格外舒适惬意，早已烤热的砖从炉中取出，用绒布包好，放在每位客人脚下当脚垫。长途跋涉使远来的客人饥肠辘辘，马上坐定开餐。餐菜则以热辣菜为主，滚烫的清汤，客人们吃得津津有味，直到离开时，也没有人注意到室内的气温。

（二）冷餐会服务流程与规范

（1）布置场地。环境布置应围绕宴会主题进行，播放背景音乐旋律要柔和，要与主题吻合。调试好主席台话筒与音响。在入口处设置主办单位欢迎的场境，摆华丽屏风，铺红地毯，聚光照明。宴会台型要突出主桌，预留通道。一般酒会的摆设，通常将餐台中央部分架高，并加上主办单位的标识及冰雕，以凸显酒会的主题。

（2）摆放餐台。食品台的摆设应方便客人迅速顺利选取菜肴，根据客人流动方向安排取菜顺序。摆设形式多种多样，除了摆设全套的自助餐台外，也可将一些特色菜分立出来，如摆设色拉台、甜品台、切割烧烤肉类的肉车等。摆台时，先在台上铺台布、围台裙，台中央可布置冰雕、雕刻、鲜花、水果等装饰物点缀，以烘托气氛，增加立体感。

（3）摆放餐桌。设座的冷餐会要摆好客用餐桌。餐桌上摆放餐刀、餐叉、汤勺、甜品叉勺、面包碟、牛油刀、水杯、餐巾、胡椒盅、盐盅的餐具。

（4）摆放菜品。根据宴会菜单摆放餐具、菜品。立式自助餐台应摆放杯具、餐刀、餐叉、餐巾等餐具，客用餐具整齐地放在自助餐台最前端。色拉、开胃品和其他冷菜放在客人首先能取到的一端，接着摆放蔬菜、肉类菜及其他热主菜，摆放时注意造型图案新颖美观。菜肴的配汁与菜肴摆在一起，热菜要用保暖锅保温。甜品、水果可单独设台摆放，也可放在主菜的后面。

（5）全面检查。宴会主管对餐前准备工作进行认真检查。服务员做好准备工作后，排队站好位，准备迎接客人的到来。

（6）餐前酒会。冷餐会开始前半小时或 15 分钟，在宴会厅外大厅或走廊为先到的宾客提供鸡尾酒、饮料和简单小吃，直到冷餐会时间将至，才请客人进入宴会厅。

（7）入座就餐。设座冷餐会，除主桌设席卡外，其他各桌用桌花区别，由客人自由选择入座。服务员为每位客人斟倒冰水，询问是否需要饮料。主办单位等全部客人就座后宣布冷餐会正式开始，致辞并祝酒。高档设座冷餐会中的开胃品和汤，由服务员送到餐桌上，面包、黄油提前派好。

（8）调制鸡尾酒。调酒员要迅速调好鸡尾酒，当客人到酒吧取酒或饮品时要礼貌地询问客人需要的品种。

（9）主动服务。服务员要勤巡视，细心观察，主动为客人服务。巡视中不得从正在交谈的客人中间穿过。若客人互相祝酒，要主动上前为客人送酒。客人取食品时，要给客人送盘，向客人推荐和分送食品。要经常注意食品台上的菜量，一旦菜肴不够，应及时通知厨房补充。要注意公用叉、勺的清洁，看到公用叉、勺沾上调味汁和菜肴，要立即更换或擦干净，以免给客人造成不卫生的感觉。自助餐台应有厨师值台，负责向客人介绍、推荐加送菜肴和分切肉车上的各类烤肉；负责及时添加菜肴，检查食品温度，回答客人提问，保持餐台整洁。

（10）分工合作。客人进餐过程中，服务员必须坚守岗位，自始至终为客人提供一流的服务。员工分成两部分：一部分继续给客人送酒、饮料及食品；另一部分负责收拾空杯碟，注意保持食品台、餐台的整洁。收撤用过的餐盘、杯具时，不要惊动影响客人，尤其应避免与客人相撞。

收尾工作与宴会服务的收尾工作相同。

模块三　宴会酒水服务设计

任务一　中式宴会酒水服务流程

中式宴会酒水服务流程是：准备酒水—准备酒具—选用酒水—开启酒瓶—斟酒服务。具体操作流程与标准可参照西式宴会酒水服务流程。

任务二　西式宴会酒水服务流程

（一）宴会酒水服务流程

1. 备酒

开餐前，按宴会酒水单从库房领取酒水，备齐各种酒水、饮料。擦净瓶身，特别是瓶口部位。观察商标是否完整。从外观检查酒水质量，若发现瓶子破裂或酒水中有悬浮物、浑浊沉淀物等变质现象，应及时调换。将酒水分类整齐摆放，按酒瓶高矮分别前后摆放，矮瓶在前、高瓶在后，既美观又便于取用。酒体绝对不许晃动，防止汽酒造成冲冒现象、陈酒造成沉淀物窜腾现象。

2. 选酒

按宴会所备品种放入托盘，先征求客人意见选用不同品牌、不同种类的酒水饮料，待客人选定后再斟。上果汁时，如为盒装果汁，为显示高贵大方，应将果汁倒入果汁壶再进行服务。如客人提出不用酒水时，应将客前的空杯撤走。

3．温酒

（1）各类酒水最佳饮用温度，如表 7-5 所示。了解各种酒品的最佳奉客温度，采取升温或降温的方法使酒品温度适于饮用。

表 7-5　各类酒水最佳饮用温度

酒　品	最佳饮用温度
白酒	中国白酒。冬天喝白酒应用热水"烫"至 20～25℃为佳，以除去酒中的寒气。但名贵的酒品如茅台、五粮液、汾酒等一般不烫，保持其原"气" 西方白酒。根据客人要求可加冰块，其余是室温下净饮
黄酒、清酒	最佳品尝温度在 40℃，这样喝起来更有独特滋味，需要温烫
啤酒、软饮料	啤酒最佳饮用温度是 4～8℃，夏天饮用可稍微冰镇一下，但不能镇得太凉。因啤酒中含有丰富的蛋白质，在 4℃以下会结成沉淀，影响感观
白葡萄酒	干型、半干型白葡萄酒的芬芳香味比红葡萄酒容易挥发，在饮用时才可开瓶。饮用温度为 8～12℃，味清淡者 10℃、味甜者 8℃为宜。除冬天外，白葡萄酒都应冰镇饮用；应采用冰块冰镇，不可用冰箱冰镇
红葡萄酒	桃红酒和轻型红葡萄酒一般不冰镇，温度在 10～14℃，鞣酸含量低的红葡萄酒 15～16℃；鞣酸含量高的红葡萄酒 16～18℃。服务前先放在餐室内，使其温度与室内温度相等。服务时打开瓶盖，放在桌上，使其酒香洋溢于室内。但在 30℃以上的暑期，要使酒降温至 18℃左右为宜
香槟酒	香槟酒、利口酒和有汽葡萄酒饮用温度为 6～9℃，为了使香槟酒内的气泡明亮闪烁时间久一些，要把香槟酒瓶放在碎冰内冰镇后再开瓶饮用

（2）酒水冰镇（降温）或温烫（升温）方法，如表 7-6 所示。

表 7-6　酒水冰镇或温烫的方法与流程

方　法	流　程
冰块冰镇	餐桌一侧准备好冰桶架，上置冰桶，桶中放入各占一半的冰块与冷水，冰块不宜过大或过碎。将需冰镇的酒瓶斜插入冰桶中，十多分钟即可达到降温效果。用架子托住桶底，连桶送至客人餐桌边，用口布包住瓶身，以免瓶外水滴弄脏台布或客人衣物。使用酒篮服务的酒瓶，瓶颈下应衬垫布巾或纸巾。名贵瓶装大都采用这种方法
冰箱冷藏冰镇	提前将酒品放入冷藏柜内，使其缓缓降至饮用温度。在冷藏柜内，进行杯具降温
溜杯	手持酒杯下部，杯中放入一块冰块，摇转杯子降低杯温
烧煮	把酒倒入容器后，采用燃料加热或电加热
水烫	将酒倒入烫酒器，置入热水中升温；水烫和燃烧一般都当着客人的面操作
火烤	将酒装入耐热器皿，放在火上烧烤升温
燃烧	将酒盛入杯盏内，直接点燃酒液来升温，当着客人面操作
冲泡	将沸滚饮料（如水、茶、咖啡等）冲入酒液，或将酒液注入热饮料中升温

4. 准备酒杯

（1）不同酒水使用不同酒杯。各种专用酒杯会使客人感到餐厅的专业化程度和针对性服务，当然应与餐厅的档次相符。啤酒杯的容量大、杯壁厚，可较好地保持冰镇效果。葡萄酒杯用水晶或无色的玻璃制成，不要雕琢和装饰，以便更好地看到酒的颜色。选用高脚造型，转动酒杯观察时，不会由于手的温度而影响杯中的酒温，做成郁金香花型，当酒斟至杯中面积最大处时，可使酒与空气保持充分接触，让酒的香醇味道更好地挥发。烈性酒杯容量较小，玲珑精致，使人感到杯中酒的名贵与纯正。

西式宴会各类杯具容量、斟酒量及其用法，如表7-7所示。也可参照项目二酒杯的内容。

表7-7　西式宴会各类杯具容量、斟酒量及其用法

杯具适用酒类	常见杯具及名称	杯具容量	使用说明
烈酒类	净饮杯	1～2	用来盛酒精含量高的烈酒类，斟酒量为1/3杯
威士忌	古典杯、矮脚古典杯	2	杯粗矮而有稳定感；斟威士忌酒、伏特加、朗姆酒、金酒时常加冰块。斟酒量为1/3杯
饮料果汁	水杯、哥士连杯、森比杯、库勒杯、海波杯	8～16	要采用新鲜、质量较好的水果来做，且现（场）做（制作）现用。用来盛各类果汁、冰水、软饮料或长饮类混合饮料。斟水（果汁）量为8分
啤酒	皮尔森杯、啤酒杯、暴风杯	1	用来盛瓶装啤酒，它们独特的形状使人们斟酒较为容易和方便。带柄的啤酒杯又叫扎啤酒杯，用来盛大桶装啤酒。斟酒量为8分
白兰地	白兰地杯（矮肚杯、拿破仑杯）	1	不能加冰块冰镇。杯形肚大脚短，使用时以手托杯，让手温传入杯中使酒微温，以便酒香散发。一次倒酒不宜太多，斟酒量为1/5杯
香槟酒	马格利特杯、郁金香杯、浅碟香槟酒杯、笛形香槟酒杯	5～6	冰桶冰镇后饮用。马格利特杯、浅碟香槟酒杯便于客人干杯时相互碰杯；笛形香槟酒杯、郁金香杯能夸张香槟酒冒气泡的情形。斟香槟酒时分两次进行，先向杯中倒1/3，待泡沫退去后再续倒至杯的2/3处
鸡尾酒	三角、梯形鸡尾酒杯	2～3	鸡尾酒必须严格按照配方与调制方法来制作，现调现用。酒杯高脚，以避免手温传到酒杯影响酒的口感。斟酒量为2/3杯到8分
利口酒雪利酒	利口酒杯	3～4	用来盛餐后饮用的甜酒或喝汤时配的雪利酒。斟酒量为2/3杯
酸酒	酸酒杯	4～6	杯口窄小而身长，杯壁为圆桶形，专用来盛餐后饮用的酸酒。斟酒量为2/3杯
葡萄酒	红葡萄酒杯 白葡萄酒杯	4～5	红葡萄酒杯比白葡萄酒杯大。红葡萄酒杯斟酒量为1/2杯，白葡萄酒杯斟酒量为2/3杯

续表

杯具适用酒类	常见杯具及名称	杯具容量	使 用 说 明
咖啡	咖啡杯	每杯标准 11g	冲煮咖啡浓淡要适宜，冲泡时间要尽可能短；煮咖啡的温度应在 90～93℃，煮好后应使用陶瓷的咖啡杯来装，并马上给客人送去
茶	茶具、茶杯		泡茶茶具在使用之前要洗净、擦干；茶叶冲泡时 8 分满即可；当杯中水已去一半或 2/3 时要给客人添茶水；服务员看到客人将茶壶盖半搁在茶壶上时，应及时向茶壶内加热开水

备注：杯具容量单位为盎司（1 个液量盎司=28 毫升；1 厘升=10 毫升）

（2）安全卫生。清洗酒杯要用温水，不用或少用洗涤剂，擦拭酒杯时先把杯子在开水的蒸汽里蒸一下，然后用干净餐巾裹住杯子里外擦拭，直至光亮无瑕为止。擦干的杯子要立放或倒挂起来，不能染上其他气味。摆台前应仔细检查每一只酒杯的清洁卫生。

5．示酒

（1）规范。宾客点用整瓶酒后，从吧台取来瓶酒时应使用托盘（酒瓶立式置放）或特制的酒篮（酒瓶卧式置放，冰桶冰镇）。在酒瓶下垫一块干净的餐巾。员工站立在客人的右侧，左手托瓶底，右手扶瓶颈，酒标朝向客人，让客人辨认、确定。若客人不认同，则去酒窖更换酒水，直到客人满意为止。

（2）作用。对客人的尊重。核实有无误差、避免差错。证明酒品的可靠性。增添餐厅宴会气氛。标志服务开始。

6．开启酒瓶

（1）开启工具。酒瓶封口有瓶盖和瓶塞两种，开瓶器有开起瓶塞用的酒钻和开瓶盖用的启盖扳手。酒钻螺旋部分要长（有的软木塞长达 8～9cm）、头部要尖，不可带刃以免割破瓶塞。

（2）开启方法。各种瓶酒都要当着客人的面开启。瓶酒开启后，一次未斟完，瓶可留在桌上，放在客人的右手一侧。

① 葡萄酒。开瓶前，用洁净的餐巾把酒瓶包上，持瓶向客人展示。先用酒刀切掉瓶口部位锡纸，揩擦干净瓶口。将瓶放在桌上，将酒钻慢慢钻入瓶塞，如软木塞有断裂迹象，可将酒瓶倒置，用内部酒液的压力顶住木塞，然后再旋转酒钻。开拔瓶塞动作越轻越好，尽量减少瓶体的晃动，防止将瓶底的酒渣泛起，影响酒味，防止发出突爆声。用餐巾仔细擦拭瓶口，不要让瓶口积垢落入酒中。开瓶后的封皮、木塞、盖子等杂物，不要直接放在桌子上，可放在小盘子里，操作完毕一起带走，不要留在餐桌上。

② 香槟酒。当着客人面，剥除瓶口锡纸，然后用左手握住瓶身，按 45°的倾斜角拿着酒瓶，用大拇指紧压软木塞，右手将瓶颈外面的铁丝圈扭弯，一直到铁丝帽裂开为止，再将其取掉。再用左手紧握软木塞，并转动瓶身，使瓶内的气压将软木塞弹挤出来。擦干净瓶身。转动瓶身时，动作要既轻又慢。开瓶时要转动瓶身而不可直接扭转软塞子，以免将其扭断而难以拔出。开瓶时（包括汽酒、啤酒等），应将瓶口对着自己并用手遮挡，以示礼貌，防止气泡或软木塞喷到客人身上。若已溢出酒味，应将酒瓶呈 45°斜握。

③ 烈性酒。a. 塑料盖封瓶方式。外部包有一层塑料膜，开瓶时先用火柴将塑料膜烧融取下，然后旋转开盖即可。b. 金属盖封瓶方式。瓶盖下部有一圈断点，用力拧裂，便可开盖；若断点太坚固，难于拧裂的，可先用小刀将断点划裂，然后再旋转开盖。

④ 罐装饮品。开启前要防止摇晃。用易拉罐封装的带气饮品，用手拉起罐顶部的小金属环即可。开启时会有气体喷射出来，服务时应将开口方朝外，不能对着任何人，并以手握遮，以示礼貌。

（3）检验瓶塞。开瓶后，要用干净的布巾仔细擦拭瓶口。服务员要先闻一下插入瓶内部分瓶塞的味道，用以检查酒质（变质的葡萄酒会有醋味）。将拔出后的酒瓶塞放在垫有花纸的垫碟上，交与点酒的客人检验。

7. 醒酒

为增加口感，在提供红葡萄酒服务之前，询问客人是否需要给红葡萄酒醒酒。征得客人同意后，将红葡萄酒置于酒篮中 5～10 分钟，先不倒酒。

8. 滗酒

陈年酒有一定沉积物于瓶底，斟酒前应事先剔除混浊物质，以确保酒液的纯净。最好使用滗酒器，也可用大水杯代替。滗酒前，将酒瓶竖直静置数小时。滗酒时，准备一光源，置于瓶子和水杯的那一侧，用手握瓶，慢慢侧倒，将酒液滗入水杯。当接近含有沉渣的酒液时，沉着果断停止，争取滗出尽可能多的酒液。

9. 试酒

试酒是欧美人在宴请时的斟酒仪式。员工右手捏握酒瓶，左手自然弯曲在身前，左臂搭挂服务巾一块，站在点酒客人右侧。斟倒约 1 盎司的红葡萄酒，并在桌上轻轻晃动酒杯，使酒与空气充分接触。请主人嗅辨酒香，认可后将酒杯端给主宾尝一口，试口味。在得到主人与主宾一致赞同后再按顺序给客人斟酒。如客人对酒不满意，向客人道歉，立即将酒撤走，并向经理汇报采取补救措施。

10. 斟酒

（1）斟酒时机。① 开席前。高档正式宴会或大型宴会，祝酒时的第一杯饮用中国酒。非正式宴会，受西式宴会影响，为增添宴会欢快气氛、符合饮酒规律，第一杯酒改为低度果酒，开宴前5分钟，应先斟好果酒。小型宴会、一般宴会可根据客人的饮食习惯和要求而定，通常是等客到齐后开始斟酒。② 入座后。上第一道热菜前，从主宾开始，按顺时针方向依次为客人斟倒酒水。③ 进餐中。及时为宾客添斟酒水，详见续添酒水的内容。

（2）斟酒方式。方式多样，可根据实际情况采用某种方式。

① 自取式。开瓶后放在餐桌上让客人自己取用，适用于家宴、大型婚宴。

② 公杯式。开瓶后将酒水倒入公杯内，放在每位客人面前让客人自己取用，适用于中国筵席的白酒服务。

③ 徒手式。徒手斟酒又称桌斟法，适用于宴会厅比较拥挤的场合，适用于冰镇过的红、白葡萄酒的服务，零点点餐服务与客人选用酒水单一的服务。服务员站在客人右后侧，右脚跨前踏在两椅之间，身体侧向客人，上身略微前倾；左手持餐巾背于身后，右手持酒瓶下半部，酒标朝外正对客人以示酒，同时向客人介绍酒的特点。瓶口与杯沿保持1~2厘米距离，不可将瓶口搁在杯沿上或采取高溅注酒的方法。掌握好酒瓶的倾斜度，控制流速和流量，将酒水缓缓倒入杯中。满瓶酒和半瓶酒的流速会不同，瓶内酒越少流速越快，反之则慢。啤酒、香槟酒的速度要慢一些，可分两次来斟。斟完一杯酒时，应顺势绕酒瓶轴心线转动1/4圈，抬起瓶口（俗称"收"），使最后一点酒随着瓶身的转动，均匀地分布在瓶口边沿上，防止酒水滴洒在台布或客人身上；并用左手的餐巾布擦拭一下瓶口。每斟一杯酒，都应更换位置，站到下一个客人的右首。不能左右开弓、探身对面、手臂横越客人的视线斟酒。使用酒篮的酒品，酒瓶颈背下应衬垫一块巾布或巾纸，可避免斟倒时酒液滴出。使用冰桶的酒品，从冰桶取出时，应以一块折叠的口布护住瓶身，避免冰水滴洒弄脏台布和客人衣服。

④ 捧斟式。双手斟酒。左手握杯，右手握瓶往左手的杯中斟倒酒液。左右手可相互协调配合，较桌斟法容易。多用于非冰镇处理的酒类斟倒服务。

⑤ 托盘式。适宜于高档宴会酒水服务。托盘斟酒适用高档宴会或用于客人数较多，酒水品种较多的情况。左手托盘，盘内放着打开的酒水饮料，高的重的在里面，轻的矮的在外面。右手握着酒瓶下部的1/3处，酒标向外。侧身站在客人的右后侧，身体微向前倾，右脚伸入两椅之间，但身体不要紧贴客人，把握好距离，以方便斟倒为宜。左手托盘向后自然拉开，掌握托盘重心，托盘不可越过宾客头顶，伸出右臂进行斟倒，依此为客人倒酒。

（3）斟酒顺序。一般场合，先为长者斟酒；一对夫妇，先为女士斟酒。正式场合，遵循先主宾后主人、先女宾后男宾的原则，从主宾开始，按顺时针方向进行斟倒，有时也从年长者或女士开始斟倒。若是两名服务员同时服务，则一位从主宾位置开始，向左绕餐台进行，另一位从副主人一侧开始，向右绕餐台进行。续酒时，可不拘顺序。斟倒不同酒品，应先斟葡萄酒（提前斟除外），再斟烈性酒，最后斟饮料。客人表示不需要某种酒时，应将空酒杯撤走。

（4）斟酒量。古人说得明白："七分茶八分酒。"茶倒七分，是因为尊敬你，怕你烫着，留了杯口不烫的位置，让你喝茶。酒倒八分，控制斟酒量的目的是为了最大限度地发挥酒体风格和对客人的敬意，如表7-8所示。当然，客人要求斟满杯酒时，应满足其要求。

表7-8　不同酒水的斟酒量

酒　类	斟　酒　量
白酒、高度酒	中国白酒与药酒都净饮，不与其他酒掺兑，酒杯容量较小，斟 1/2～1/3 杯为宜
啤酒等含泡沫的酒	啤酒泡沫较多，极易溢出杯外。沿着酒杯内壁慢慢斟，也可分两次斟，以泡沫不溢为准。以八分满为佳
黄酒	加温后给客人饮用；在征得客人同意下，加热过程中可加入少量的姜片、话梅、红糖等调味品，以提高口感
果酒	红葡萄酒杯斟 1/2 杯；白葡萄酒杯斟 2/3 杯

（5）续添酒水。① 致祝酒词。负责主台的服务员在主人、主宾离席讲话前，要注意把每位宾客的酒杯倒满；在主人、主宾离位讲话或祝酒时，服务员应托着酒水跟随主人身后右侧，以便随时给主人或来宾续斟，直至客人示意不要为止（如酒水用完应征询主人意见是否需要添加）。主宾致辞时，为保持宴会厅的安静，服务员应停止一切活动，端正地静立在僻静的位置上；与厨房保持联系，让厨师暂缓菜肴的制作，传菜员暂缓菜肴的传送。② 客人敬酒。服务员用左手托盘备好一至两杯甜酒或瓶酒，注意宾客杯中的酒水喝到只剩 1/3 左右时，右手举瓶及时斟倒酒水。给宾客斟某种酒前，应先示意一下，如果客人不同意即予调换。酒不要斟得太满，以八成左右为宜。当客人起立干杯或敬酒时，应帮助客人拉椅，客人就座时，再把椅子向前推，注意客人的安全。斟酒时不要弄错酒水。因操作不慎而将酒杯碰翻时，应向客人表示歉意，将酒杯扶起，检查有无破损，若有破损立即另换新杯；若无破损，迅速用干净的口布铺在酒迹之上，然后将酒杯放还原处，重新斟酒。

（二）酒会酒水服务流程

（1）第一轮酒。酒会刚开始时，按人数在 10 分钟之内把酒全部送到客人手中。大、中型酒会因与会人数众多，调酒员预先调好一些常见的酒类或饮料，由服务人员端着放置着小餐巾纸、各式饮品数杯的托盘，排队站在入口处，让客人自行挑选喜好的酒水。另外一部分饮品置于托盘中，由服务人员端拿着穿梭于会场中，随时为客人提供饮品服务。

托让酒水时，服务员不要同时进入场地又同时返回，造成场内无人服务。要安排专人负责及时收回客人手中、台面上已用过的空杯，保证台面的整洁和酒杯的更替使用。不要在一个托盘中既有斟好的酒杯，又有回收的脏杯。但有时客人会把刚用过的酒杯主动放在服务员的托盘上而另换一杯饮料，遇到这种情况，也不必制止客人，以免造成误会或反感。

（2）第二轮酒。酒会 10 分钟后放置第二轮酒杯。主管要督促调酒员将干净的空杯迅速放上吧台，并排列好，数量与第一轮相同。大约 15 分钟后，客人就会饮用第二杯酒水。调酒师要马上将饮料倒入酒杯中备用，酒杯及饮料必须按正方形或长方形排列好，不能零散乱放，让客人看了以为是喝过或用剩的酒水。

（3）补充酒杯、酒水。两轮酒水斟完后，赶快到洗碗间取杯补充到酒吧，使酒杯得到及时供应。要经常观察和留意酒水的消耗量，在某些酒水将近用完时，及时派员到酒吧调制领取，以保证供应。有时客人会点要酒吧中没有的品种，如是一般牌子的酒水，可以立即去仓库领取，尽量满足客人的需要；如是名贵的酒水，要先征求主人的同意后才能取用。

（4）酒会高潮。酒会致完祝酒词时与酒会结束前 10 分钟，这是酒水饮用较多、酒吧供应最繁忙的时刻。自助餐酒会，用餐前和用餐完毕也是高潮时刻。高潮时段要求调酒师动作快、出品多，尽可能在短时间内将酒水送到客人手中。

（5）清点酒水。酒会结束前，对照宴会酒水销售表，认真清点酒水，确切点清所有酒水的实际用量，在酒会结束时能立即统计出数字，交给收款员开单结账。

（三）鸡尾酒会酒水服务流程

1. 鸡尾酒调制要点

鸡尾酒载杯应事先洗净、擦亮，使用前需冰镇。按规定的配方与调配步骤下料，按程序调制。现"调"现用，搅拌时间不宜过长；混摇时，要快速有力，酒水混合，酒霜（杯口洒细砂糖或盐）力求均匀。必须使用优质的酒水原料来制作，使用新鲜的冰块与水果装饰来搭配。水果压榨果汁前应先热水浸泡，以便能挤出更多的果汁。使用蛋清来增加酒的泡沫时要用力摇匀，否则浮在表层、相对集中的蛋清会有腥味。避免因冰块融化过多淡化了鸡尾酒的口味。调酒动作要规范，干净利落，自然优美，注意安全。

2. 鸡尾酒调制方法

（1）摇动法。在调酒壶中先放入冰块，按配方依次放入各种原料，基酒最后加入，然后用手摇动调酒壶。

（2）搅拌法。直接调制法。调酒杯中配料如上，然后用调酒棒插入杯中快速摇匀，直至杯身出现冰冻的水珠或握棒的手感到冰凉时为止。

（3）电动搅拌法。调酒杯中配料如上，然后使用电动搅拌机进行搅拌制作。适用于搅拌鸡蛋、水果或分量较大的鸡尾酒。

（4）飘浮法。按各种酒水密度大小的不同，从大到小依次沿匙背或调酒棒徐徐倒入酒杯中，使鸡尾酒出现不同颜色、层次分明的视觉效果。要注意温度、糖度会对酒水密度产生一定的影响。

（5）综合法。实际操作中，可将上述几种调酒方法联合起来使用。

【思考训练】

（一）研讨分析

【案例7-10】派菜派出个不满意

20世纪90年代初，江苏南部的某市刚从县升格为市，建造了一家三星级水准的涉外饭店。一个周末的晚上，本地一位小有名气的企业家特意选中酒店为老母亲举办60大寿寿宴。主宾一共6桌，服务员规范地站立一旁。每道菜送上时，服务员照例旋转一次，报个菜名，让每位客人先饱个眼福。然后便是按程序派菜，换餐盘、斟饮料等服务都也正规，菜烧得也不错。宴会结束后，餐饮部经理征求那位企业家的意见，然而，客人的一句话使他大吃一惊，"不满意！"听到此话，经理的心冷了一大截，如入雾里之中，不明何因。

讨论：客人为什么不满意？酒店该如何进行宴会服务？

（二）操作实训

1. 组织学生到一家酒店从旁观察一次完整的宴会服务全过程，体验宴前准备工作、席间服务工作和收尾结束工作的内容与操作规范。
2. 观看与实操菜肴上席与分菜的操作流程与规范。
3. 观看四种西式餐饮服务操作的有关录像。
4. 观看与实操酒水服务的操作流程与规范。
5. 每位学生提交一份宴会服务的案例。

项目八

宴会组织管理

【导入案例】

为"开国第一宴"服务的"神厨"们

参加新中国开国盛宴的贵宾有六百多人，包括中共中央负责人、中国人民解放军高级将领、各民主党派和无党派民主人士、社会各界知名人士、国民党军队的起义将领、少数民族代表，还有工人、农民、解放军代表。宴会由北京饭店承办，任务光荣而艰巨，不仅办"开国第一宴"是头一遭，就是办正规的大型中餐宴会也是头一回。大型宴会宛若一部大合唱，从选订菜谱、原料采购、质量鉴定、烹调制作，直到摆桌上菜、筵席服务，犹如合唱队的各个声部，必须配合默契，才能有最完美的艺术效果。大型宴会必须有一位宴会总管，郑连富身负重任担任了开国第一宴的"宴会总管"，后来，他还成为获得新中国"宴会设计师"专业称号的第一人，可谓餐饮业中的国宝级人物。

宴会菜谱由政务院典礼局局长余心清先生精心设计。中国八大菜系中，淮扬菜系口味适中，南、北方人都可以接受，因此决定宴会菜谱以淮扬菜为主。因大型宴会参加人数多，菜品不能太复杂。这个值得载入史册的菜谱是：冷菜 4 种：五香鱼、油淋鸡、炝黄瓜、肴肉；头道菜：燕菜汤；热菜 8 种：红烧鱼翅、烧四宝、干焖大虾、烧鸡块、鲜蘑菜心、红扒鸭、红烧鲤鱼、红烧狮子头。第二道和第三道热菜之间上 4 种点心，咸点有菜肉烧麦、春卷，甜点有豆沙包、千层油糕。

这次宴会的组织与安排完美无瑕，六百多人的宴会，几十张餐桌摆得疏密得当，主桌的安排既突出，又和其他来宾席互相呼应，既便于主桌上的首长们交谈，也便于主桌上的首长和其他来宾交流。上菜的路线宽窄适当、布设合理，服务程序也考虑得周到细致。

国宴菜肴必须是上品，除了用料考究外，更要由名厨掌勺，以展现出我们这个饮食大国的水准。本次国宴的总厨师长由朱殿荣担任，朱大师出身鼎镬世家，精通淮扬菜的各种技法，其他几位掌勺厨师也个个身手不凡。点心、冷菜可以先做好，但热菜却必须现做现上桌。六十多盘菜，要烧得都能达到色香味俱佳，是厨师们面临的一大难题。该上主菜了，只见总厨师长朱殿荣抄起一口大锅来（就是大食堂做"大锅菜"的那种大锅），一位正等着上菜的服务员一见，吃了一惊，这不是"开国第一宴"吗？朱师傅怎么竟然用起大锅来了，别是忙糊涂了吧！说时迟那时快，朱大师已经把主料投入大锅中，只见火光闪动、炒勺飞舞，接着下配料、辅料，迅速果断，都是一次即毕，决不拖泥带水。还不等人们看清，只觉香气四溢，朱殿荣手下生花，几百人的菜，一锅就烧出来了。等着上菜的服务员看得眼花缭乱。

按上菜顺序，先给几桌民主人士上菜，接着给几桌解放军高级将领上菜。部队同志吃筵席也有战斗作风，菜一上桌就进了嘴，评价跟着就出了口："嗯，味道好极了！到底是世界有名的大饭店，比我们的小灶强多了！"那些民主人士好多都是美食家，赞不绝口："好！味道极佳，真可谓上品。""依我拙见，可称'神品'。只不过有一事不明，请各位赐教：宴会规模盛大，各桌的菜却是同时上的，不知饭店动用了多少厨师，开了多少灶？各桌的菜颜色、式样都如此一致，莫非是一口锅烧出的？""那不可能！要是用大锅能做出这种'神品'，那除非是'神厨'。"其实这正是朱殿荣的"绝活"——善用大锅，几百人的宴会，他都是用一口大锅一次烧出，下料果断，口味极准。从"开国第一宴"以后，他这口大锅声威大震。

模块一　组织建设

【案例 8-1】80 小时搞定 2 500 人大型晚宴

国际风景园林师联合会（IFLA）第 47 届世界大会在江苏苏州市举办。这是一次规模空前的国际性大会，苏州接待能力经受了前所未有的考验，除了会议中心、国际博览中心展现了优秀的会务安排、接待能力外，胥城大厦、书香连锁酒店在三天之内成功组织、举办 2 500 人开幕晚宴，更展现了苏州旅游饭店业超强的应变能力和组织协调能力。

5 月 25 日凌晨，在 IFLA 大会指挥部协调会上，经过反复讨论，最后确定胥城大厦、书香连锁酒店承担举办大型晚宴的任务。市政府有关领导致电创元投资集团董事长董柏，要求接下此次晚宴的接待工作。董事长立即向胥城大厦、书香连锁酒店总经理朱巍下令，一定要全力以赴做好 IFLA 会议 2500 人的晚宴接待工作。当天早上 8 点，酒店立即派人到苏州国际博览中心确认外办宴会的场地，发现条件不理想，厨房与晚宴现场不在同一楼层、厨房排风设备有问题、室内温度较高。酒店领导挂帅，抽调各酒店、各部门的精兵强将组成接待领导小组。在宴会顶层设计会上，对策划方案、组织人员、协调工作等进行细致讨论，晚上 8 时，自助餐菜单及晚宴方案正式出台；半夜，方案得到领导审批认定，采供部立即组织人员赶往上海取货备料。26 日凌晨，80 多种食材全部到齐，开始布置样台，进行菜品制作。人事培训部立即向几家酒店筹集人马，并进行培训。5 月 28 日上午，创元投资集团领导前往检查、落实各项准备工作，餐饮部人员各项工作有条不紊，安保部在电梯口指挥物品的运输安全，销售部为主桌领导提供贴身服务，工程部做好应急维修工作，酒店工会配合卫生监督部门，对上桌的每一道菜进行检测。当晚 7 点半宴会隆重开始，宾主尽欢。整场宴会有条不紊，一场仅有 80 多小时准备时间的大型宴会圆满结束，受到了市政府的好评和点赞。

（资料来源：《苏州日报》2010 年 6 月 7 日 28 版）

任务一 建置组织机构

（一）组织设计要求与内容

1．组织设计原则

（1）服务目标，按需设置。组织机构建置应服从于企业目标与愿景，服务于企业生产经营活动。应根据酒店的档次和规模、经营目标、工作性质、人员素质、设施设备、厨房布局等实际情况，合理设置宴会部的组织机构，达到分工明确、关系协调、职责清晰、人员组合科学合理之目的。

（2）统一指挥，责权相应。责任是权力的基础，权力是责任的保证。组织机构建置要做到逐级授权、分级负责，责权分明，以保证各项业务活动有条不紊地进行。组织必须统一指挥形成有序的指挥链，保证信息畅通，步调一致，不得越级指挥与多头指挥。各级管理者必须放手让下属履行职权，而不应事事干涉，样样插手，但要加强督导，最终对下属的行为负责。每一位员工了解岗位职责，加强执行力，坚决完成任务。

（3）分工协调，执监分设。分工有利专业化，提高工作效率。明确各岗位的工作职责与职权范围，减少扯皮。在分工基础上加强协作，提倡团队精神和合作意识。执行机构与监督机构分设，防止权力滥用。

（4）精兵简政，精干高效。组织机构的规模、形式和内部结构必须用最少的人力去完成最多的任务，不应有任何不必要或可有可无的职位。每人有满负荷的工作量，工作效率高，应变能力强。做到职责明确，精干高效，减少内耗，提高效益。

2．组织设计内容

组织设计内容：一是结构设计，建立合理的组织机构；二是职能设计，明确各级组织的职能任务，包括经营职能、管理职能；三是协调设计，解决各级组织的分工与协作问题。

（1）纵向结构设计。纵向到底，分层次。管理层次可分为高层决策、中层管理、基层作业。一个企业设计多少管理层次，应从实际出发；现代管理提倡扁平化管理，以便充分发挥员工的工作积极性。纵向结构设计的基本原则是各管理层次的权责明确，分工清晰，适当集权与适当分权相结合。

（2）横向结构设计。横向到边，分部门。横向结构设计是指一个管理层次分多少部门、班组与岗位，其基本原则是分工与合作相结合。传统管理强调专业化与分工，但分工过细弊端很多，如管理程序复杂，信息传递减慢，协调工作增加，成本支出增加。现代管理强调综合化，弱化分工，减少部门，职能综合，简化管理程序和手续，提高管理效率。

（二）宴会部与宴会经营管理

1. 宴会部的地位与作用

（1）酒店经营的重要场所。宴会部不仅是宴饮场所，更是各种会议、培训、展销、演出、洽谈等活动举办的场所。宴会厅和多功能厅的占有面积大，宴会厅房数量多，舒适美观，设备齐全，能根据客人的不同需求开展多种多样的经营活动。

（2）增收创利的重要部门。宴会部营业面积大，接待人数多，消费水平高，营业利润与毛利率要高于餐饮其他部门，是酒店收入的重要来源之一。

（3）企业形象的重要窗口。酒店举行的各种如推销产品、新闻发布、洽谈业务、签订合同、招待客人、举行会议等大型宴会活动，接待人数多，宾客地位高，服务要求高，活动影响大，是新闻媒体宣传报道的焦点，扩大了酒店的知名度与美誉度。

（4）营销推介的重要渠道。宴会部负有产品开发、市场拓展、营销预订的任务，它要吸引外来消费人群，以保证完成酒店与餐饮部的营收计划指标。

2. 宴会经营管理的特点

（1）满足顾客需求，突出主题风格。围绕顾客宴饮需求，突出宴会主题与风格是宴会设计的第一要求。宴会设计必须尊重宾主的民族习惯、宗教信仰、身体状况和嗜好忌讳。宴会要通过地方名特菜点、民族服饰、地方音乐、传统礼仪等内容展示宴会的民族特色、地方（乡土）特色和本店特色，它是反映一个地区或民族淳朴民俗风情的社交活动。

（2）消费标准很高，心理期望更高。宴会是集饮食、社交、娱乐于一体而举行的高级宴饮聚会，本质上是一种体验"经历"的心理活动，宴会客人的经济消费水平与购买心理期望都很高。宴会消费水平高，客人必然对宴会产品，包括宴会环境、筵席菜点和服务的期望值更高。宴会客人不仅在用"嘴巴"吃菜点、吃味道，还在用"眼睛"、用"耳朵"吃环境、吃氛围，更在用"大脑"吃健康、吃长寿、吃感觉、吃体验。因此，酒店一定要设计和生产令顾客至少"物有所值"、最好"物超所值"的功能产品与心理产品，让客人"达到满意，赢得惊喜，创造感动，产生信赖"。

（3）氛围高雅愉悦，菜点丰富精美。宴会是一种欢快友好的社交活动，也是一种怡身养心的娱乐活动。赴宴者乘兴而来，为的是获得一种精神和物质的双重享受，包括优美的宴会环境、清新的空气、适宜的室温、美观的台面设计、可口的菜点组合、悦耳的音乐、柔和的灯光、周到细致的服务以及员工令人愉悦的容貌、语言、举止、装束等。

（4）工作繁复多变，管理协同配合。一场大型活动或重要宴会，参加人数少则十几人，多则数百、上千人，众多客人同时进餐，每桌筵席用餐标准统一，使用完全相同的菜单，在同一时间内要求提供相同的大量的餐饮服务，工作涉及面广、难度大、费工多、历时长、要求高。宴会部在人力、物力、出品、服务等方面与各部门统筹安排，统一指挥，协同作战，合力完成任务。而在节假日来临之际，预订宴会多，这就更需要统筹安排。

（5）产品研发频繁，持续推介新品。宴会部要提供优质产品，挖掘市场、寻找客户，把潜在的客户变成现实的客人，让客人满意、惊喜、感动，成为满意客、回头客和忠诚客。

（6）加强成本核算，注重绿色环保。酒店效益包括经济效益、环保效益、社会效益和文化效益。经济效益的最终目的是为了盈利，因此，宴会设计一定要对各个环节、各个消耗成本的节点进行科学、认真的核算，确保宴会的毛利率和盈利。同时，现在社会越来越强调绿色理念，保持和大自然的和谐发展。因此，宴会原材料的绿色选用、废弃物的安全处理越来越得到社会公众和酒店的关注。

（三）宴会部组织机构形式

1. 按独立建制分类

（1）不设宴会部。中小型酒店只有接待零点的餐厅和包间，没有大型宴会厅，一般不专设成建制的宴会部，宴会的销售、出品、服务等生产与管理均由餐饮部负责。

（2）专设宴会部。大型酒店有一至若干个宴会厅以及众多包间，经营面积大、餐位数量多、工作要求高、营业额与利润高、与其他部门联系广，可专设成建制的宴会部。

2. 按领导体制分类（专设宴会部）

（1）一级管理部门。宴会部由酒店总经理领导，是与餐饮部平级的酒店一级管理部门。它适合于宴会场所面积大、宴会任务多、接待规格高的大型酒店。其内部组织结构较为复杂，有 3～4 个部门，如销售预订部、宴会厅服务部门与宴会厨房部门；管理层级有3～4 个层次，如部门经理、主管、领班与服务员，有二十多个工作岗位，如图 8-1 所示。

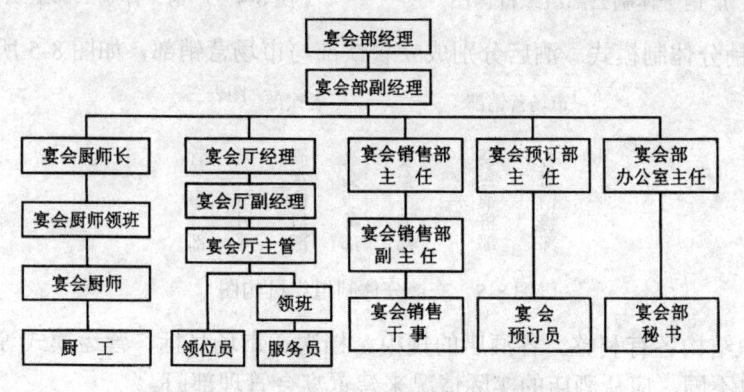

图 8-1　独立于餐饮部的宴会部组织机构

（2）二级管理部门。宴会部隶属于餐饮部领导的二级管理部门，适宜于一般的大型酒店，宴会部内部组织结构较为简单，如图 8-2 所示。

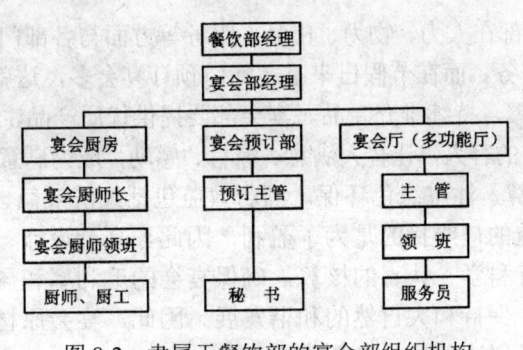

图 8-2　隶属于餐饮部的宴会部组织机构

3．按酒店产品管理体系分类（专设宴会部）

（1）产销一体制模式。该模式为餐饮部门统一领导宴会销售和宴会生产部门。① 三部制。餐饮部下设宴会销售部、宴会服务部、宴会厨房部，如图 8-3 所示。② 二部制。餐饮部下设宴会部与厨房部，如图 8-4 所示。

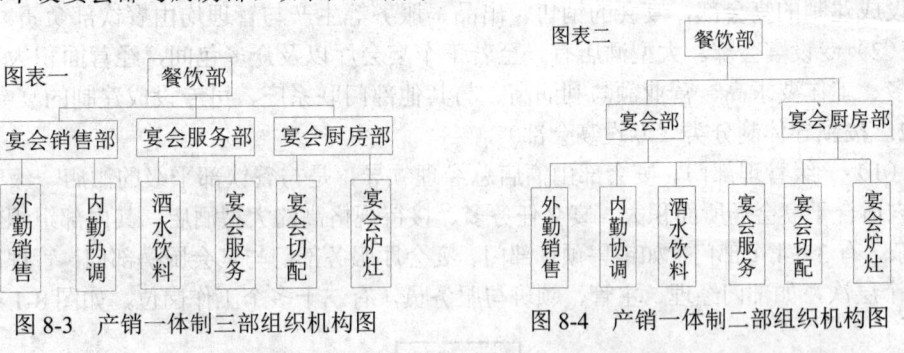

图 8-3　产销一体制三部组织机构图　　　图 8-4　产销一体制二部组织机构图

（2）产销分体制模式。酒店分别成立餐饮部与市场营销部，如图 8-5 所示。

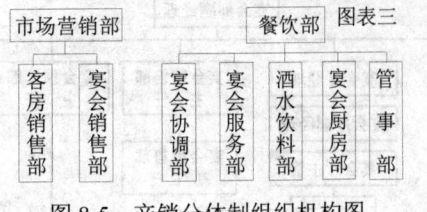

图 8-5　产销分体制组织机构图

各种组织结构各有利弊。各酒店的规模、档次、市场目标、营运模式等不同，选用的组织结构也不同，应从酒店的实际情况来建置宴会管理部门。

【案例 8-2】"共和酒店的接待水平令人震撼"

2010 年 7 月 23 日至 28 日，为期 6 天的"中国·常德杯"世界围棋名人争霸赛在共和国际会议中心举行，为做好此次接待，酒店做了充分的准备。23 日的欢迎晚宴为适应海内外嘉宾和客人的就餐习惯，提升晚宴的接待档次，酒店采用分餐制的酒会形式。酒店先后数次召集相关部门就宴会工作安排进行了部署和调度，对晚宴方案进行了多次修改，并先后进行了 3 次大型演练。同时，为提高分餐服务水平，酒店还特别邀请了曾在人民大会堂服务过的专业人员，对参与当晚服务的员工进行了礼仪、礼节以及分餐服务流程的培训。

为了配合当晚的主题，酒店还对宴会厅进行了精心的布置，白色的桌布、花团锦簇的摆台、晶莹透亮的餐具、粉红或紫红的玫瑰花餐巾以及林立两侧、训练有素的服务员，让人赏心悦目。考虑到客人来自全国各地，并有多位嘉宾来自日本和韩国，菜品设计充分照顾到了不同地方以及韩国和日本客人的饮食习惯，所有菜式融入了传统与时尚、大众与特色等众多元素，不仅让广大宾客能尝到常德的特色菜肴，也让日韩嘉宾能品尝到韩国泡菜、雪花牛肉等他们喜爱的食物。此次宴会中以桃花为背景的菜单制作十分精致，上面分别用中日韩 3 国语言标明菜品，迎客风味碟、鲍汁扣百灵菇、竹荪酿露笋……这些好听的名字让人垂涎欲滴。

随着宴会的正式开始，服务员严格掌握每道菜从起锅到上桌的时间，确保按时完成分餐服务。当晚的宴会取得圆满成功，赢得众多领导和嘉宾的交口称赞，不少日韩的客人更是对常德的美食竖起了大拇指。中国围棋协会副主席、"棋圣"聂卫平赞誉"常德承办的本次名人赛办出了国际大赛的水平，服务接待非常人性化，接待水平令人震撼！"

（资料来源：罗旭东. 酒店管理论语[M]. 深圳：海天出版社，2012.）

任务二 设置各类岗位

（一）工作分析（见表 8-1）

表 8-1 工作分析的内容（6W1H）

项　目	具 体 内 容
工作目的（WHY）	为何做？ （1）做这项工作的目的是什么？ （2）这项工作与组织中的其他工作有什么联系?对其他工作有什么影响？
工作主体（WHO）	谁来做？对从事某项工作的任职者的要求 （1）应具备什么样的身体素质？ （2）必须具备哪些知识和技能？ （3）至少应接受过哪些教育和培训？ （4）至少应具备什么样的经验？ （5）在个性特征上应具备哪些特点？ （6）在其他方面应具备什么样的条件？

续表

项　目	具　体　内　容
工作内容 （WHAT）	做什么？任职者所从事的工作活动的内容 （1）岗位要完成的工作内容、工作职责是什么？工作任务的复杂程度？ （2）这些活动会产生什么样的结果或产品？ （3）工作结果要达到什么样的标准？ （4）工作活动对其他工作、财物、资金的影响程度
工作时间 （WHEN）	何时做？任职者所从事的工作活动的时间要求 （1）工作活动的开始与完成的时间？是否要加班、倒班？ （2）哪些工作活动是有固定时间的？在什么时候做？ （3）哪些工作活动是每天必做或是每周必做或是每月必做的？
工作地点 （WHERE）	何地做？表示从事工作活动的条件与环境 （1）自然环境，包括地点（室内与户外）、空间、温度、光线、噪声、安全条件、设施设备条件等 （2）社会环境，包括工作所处的文化环境（比如跨文化的环境）、小团体环境、人际交往氛围、环境的稳定性等
工作关系 （FOR WHOM）	与谁做？在工作中与哪些人发生关系，发生什么样的关系？ （1）工作要向谁请示和汇报？接受何人的指挥和监控？ （2）可以指挥和监控何人？ （3）与什么人交往沟通？向谁提供信息和工作结果？
工作方式 （HOW）	如何做？任职者完成工作的方法与程序，以获得预期的结果 （1）从事工作活动的程序和操作流程是什么？ （2）工作中要使用哪些工具？操纵什么机器设备？ （3）工作中要涉及哪些文件或记录？ （4）工作中应重点控制的环节是哪些？

（二）做好"四定"

1. 定岗——界定岗位职责

（1）要求。因事设岗是岗位设计最基本的原则，从"理清该做的事"开始，"因事设岗、按岗定标、以标择人"。在工作分析基础上科学设置岗位，界定各个工作岗位的分工与协作关系，规定各个岗位的职责范围、人员素质要求、任务总量和工作程序及操作标准。岗位与人应是设置和配置的关系，使"事事有人做"，而非"人人有事做"。

（2）管理层岗位。① 高管层。由酒店总经理及其他高管人员组成，他们抓酒店的大事、要事以及未来发展的规划。高管要有决策力与指挥力。② 中坚层。中层管理人员是指挥链条的中间环节，处于组织中上下级沟通的承上启下的关键岗位，他们制定企业的短期目标,为日常经营进行具体的管理。中层管理者要有转化力与协调力。③ 督导层。督导层即基层管理人员,直接面对一线员工进行现场督导管理,是酒店经营管理工作的奠基性工作。基层管理人员被喻为"缝合针",他们既代表上级管理员工,同时又向上级反映员工的愿望和关注的问题。基层管理人员要落实执行计划,更多地使用技术技能,进行现场的督导与管理,因此他们要有执行力。宴会部管理岗位主要是中、基层岗位。可设宴会部部门经理(部门级),下设主管级的宴会销售经理(或称主管,以下同)、宴会厅(包房)经理、宴会厨房厨师长,下设领班等管理岗位。

(3)操作层岗位。① 厨房生产人员。厨师负责菜肴和面点的生产(即红案与白案),厨工负责原料粗加工与深加工。② 宴会服务人员。宴会厅领位员、值台服务员、吧台调酒员、传菜员、洗碗工等。③ 其他服务人员。如宴会部秘书、宴会预订员等。

2.定额——确定劳动定额

劳动定额是员工在一定营业时间内应提供的服务或应生产制作的产品数量。科学的劳动定额应在工作分析基础上,根据产品质量标准及工作难度等内容来制定。通常按各工种的上班时间数来确定其劳动定额量,如要求厨师在 8 小时内烹制 80~120 份菜肴,服务员按早餐 2 小时、午餐 3 小时、晚餐 4 小时计算,每小时接待 20 位点菜客人。

3.定编——核定人员编制(定编是对确定的岗位进行各类人员的数量及素质的配备,详见配置合适人员的内容)

4.定员——选定合适人员(详见配置合适人员的内容)

(三)撰写岗位(工作)说明书

1.岗位(工作)说明书内容(见表 8-2)

表 8-2　岗位说明书的内容

类　目		要　求
基本资料	岗位名称	从事什么工作。好的工作名称应贴近工作内容,又能与其他工作进行区分。确定工作名称时要重视其心理作用和职务等级。一个企业同一岗位名称要统一,并且与组织机构图中的名称相一致
	岗位编号	进行分类,每一种工种都编一个代码,便于查找
	所属部门	该职务所属部门
	岗位等级	该职务在企业组织层次中的纵向位置、地位与其他岗位的关系,便于实行岗位工资制,一岗一薪,易岗易薪
	直接上司	本岗位的直接管理者。明确服从谁的工作指令,向谁汇报工作
	管理对象	针对管理岗位而设。按照管理跨度原则明确管理的范围与下属,避免越级指挥或横向指挥等交叉、混乱现象的发生
	工资等级	根据企业的薪酬制度确定其工资等级
	制定日期	该职务描述的编写时间

类　目		要　求
工作内容	工作综述	概写工作的总体性质、主要功能与活动
	工作权限	界定工作承担者的权限范围，如决策权限、督导权限、奖惩权限、资源支配权限、经费预算权限等
	工作关系	明确请示报告的对象、督导管理的对象与合作协调的对象
	工作职责	要逐项详细地列出
	工作流程	工作程序步骤、各活动内容所占工作时间的百分比
	工作绩效	执行工作应产生的结果，尽可能定量
	工作设备	使用设施设备的名称与方法，使用信息资料的形式
工作环境	工作场所	室内、室外或特殊场所
	舒适程度	物理条件，如温度、湿度、采光、照明、通风等，是否恶劣环境，有否愉悦感
	危险因素	危险性的原因，存在概率大小，可能伤害的程度，具体部位，已发生的记录
	职业疾病	可能患上的职业病性质说明，轻重程度
	社会环境	工作团队情况，同事的特征及相互关系，各部门之间的关系，团队氛围等
任职条件	根据岗位工作描述要求，拟定有效承担这个职务必须拥有的资格标准，配备符合数量与质量的人员，做到合理科学，结构优化	
	态度要求	工作态度与个人职业品德要求
	资历要求	文化程度、专业知识、技能证书、操作经验、工作经历、生活阅历等
	技能要求	从事该岗位工作所必须具备的专业基本知识与职业技能等
	生理要求	年龄性别、体貌长相、体能要求、健康状况、感觉器官的灵敏性等
	心理要求	语言表达能力、团队合作能力、人际交往能力、进取心、性格、气质、兴趣等

2. 岗位说明书案例

【案例8-3】宴会部经理（隶属于餐饮部的二级管理部门）岗位说明书

一、基本情况

所属部门：餐饮部

直属上司：餐饮部经理

直接下级：餐厅经理、销售经理

工资等级：管理*级

二、工作职责

基本职责：制订与落实宴会部工作计划，组织、协调各方力量完成宴会活动，进行成本控制，实现预定目标。

（1）对餐饮部经理负责，并接受其工作安排，检查与考核。

（2）负责宴会部的日常工作，确保宴会部经营业务的正常进行。

（3）负责制定宴会部的服务质量标准及相应的服务程序。

（4）负责员工业务培训计划的制定，不断提高员工业务素质。

（5）授权主管按照培训计划，进行业务、服务技巧训练。

（6）对服务现场进行督导与检查，及时发现和纠正存在的质量问题。

（7）进行客户关系管理，制定宴会部的处理客人投诉制度，解决客人投诉。

（8）协调宴会部与厨房以及与其他部门之间的工作关系。

（9）拟定宴会接待任务的服务方案，设计宴会产品，授权主管具体执行。

（10）灵活安排员工的作息时间。

（11）完成上级交办的其他任务。

三、每日工作任务

（1）准备工作。① 检查客情报告单。对客人要求与重要客人要亲自照顾。在餐前会上特别提醒注意、关照，提供个性化服务。② 检查餐厅设施（略）。③ 签署领料单。与负责主管一起检查备用物资与物资库存情况，保证适当库存量。④ 检查备用品。有足够数量的更换餐具和布件，工具完好，调味品品种齐全。⑤ 检查菜单。与厨师长核对今日宴会菜单及原料，检查餐厅菜单。⑥ 上下沟通。对特殊事项、特别问题和紧急事情进行沟通。可采用口头或书面沟通，在餐前会、检查出勤与非管理层可作口头沟通。

（2）接受预订。① 接听电话预订。按接受预订程序标准操作。② 接受预订单。认真检查预订单，确保每项内容完整明确，查对任务接待记录有无冲突，做好签收与登记，落实预订。

（3）检查出勤。召集员工班前会，记录考勤，检查员工仪表仪容。简述任务、特别活动、重点宾客与要求、特别菜肴等。强调正确的服务程序和客人需求，保持专业水准。

（4）迎候客人。微笑服务，用客人的姓或职务称呼。征求客人要求，引领到合适的餐厅，招呼客人入座。

（5）检查巡视。检查一切准备工作。准确把握时间，在客人到达前解决存在的问题。巡视每一工作场所，了解每位员工的工作态度、工作技能、工作程序、工作安全和工作环境。

（6）处理投诉。耐心聆听，态度诚恳，礼貌，冷静，不打断客人的叙述，做好记录，扼要地复述客人投诉。表示理解，对给客人带来的不便表示歉意，感谢客人向你反映问题。解决投诉，对客人投诉提出迅速解决的方案，显示工作效率。如非权力范围内所处理的问题，立即反映给上级。永不指责客人不对。记录汇报，记下客人的投诉信息及处理经过。

（7）书面记录。形式有：① 工作日记：记录有关表扬和批评意见，记录每个班次的客账数、销售量、饮食收入等；② 日程计划：提前一周安排，包括工作时间、所上班次等，每周抽一天时间处理特殊事情；③ 月会记录：记录每个月开会的时间、内容；④ 考勤记录：详细记录员工的出勤；⑤ 经理工作日记：管理层之间的沟通。

（8）结束收尾。检查打扫过的工作区域，撤走所有用过的瓷器、银器、布件等，送到指定地点。整理餐厅，摆好餐台，保持营业状态。打出营收、现金收入报告，停止收银机工作。随意抽查账单。检查通道、饮料室和设施。关闭所有电源开关。关锁所有进入餐厅的门，防止盗窃和破坏。

（9）沟通关系。与顾客保持良好沟通，时刻准备向客人提供帮助，乐于助人，努力使顾客满意。发展与员工的良好关系。每个月应与员工讨论有关工作问题，和员工个别谈话时，对要解决的问题必须做好记录。鼓励团队精神。加强汇报，使上级掌握真实的经营情况，所有客人的意见无论好坏都要汇报。只有自己不能解决的问题才转交上级。根据员工守则和其他各种规定自律行为，严格执行规章制度。

（10）部门例会。出席餐饮部会议，记录本周餐饮部所抓的工作重点，收集下周所有餐饮活动的信息。落实上级及本部门的工作。

（11）培训教育。使员工熟悉经营体系、管理制度、服务程序、设施设备，达到餐饮部制定的工作标准。

四、上岗资格（能力要求）

（1）专业知识。熟悉宴会工作流程和要求，懂得接待礼仪。掌握菜点、酒水知识和营销知识。了解食品安全法和食品价格政策。了解宴会工作流程及操作服务知识。了解酒店安全保卫和各种规章制度。

（2）专业技能。有组织、指挥员工按服务规程完成宴会任务的能力。检查宴会服务规格与服务质量。做好与其他部门协调、配合工作。指导餐厅装饰布置工作。

（3）工作能力。全面负责宴会日常工作，保证宴会部经营业务的正常进行。负责餐厅员工的业务技能培训计划的制订与落实。负责制定服务质量标准及服务程序。能正确向下级授权。负责与客人建立良好的关系，制定处理客人投诉制度。拟定本餐厅菜点推销方案。制作大型宴会及重要活动的工作方案。

（4）学历经历。具有大专以上或相当同等学力，外语A级以上，中、高级专业技术等级，有主管部门颁发的上岗证书。具有在高星级酒店担任过基层领导或酒店餐厅经理任职3年以上工作经历。

（5）职业素质。① 职业行为。准确的时间观念；热爱企业，积极向上的工作态度；在任何时间能正确认识自己的身份与行为；成熟的判断能力；困难处境中保持冷静与控制；有条不紊的工作；严格遵守保密制度。② 性格乐观。随时保持微笑与问候；待人接物表现出热情友好和愉快行为。③ 善于沟通。有良好的倾听习惯与技巧；对客人的需求非常敏感；有得体的回答问题的才智；能很好地与客人、员工和领导配合。④ 学习创新。愿意并接受不同的工作要求与岗位；懂得不同的观察问题的角度与位置；工作有创新，愿意试用工作的新方法。⑤ 仪表端庄。合适的发型、服饰；良好的站、坐、行姿态。

任务三 配置合适人员

【案例 8-4】"宴会嫂"——中国大饭店宴会厅一道靓丽的风景线

酒店宴会厅和包间的服务员，一般都是长得"亭亭玉立"的"宴会姐"和"伟岸挺拔"的"宴会少"。可是最近几年，中国的人口红利逐渐减少，酒店面临着用工困难的实际情况，尤其是面容姣好、年龄较轻的一线员工很难招聘、更难留住。北京中国大饭店在用工招聘的年龄、身材的条件上进行了创新，招用了一批工作认真、风韵犹存的大龄下岗女工进入酒店餐饮部门工作，成为名副其实的"宴会嫂"、有的甚至是"宴会妈"。这些大嫂、大妈们待人和蔼可亲，态度勤奋踏实，工作认真细致。她们在工作中的出色表现受到了客人的好评，也为酒店解了用工之困境。近些年来，雇用"宴会嫂"的方法已逐渐被一些大型酒店学习采用，使"宴会嫂"成为国内酒店业中一道靓丽的风景线。

（一）人员选配

1. 人员选配标准

（1）适合。"天生我材必有用"。"有用"的关键是"适合"，人员配备要适人适所、适才适用。人才就是在适合时间、适合地点、适合岗位要求的合适人员；不适合岗位要求的人可能是企业的"捣乱分子""定时炸弹"。"只有混乱的管理，没有无用的人才"。领导就是要创造可用的工作条件，明确岗位责任要求，制定企业用人标准；找到人的可用之处（才能与专长），量才任职，做到用人所长，人尽其才。防止人才错用、混用、乱用。大材小用是人才浪费；小才大用也会贻误工作；此才彼用、彼才此用，就如乱点鸳鸯谱。清朝诗人顾嗣协诗云："骏马能历险，力大不如牛；坚车能载重，渡河不如舟；舍长以就短，智者难为谋；生材贵适用，慎勿多苛求。"酒店选配员工要做到"五适合"：适合服务行业特征，适合酒店经营特色，适合岗位工作特质，适合团队氛围特点，适合员工个人特性。

（2）素质。酒店行业的员工"四要"：一要有积极的职业心态：肯干、想干、爱干的敬业精神，舍得投入时间和精力的吃苦耐劳精神。二要有良好的职业习惯：热情、细心、洞察敏锐的开朗性格。三要有特殊的职业技能：心中有人，眼中有活。善于发现需求，善于人际交往。既具有专业技能，掌握应知应会，更要精业，有工匠精神、绣花功夫。四要有令人愉悦的职业形象：三分长相、七分打扮，行为端庄，举止高雅，文明礼貌。

2．人员选配数量

（1）要求。人员配备要精干高效，用最少的人、办最多的事、产生最大的效益。保证各层次、各部门、各项工作的顺利开展，不能"有事无人干，有人无事干"，克服分工过细、人员过多，防止"一线紧、二线松、三线肿"的效率低下现象。

（2）影响宴会部人员定编的因素。① 酒店档次。酒店档次高，装潢新颖，功能齐全，经营有特色，顾客消费水平与档次较高，人员配备就多，如表 8-3 所示。② 部门规模。独立的宴会部管辖范围广、专业化程度高，人员就多。隶属于餐饮部的宴会部，有关工作由其他相关职能部门负责，人员相应要少一些。③ 接待规格。一桌高档宴席需 3 位员工服务，分工为：传菜、分菜、斟酒水，一般宴会一个服务员可服务 2 桌。④ 餐位数及餐座率。营业面积大、餐位多，翻台次数多，餐座率高，所需人员要多。⑤ 经营时间。经营时间长、餐别多（早餐、午餐、晚餐和宵夜），所需员工就多。⑥ 设备设施。宴会厅大、包间多、接待能力强，使用频率高，分工就细，用人就多。⑦ 淡旺季节。淡季用人要少一些，旺季用人要多一些，可用一些钟点工、实习生，保证宴会部旺季正常运转。⑧ 其他因素。工作程序的合理流畅、员工素质的高低、主管领班的业务能力强弱、接受宴会任务的明确程度、准备工作时间的长短、酒店开业时间的长短、人力资源政策的不同，员工对工作程序的理解程度等。

表 8-3　宴会厅员工数量

饭店星级标准	宴会厅餐位	餐座率	人数/每餐位	总人数/人	服务员（60%）	厨师（40%）
五星级	300	80%	0.2	60	36	24
四星级	300	80%	0.15	45	28	17
三星级	300	80%	0.12	36	22	14
一二星级	300	80%	0.1	30	18	12

3．人员选配方法（见表 8-4）

表 8-4　宴会部人员配置方法

配置方法	适用岗位与计算公式
接待人次定员法	● 适用于各种类型的餐厅、酒吧服务员岗位 ● 计算公式：岗职人数=(餐厅餐位数×餐厅上座率×每日班次)÷(接待定额×计划出勤率)×(7÷5)
餐位比例定员法	● 根据餐饮企业等级、规模，按餐位数确定人员数量 ● 国内高档餐饮企业一般是 15 个餐位配 1 名餐饮生产人员；高级宴会 10 座圆桌配备 2～3 名服务员；包间 10 座圆桌配备 1 名服务员；大厅零点每 20 个餐位配 1 名服务员

配 置 方 法	适用岗位与计算公式
看管定额确定法	● 根据机器设备需要开动的数量、员工的看管定额和设备的开动班次等因素来计算定员人数的方法。该方法适用于餐饮企业的炒菜厨房、管事部的洗碗工、设备维修工、清洁工等岗位 ● 计算公式：岗职人数=(设备台数×每日班次)÷(看管定额×计划出勤率)×(7÷5)

（1）餐厅服务员配备。可采用接待人次定员法与餐位比例定员法来配备人员。

（2）宴会预订人员配备。宴会销售不仅销售宴会，还需销售餐厅的其他产品，因此在人员配备上要通盘考虑。通常每 100～150 个宴会餐位安排 1 名销售人员或每个餐厅安排 1～2 名销售人员。

（3）宴会厨房人员配备。由于厨房管理方式的多样性，各厨房的人员配备方式不同，出菜要求不同，菜式不同，菜肴整体档次不同，人员配置比例数也不同。后厨人员与前台服务人员的比例一般为 4:6 或 3:7。也可采用看管定额确定法来配备人员。

【案例 8-5】酒店招聘有表演才艺的人才做员工

据人民网、浙江钱江晚报报道，魔术师、捏面人……形形色色的"手艺人"纷纷成为宁波一些高星级酒店餐饮部的服务生。此消息一经发出，立即引来众多议论。酒店是为客人提供菜点产品与服务产品的，只需要烹饪技术人才和服务人员就可以了，需要什么诸如魔术师、捏面人的"手艺人"呢？而宁波高星级酒店管理层认为：作为酒店文化项目，文艺演出十分重要，它既能表现酒店文化，还能通过表演彰显酒店特色。然而，大多数酒店的餐厅、多功能宴会厅以及大堂，表现酒店文化主题的才艺表演寥寥，人才罕见。通常见到的是大厅及酒吧钢琴表演、餐厅名厨片鸭表演、酒吧鸡尾酒勾兑表演、咖啡厅西乐演奏等"大路货"，能给宾客留下独特印象的、具有民俗特色或者表现酒店主题文化的才艺表演屈指可数。回顾往昔，在酒店表现才艺的人和现象也有一些，但大多数是即兴发挥、未能形成常规性表演。比如，前些年北京某饭店春节期间在餐厅里推出简单的"财神表演"，某饭店迎宾宴中表演京剧"贵妃醉酒"，五台山风景区的某餐馆向游客推出山西地方剧——北路梆子、二人台等。但是，这些演员都是外面请来的，演出的节目也是偶尔见之、昙花一现。酒店通过内部培养、在社会上发现有表演天赋的人，而后经过专业人士的指导、培训、考核，最终成为酒店正式员工，使酒店不仅拥有管理人才、公关人才、餐厅服务人才、烹饪技术人才、工程技术人才，还拥有一支才艺不凡、表现内容新奇有趣的表演人才队伍。

（二）人员安排

1. 用人制度灵活

（1）弹性休假。实行弹性工作制，闲时休假；忙时不但不休假，而且要组织加班。忙时上班人最多，清淡时上班人少些。可实行两班制或多班制，每人工作的时间基本一致，但上、下班的时间可不一致。

（2）计时工资。采用计时工资方法，可降低劳动成本。

（3）灵活排班。餐厅最忙是中午 11:00—14:00，晚上 18:00—21:00，就将早中两班都安排在这一时段，如早班为 6:00—14:00，中班为 12:00—20:00；也可采取不规则的上班时间和分段工作时间。

（4）一专多能。培训多面手，提高服务技能，以便在忙时抽调较闲工种的员工来支援。

（5）临时用工。"无固定员工队伍不稳，无临时员工用工不活"。酒店经营有季节性特点，宴会客人时多时少，旺淡忙闲不均，如果宴会部全部使用正式工，生意清淡时也要照付工资，这样会大大增加人工成本，可适量聘用一些临时工、季节工、钟点工、餐饮院校实习生和内部钟点工等来应付旺季人员的缺口。高档宴会，可外聘宴会服务公司的专业服务员。

（6）合并兼职。淡季工作量较小，许多工作不需要全职工，一些工作可以合并，一些工作可由管理人员兼任，如验收员与库房管理员工作合并。

（7）淡季培训。利用淡季开展知识及业务培训，岗位练兵及其他活动，做到季淡人不闲。通过培训提高员工服务意识和服务技能，对临时工、钟点工加强培训，提高他们的服务操作技术及工作效率，这样既降低了人工成本，又能保证宴会的服务质量。

2. 班次安排合理

宴会工作岗位较多，工作性质各异，因此，应根据酒店的营业量及有关员工工作时间的法律规定来灵活、合理地排定班次。常见班次有以下几种。

（1）单班制。每天只要组织一班就可以完成工作任务的工作制，因大多安排在白天，又称日班制。日班制大多分上、下午两段，每段 4 小时左右，也有 8 小时连续的，中午有半小时午餐时间。

（2）多班制。根据工作要求可分两班制、三班制及间隔班（跳班）等。多班制最突出的问题是解决各班员工的倒班问题。由于人的生活习惯、生物钟影响及劳动条件等的关系，各个轮班的工作条件有很大差别，其中夜班对员工的生活和健康都有较大影响，不适宜由一些员工固定长做夜班，因此定期合理地倒班就显得特别重要。

① 倒班排班办法。a. 正倒班。以三班制为例，正倒班是甲、乙、丙三班员工均按早、中、夜正顺序倒班，如表 8-5 所示。b. 反倒班。按早、中、夜反顺序倒班，如表 8-6

所示。

表 8-5　正倒班排班表

班　次	第 一 周	第 二 周	第 三 周	第 四 周	第 五 周
早	甲	丙	乙	甲	丙
中	乙	甲	丙	乙	甲
夜	丙	乙	甲	丙	乙

表 8-6　反倒班排班表

班　次	第 一 周	第 二 周	第 三 周	第 四 周	第 五 周
早	甲	乙	丙	甲	乙
中	乙	丙	甲	乙	丙
夜	丙	甲	乙	丙	甲

②　多班制作业要求。a. 均衡搭配人员。各班的人数与技术力量要大致相当，以保证每个班组生产的正常开展。b. 严格交接班制度。"七交"：交任务完成情况；交质量要求和措施；交设备运行情况；交配件、工具数量及完好情况；交安全设备及措施；交为下班生产所做准备工作情况；交上级指示及注意事项。"七不接"：任务不清不接；质量要求和措施不明不接；设备保养不好不接；配件、工具数不对不接；安全设备不正常，工作场所不整洁不接；原始记录资料不全、不准不接；上班为下班准备工作做得不好不接。c. 合理组织轮休。在顾全大局的前提下协调好轮休，尽量满足员工的要求。

模块二　员 工 管 理

管理就是"让他人做事，把事情做好"。管理就是管事、理人、安心。事情靠制度与流程来管，人靠理智、情感与价值观来理，心靠抚慰与关怀来安。管事要严，理人须尊，安心应爱。管理就要刚柔相济、严爱结合。

【案例 8-6】科学管理"六常"法　友谊宾馆更精彩

洛阳友谊宾馆通过实践和探索，建立出一套适合自身的管理机制和模式的"六常"法管理，不断提升企业管理服务水平，成为洛阳旅游标准化的标杆和示范企业。"六常"法管理就是：常分类、常整理、常清洁、常维护、常规范、常教育。核心是建立健全、贯彻落实企业标准体系。友谊宾馆是名副其实的"处处有标准，事事用标准"：原料储存有标准、上菜有标准、摆台有标准、迎宾有标准，连办公室的电脑、桌椅、垃圾桶、茶杯等摆放都有标准……从宾馆老总到服务员，从一线到二线，从餐厅到后厨，每个人、每个岗位、每个部门、每个场所，都在自觉地按标准办事，都在严格地执行标准。

一、常分类，要求所有的员工、部门和场所把能看到的物品都按照"有用"和"不再用"进行分类，即将不再用的物品清理掉，将长期不用的物品清除归仓，把要用的物品数量降至最低安全用量，按使用时间的长短、使用量的多少，分类井然有序地存放，放在最容易拿到的地方。每样物品贴有任何人一看就能明白的标签，标有存量，"有名有家"，采用数字、颜色、形状方法，保证在 30 秒之内能将任意物品放进和取出。设备上标明操作规程，保持透明度，即使该岗位员工离开，临时换他人也能准确操作。

二、常整理，对分类物品在使用后一定要按原位摆放。电器管理标准规定所有电器设备都标有使用时段、开关时间、负责人姓名。电源开关都加有指示标识，明确各种灯的用途，不至于开灯时要将所有的灯都试一遍。垃圾箱、簸箕、维修工具等物品的摆放地点，都画有与其形状相符的醒目黄线。后厨的每个冰柜上有标签，里面的蔬菜、鱼肉等原材料分类、分格、定位存放。所有的炊具、加工设备、原料每次使用完毕，都归类整理得井井有条。

三、常清洁，对各部位和区域彻底清理，保证所有地方都井井有条，干净整洁，光洁明亮，纤尘不染，给客人以愉悦和信任感。地板天天是那么干净，吊灯永远是那么璀璨，玻璃一直是那么明亮，就连卫生间的便池、面盆也很难发现污迹。划分明确的清洁卫生责任，责任到人，制度上墙，保证酒店的任何区域都不存在卫生死角。宾馆老总说，友谊宾馆不会有大扫除，因为班前班后、无处不在的"小扫除""细扫除"，让宾馆时时保持干净美丽。

四、常维护，体现在操作和管理的每一个环节，如申购物品，为有效控制物品的库存量，除了部门经理、总经理签字外，还必须由仓库负责人签字。"常维护"使物品实现了"四定"，即"定位、定量、定人、定期"。发现问题后，要么帮责任人将物品归位，要么提醒责任人及时整理。实现了不用分类的分类，不用整理的整理，不用清洁的清洁。

五、常规范，将员工的一切工作行为都用标准规范起来。宾馆制定出台各类标准 308 条，建立起科学完善的企业标准体系。如迎宾员怎么迎宾？服务员怎么上菜？领班怎么开班前会，怎么分配工作？工程部员工怎么维修？财务人员怎么做账？人力资源部怎么招工？保安如何巡查？经理如何检查？每一项工作都有一套详尽的标准来约束和规范。宾馆功能厅、办公场所、设备间等墙壁有序张贴着岗位职责和工作标准，把标准通过"傻瓜模式"表现出来，实现岗位职责明确化（张贴岗位职责）、工作内容程序化（制定各岗每日必做）、员工行为规范化（把酒店里每个岗位的操作规范都通过"傻瓜模式"表现出来）。

六、常教育，使全体员工自觉遵循贯彻标准。通过学习教育督导，使全体员工自觉养成"六常"习惯，包括规范的仪容仪表培训、标准服务用语的规范训练、每天下班前5分钟检查"六常"实施情况，今日事今日毕，用报表和数字说话，规定员工的工作和经理的检查，必须在相应的报表上有详细而准确的记录。

友谊宾馆"六常"法管理的落实得力于一系列严格有效的制度和措施。宾馆将标准化列入"一把手"工程，总经理任领导小组组长，各部门经理为成员。设立标准化办公室，配备专职标准化工作人员。加强统筹规划、组织协调、指导监督。分岗位、分班组、分区域、分部门逐级落实，标准化工作形成一个完整的体系。本着"谁主管，谁负责"原则，出台"六常"法验收评估标准，建立以部门为主的层级检查网络，完善奖惩措施。从宾馆总经理到各部门、各班组、各员工层层签订目标责任书。质检部负责对宾馆各部门、各区域的标准化落实情况进行监督检查，每天通报标准落实检查情况，检查结果与部门经理和员工的绩效考核相结合。部门分区域设定检查卡126处，附带检查表。明确检查标准，责任人等。员工、领班、主管、经理逐级监督检查确认。针对查出的问题，各部门组织"对标自查整改"。定期对各部门标准化工作进行考核评比。先进者予以奖励，考核分数不及格的部门，责任人自动离职。通过责任到人，奖惩到位，确保标准化"六常"法管理的落实。

（资料来源：郑宝亚、陈瑞华《中国旅游报》2013年7月19日16版）

任务一　严字当头、科学管理

（一）严谨计划：树立共同愿景

（1）管理的首要职能是目标计划。管理就是三句话：做正确的事，正确地做事，把事做正确。管理的首要任务是建立共同的愿景、企业使命和核心价值观，这就是企业目标。目标要分解成计划。计划就是为完成一个目标所制订的工作计划表，内容包括：何故（为什么做）、何事（目标是什么）、何处（在哪里做）、何时（什么时候完成）、何人（由谁做，职责）、如何（怎么工作、衡量与奖惩）。

（2）领导的核心作用是总览全局。企业中各类人员的岗位职责是不一样的。基层员工是活在"昨天"的人，他们要有执行力，必须按照以前制定的规章制度办事，干紧急而又不太重要的事。中层管理人员是活在"今天"的人，必须随时解决今天发生的问题，干紧急而又重要的事，进行现场管理。他们要有转化力，使高层的目标能转化成具体明确的指令，上情下达、下情上传。高层领导是活在"明天"的人，要有前瞻力，预测未来，思考不太紧急而又十分重要的事。领导的头等大事是战略指挥，即做正确的事情，忽视战略是小生产者的观念。领导要突出把方向、管大局、做决策、保落实。领导要集中精力抓大事、做实事、不出事，从烦琐小事中解放出来。领导要看别人看不见的事，做别人做不了的事，算别人算不清的账。领导之妙在于"管头管脚"，而不是从头管到脚。

（二）严密制度：建立管理标准

（1）制度意识。科学管理的核心是制度。管理一定要制度化，仅靠情感、良知维系一个组织是不够的，还必须运用制度的力量。制度是组织运行的一系列规则的总和，是特定的管理体系，长期运作会成为一种机制，使其竖能传代、横能复制。制度不是万能的，但没有制度是万万不能的。在管理中，规则比技术重要，制度比道德重要。好制度与环境是比个人素质更重要的东西。邓小平说："有好制度，坏人也干不了坏事；无好制度，好人也可能干坏事。"把制度挺在前面，用制度管住人，让纪律成为"带电的高压线"。

（2）制度原则。法理原则。对员工而言，"法无禁止即可为"，凡是制度未禁止的，都是允许的；对管理者而言，"法无授权不可为"，凡是制度未允许的，不可乱作为。

（3）制度特点。一要规范正式。标准格式，程序审核，形成文字。二要公平一致。对象没有例外，程序不容更改，标准不准变通，体系不能简化。三要执行有力。合乎人性，事前培训，领导率先。四要权变有度。处理灵活，平衡调整。

（4）制度内容。一是《员工手册》，这是企业的根本大法。二是组织机构图。三是每个岗位的岗位说明书。四是关于人、财、物等各方面的管理制度。五是每项工作的操作流程和规范标准。六是记录表单，把做的每一项工作详细地记录下来，便于检查、考核与奖惩。

（5）制度要求。一要科学。管理一定要制度化，但制度必须合理化。制度要符合客观规律、符合实际情况、符合人性人情。二要全面。管理要封闭，要有决策机制、执行机制、反馈机制和监督机制四方面的制度，缺一不可；制度要与流程、表单配套；制度配合要协调互补，不矛盾、不冲突。三要细致。制度要具体、明确，尤其是操作性的制度，尽可能地在时间、空间等方面进行细化与量化，使其具有可操作性、可检查性、可追踪性。四要平衡。仅仅制度化的管理绝对不是好的管理，因为制度化会把人搞得很僵化。制度只能管例行，没法管例外。制度要与时俱进，实行动态平衡。

（三）严格执行：没有任何借口

执行就是贯彻履行，承办经办，坚守操守。执行力就是人们按照特定的意志和目标贯彻下去并取得一定效果的能力。战略规划在于"做正确的事"，执行力在于"正确地做事"。有了计划，关键在于执行落实。制度不仅要有，而且执行要严。有令必行、有禁必止。制度执行不严，就等于没有。知道了，更要做到，应下大力气抓落实、抓执行。

（1）明确职权关系。在管理中，下级听谁的？有这么几种观点："谁大，听谁的""谁对，听谁的""谁与我关系好，听谁的""谁管我，听谁的"。正确的理念应该是"谁管我，就听谁的"。但在管理中，经常会出现前面几种尤其是第一种情况，从而造成一把手直接指挥、多头指挥等管理混乱现象。正确处理好上下级关系，青岛海景花园大酒店认为要坚持六项准则：上级为下级服务，下级对上级负责；上级关心下级，下级服从上级；上级可越级检查，下级不允许越级请示；下级可越级投诉，上级不允许越级指挥；上级考评下级，下级评议上级；下级出现错误，上级承担责任。

（2）态度决定一切。认真做事，只是把事情做对；用心做事，才能把事情做好。手脚是靠大脑支配的，行为是由心理决定的。强化思想教育，始终把人的价值观念、工作态度的教育放在首位，坚守理想信念，补足精神之"钙"，筑牢思想之"魂"。基础在学，关键在做，学用结合，增强执行的自觉性、主动性和创造性。

（3）解码执行细节。把高端的愿望解码成执行的细节，要结合本单位、本部门的实际情况，将企业目标解码成每个岗位、每个人应该做的事情。上级要指导下级解码，下级要学会解码。将责任、权利、义务按内容和层级一层一层分解，分别落实到每一员工身上。

（4）有效下达指令。工作指令要明确、清楚、完整，让下级五个"明了"：明了所做事情的目的、意义和目标；明了相关的制度；明了工作职责和权限；明了可利用的内外部有形、无形的资源；明了需要配合的相关部门、人员和权限。上级要保证指令的统一性、一致性，不能经常变更指令，以免员工无所适从。下达工作指令时要提高下属接受指令的积极性。

（5）养成服从意识。对工作要坚决服从，没有任何借口。不要陈述不行的理由，要去寻找可行的办法。有制度，按制度办；没制度，按指示办；都没有，按先例办；什么都没有，"看着办"。

（6）细节影响成败。大事必作于细，难事必作于易。小事做透，举轻若重；大事做细，举重若轻。精细化管理时代，要讲精细、讲细节。张瑞敏说：把每一件简单的事做好就是不简单，把每一件平凡的事做好就是不平凡。酒店有两个公式：100-1=0，100+1=满意+惊喜。这个1就是细节，要在"1"字上下功夫。

（7）养成汇报习惯。主动及时汇报工作，便于上级了解最新情况，使之放心，同时有问题便于随时修正。下级怎么汇报？尊重领导，礼让三分。伦理社会，不可没大没小。不要提问题，而要有方案；不出"判断题"，要出"选择题"。汇报要实事求是、简明扼要，不可烦琐，使人厌烦。上级怎么听汇报？让员工先讲，让下级学会动脑筋，善于把领导的意见变成下级的意见。领导要按组织系统听汇报。领导要善于听取各种不同意见。

（8）全程检查督导。执行要抓好三环节：班前准备，班中督导，班后检评。执行要

抓住三关键：关键时刻，关键部位，关键问题。执行的要诀是：细节、细节、再细节，检查、检查、再检查。常抓不懈，持之以恒地抓早、抓小、抓细、抓常、抓长。

（9）学会诚实总结。毛泽东总结自己成功的经验是"总结经验"。学会每天晚上"过电影"，回忆、归纳、反思自己的工作。总结要三思而行，正思、反思、再合思。总结要实事求是，不要报喜不报忧。对自己多找问题，对下级与他人多看优点。

（10）敢于承担责任。坚持以上率下，强化责任担当，尽职尽责，奋发有为，真管真严、敢管敢严、长管长严。克服事事企求安稳、时时患得患失、处处畏首畏尾的情绪。遇到问题不回避，遇到困难不躲避，遇到风险不逃避。工作中有三种责任：一是领导责任，这是最浅的责任，道义责任。二是管理责任，管理缺陷、制度不健全，做得不到位，领导应承担管理责任。三是直接责任，负全责。管理要做到有方、有力和有效，必须坚持责任制，落实领导班子的主体责任、纪委的监督责任和一把手的第一责任，才能形成层层担当、人人担当、共同担当的局面。

（四）严实督导：强化现场检查

（1）管理的一半是检查。完整的管理工作链，必须有计划、有布置、有检查、有反馈、有奖惩。没有监督，很容易产生无效管理；没有检查，管理就无从谈起；哪里没有检查，哪里就会出现问题；检查之后不处理，检查就流于形式。员工不会做你要求的，只会做你检查的。管理就是发现与解决问题的过程。管理者"要有一双发现问题的眼睛"，有问题不可怕，可怕的是查不出问题。检查只是手段，整改才是目的。发现与解决问题要三不放过：找不到具体责任人决不放过，找不到问题的真正原因决不放过，找不到最佳解决方案决不放过。

（2）质检要常抓不懈。质量检查是为了培养一种好的工作习惯养成。建立质检制度，理顺质检渠道。通过内部检查（如行政检查、职能检查、专职检查）、外部检查（如政府的消防、安全、卫生防疫部门的检查）、自查、他查（如职能部门的检查）、顾客满意度调查与第三方的"神秘顾客"暗查等多种形式坚持常抓不懈。海尔集团总裁张瑞敏说："管理是一项笨功夫，没有一劳永逸的方法，只有深入细致的反复抓、抓反复，才能不滑坡、上档次。现在抓到了，水平达到10，用不了多久肯定下落到8，或者下落到6；再抓，下次回落的时候就不会掉那么多了；逐渐就会非常自然地达到较高水平。"

（五）严肃评价：绩效对标考核

（1）考核内容。一德：道德、品性、工作态度、敬业精神、进取精神、责任感、自觉性、积极性等。二能：学识水平、工作能力。三勤：纪律性、出勤率、人际关系、服务意识、合作性、礼节礼貌、仪容仪表等。四绩：数量质量、考勤守时、突出贡献。五廉：管人、管钱、管物的岗位须考核清廉。

（2）考核方法。实行客人考核一线、上级考核下级、下级考评上级、平级相互考核、营业部门考核职能部门等全方位的考核。

（3）考核要求。事事有标准，人人要考核，个个被评估。考核必须客观公正，能量化的量化、不能量化的尽量细化。考核工作表现，少讲概念性的东西，要有行为的描述。考核结果与赏罚挂钩。

（六）严明赏罚：艺术运用奖惩

管理最后要落实到"胡萝卜加大棒"的物质与精神的奖惩上。坚持有责必问、问责必严，推动监督检查、目标考核、责任追究有机结合，以问责常态化促进履职到位。

（1）合乎民意。人的本性是"利之所至，趋之若鹜；害之所加，避之不及"。因此，"赏之以众情所喜，罚之以众情所恶；赏一人而万人喜，杀一人而三军震。"

（2）奖勤罚懒。奖罚与业绩挂钩，业绩大的多奖赏，业绩小的少奖赏，没业绩的不奖赏，偷懒的必须惩罚。加大治庸治懒力度，防止干与不干一个样，干多干少一个样，干好干坏一个样。让忠诚干净担当、奋发有为、业绩突出者得到褒奖和重用，让阳奉阴违、阿谀奉迎、弄虚作假、不干实事者没有市场、受惩戒。

（3）赏罚贵信。赏不可虚设，罚不可妄加。用赏者贵信，用罚者贵必。信赏必罚，其足以战。

（4）赏罚公平。赏不可不平，罚不可不均；罚之贵大，赏之贵小。

任务二　爱在其中，人本管理

【案例 8-7】"海底捞"的员工对企业有家庭归属感

"海底捞"关爱员工的做法给广大餐饮企业带来了诸多启示：

住宿条件。海底捞规定必须给所有员工租住正式小区或公寓的两居室、三居室，不能是地下室，距离酒店单程走路不能超过 20 分钟。居室有 24 小时的热水和空调，安装了可以上网的电脑，享受免费的专业家政服务。

父母工资。海底捞鼓励员工把自己的工资寄一部分给家里，酒店每个月都会打电话到员工父母家里进行询问抽查。建立了父母给员工的探亲假规定：工作满 1 年以上的员工，1 年内累计 3 次或连续 4 年被评为先进个人，该员工的父母可来酒店城市探亲一次，往返车票酒店全部报销，享受在店就餐一次，该员工还有 3 天的陪同假。

子女教育。海底捞店长的小孩每年有 12 000 元的教育津贴，使他们能够和城里的孩

子一样受到同等的教育。这大大鼓励了基层的每位员工，他们看到的是：只要我在这里勤恳地工作，我的子女就可以来到城市中接受良好的教育。

员工配股。海底捞实行"员工奖励计划"，给优秀员工配股。以西安市东五路店作为第一个试点分店，规定工作1年以上员工享受利润为3.5%的红利。海底捞希望更多的员工通过磨炼，在5年、10年后为企业担当一部分责任，独立管理一个店。

（资料来源：马开良. 现代厨政管理[M]. 北京：高等教育出版社，2010. ）

管理的本质是"爱"，爱是唯一的管理智慧。管理不是为了让人们听从你的使唤，而是为了让人们懂得热爱人生，热爱工作，实现人的自我价值。仅有严字当头的制度管理，只能使员工进入到"顺从"的低级阶段；同时进行爱在其中的人本管理与心本管理，才能使员工进入到自动自发"自觉"的高级阶段。

（一）尊重人

（1）尊重人权。天赋人权，人都享有宪法和法律赋予各种权利，包括生命权、获得及维护私人财产权、追求幸福权、自由权、知情权、话语权、参与权、平等权、受尊重权等基本权利。生命诚可贵，健康价更高。以人为本，首先要以人的生命为本；科学发展，首先要安全发展；和谐社会，首先要关爱人的生命。漠视和践踏一个人付出的劳动，实际上是对其生存价值的否定。正如"如家"酒店集团总裁孙坚所说："一家不能保障员工经济权利，却高唱尊重员工的企业是虚伪的"，"员工首先要赚得一份心安理得的工资，然后才能谈得上尊重的环境。"

（2）尊重人格。尊重，就是尊敬、重视。"理"人，就是心中有人，看得起他。人格平等，关键是起跑线要平等，程序要公正。工作中，"各人事、各做主，两人事、商量办"。领导就是"我支持你做什么，而不是我指示你做什么"。美国著名心理治疗大师维吉尼亚·萨提亚说："我想爱你，而不用抓住你；欣赏你，而不需批评你；和你在一起，而不需伤害你；邀请你，而不必强求你；离开你，也不需说歉疚；批评你，但并非责备你；帮助你，而没有半点看低你；那么我俩的相会就是真诚的，而且能彼此润泽的。"

（3）尊重人性。香港凤凰卫视某主持人一语中的击中了一些"服务业基层员工长期不受尊重，被顾客当牛马使唤，被上司当不知疲劳的机器使用，但就是没人认真把他们当人看"的丑陋现象。把企业仅看成是一块写满利润程序的主板，那是无法兼容人性的。其管理的结果之一，或是惨痛的失败，员工像"野蛮人"，难以驯化，总是在管理者目力不及的时候恢复原形；结果之二，或是悲痛的成功，员工像"机器人"，按照事先程序刻板的回应顾客要求。企业要成为基于人性的企业，牢记并践行"员工是人"的理念，了解人性，把握人性，符合人性。

（二）理解人

（1）了解人。毛泽东说："没有调查就没有发言权"。科学决策产生于正确认知，正确认知来自于深入的调查研究，陈云说："领导者要把 80%以上的时间用于调研"。一要了解事，二要了解人。要了解你的员工，了解你的团队。知人，要知面、知心，知德、知才，知趣、知型，知长、知短。要了解员工的个人情况（人口统计学信息，家庭情况、住宿远近等），学识才能（学历、经历、阅历、心路历程，专业培训、知识才华），性格性情（内外向、长短处、优缺点），兴趣爱好（专业技能、特殊才能），发展潜能（今后会展现的长处，独特优势），行为方式（干得如何，言行一致）；价值取向（为什么做？原因何在？），业绩表现（以往业绩）等方面的内容。当然，领导也要让你的员工与团队了解你自己，了解你的愿景、工作作风、个性特点。相互了解，才能更好沟通。了解人，要全面，避免片面性；要看到人具有层次性、多样性、复杂性和内在矛盾性的特点，避免简单化、片面化、绝对化。

（2）善解人。理解是爱的别名，没有理解就没有爱。丰富而深刻的亲密感不是来自原始的体贴，而是来自彼此心灵的沟通。使人感到孤独的真正原因并不是独处，而是没有人能来分享自己的感受，找不到一个可以畅所欲言、无所顾忌的倾诉对象。善解人意就要设身处地，将心比心。许多矛盾来自误会，许多误会由于沟通不善。解决之道的关键是沟通，而沟通要学习技巧。

（3）谅解人。遇事应冷静对待，不可大惊小怪、视而不见、曲意包庇，应尽快补救，减少损失。分析原因并考虑事情的处境及难处。事情处置应既讲原则，进行批评教育、严肃查处；又讲感情，要爱护、宽容、理解、抚慰。

（三）培育人

1. 学习理念

（1）终身学习的理念。终身学习是指人在整个一生中，始于生命之初持续到生命之末，即从摇篮到坟墓的一辈子持续不断地学习。它宣告了把人生分为两半——学习和工作（"充电"和"放电"）的传统观念和"学历社会"的终结。学习，让人生更精彩，让事业更成功，让生活更美好。毛泽东于 1937 年说："我们队伍里边有一种恐慌，不是经济恐慌，不是政治恐慌，而是本领恐慌。"从某种意义上说，本领恐慌是最根本的恐慌。不克服本领恐慌，经济恐慌、政治恐慌等一切恐慌会接踵而至；克服了本领恐慌，一切恐慌则无须恐慌，都能从容应对。"终身学习是 21 世纪的生存概念"，学习化是新世纪的最佳生存方式。我们处于一个多变、巨变、快速变化的信息时代，"未来唯一持久的优势，是有能力比你的竞争对手学习得更快。"学习，处处可学，时时能学，事事好学，人人皆学。把学习融入人生的每时、每事、每地，成为"全时空学习"，"无一事而不学，无一时而不学，无一处而不学"，做到生存学习化、人生学习化、工作学习化。

（2）学习是成功之母的理念。人不是生而知之，而是学而知之、学而能之、学而领先之。学习是进步的前提、成功的基础、超越的基石、自我思想的产床。古人曰"失败是成功之母"，按照强化理论也可说"成功是成功之母"。但是不总结经验、不刻苦学习，成功或失败都可以成为失败之母。从本质上说，总结经验、持续学习才是成功之母。要让员工按"人材—人才—人财"的正道方向积极转化，而不是在"人在—人灾—人害—人裁"负面邪路上消极转变，关键之一是要持续学习。学习培训，对个人来说，能决定自己是"上天堂"还是"下地狱"；对企业来说，能使员工成为"摇钱树"还是"定时炸弹"，成为"皮夹子（钱包）"还是"捣乱分子"。

（3）人品决定产品的理念。根据企业价值链理论，要让客人满意，首先要让员工满意；有了高素质的员工，才可能生产高质量的产品。因此管理中只有做到了"员工第一"，才可能使员工做到"客人第一"；企业让员工得到了满意，员工才会让客人获得满意；只有让员工忠诚企业，才能使客人忠诚企业。

（4）企业是学校、领导是老师的理念。企业发展人才先行，人才发展培训先行。好企业一定是所好学校，好领导必定是个好老师。企业不仅是个生产系统，更是训练系统、教育系统，它不仅生产产品，更多的是生产人。人的习性是训练出来的，工作就是最好的训练，企业应该成为一个学习型企业。

2．培训原则

培训原则是"干什么，学什么；缺什么，补什么；发展什么，培训什么。"带着问题学，急用先学，学用结合，学出成效。以用为本、以用论教。用，就是实际、实践，培训要联系实际，为实践服务；用，就要以学员为中心来开展培训活动。

3．培训方法

有一套正确的培训机制，有一个具有实际运作的培训组织，有一套推进企业培训发展的政策，有一支训练有素的训导师队伍，有一定数量的培训经费和设施设备，有一套适合不同员工、不同岗位、不同内容的培训方法。

（四）信任人

【案例8-8】信任要"六给"

酒店信任员工要"六给"：一给员工更多的发言渠道和表现机会，如总经理信箱、店刊、店报、主题演讲会、自由谈、知识竞赛、员工艺术团等。二给员工更多的参与管理的途径和机会，如"诸葛亮"会、干部扩大会、征求意见会、建议有奖活动等。三给员工更多的展现优秀形象的方式和机会，如光荣榜、明星奖、荣誉称号、表彰大会、委屈奖、奖励旅游等。四给基层管理人员和普通员工更多的对客服务的处置权，如更换权、打折权、部分免单权、限额自主应急采购权、要求对客服务配合权等。五给员工创造更加舒适和宽松的硬环境和软环境，如改善员工的住宿条件、改良组织氛围和人际关系、改变不良的领导作风和不当的管理方法。六给员工更加广阔的发展机会和空间，如帮助员工设计职业生涯计划、轮岗锻炼等。

（1）多宽容。孔子曰："宽则得众"。居上不宽是管理者的致命伤。人有多大胸怀，就有多高境界；人有多高境界，就能干多大事业。人的胸怀有多大，事业就有多大；人的视野有多宽，道路就有多宽；人的素质有多高，层次就有多高；人的心情有多畅，经历就有多畅。宽容待下，给下属以良好的心理影响，使其感到亲切和温暖，并在工作中发挥自己的潜能，为实现企业目标而奋斗。宽容要体现在三个方面：一是容人。一个人是否成功，关键不在"力量"，而在"雅量"。一要容人之长。看人首先看优点与长处，善于发现他人身上的闪光点；先看其长、后看其短；善于短中见长、正视长中之短。只看到别人的缺点和不足的人，永远不会受人欢迎，也永远不会成功。二要容人之短。扬长避（容）短，庸人变人才；舍长就短，人才变庸人。三要容人之过。"水至清则无鱼，人至察则无徒"，非原则性的问题，不必较真。四要容人之异。承认差异，承认个性，允许别人发表不同观点。不要轻易争辩，指责别人的错误。二是容言。纳言优于纳才，法治优于人治。纳才重的是人，纳言重的言，并不注重人的身份。宽容来源于对每个人权利的尊重：我虽然不赞成你的观点，但我坚决捍卫你发表观点的权利；我虽然不支持你的行动，但我坚决维护你合法行动的自由。决策过程中要七嘴八舌，善于倾听不同的意见，保证决策的正确性。三是容事。领导要推功揽过：有功不贪而退、有过不推而揽、有难不惧而上。

（2）多表扬。"人性的第一原则是渴望能够得到赞赏"。管理中的每一项措施要让员工感到"您重要！"肯定是一个人的力量源泉，只要你觉得他重要，他就会重要。领导者要有"一双发现员工身上闪光点的眼睛"，常发现、多表扬。好孩子是夸奖出来的，好员工是表扬出来的。表扬要真诚、具体、及时。

（3）多放手。① "用人不疑，疑人不用"。欧阳修曰："任人之道，要在不疑。宁可艰于择人，不可轻任而不信。"用人之道在于信、赏、罚。用人关键是信任，不疑关键是放手（放心、放权）。领导就是"我支持你做什么，而不是我指示你做什么"；管理是管工作如何，而不是管如何工作。对人的尊敬是信任。信任你的操守，就不会把你当贼防；信任你的能力，就会把重要的事情委托给你。人被信任了，才会有责任感。信任不是说出来的，而是做出来的。② "用人要疑，疑人要用"。著名企业家王石说："在企业管理上，要在道德层面假定善意（是指以善意与别人相处），但在制度层面要假定恶意，从制度设计上防止人的"恶"性发作。当恶还没产生或欲望还没产生的时候，就将其抑制住，在未出现问题时明确监管，出了问题后按照这个制度去解决"。所以，疑人仍可用，用人也要疑。疑则问、问则管、管则治、治则重在制度约束。制度约束就是减少人性"恶"的一面释放。信任的标志是放手授权。信任是把双刃剑，用得好，能使人飞起来；用不好，会把人压垮、甚至腐败。授权会导致滥用权力吗？有，但不能为了杜绝少数极端自私和道德不端之人，而放弃对绝大多数人的信任。权力不论大小，没有制约都会被滥用。制约权力，要把权力关进制度的笼子。

（五）激励人

1. 激励目的

事业靠人，人靠"理"心。人要做好事、干成事，从主观因素分析一靠能力、二靠努力。让人做事的最好方法就是让他心里想做，自己要做，激发起他内心的渴望，这样焕发的力量才是最深沉、最持久、最巨大无比。能力可以通过培训使其专业化，但不愿努力工作，其能力发挥不了多少；如果施以激励，其能力可成倍的提高。管理就是激励人的工作积极性实现其目标的过程。

2. 激励起点

有欲才有求，有求才有为；无欲虽无求，但也无为了。管理者要明白一个道理，即人人都在为自己干。员工为什么跟着你？忠于你？理由何在？他们图的是什么？怕的是什么？渴望的是什么？恐惧的是什么？要通过多种途径与方法了解员工需求，从员工最希望的事做起，从员工最不满意的事改起。

3. 激励艺术

（1）先激后励，激励互动。激励就是"给他鲜花给他梦"。行为之前，激发人的梦想、热情、动机、潜能与创造性；让人愿意干、想干、喜欢干、有信心干。行为之后，及时给予奖赏和肯定，给他鲜花、掌声、奖金或提拔。

（2）既有力又给力，心智激励。激励有两大任务，要两手抓、两手硬。一是点燃激情，这是心激励，激发人的情绪、信念、热情、自信、兴趣、动机。二是开发潜能，这是智激励，提高人的智力、智慧、能力与创造力。

（3）先保健后魅力，双因素激励。保健因素是"没有它不行"的避免不满意的因素，让员工有基本的工作与生活的物质条件。魅力因素，是"有了它更好"的赢得满意、甚至惊喜和感动的因素，取决于精神心理上的激励。

（4）既物质又精神，综合激励。只有精神激励而缺少物质激励那是"愚民政策"，只有物质激励但缺少精神激励那是"害民政策"，激励措施要双管齐下，缺一不可。

（5）先我后他，相互激励。管理者首先要发动自我、激励自我。一个连自己也激励不起来的人是不可能激励他人的，没有自我激励就没有领导者的影响力和领导力，在激励自我基础上，再千方百计激励员工。

（6）激励凝聚，形成团队。一盘散沙难成大业，握紧拳头才有力量。联想集团有个"项链理论"：每个人都是珍珠，团队精神是"一条线"，把一颗颗零散的珍珠串起来的团队才具有组织战斗、协同一致的力量。弘扬团队精神、增强团队凝聚力、打造群雁团队，激励是前提。在激励基础上凝聚，在凝聚基础上激励。缺少激励，没有凝聚力；缺少凝聚，组织就不是一个战斗的堡垒，而是堡垒里的战斗。

（六）关爱人

人需要生理、心理、物质、精神等方面的关爱。员工对领导的情感需求，据调查，排在前 6 位的是：偶尔拍拍我的后背，多听听我说话，别总逼我，让我提点建议，偶尔笑一笑，问问我的感受。领导给员工更多的关爱，员工给企业更多的回报。良好的企业文化应该是：像学校一样培养价值观念，像军队一样奉行严格纪律，像家庭一样营造温馨气氛。管理应该以人为本、以用为本、以能为本、以心为本。造物先造人、做事先理人、育人先育心。让员工在为客人提供"满意加惊喜"的服务中，实现自身的价值，产生自豪感。对员工进行全面、细微与有责任心的关爱主要体现在以下 6 个方面。

（1）身心健康。生命诚可贵，健康价更高。关心员工的身体健康，高度重视劳动保护与劳动安全，进行健康知识的教育；关心员工因压力所造成的心理紧张和各种身心疾病，帮助员工进行心理调适。

（2）薪酬优厚。按照市场机制与本企业、本岗位的工作强度和工作要求，制定合理、公平、具有吸引力的工资制度。

（3）氛围和谐。创造有温度的氛围环境。环境既包括一个安全、舒适、方便、优渥的工作、休息的自然物理环境，更需要创造一个温馨、温暖、和谐的文化、人际、心理等软氛围。

（4）职业发展。准确了解和把握员工需求，正确评价员工个人能力和潜力，指导、考评、帮助员工制定与实现职业生涯的规划，为员工创造有施展才华、发挥能力的平台，有接受培训、提高本领、实现自我价值的发展空间，有获得成就感和自我实现感的工作。

（5）生活质量。要了解员工的现状与难处、需求与不便、痛苦与问题，关心他们最现实、最直接的利益，解决他们的热点、难点、焦点和重点问题。不仅要关心员工的工作质量，而且要关心他们的生活质量；不仅要关心 8 小时以内的工作，而且要关心 8 小时以外的生活；不仅要关心员工本人，而且要关心员工的家属；不仅要关心现在，而且要关心职业生涯的发展；不仅要关心员工的物质生活，而且要关心员工的精神生活等。

（6）敢于担当。领导要从严要求下级，真心爱护下级。在下级努力工作时，又要形

成尽责免责、创新容错机制，为担当者担当，为负责者负责，为干事者干事。

【思考训练】

（一）研讨分析

【案例8-9】要学"鞠躬尽瘁死而后已"，莫学"事无巨细事必躬亲"

《三国演义》中描述，刘备去世后，诸葛亮怕别人不尽忠职守，立了一条"罚二十以上皆亲览"的制度，一概由诸葛亮亲自处理。作为国家的丞相，诸葛亮既抱西瓜又捡芝麻，从国家大事外连东吴、内平南越、整顿戎装、工械技巧等到民间诉讼，他都事无巨细揽在身上。结果忙得日理万机、筋疲力尽，以致"过劳死亡"，留下"出师未捷身先死"的千古遗恨。有人曾劝诸葛亮："治家之道，在于各司其职，如果凡事家主必亲躬，将形疲神困，终无一成。"但平生谨慎的诸葛亮没有听进去。

讨论：诸葛亮的管理与领导正确吗？他应该如何进行科学管理？

（二）操作实训

1. 组织学生到一家酒店做调研，通过"解剖麻雀"，了解该酒店的宴会部门的组织机构、岗位说明书、人员配置、用工安排与管理艺术等情况。

2. 根据某酒店的实际状况，画出该酒店的宴会组织管理机构图，写出宴会部门各岗位说明书。

3. 制作排班表，能正确地用多种方法合理排班。

4. 采用头脑风暴方式，研讨如何解决招聘一线员工难的困境。

5. 讨论交流员工的管理、激励与培训的方法与艺术。

宴会运营管理

学习目标：

知识目标：1. 认知宴会预订的各种形式和特点。

2. 认知客史档案的作用和内容。

3. 认知宴会产品价格构成和定价的方式、方法。

4. 认知宴会出品管理、宴会服务管理和宴会安全卫生管理的基本知识。

能力目标：1. 掌握宴会预订、确认、更改、取消和跟踪的操作流程。

2. 掌握确定宴会菜点价格的不同定价方式。

3. 掌握宴会成本控制的各个环节与措施。

4. 掌握宴会服务与安全卫生管理的运转和要点。

【导入案例】

杭州汪庄宾馆推出"领袖宴"

新中国成立后，第一代国家领导人毛泽东、周恩来、刘少奇、朱德、邓小平、陈云、叶剑英等领袖曾数十次来到杭州，下榻地就是名闻遐迩的汪庄宾馆。伟人们下榻汪庄，自然也留下了不少的食谱菜单，如南乳小方肉、绿茵烤田螺、玉树菜心等家常菜，蟹粉狮子头、雪菜炒鲈鱼、干菜扣肉、镜镶豆腐等江浙风味菜，还有小米粥、小煎饼、烤地瓜等传统的粗杂粮，更有招待金日成、胡志明、尼克松、蓬皮杜等外国贵宾时的珍味鳖裙、蟹粉汤包等名菜。

宾馆为了拓展市场，发掘自身的名人资源优势，在这些珍贵的食谱菜单的基础上，精心策划并隆重推出了独一无二的"领袖宴"，再现当年的伟人风情。宾馆在每道菜旁都附有详细的文字说明，简介伟人们各自的口味和一些有趣的典故。与普通筵席相比，"领袖宴"在制作上要求严格，既要保证味道可口，能深受大众青睐；又要忠于历史原貌，保持"原汁原味"。为此，宾馆特聘了当年曾为毛泽东服务过39次的特厨韩宝林及为邓小平、陈云掌过勺的名厨张建雄把关，并让他们传艺带徒弟。当客人们坐在依山傍湖、花木扶疏的领袖们当年就餐的环境里，享受着当年为伟人们掌勺的名厨烹制出来的伟人们爱吃的菜肴，从伟人们的日常起居饮食中体会伟人们的情操，不是人生一大快事吗？

（资料来源：饶勇. 现代饭店营销创新500例[M]. 广州：广东旅游出版社，2000. ）

模块一　宴会销售管理

任务一　接洽宴会预订

（一）安排专人受理

1. 宴会预订作用

宴会管理要以营销为龙头，以管理为基础，以服务为保障，以效益为中心。预订，也称订餐，即根据客人需要，接受并为其安排合适的用餐场所、用餐菜品的事先约定。宴会预订是宴会经营运转的首要环节，是菜单设计、原料组织、加工生产、服务销售等环节的信息保障。因此，宴会预订部门成了宴会销售的心脏和信息集散中心。

2．宴会预订人员

（1）人员构成。宴会预订是一项专业性很强的工作，代表酒店与外界洽谈和推销产品的一项活动。因此，必须挑选有多年餐饮工作经历、了解市场行情和有关政策、善于沟通的专业人员来承担此项工作，人员构成有专职宴会预订员，或由酒店前厅接待员、大堂副理、经理办公室秘书、各部门经理等资深人员来担任。

（2）人员资质。① 工作态度。有事业心和责任心，工作认真仔细，态度热情周到，讲究信誉履行承诺，保持职业风范。② 公关技巧。善于沟通，长于交际，有亲和力。具有良好的洽谈技巧和语言表达能力。如是涉外酒店，具有较强的外语会话能力。③ 仪容仪态。气质高雅，形象美观。服饰、举止符合礼仪。④ 熟悉业务。了解本酒店餐厅面积、座位数、宴会厅的服务设施、接待能力，各类菜肴的风味特色、口味特点、加工过程，各种档次宴会的标准售价等知识，并懂得根据客户要求做出调整。

3．预订工作职责

对内负责与相关部门的沟通协调，对外代表酒店接洽会议、宴会及相关业务，并负责与老客户保持良好关系，拓展、开发新客户，通过业务活动和了解市场信息，协助上级制定营销策略，求达到酒店年度计划和预算收入目标。

4．准备相关资料

为方便客人预订，每个酒店可以根据酒店档次、经营风格、目标市场等因素，事先制定一套图文并茂、简明完整、色彩艳丽，具有观赏性和艺术性的，有不同档次、不同规格的宴会书面或电子资料。资料的内容包括：各类宴会起点标准费用，不同费用标准的宴会菜单和可变换、替补的菜单、酒单，主要菜点和名酒的介绍及实物彩色照片，所提供的服务规格与配套服务项目，场地布置、环境装饰和各种台型布置的实例图，宴会定金的收费规定，提前、推迟、取消预订宴会的有关规定。认真设计接待程序，包括交谈内容、交谈次序。先谈什么，后问什么，要有很好的连贯性和规范性；应该问的项目不能缺，不该问的问题不必问。

5．了解预订信息

必须了解的信息有：（1）宴会时间。宴会举办的具体日期（年、月、日、星期）与时间（早、中、晚宴餐别，开宴时间，宴会持续时间，宴会程序中的祝酒词、演出的具体时间，大型宴会布置场地的时间。（2）宴会主题。客人举办宴会的目的与性质。（3）宴会规模。出席人数，筵席桌数。大型宴会应预留 10%的席位和出品。（4）宴会价格。宴会消费总额、人均消费标准、每席价格标准、是否包括酒水费用，有否服务费，预订费用以及其他费用等，付费方式与日期限制。（5）宴会菜单。宴会菜式、主打菜肴的要求，有可供变换、递补的菜点，可供选择的酒单。是否允许自带酒水饮料。（6）宾客情况。

预订人的姓名、单位名称和联系方法。主要宾客年龄、性别、职业、风俗习惯、喜好禁忌（必须首先考虑宗教饮食禁忌），有何特殊要求。有无司机及其他人员用餐方式与标准等特殊要求。（7）宴会场地。宴会厅的大小、氛围和格局，台型设计布局与要求。宴会背景墙、会标色彩与文字。舞台、乐池要求。有无祝酒词、音乐或文艺表演、电视转播、产品发布、接见、会谈、合影、采访、鸡尾酒会等活动的会场与设备要求。宴会场地布置特殊要求。（8）细节要求。如行动路线：汽车入店的行驶路线，停车地点，客人入店专用通道。礼宾礼仪：VIP 客人的红地毯、总经理的门前迎候、服务人员的列队欢迎、礼仪小姐的迎送献花等。有无宾客席次表、座位卡等。

（二）宴会预订方式

（1）电话预订。最常见、最方便、最经济的一种预订方法。操作流程：① 礼貌接洽。铃响三下以内接电话，礼貌问好，自报酒店与部门。声音清晰、柔和、音量适中、快慢有序。② 了解要求。询问客人预订要求，详见预订信息内容。③ 介绍酒店。主动介绍宴会标准、宴会场所、特色菜肴。一般宴会不必向客人主动介绍餐厅；高规格宴会则尽可能提供客人喜欢的宴会厅。④ 接受预订。将预订信息记录在宴会预订登记簿上，最后向客人复述一遍，加以确认。如因标准过低或其他因素而不能接受预订时，应婉转解释并致歉。结束预订时感谢客人，待客人挂机后，方可挂电话。⑤ 填写表单。根据宴会预订资料，分别填写宴会（或会议）预订记录、今日宴会客情表、宴会通知单。⑥ 跟踪联系。对预订时间较长的客户、初次预订却又不太了解的客户，过段时间后，以了解宴会有何变化为由加强与客户联系，以防意外。⑦ 通告信息。将宴会通知单及各种客情表发至厨房、宴会厅、酒吧等生产部门和营业点。

（2）面谈预订。应用最广、效果最好的一种预订方式，有客人临时上门预订与事先预约上门预订两种。客户事先预约上门预订接待流程：① 预约客户。与客户约定见面日期、时间和地点。如客户要求参观酒店，应事先检查厅室预订情况，避免参观时被占用，保持厅室清洁卫生。② 告知同事。将预约上门客人的姓名、单位、职务、约定时间、地点告知相关人员，尤其是前台人员。使客人来临时感受被欢迎和被重视。③ 准备资料。准备好酒店相关宣传资料。④ 迎客问候。客人到达之前，预订员在酒店门口迎接客人。微笑相迎，礼貌问候。对初次上门客人，热情相迎，交换名片；对再次上门客人，直呼客人姓氏，使客人产生亲切感。引领客人到酒吧或会议室，请坐上茶，问清信息，询问要求。⑤ 推介参观。备妥足够的资料供顾客参考，如场地的平面图、各式菜单的价格表、客人的容量表、租金一览表、器材租金表。主动、详细介绍并分发宣传本店资料。一般宴会，不要主动向客人推介厅房；高档宴会，则尽可能满足客人喜欢的宴会厅。接受咨询时，即使顾客已亲临现场，销售人员仍需准备场地平面图和多种平面摆设图，为其解说。引领客人参观宴会场所时，若遇到各岗位的主管，应向客人介绍，并让他们向客人介绍各自设施的特点。注意不要带客人参观非服务性区域。⑥ 了解商洽。了解客人宴会预订信息要求，向客人提供标准菜单，让其挑选并确认；如客人需改换调整某些菜肴时，帮助客人调整。对有特殊情况和特殊要求的，可请餐厅经理、厨师长亲自安排菜单，也可视情况重新确定菜单和用餐标准，并让客人确认；如客人标准过低而不能接受预订时，应婉转向客人解释并致歉。洽谈业务时，注视客人，目光亲切，认真倾听，仔细询问，不要随意打断客人的讲话。⑦ 确认预订。根据洽谈好的内容，准确填写宴会预订表，字迹清晰。请客人审阅，如无疑议，签字确认。重大活动和宴会与客人达成意向后须签订合同，一式两份，妥善保管；对未定事宜和客人需改动事宜，应注明最后确认时间。客人预付定金，开具定金收据。⑧ 感谢欢送。向客人表示感谢，礼貌将客人送出大门。⑨ 记录预订。把接待信息记录在案，为进一步的措施做好计划。

（3）销售预订。推销员登门拜访客户的预订，既宣传酒店、推销产品扩大知名度，又为客人提供方便。优点是直接接触、印象深刻，双向沟通、方便交流，纠正偏见、改善关系，了解要求、得到许诺，介绍情况、提供预订。弱点是成本费用较高、覆盖面较小、工作量较大。销售预订对大型宴会和其他大型会议、活动比较有效。操作流程：① 收集信息。注意当地市场变化，了解活动开展情况，收集各种资料信息，建立宴会客史档案，寻找推销机会。特别是那些全国性、地区性、行业性和政府机关的各种会议，大公司、外商机构和高校的庆祝活动、开幕式、周年纪念、产品推广会、年度会议等信息。② 计划准备。明确访问对象、目的，列出访问大纲，备齐各种资料，如菜单、宣传小册子、照片和图片等。③ 注重礼貌。上门访问洽谈时，态度和蔼可亲，仪容仪表端庄，讲究沟通技巧，引起顾客的好感与兴趣。④ 商定预订。根据客人心理，善于把握时机，运用各种销售技巧，如代客下决心、给予额外利益和优惠等，签订预订订单。⑤ 跟踪销售。签了订单后，保持跟踪联系。尤其是对初次预订又不太了解的客户，与客户保持联系，了解有何变化以防意外。即使最终不能成交，也应分析原因，总结经验，保持合作。

（4）智能预订。21世纪是信息时代，高新技术、信息网络在酒店经营管理中运用将会产生一场革命。网上预订、微信预订、电脑点菜、电脑设置烹调方法、客户管理等将成为一种趋势。如北京"全聚德"烤鸭店、上海"绿波廊"已经领先一步，而天津的集贤大酒店推出了"厨房实况监视"的绝招，颇具成效。

（5）其他预订。预订形式还有信函预订、传真预订、中介人代表客户向宴会部预订以及政府机关或主管部门安排的宴请活动而专门向直属酒店或熟悉酒店发出的指令性预订等。宴会预订形式多种多样，请进来、走出去，尽可能采用能直接与客人双向沟通的方式进行预订，保证信息的准确性和适时的推销。无论客人采用何种方式预订，员工都要礼貌待客、态度热情、主动介绍、规范接待。

【案例9-1】扬州京江大酒店喜宴市场开发之道①

喜宴市场被酒店称为"甜蜜金矿"。为适应酒店市场新形势，眼下各地酒店纷纷调整经营思路，改变经营模式，转型升级，走平民化路线，纷纷抢占喜宴市场。酒店喜宴市场潜力大，已成为星级酒店收入的重要来源。承接好喜宴除取得收益外，还能带动客房、康娱等部门的联动销售，尤其是地处三四线城市的国内品牌酒店，喜宴的带动效应更加突出。

设施和环境是吸引客人的先决条件，扬州京江大酒店具有开发喜宴的优势：酒店有4个分别可接纳20~70桌的宴会大厅，超过2 000个的停车位，可满足多层次宾客的需求；酒店可提供餐饮、客房、康娱等多项产品，满足客人综合消费的需求；有经营11年喜宴的经验，有很强的区域品牌号召力。

确定市场定位的亲民路线，以温馨环境、精致菜肴、情感服务赢得市场。同时针对不同日期，进行差异化销售，实行收益管理。酒店充分发挥自身优势，在喜宴产品设计、氛围营造上精心策划；在服务方面彰显特色；在菜肴质量方面下足功夫，将喜宴打造成价位贴近市场、服务温馨、菜肴精致的独特品牌。

精心设计主题喜宴，重点抓住婚宴、宝宝宴、寿宴、乔迁宴、纪念宴、聚会宴、尾牙宴、谢师宴等品种，针对每种主题在摆台、布置、装饰、菜肴上开展不同设计，注重用特色的装饰和个性的用品，衬托不同喜宴的风格。如中式婚宴注重渲染喜庆、隆重、祥和，西式婚宴着重体现浪漫、典雅、纯洁，宝宝宴突出童趣、可爱、家庭。

创新喜宴菜肴。精心设计"精致喜宴"，菜品以本地淮扬菜结合海鲜产品，确定每道菜肴的标准及外形；增加蒸菜比例，保持菜肴出品美观度与营养；倡导大型宴会菜肴的现场烹制，优化流程，保持菜肴温度；用吉祥词代替传统菜名，统一使用印有喜庆标识的系列餐具。

提供延伸服务。提供统一设计的桌牌、菜单、席卡、喜帖、红包、椅背飘带、口布、湿毛巾等；针对本地喜宴开餐时间较迟的现象，免费提供宴前小食；对新人赠送具有扬州传统文化特色袋、打包盒、打包箱；提供喜庆装饰的婚房；婚庆周年寄送贺卡，宝宝宴给予优惠等，让宾客尽享人生珍贵一刻的尊荣。

设立喜宴管家。沿袭传统婚礼中"总管"与现代酒店"金钥匙"的服务理念，喜宴管家全程设计、协助、代办喜宴的一切事务，对喜宴每个细节无缝对接，提供专业温馨服务，包括婚房布置、礼品与酒水搬运、礼仪公司协调、席位引领、菜肴跟踪、打包送客等。

成立喜宴接待中心。与礼仪公司、影楼、酒水喜糖供应商、化妆公司等合作，在酒店设立喜宴接待中心，定点展示多元化组合产品，提供一站式服务，包括喜房预订、花

---

① 资料来源：《中国旅游报》2013年12月18日　周国飚

车租赁装饰、婚纱租用、礼仪服务、喜宴策划、新人化妆、定做礼服等，组成多套特色喜宴产品，吸引宾客。合力抱团、借帆远航，联合开发市场。与喜庆网站联合，通过第三方进行宣传；与知名婚纱店、礼仪公司合作，利用酒店设备、场地优势，结合专业婚宴整体策划，把每一场婚宴打造成经典。定期举办"婚礼秀"，除宣传酒店婚宴外，又为其他专业公司与供应商提供展示机会。设计"喜宴图文专辑"宣传册，在合作伙伴经营场所相互派发、共同促销。

注重情感营销。喜宴参加者众多，承办好每一场喜宴，极易形成良好的口碑效应。结合社区公益活动，到成片住宅小区作喜宴专题促销；邀请潜在顾客到酒店免费试菜、参观；通过微信、易信、微博平台进一步宣传酒店喜宴，争取更多的潜在消费顾客群。制作喜宴指南、喜宴场地布置及菜肴录像，通过播放与实地查看，给宾客直接的视觉感受。

（三）确认宴会预订

1. 收取宴会定金

为了保证宴会预订的确认，保护双方的权益，酒店要求确定宴会的客户预付定金，并对双方违约时的定金处置做出约定。定金一般不超过宴会总费用的 20%。如果客户违约，定金不予退回；如果酒店违约，应赔偿两倍的定金费用。但与酒店有良好的信用关系或是小型宴会，则不必付定金。如有在原来预约宴会的客户未付定金之前，另有其他客户欲预订同一宴会厅场地，接待人员应打电话给先预约的客户，询问其意愿，如果客户表示确实要使用该场地，就必须请其先缴付定金，否则将让与下一位想预约的客户。

2. 填写宴会预订文书

（1）宴会安排日记簿。宴会安排日记簿是供预订员在受理预订时填写、查核之用。营业时间，宴会安排日记簿必须始终摆在预订工作台上，营业结束后必须锁好。没有确定的宴会预订用铅笔写，便于修改；确定的宴会预订用水笔写。

【案例9-2】××酒店宴会安排日记簿（见表9-1）

表9-1 ××酒店宴会安排日记簿

预订员　　　　　　　　　　　日期

宴会厅 A	宴会厅 B	宴会厅 C
宴会名称：	宴会名称：	宴会名称：
人数：	人数：	人数：
餐别：早茶、午餐、晚餐	餐别：早茶、午餐、晚餐	餐别：早茶、午餐、晚餐
时间：　时至　时	时间：　时至　时	时间：　时至　时
收费：	收费：	收费：
联系人与电话：	联系人与电话：	联系人与电话：

（2）大型宴会预订单。

【案例9-3】××酒店大型宴会预订单（见表9-2）

表9-2　××酒店大型宴会预订单

预订日期			预订单位		预订人	
客户地址				联系方式		
宴会名称				宴会类别		
预计人数			最低桌数		结账方式	
费用标准			每桌餐标		预收定金	
具 体 要 求	宴 会 菜 单					宴 会 酒 水
	宴 会 布 置	台型				
		主桌				
		场地				
		设备				
确认签字					承办人	
跟踪处理					备注	

3. 签订宴会合同

大型宴会具体承办事项经过双方商洽后，酒店应将菜单、酒单、场地布置示意图、灯光、音乐等细节资料以确认信的方式迅速送交客人，经客人确认后签署合同。宴会合同（协议书）一式两份，经双方签字后有效。如有变动，需双方协商，另行确定。

【案例 9-4】××酒店宴会合同（见表 9-3）

表 9-3 ××酒店宴会合同

××酒店宴会合同
本合同是由 酒店（地址）与单位（地址） 为举办宴会活动所达成的，具体条款如下：
宴会日期及时间： 年 月 日（星期 ） 时 分至 时 分
宴会地点及场所：
最低出席人数： 预计人数：
座位安排：
菜单计划：
饮料：
娱乐设施：
预付定金： 付款方式：
其他：
顾客签字： 酒店经手人签字：
签约日期：
说明：本宴会合同经双方签字后生效。一式四联，一联顾客保存，二联出纳留存，三联预订部留存，四联宴会部经理留存。

签订宴会合同时，应与客人明确若干细则，可附于合同背面。西方国家的宴会合同一般有下列细则条款，我们可借鉴参考。[①]（1）宴会确切桌（人）数最迟必须在宴会活动前 24 小时确认。（2）酒店将按保证出席人数的 110%的比例准备席位和食物。（3）当出席人数低于保证人数时，仍按保证人数的 90%全价收费。（4）当出席人数超过保证人数 90%，但不足 100%时，实际提供的膳食份数按全价收费，剩余部分按半价收费。（5）宴会结束后，若实际用餐的人数未达到保证人数时，酒店仍按确认人数收费。未消费的桌数，顾客可于 2 周内补消费；若未消费的桌数超出确认桌数的 1/10 时，则超出的桌数需按半

---

① 资料来源：李勇平. 餐饮服务与管理[M]. 第四版. 大连：东北财经大学出版社，2010.

价赔偿，且不得补消费。（6）出席人数超出保证人数，一般仍按原价收费。但超出人数多于保证人数的 12%时，超额出席者将获得尽力照顾，但必须追加收费（额度视情况而定），以补偿临时调集服务人员、准备食物和餐具的费用。（7）客人因故取消预订，应在规定的时间内通知酒店，若超过时间（如宴会前一天内）定金不予退还，有的甚至还要收取宴会费用的一定比例作为罚金（欧美国家有非常严格的时间及赔偿规定）。酒店因故更改宴会预订时间和地点，必须事先征求客人意见，更改后的标准和条件应有一定的优惠并达到客人的需求；酒店因故取消预订也应给予相应的罚金。（8）凡喜宴的账款，宴会结束当天予以现金结清。这项规定有利于顾客，因为喜宴的礼金会带给客人许多现金，除了帮顾客分担携带大笔现金的风险，酒店也可免去收不到费用的风险和客人拉卡的银行费用。（9）为安全起见，不准携带外食；酒店同意客人自备酒水，应酌情收取开瓶费。（10）宴会场所不得燃放爆竹、烟花等易燃物，也不得喷洒飘飘乐、金粉、亮光片等吸尘器无法清除的物品。不准带入食用如瓜子等有壳类食品，会造成宴会厅地毯不易清理。（11）布置会场花卉时，将塑料布铺设在地毯上，以防水渍及花卉弄脏地毯。严禁使用钉枪、双面胶、图钉、螺丝等任何可能损伤会场装潢设备的物品。活动结束以后，应保持会场的完整，如损坏酒店的装潢或器材等设备，需负赔偿责任。（12）因活动需要所运来的各项器材及物品，酒店仅提供场地放置，不负看管责任。宴会所需各项电器设备，请事先协商安装事项。电费依现场实际配线情况及用电量收费。会前进场布置及电路配置请于两周前告知，以便配合。一般小型电器可以直接使用宴会厅中所设置的插头，但耗电量较高者则必须与酒店协商，不可擅自安装，以免造成危险。（13）用公司或单位名义在合同上签字时，签字人必须拥有这样的权力，否则当事人对本合同的实施负责。

任务二　宴会安排实施

（一）制订实施计划

1. 制订作业进度图表

（1）制订五种图表。将宴会活动的管理安排、运转安排、服务安排等用图表形式加以明确表述。图表最大的优点是直观性、易解性。五种图表包括菜单进度表、菜单原料等物品清单、宴会场地安排图、需用餐具及用品清单和最终作业指令表。

（2）大型宴会《宴会通知单》。最终作业指令在国内也称为"宴会通知单"。内容包括：一般信息情况介绍（如主办方情况、办宴时间、地点、类型、参餐人数、结账标准、形式等），活动涉及的各有关部门应该做的工作和时间要求，指令单的分发情况。接受任务通知单者必须签字，注明收到日期。紧急特殊情况可口头下达任务，事后补单。口头通知内容准确无误，记下被通知人的姓名和时间。

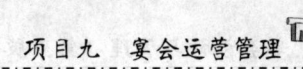

【案例9-5】××酒店宴会通知单（见表9-4）

表9-4　××酒店宴会通知单

发文日期	2010年10月10日	编号	×××××	审批人	×××
宴会日期	2010年11月6日星期六	定金金额	1.5万元	收据单号	××××
宴会名称	××××××喜宴	付款人	×××	付款方式	现金、拉卡拉
客户名称	××××	联系方式			

时间	类型	地点	标准	保证数	预估数	海报内容
17:00—20:00	结婚喜宴	国际宴会厅	每桌3 000元	50桌	55桌	××××××××

西餐厨房	准备婚宴仪式用三层蛋糕	宴会服务部	宴会现场摆设： ×月×日×时花商进场布置； 舞台中央西式行礼台，右方置司仪台，左方置蛋糕桌与香槟台； 主桌1桌24位，银餐具； 客人自备香烟喜糖； 场地布置图
中餐厨房	准备宴会菜单如下： ×××××××× ×××××××× 含各道菜的大中小分量。 出菜：11月6日17:30上冷菜，18:30左右，根据客人要求上热菜		
酒吧	准备酒水饮料	客房部	提供豪华套房一间，×月×日入住，×日退房
保安部	1．×月×日×时后协助花商进场布置； 2．客人要求当日派员至会场保护礼金； 3．当日宾客人多，疏导人流	工程部	1．行礼台话筒1支，司仪台话筒2支； 2．准备配合各项程序的音乐播放
花房	客人自请花商布置，请多配合	美工冰雕	厅门口赠送喜宴冰雕一座
附件	宴会台型图		
预订业务员		备注	
发送部门	总经理　　餐饮部　　宴会部　　财务部　工程部　　客房部 西厨房　　中厨房　　管事部　　餐厅部　保安部　　采购部 花　房　　美工冰雕　其他		

（3）宴会预报表。① 10日宴会预报表。分送餐饮部经理、行政总厨。② 3天宴会预报表。分送餐饮部经理、行政总厨、有关厨房、有关餐厅、宴会厅。③ 当天宴会报表，分送餐饮部经理、行政总厨、总经理办公室、前厅部、安保部、工程部及本部门各个餐厅，并请各部门签收。④ 重大任务或有重要人物出席的宴会，应提前1～2天上报总办。

⑤ 凡工程上有特殊需求、大型活动停车以及需要音响设备的，应提前 1～2 天通知有关部门配合。

（4）菜单。① 一般宴会菜单：由宴会预订部负责，提前一天通知厨房。② 重要宴会菜单：由总厨师长、餐厅部经理共同研究，报请总经理审定后提前 3 天通知厨房。③ 临时上门预订的宴会菜单：立即通知有关餐厅和厨房及时准备。

2．跟踪联系

目的是确保宴会按要求如期举行。跟踪联系有两个方面：一是客户方面；二是酒店方面。对宴会预订过程中尚未确定的客户，要主动及时联系加以确认。对宴会提前较长时间预订的客户，应每隔一段时间主动用传真或电话方式与客人保持联系，以免发生变更。大型宴会举办前一周，预订人员应再次确认宴会相关信息有无变更事项，若无变更，即可按要求下达任务书；若有变更，变更事项必须马上以《宴会更改通知单》通知各相关部门。同时，对酒店各部门跟踪联系，仔细检查各项工作安排的落实情况。

（二）宴会预订变更

1．更改宴会预订流程

（1）热情接待。客人用电话或面谈形式要求对已预订过的宴会进行更改时，应热情接待，态度和蔼，决不能怕麻烦，讨厌客户。

（2）认真记录。详细了解客人更改的项目，认真记录更改内容与处理方法，并向经理汇报以便采取跟踪措施。认真填写《宴会更改通知单》。

（3）确认变更。向客人说明有关更改后的处理原则，确认变更信息，向客人表示感谢。

（4）检查落实。将《宴会更改通知单》迅速送至有关部门班组，请接收者签字。检查更改内容的落实情况和更改后费用收取等事宜。

【案例 9-6】宴会更改通知单（见表 9-5）

表 9-5　××酒店宴会更改通知单　　　　　　　编号：

预订单编号		宴会名称		预订员		负责人	
宴会名称		宴会地点		宴会时间		宴会名称	
宴会类型		参宴人数		宴会标准		宴会类型	
更改内容							

项目	原始情况	更改情况	备注
日期			
地点			
人数			
其他			

续表

宴会费用	菜点费用			
	酒水费用			
	鲜花费用			
	香烟费用			
	礼品费用			
	设备费用			
	厅堂费用			
	其他费用			
宴会程序				
宴会菜单				
餐桌布置				
服务方式				
其他				

通知以下部门

2．取消宴会预订流程

（1）问清原因。接受客人取消预订时，应问清取消预订的原因，力争挽留客人，这对改进今后的宴会推销工作是非常有帮助的。

（2）记录原因。在该宴会预订单上盖上"取消"印，并记下取消预订的日期和要求、取消人的姓名以及接受取消的宴会预订员姓名。抽出该宴会预订单放到其他规定的地方。

（3）定金处理。按合同规定处理。

（4）报告领导。如是大型宴会、大型会议等取消预订，应立即向经理报告。经理有责任与顾客沟通，对不能为其服务表示遗憾，希望以后有机会进行合作。

（5）通告信息。填写《宴会预订取消通知单》，并及时通知各有关部门。

【案例 9-7】宴会取消通知单（见表 9-6）

表 9-6　××酒店宴会预订取消通知单

××酒店宴会预订取消报告
公司名称：　　　　　　　　　　　　　　　　　联系人：
宴请或会议日期：　　　　　　　　　　　　　　业务类型：
预订途径与日期：
失去生意的原因：
挽回生意的报告：（简明扼要的步骤）
进一步采取的措施：
宴会部经理签名
日期

（三）检查追踪宴会工作

（1）宴前检查。宴会开始前一小时做宴会最后检查。检查内容详见模块七宴前检查的内容。同时，请客户相关负责人提前到达检查，若有不满意之处，可即协商更正，并告诉客户我会一直在宴会现场，若有需要之处，可随时找我。

（2）宴后追踪。宴会结束后，由销售人员亲自拜访或打电话给客户表达感谢之意，并追踪客户对此次宴会的满意度以及酒店所需改进之处。如客户负面反映较多，有误解之处可及时解释清楚；若情况属实，则诚恳道歉、努力改进。如客人反映是正面的，即可作日后推广宴会销售的卖点。所有追踪的结果均应记录在客史档案，作为将来评核改善成果的参考，同时也可作为此客户下次光临时应特别注意的服务咨询，以提供针对性的服务。

（四）建立宴会客史档案

（1）一般宴会客史档案。内容有：预订资料（为以后业务提供历史资料）、宴会菜单（了解客人对菜肴的喜好，客人再次光临惠顾时可做参考）、服务人员（记录、考核员工工作状况）、营业收入（有利于做好每月宴会业务表，有助于分析宴会的收入和成本，使今后的宴会预算有一个数字依据）、员工反映（这是一种内行的反映，有现实的意义）、客人反馈（负反馈可指出需要改进的地方，正反馈将增强服务人员的信心）、其他信息（如企业的周年庆典日、常客生日等，这样销售人员便可有目的地进行销售）等。

（2）大型宴会、重要宴会、VIP 宴会客史档案。可建立 VIP 宴会宾客档案卡。

【案例 9-8】VIP 宴会宾客档案卡（见表 9-7）

表 9-7　××酒店 VIP 宴会宾客档案卡　　　　　　　编号：

预订日期		预订方式		预订员		负责人	
宴会名称		宴会地点		宴会时间			
宴会类型		参宴人数		宴会标准			
联系单位							
单位名称				地址			
联系人		电话		E-mail			
宴会费用						单位：元	
菜点费用		酒水费用		鲜花费用		香烟费用	
礼品费用		设备费用		厅堂费用		其他费用	
宴会内容							
宴会程序				宴会菜单			
餐桌布置				服务方式			
备注及特殊要求							
宾客意见							

编制人：　　　　　　　　　　　　　　　　日期：20 　 年 　 月 　 日

模块二　宴会成本管理

任务一　宴会产品定价

（一）宴会产品价格构成

（1）宴会产品价格。构成：原料成本、费用、税金和利润。公式：产品价格=原料成本+费用+税金+利润。在餐饮经营过程中，习惯将价格中的费用、税金、利润三者之和称为毛利，这样，菜肴价格又可简化为：菜肴价格=原料成本+毛利。

（2）概念。① 成本：包括菜肴主料、辅料和调料构成的原料成本。② 费用：包括人工成本、管理费用、经营费用、财务费用等。③ 税金：包括营业税、城建税、教育费附加等。④ 利润：一定时期内营业收入减去成本、费用和税金后的余额。⑤ 毛利：餐饮产品价格中费用、税金和利润构成的部分，公式：毛利=销售价格-产品成本（原料成本）。⑥ 毛利率：毛利在价格中所占的比例，公式：毛利率=毛利÷销售价格×100%。毛利率的高低直接反映出宴会的经营管理水平。

（3）筵席售价和毛利率是宴会设计和成本控制的前提。为了确保宴会的正常盈利，设计菜单时，要对每一道菜点进行认真的成本核算，然后对整套筵席菜品进行综合考察和核算，将成本控制在规定的毛利范围之内。原材料成本是价格的最重要、最基本、最直接的决定因素，期间费用、税金和利润都是影响价格的因素。此外，还需要考虑餐饮产品质量、就餐环境、就餐时间、服务水平、地理位置、客人类型、市场需求、竞争状况以及通货膨胀、物价指数等影响因素。

（二）宴会成本分析

1．宴会成本构成

（1）原料成本。宴会食品和饮料产品的原材料成本，有主料、配料、调料组成。所以，原料采购价格的高低、涨发率及出净率的多少直接影响菜品的成本及售价。原料成本率一般占 45%左右，宴会原料成本率应低于普通餐饮原料成本率。

（2）人工成本。宴会经营中所耗费的人工劳动的货币表现形式，包括工资、养老金、失业金、医保金、公积金、住房补贴金及员工各种福利补助等。宴会人工成本高于普通餐饮人工成本。

（3）生产成本。宴会经营中的各种费用，如水电费、燃料费、设施设备、物料用品费、洗涤费、办公用品费、交通费、通信费、器皿损耗费、贷款利息等。宴会的生产成本高于普通餐饮生产成本。

（4）销售成本。宴会菜品销售中的费用，如公关费、推销费、广告费等。

2．宴会成本分类

（1）可控成本。在短期内可以控制、改变其数额的成本，又称变动成本。如宴会的菜品原料成本、饮料成本、人工成本、水、电、燃料费、低值易耗品、修理费、管理费、广告和推销费用等。

（2）不可控成本。短期内无法改变的成本，又称固定成本，如折旧费、税费、贷款利息、租赁费等。

3．宴会成本变化

据上海餐饮烹饪协会统计，酒店经营面临着"四高一低"的变化，即房租价格高、人工费用高、能源价格高、原材料成本高、利润越来越低，这将成为酒店不可逆转的负担，同时还要承担食品安全、消费者投诉、媒体曝光的风险。因此，宴会成本控制显得尤为重要。

（三）宴会产品定价

1．定价策略

（1）有预算。销售额预算是研究产品的售价和预期销售数量。销售额预算通常是建立在一些已知数据上，如食品的销售单价、预定的消费者人数、预计人均消费量定额、服务人员定额数、餐具折旧费用定额、运输费用预计开支额、餐饮活动场地租赁费用额，以及不可预知、预测的费用八方面的数据。有了这些预算，餐饮部内部的核算、制作与服务关系则一目了然，为经济责任制的实施打下基础。

（2）有标准。确定宴会毛利率标准，不可太低，没有盈利；也不可太高，缺乏竞争力。宴会毛利率要根据不同的情况作适当的调整，但在一定时期内应保持相对稳定，不能频繁或作较大幅度的调动，否则有失酒店的信誉。影响确定毛利率的因素有：高星级宾馆、高档次餐厅宴会毛利率高；高档次宴会、高质量菜肴、高服务要求的宴会毛利率高；特色宴会毛利率高。酒店独家创新的筵席或在某些方面具有特色的筵席，如"全羊席""全鱼席""风景宴""仿古宴"等毛利率高；工艺复杂、技术性较强的筵席比工艺相对简单的筵席毛利率高；名师主理的筵席比普通厨师主理的筵席毛利率要高；商务宴、公司宴毛利率比私人宴毛利率高；一般客户宴会毛利率比常客户宴会毛利率高；西餐宴会比中餐宴会毛利率高；旺季宴会比淡季宴会毛利率高。

（3）有目标。① 明确目标市场。根据宴会产品质量及市场竞争水平来决定不同宴会的销售价格。宴会价格要接近宴会市场的竞争价格；② 明确目标利润。酒店需要争夺

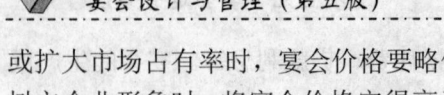

或扩大市场占有率时，宴会价格要略低于市场的宴会价格；酒店要显示宴会特点及质量，树立企业形象时，将宴会价格定得高于市场宴会价格或高于竞争对手同档次的价格水平。

（4）有弹性。宴会定价要灵活。对老客户的照顾、团体宴的优惠、新产品的开发等方面可区别对待。如开发新的宴会品种，其他酒店暂时没有或无法仿制（如满汉全席），在其价格无法相比的情况下，其毛利率可高一些。忠诚客户或桌数多、规模大的宴会，毛利率可低一些，可采取打折销售或赠送各种优惠等方式，来刺激客人消费。

2．定价方式（见表9-8）

表9-8　选定价格与规定价格比较

	选 定 价 格	规 定 价 格
含义	由酒店根据市场事先制订有高、中、低不同档次（价格）的多种筵席菜单，供客户选择	由客户确定每桌筵席总价之后，酒店根据客户需求，按照毛利率计算成本和盈利，确定产品价格
方式	客人可在已确定的多种不同规格筵席套餐菜单中选择，或者由客人自己选择菜点构成筵席菜单	确定每桌筵席价格标准，酒水按实际消耗另算，常见于私人消费 确定整场宴会总价（包括酒水及各种服务费在内），由酒店具体分摊安排，常见于团体消费
特点	客户有主动权。客户通过分析比较，结合自己的消费目的和消费水平，选择其中一种档次（价格）的菜单	酒店有主动权。在客户未知产品质量的情况下，确定了筵席菜单的销售价格。客户唯一要求是"物有所值"
要求	认真做好成本核算，充分考虑每种原料的市场价格变化。如既定菜单中，只有少数原料价格上涨，酒店或做出让利销售（优惠），或作适当的价格调整	规定价格法的盈利弹性更大，酒店应通过严格、巧妙的成本控制和科学的管理方法，在赢得客户满意的前提下，争取从中获取更多的利润

3．定价方法

（1）计划利润法，即目标食品成本率，是酒店为获得预期的营业收入扣除营业费用后，获得一定盈利而必须达到的食品成本率。目标食品成本率可以通过分析上期营业记录或通过对下期营业的预算得到。

（2）贡献毛利法。宾客除需支付其筵席菜肴的成本以外，还需平均分摊酒店的其他费用，如设施设备、环境气氛。对酒店的营收进行预测，再确定每桌筵席菜肴对毛利的贡献。

（3）分类加价法。各类筵席的获利能力，不仅应根据其成本高低，而且还须根据其销售量大小来确定。不同标准的筵席菜肴使用不同的加价率，因而各种筵席的利润率高低是不同的。根据经验，高成本的菜式应适当降低其加价率，而低成本的菜式可尽量提高其加价率。

（4）售价毛利率法。根据筵席菜肴的标准食品成本和售价毛利率来计算筵席销售价格的定价方法。此法以筵席菜肴的售价为基础，即100%，从中扣除预期毛利所占售价的百分比，即售价毛利率，剩下筵席菜肴成本占售价的百分比，又称内扣毛利率法。

（5）成本毛利率法。根据筵席菜肴的标准食品成本和成本毛利率来计算筵席销售价格的定价方法。此法以食品标准成本为基础，即100%，加上毛利占标准成本的百分比，即成本毛利率，再以此计算筵席菜肴的销售价格，又称外加毛利率法。

（6）跟随法。以其他同类酒店的价格水平为依据，对筵席菜肴进行定价的一种方法。但盲目使用会忽视食品原料成本，容易引起亏损。

在实际定价过程中，应综合考虑以上方法。较常用的筵席价格，是先确定大概的产品轮廓与价格，然后按预算营收的边际贡献来确定外加毛利率或内扣毛利率，再来确定具体菜肴的主、副料的配比的定价方法。

【案例9-9】"水晶虾仁"中的管理学[①]

上海静安宾馆的水晶虾仁蜚声海内外，数十年盛名不衰。上海数以千计的宾馆、饭店、酒楼，几乎家家都有炒虾仁这道菜，何以静安宾馆能够一枝独秀？其秘诀在于管理。

（1）进料管理。水晶虾仁，看起来透明度高、亮度足、大小均匀，尝起来则脆度大、弹性足、味道鲜美。这里有加工工艺的原因，也有虾仁原料方面的原因。虾仁取材于我国著名的产虾地江苏高邮，每年6—7月是捕虾的黄金时节，此时收购鲜虾不仅质佳，而且价廉，而错过这一时机，虾产量锐减，且肉体欠饱满，价格反而上涨。宾馆为降低成本、保证质量，采用集中采购方法。但麻烦随之而来，那么多虾储藏在哪儿？最终决定添置一台大型冷藏柜，虽然一次性投资极大，但从长远来看节约不少资金，保证了原材料的质量。

（2）加工管理。为保证虾仁大小均匀，有着极其严格的定量标准，虾仁分为大小两种，大的每斤120粒、小的150粒，小于这一标准的一律不用。大的用于高档宴请，小的用于零点便席。清洗虾仁也有窍门。虾仁十分娇嫩，对水温要求甚高，水温稍许偏高，即使是手伸进水中所引起的水温微弱变化，也可能导致虾仁变色，色泽和口感受到影响。所以清洗盆内的水中必须放进数块食用冰。水晶虾仁的成败关键更在于上浆，浓度、时间都有讲究，太早或太迟，一次上浆过多或过少都会严重影响质量。

（3）价格管理。水晶虾仁是宾馆的看家菜，但价格并不高，集中采购降低进货成本，同时宾馆执行了"看家菜低利出售"的规定，薄利多销。宾馆名菜并非盈利"大户"，策略是以名菜带动副菜，以副菜创造效益。酒店每道菜的价格实行严格的成本核算，然后报计财部审核，最后经总经理批准后才能出台。

---

① 资料来源：王大悟．饭店管理180个案例品析[M]．北京：中国旅游出版社，2007．

任务二　宴会成本控制

（一）原料成本控制

1．菜单设计控制

宴会部应根据食品原料的产地、季节、采购渠道、价格、主辅料的配备等因素，事先设计各式标准菜单，供客人选择。若更换菜品应在成本范围内更换，以有效控制食物成本。掌握每个菜肴的成本核算，对原料的毛拆净率、成本毛利率、售价的核算烂熟于心，在不影响酒店利益的基础上，给客人以更多的实惠。

2．原料采购控制

（1）制定规格标准。宴会食品原料种类繁多、消耗量大，应制订每一原料采购质量的规格和标准，如食品原料的品种、产地、产时、品牌、等级、大小、个数、色泽、肥瘦比例、分割要求、包装、部位、规格、营养指标、卫生指标及新鲜度等指标做出详细、具体的规定。采购规格标准的文字表达应精练准确，避免使用含糊的词语，以免引起误解。要严格按采购规格书采购各类菜肴原料；没有制定采购规格标准的一般原料，也应以方便生产为前提，选购规格分量相当、质量上乘的物品；不得贪图便宜省事，购进残次品原料。做到所有采购的原料其形状、色泽、水分、重量、质地、气味、成熟度、食用价值等均要符合宴会的菜品要求。想方设法缩短和优化食品原料的供应链，减少中间环节，降低库存费用。

（2）严控采购数量。原料采购过多会造成原料积压与资金占用；原料过少又会满足不了需要。因此，为减少仓库占用、防止盗窃、节省管理劳力，必须合理确定各种原料的采购数量。根据本酒店筵席量的需要、资金情况、仓库条件、原料特点、市场供应状况等因素，定出最高库存量与最低库存量，既保证原料的正常使用又不会造成积压。

（3）采购价格合理。采购中，要货比三家，以尽可能低的价格获得尽可能好的原料。验收人员要经常了解市场行情，认真核定进料价格，把好原料价格关。如发现供货价格明显高于市场，应及时阐明原因，或拒收，或按企业有关规定处理。

3．物流运输控制

原料在运输过程中，要做到生、熟分开存放；易变质的原料应用冷藏车运输，或尽量缩短运输时间，保证原料不变味、不变质；鲜活原料要保证空气流通，水产原料要给水充氧，确保成活率；装运原料的运输车、箱及容器要每次冲刷消毒，防止交叉污染。

4．验收检查控制

（1）严格检查验收。验收人员要严格依据采购规格书规定的标准，对所有购入的原料必须进行全面、仔细地检查，并正确填写进货日报表等有关表单。若没有制定规格书的采购原料，或新上市的品种、对质量把握不清楚的，要随时约请有关专业厨师进行认真检查，确保验收质量。对不符合要求的原料，应坚决拒收。

（2）检查验收内容。① 数量。检查交货数量与订购数量是否一致，交货数量与发货单原料数量是否一致，价格与报价是否一致。凡可数的原料必须逐一清点箱数、袋数、个数；凡以重量计算的原料，必须逐件过秤，正确计算原料重量。② 质量。要根据采购单中所规定的食品原料，对其质量标准认真验收，如商标、产地、颜色、质地、鲜活程度、保质期、气味、规格、含水量、卫生状况等认真检查。对整箱原料进行抽检。③ 价格。检查购货发票上的价格是否与供应商的报价一致，与采购订货单上的价格一致。

5. 仓储保管控制

（1）建立制度专人负责。建立原料储藏保管、进库、出库、领料制度，食品原料变质、变味及过期食品的报废制度。加强储存原料管理，防止原料保管不当而降低其质量标准。储存保管工作应有专职的仓库保管人员，应尽量控制有权进入仓库的人员，仓库钥匙由仓库保管员专人保管，门锁要定期更换，以避免偷盗损失。

（2）分类分库定点存放。严格区分原料性质，进行分类保藏。及时对各种原料分门别类、排列有序分库保藏，便于原料的查找、补充、分发和保证质量，并防止因没有及时库存造成原料的变质或损失。每种原料应有固定的储放位置，以免需要时找不到而引起的不必要的损失。入库的每批次的原料都应注明进货日期，坚持"先进先出"的原则，及时调整原料的位置，始终保持食品原料清洁、卫生、安全，减少原料的腐烂或霉变损耗。各类保藏库要及时检查清理，防止将不合格或变质原料发放给厨房用以加工生产。厨房已申领暂存小库房（周转库）的原料，同样要加强检查整理，确保质量可靠和卫生安全。

（3）保持适宜储存环境。各类如干货库、冷藏室、冷库等仓库的设计要符合安全、卫生要求。控制、定期检查并记录各种设施设备的温湿度，如干货库房温度宜18～22℃，酒水库房宜14～18℃，冷藏库宜0～4℃，冷冻库宜-15～-20℃，保证各类原料在适宜的环境下储存。根据食品原料的贵重与否、存放时间及要求，分别储藏，如需要储存时间较长的水产品、肉制品等可放入冷冻冰库中保管；储存时间较短的原料可放入冷藏库中，如海鲜类控制在-1～-3℃左右，奶制品与肉类控制在0～4℃，蔬菜食品控制在4～6℃等。所有的冰箱、冰库、干货库房必须整齐、干净、通气、无虫害与鼠害。

6. 申领发放控制

（1）建立申领制度。有领料单制度、专人领用制度、申领审批制度、领料时间与次数规定等。严格按领发料制度领取原料。凡领料一律填写领料单，填写规范，字迹清楚。领料单必须一料一单。经审批后由专人领用，只准领用筵席菜肴加工烹制所需实际数量的原料。未经批准，不得领用任何菜肴原料。

（2）原料发放程序。仓库保管员要仔细核实领料单，按照原料分类找到其存放位置，在永续盘存卡上正确填写发放日期、数量和现存量，并记录好领料单号码。最后逐项发放原料，并在领料单上签字以示原料付讫。

（二）菜品成本控制

1．加工环节控制

（1）原料加工作用。原料加工直接关系到菜肴成品的色香味形及营养、卫生状况和成本控制。原料加工分为粗加工和深加工。粗加工是对冰冻原料解冻、鲜活原料的宰杀、分拣、洗涤和初步整理以及干货涨发。深加工是对已经初加工的原料的切割成形和浆腌工作。原料加工在大型酒店由切配中心负责，普通酒店由配菜组负责。对于成本较高的原料应进行加工试验，以确定最佳的加工方法。原料的加工数量，主要取决于厨房配份等岗位销售菜肴、使用原料的多少。加工数量应以销售预测为依据，以满足生产为前提，留有适当的储存周转量，避免加工过多而造成质量降低。

（2）制定加工标准。为保证原料质量符合宴会使用要求，提高出净率，降低净料成本，应制定各种原料的加工标准，如对原料用料的加工数量、质量标准、干货的涨发标准、原料的出净率标准、刀工处理标准、干货涨发标准等。

（3）严格执行标准。严格执行加工操作程序，保持食品原料应有的精确率。加工厨房要根据原料出净率、涨发率，推算出原始原料的数量，向仓库申领或向采购部申购。

2．配料环节控制

（1）菜肴配料作用。根据标准食谱，即菜肴的成品质量特点，将菜肴的主要原料、配料及料头（又称小料）进行有机配伍、组合，以提供炉灶岗位进行烹调。配料数量控制的意义，一方面它可以保证每份配出的菜肴数量合乎规格，成品饱满而不超标，使每份菜产生应有的效益；另一方面，它又是成本控制的核心。

（2）制定配料标准。为保证菜肴的原料、配料的品种、数量的正确性，保证菜肴符合设计要求，应制定各类菜肴制作的用料品种、数量标准，主料、配料的投料量配制标准。保证同样的菜名其原料配伍必须相同。

（3）操作流程规范。要求配料人员严格按标准食谱或菜肴配份规格表，必须使用称具、量具，而不能凭经验随手抓料，养成用秤称量、论个计数的良好习惯，严禁出现用量不同或过量或以次充好的情况。每份菜肴的主料、配料、料头（小料）配放要规范，即分别取用各自的器皿，三料三盘。配菜时严格防止和杜绝配错菜（配错餐桌）、配重菜和配漏菜现象，措施有：① 制订配菜工作程序，理顺工作关系。② 健全出菜制度，防止有意或无意错、漏配菜现象发生。③ 按标准食谱进行培训，统一配菜用料，并加强岗位间监督、检查。

（4）综合利用原料。配料时应根据原料的实际情况，遵循"整料整用、大料大用、小料小用、下脚料综合利用"的原则，以降低原料成本。

3．烹调环节控制

（1）菜点烹调作用。将已经配份好的主料、配料、料头，按照烹调程序进行烹制，由原料变成成品菜肴。烹调质量控制决定菜肴的色泽、风味、形态和质地质量和出菜节奏的关键，是"鼎中之变，精妙微纤"。如控制不力，会造成出菜秩序混乱，菜肴回炉返工率增加，客人投诉增多。

（2）菜点质量控制。菜肴烹调可分为冷菜制作、热菜制作、打荷制作和面点制作。加强对烹调厨师的操作规范、烹制数量、出菜速度、成菜口味、质地、温度，以及对失手菜肴处理等方面加强督导、控制。提倡一锅一菜、专菜专做。要求厨师服从打荷派菜安排，按正常出菜次序和客人要求的出菜速度烹制出品。严格按照菜肴烹饪操作标准烹调，掌握好烹调时间与温度。一家饭店、一道菜品，只能以一个风格、一种面貌出现。既能做到每席菜肴出品及时、保证质量，又可减少因炒熟分配不均而产生误会和麻烦，力求不出或少出废品，以有效控制烹调过程中的食品成本。

（3）调料用量控制。调味品所占比重较小，但从总量来看，调味品的耗用量及其成本还是相当可观。按规定投放调料，不可随心所欲，任意发挥。在开餐前，将经常使用的主要味型的调味汁，批量集中兑制，以便开餐烹调供各炉头随时取用，减少因人而异的偏差，保持出品口味质量的一致性。调味汁的调兑应明确专人、根据一定的规格比例制作。

4．装盘环节控制

菜肴装盆的任务由打荷组负责。根据标准菜谱的制作程序和装盘要求，保证菜肴装盆的准确性。大型宴会有不少菜肴是成批烹制生产的，因而在成品装盘时必须按规定的烹制份数进行装盘，否则就会增加菜肴的成本，影响毛利。

（三）酒水成本控制

1．酒单设计控制

根据酒店目标市场客源的喜好和消费能力选择酒水品种，定价合理。酒单内容完整、印刷精美。

2．酒水采购控制

（1）采购人员控制。指定专人负责酒水的采购工作。加强岗位监控，严禁酒水采购人员同时从事酒水的销售工作。创造条件不定期更换采购人员，以避免产生腐败现象。

（2）采购数量控制。酒水的采购数量控制与干货类原料数量控制一样，可采用定期订货法，以保持酒店各种酒水的应有存货数量。

（3）酒水牌号控制。根据酒店的酒水使用情况，酒水可分为指定牌号和通用牌号两大类。当宾客说明需要某种牌子的酒水时，酒店才供应指定牌号的酒水，如宾客没有具体说明需要某种牌子的酒水，则供应通用牌号。

（4）采购价格控制。酒店在采购酒水饮料时必须考虑价格因素，通常的做法是将酒店对酒水品种及数量的需求信息传递给三家以上的供应商，以取得他们的报价，然后选择同等质量水平价格最低的供应商。

3．酒水验收控制

（1）点清数量。验收人员应按照清单仔细清点酒水的瓶数、箱数；按箱进货，应开箱检查瓶数是否正确，如有差异，验收人员应做好记录，并按有关的规定处理。

（2）查明质量、价格。酒水的质量验收主要是检验其是否为正宗产品，严防购入假冒伪劣产品，侵害消费者权益，从而影响企业声誉。酒水的价格要查对发票价格与供应商原先的报价是否一致。如发现质量、价格问题，验收人员应坚决拒收，并按企业的规定处理。

（四）人工成本控制

制定劳动定额，控制人员数量，合理安排人力，加强员工培训，调动工作积极性。

（五）能耗成本控制

1．使用环保设备燃料

积极使用节能、低碳、环保的设备设施。宴会厅、厨房所用的锅炉、照明、空调、冰箱、冰库、洗涤、清扫等各种设备设施应节能、环保、绿色。积极使用各种环保燃料。宴会使用燃料很多，有煤、煤气、天然气、固体酒精、木炭等。选用环保、清洁、易操作的燃料等。

2．绿色管理、低碳运营

（1）电。尽量采用自然光、节能灯。各种电器要定时、定人管理。营业现场按不同营业时段以及清洁、餐前准备和餐间服务等不同任务，采用调光开关、分段式开关控制灯光。宴会厅水晶灯应设置独立开关，以方便夜间分区域清洁时，使用其他较省电的照明设备。后台区域如办公室、仓库及后勤作业区等应尽量用节能灯。空调开关采用分段调节式，以有效达到控温效果并节约能源，如在宴前准备工作时段仅需启动送风功能即可。洗碗机应装满盘碟之后才启动运转。灯具应定期清理，以提高其照明度。厨房内将白天能利用自然光的区域与其他区域的电源分开，并另设灯光开关，以便控制日夜灯光的开启或关闭。厨房食物尽量采取弹性的集中储存方式，仅运转必要的冷藏、冷冻设备，注意冷冻库、冷藏库的温度调节正确与否。以各营业部门为单位，加装分表或流量表，以便追踪、考核各单位设施使用控制的成效。运用电力供应系统的时间设定自动控制各区域的供电情况，如控制冷气、抽排风、照明系统等设施的供电，切实管制用电。

（2）水。防止水龙头、水管漏水现象，特别注意各设施的衔接处及管道连接部分。水龙头损坏尽快维修。公共场所使用感应式笼头，水量调至中小量，以避免浪费。各场所的清洁工作应避免使用热水，尽量以冷水冲洗。制定严格的节能节水的各项规章制度和奖罚制度。

（3）煤气。使用煤气应控制火势，养成非烹调时段随手将火熄灭的习惯。及时维护炉灶上各种设备设施，防止漏气或燃烧不完全而浪费燃料。炉灶上的煤气喷嘴应定时清理，确保煤气燃烧完全。

（六）其他费用控制

培养节约意识，养成节约习惯，严格控制宴会易耗品（如口布、台布、口纸、器皿损耗等）成本、各种广告促销费用、邮电费用、交通费用、维修费用等。对造价较高的设备设施重点管理，专人负责，将维修费降到最低水平。

模块三　宴会生产管理

【案例9-10】只要是"净雅"，就是要一个味儿！

某一天，正在某地净雅酒店吃饭的客人把服务员叫过来说："这个菜好像和我上次在山东净雅吃的口味不太一样。"这一问题引起了净雅餐饮公司领导的高度重视，在干部会上张总裁说："肯德基和麦当劳成功的秘诀之一就是标准化。让你在任何地方都能吃到相同口味的美食……"与会干部认为：炒菜这一行，是人掌勺，由于主观性和习惯性的因素制约，很难达到标准化。"净雅要成为中国餐饮著名品牌，就必须要实行标准化！"张总斩钉截铁地接着说，"一定要让客人无论在哪家店都能吃到相同口味的菜品！"此言一出，净雅菜品"标准化"战役拉开了帷幕。集团专门成立了质量小组，与山东省认证中心合作，导入质量管理体系。质量小组用了一年的时间编制出两万多字的质量体系标准，菜品采购、制作工艺、制作流程、产品研发等都有明确规定和严格的量化标准。集团领导把质量管理体系作为企业发展的头等大事，所有厨师和员工经过培训考核合格后才能上岗，严格执行、监控质量管理体系。反复抓，抓反复，多年的贯彻执行使净雅逐渐形成和完善了菜品的制作标准体系。"无论你到哪家店都会吃到同样口味的菜品。"面对客人的赞许，净雅人无不自豪地说。

任务一　宴会出品管理

（一）制定出品质量标准

（1）菜点原料标准。① 原料质量标准。要求原材料新鲜、原料部位准确（不能随意代替）、原料品种对路（品种不一样，质量也不一样）。② 原料搭配标准。每份菜的投

料的数量要适当。选料搭配要注意色彩搭配、味道搭配、形状搭配、质地搭配、营养成分搭配以及主料和配料数量的搭配。

（2）原料加工标准。原料加工顺序标准，粗加工分档取料标准，原料加工的刀工、刀法标准，原料腌渍、码味标准，原料上浆、挂糊、拍粉标准等。

（3）烹调装盘标准。烹调加热时间标准，菜点烹调火力标准，过油温度标准，烹调投料顺序标准，调料投放数量标准，餐具配用选择标准，菜点装盘装饰、造型标准等。

（4）成品质量标准。菜点成品色泽标准、菜点成型标准、菜点综合味感标准、菜点质地标准、特殊效果标准（如拔丝菜，要求拔出的丝如金丝缕缕，细长不断）等。

（5）筵席菜点组合质量标准。有不同类别菜点组合标准（冷碟、热菜、汤、点心、水果等各自在筵席中所占的比例），不同原料的组合标准（荤素搭配、水产、家禽、家畜、山珍、蔬果等的合理选用），名贵菜与普通菜、大菜与热炒菜的组合质量标准，菜点色泽组合标准，菜点味型组合标准，菜点质地组合标准，菜点形状组合标准，菜点烹调方法组合标准，菜点数量组合标准，菜点组合顺序标准（即上菜顺序），菜点组合速度标准（即上菜速度和上菜节奏），不同规格筵席菜点组合标准等。

（二）制定菜点标准菜谱

1. 宴会出品质量评判

宴会出品质量是通过客人品尝、鉴赏和享用食品饮料而获得感受。评判宴会出品质量是经过客人感官的视觉、味觉、嗅觉、触觉和听觉的鉴定而得出的有关色、香、味、形、温、声、名、器、洁、质地、营养等方面的感受与评价。菜肴质量与就餐客人的感官印象关系如图9-1所示。[①]

2. 标准食谱

（1）含义。标准食谱是以菜谱的形式，列出菜肴（包括点心）的用料配方、加工、配份、烹调制作程序、装盘形式和盛器规格，标明成品的特点、质量标准及生产成本、售价，按照饭店设定的格式统一制作、管理，保证菜品的统一性、规格性，以确保质量标准。标准食谱包括标准菜谱、标准面点谱和标准酒谱（特指鸡尾酒、混合酒等配置酒）。

（2）作用。标准食谱是厨房每道菜点生产的全面技术规定，对厨房生产质量管理、

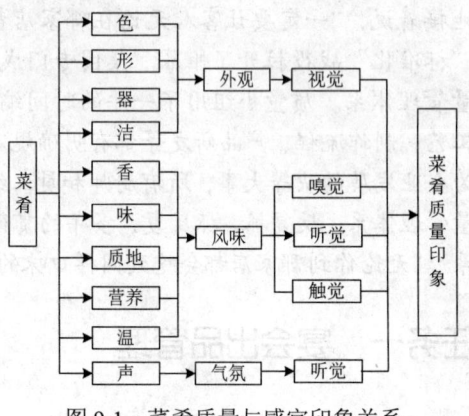

图9-1　菜肴质量与感官印象关系

---

① 资料来源：马开良，叶伯平. 酒店餐饮管理[M]. 北京：清华大学出版社，2013.

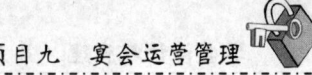

原料成本核算、进行生产制作与减少管理层的现场督导等方面有众多积极作用。

（3）内容。标准食谱的内容应该统一、规范、明确。内容、格式见案例 9-11。

【案例 9-11】标准食谱——菜肴生产质量标准书[①]（见表 9-9）

表 9-9　××酒店菜点标准

编码	30201022			菜点名称		干煸豆角				
项目	用料名称	单位	数量	食品原材料名称	单位	出成率（%）	数量	单价（元）	成本（元）	
主料	豆角	克	300	豆角	克	90%	333	0.007 0	2.328	
辅料	芽菜	克	15	碎米芽菜（小）	克	100%	15	0.001 5	0.023	
	干辣椒	克	5	大红袍	克	90%	6	0.028 6	0.159	
	姜片	克	5	生姜	克	99%	5	0.002 3	0.012	
	蒜片	克	5	蒜米	克	99%	5	0.004 0	0.020	
调料	油	克	75	色拉油	克	100%	5	0.008 1	0.606	
	味精	克	2	玉香味精	克	100%	2	0.008 6	0.017	
	盐	克	2	精盐	克	100%	2	0.001 6	0.003	
	生抽	克	5	海天生抽王	克	100%	5	0.005 7	0.028	

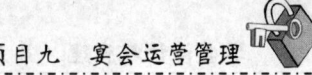	餐具名称	12 寸厚薄边四角长方盘
	餐具编码	0203002
	味型	家常味
	单位成本（元/份）	3.196
	成本率（%）	45
	销售价格（元/份）	7.10

成品特色

制作步骤	操作流程	投料标准	备　注
1. 豆角切成 60mm 的节	1. 锅炒油至 4 成；下豆角过油，炸去多余水；熟控油	1. 主料：豆角 300 克	豆角要熟透
	2. 锅内留油；放入干辣椒节；下芽菜、蒜片、姜片，炒香；放入豆角煸炒；放入盐、味精、生抽后，继续翻炒均匀且成熟；起锅装盘	2. 辅料和调料：干辣椒节 6 克，芽菜 15 克，蒜片 5 克，姜片 5 克，精盐 3 克，味精 2 克，生抽 5 克，油 100 克	

编制者：　　　　　审核人：　　　　　　　日期：　　年　　月　　日

[①] 资料来源：王美萍. 餐饮成本核算与控制[M]. 北京：高等教育出版社，2010.

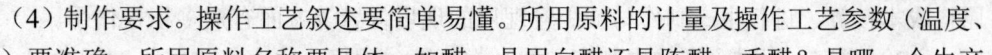

（4）制作要求。操作工艺叙述要简单易懂。所用原料的计量及操作工艺参数（温度、时间）要准确。所用原料名称要具体。如醋，是用白醋还是陈醋、香醋？是哪一个生产厂家生产的？什么品牌？明确菜肴质量标准。

（5）制作程序。确定主、配料分量；规定调味料品种，试验确定每份用量；根据主、配、调味料用量，计算成本、毛利及售价；规定加工制作步骤；选定盛器，落实盘饰用料及式样；拍摄配备出品彩照；填制标准菜谱；按标准菜谱培训员工，统一生产出品标准。

（三）宴会出品生产控制

1. 宴会菜点用料控制

（1）原料数量控制。宴会菜点用料要根据宴会规模和菜单内容进行科学测算和具体计划。进料不足影响宴会菜点生产，进料过多造成浪费。具体菜点的投料比例，要严格按标准食谱中规定的生产质量标准执行。

（2）原料质量控制。原料质量直接影响菜点的色、味、形、质。宴会菜点的选料较之普通便餐更讲究，对原料的不同等级、不同品种、不同部位以及新鲜程度等要作严格要求，用料时不能以次充优，勉强凑合。

（3）原料更新控制。原料变化会带来菜点品种、烹调方法和菜点风味的变化，加强宴会原料的更新、变化的控制与管理是提高宴席质量的一个有效途径。

2. 宴会菜点加工烹调控制

根据菜点的成型要求，进行相应的刀工处理；根据每道菜的特点，进行巧妙的原料组配；根据不同菜点的需要，适时、适量做好腌渍、入味工作；根据烹调的需要，做好挂糊、上浆、勾芡工作，调味要做到"准""正"，符合该菜应具有的味型；必须符合规定的烹调操作程序和要领，掌握好烹调时间，不过时，不欠时，保证菜点质量；掌握装盘艺术，选择适宜餐具，进行适当装饰，起到衬托美观的作用。

3. 宴会菜点温度控制方法

（1）制定烹制标准。管理上要事先规划，明确每道菜的标准炊煮时间，半熟、全熟、全生材料可预先调理好。

（2）根据客情烹制。及时掌握准确的开宴时间，以免宣布宴会开始而第一道菜迟迟不能上席。席间要根据餐桌上的菜点多少、客人的进餐速度及宴会进行过程中出现的一些如临时发表讲话、即兴表演等特殊情况，及时调整上菜速度与节奏。

（3）加快上菜速度。根据厨房与餐厅的距离和气温情况，确定上菜速度和上席时间。尽可能缩短上菜时间，保持菜肴的热度。

（4）使用适当器皿。铁板菜、煲仔菜采用保温器皿可有效延缓菜肴降温；汤类菜肴下放固体酒精等热源使菜肴始终保持一定的温度；一般菜肴上菜前采用盖盖子的方法保温。

（5）桌边料理加温。有些菜肴可采用桌边料理或加温来保温。

（四）宴会菜点销售控制

（1）备餐环节控制。配齐相应的作料、食用和卫生器具及用品。加热后调味的菜肴（如炸、蒸、白灼菜肴等），大多需要配带作料，如果疏忽，菜肴则淡而无味；有些菜肴不借助一定的器具用品，食用起来很不雅观或不方便（如吃整只螃蟹等）。因此，备餐间有必要对有关菜肴的作料和用品的配带情况做出规定，以督促、提醒服务员上菜时注意带齐。

（2）上菜环节控制。要及时规范，主动报告菜名；对食用方法独特的菜肴，应对客人作适当介绍或提示。要按照上菜次序，把握上菜节奏，循序渐进地从事菜点销售服务。分菜要注意菜肴的整体美和分散后的组合效果，始终注意保持厨房产品在宾客食用前的形象美观。对客人需要打包和外卖的食品，同样要注意尽可能保持其各方面质量的完好。

任务二　宴会服务管理

【案例9-12】从喜宴到奠宴[①]

某年，全国政协组织港澳台委员视察团到云南视察工作，下榻昆明一家四星级酒店。应接待单位要求，酒店特意把客人的一日三餐固定在富有浓郁喜庆色彩的风味宴会厅用餐。由于高山反应，香港佛教协会主席、一位70多岁的老先生突发急病送进医院。下午5点，餐饮部得到老先生不幸去世的噩耗，他们首先想到的是马上组织人员调整宴会厅的布置与气氛，调整了菜单。经过一个多小时的紧张工作，厅内大红宫灯已全部用白纸覆盖，墙上装饰的象脚鼓、弓弩上的红色绸带也被黑纱代替，万年青、翠柏等植物放进了宴会厅，穿着大红民族服装的服务员也临时换上黑色制服。刚布置好客人便来到宴会厅就餐。视察团团长沉痛地向团员宣布了噩耗，全体团员肃立默哀，然后用餐，整个宴会厅沉浸在一片肃穆的气氛之中。酒店的体察入微和迅速应变获得了全国政协的赞扬。

（一）宴会服务质量内容

1. 服务形象

（1）形象悦人。化妆上岗，服饰整洁。要求每个服务人员在工作前应洗手、清理指甲，发型大方，头发清洁无头屑、整齐不零乱。女服务员头发不能披肩，不戴戒指、手镯、耳环及不合要求的发夹，不留长指甲和涂指甲油，要化淡妆，不喷过浓的香水；男

[①] 资料来源：陈觉. 餐饮服务要点及案例评析[M]. 沈阳：辽宁科学技术出版社，2004.

服务员头发不得过耳，发脚不能过衣领，不留大鬓角，工作时间不吸烟、不嚼口香糖。内外服装整洁干净，不能有油渍污物，外套服装清洁笔挺，不可有破损、缺纽扣等现象，不可在服务区内梳理头发、掏耳、剔牙、挖鼻子、修剪指甲，更不能对食品说话、咳嗽或打喷嚏。

（2）举止优雅。主动招呼，目光专注，3米微笑，站立端正，行为规范，位序正确。

（3）语言艺术。尊称客人，"十字"敬语（您好、请、谢谢、对不起、再见）。

2．服务态度

核心服务观：做到满意，创造惊喜，赢得感动，产生信赖。心中有人，眼里有活。主动、热情、耐心、细致、周到地提供富有人情味的服务。态度和蔼，语言亲切，动作敏捷，技能娴熟，行为礼貌。不仅为客人提供功能服务，更要提供富有人情味的心理服务；不仅要为客人提供一视同仁的标准化服务，避免客人的不满意，更要提供让客人"满意、惊喜、感动、信赖"的个性化服务。使客人在生理上产生安全感、舒适感和方便感，在心理上产生亲切感、自豪感和新鲜感。"时刻准备着"，把服务做在客人需求提出之前。想客人之所想——标准化服务，让客人满意；想客人之专想——个性化服务，让客人惊喜；想客人之未想——超常化服务，让客人感动。

3．服务技艺

技艺要求：高字对标，严字当头，实字托底，细字体现。熟悉本岗位的业务知识，掌握服务操作规程，善于把握顾客心理，熟悉各地各民族顾客的风俗习惯，具备较强的应变能力，提高服务效率和服务质量。宴会服务操作是技术性很强的一项工作，可用16个字来概括：托（餐具、酒水和菜点）与端（上菜），送与放（送菜单、账单，摆台，撤台），倒与斟（倒饮料、斟酒），分与派（分派菜肴），推与拉（推门、推车、拉座位），接与送（接送客人、引领席位），指与示（指路、示意），写与记（写席卡、记菜单）。这些工作十分具体细小，但每个环节都要求员工用适当的方式和熟练的技能来表现。

4．服务方式

要根据不同地区、不同客人的风俗习惯，不同的宴会档次及服务对象，采取不同的服务方式。如有些顾客斟酒水不需要服务员服务，而喜欢自己相互斟酒水，体现主人的热情友好；有的喜欢服务人员帮助他们斟酒水，显示出自己有身份、有档次。有的顾客要求上菜速度要快，最好把所有菜肴一次性全部上桌，显得丰富；有的顾客要求上菜速度要慢，吃完一个菜，再上一个菜，用餐时间要长一些。还有自助餐会、酒会、西餐宴会与中餐宴会的服务方式完全不一样，要求最大限度地满足客人对宴会的各种物质需求和精神需求。

5．服务效率

工作效率高、服务速度快，要眼勤、手勤、脚勤，细心观察客人表情及示意动作，及时主动地提供恰到好处的"七时"服务：（1）准时服务。准时出发、准点到达，不能迟到。（2）及时服务。按照工作时限要求及时为客服务，不能拖延。（3）足时服务。凡有工时定额的服务一定要足时，不能偷工减料减少时间。（4）省时服务。遵循活动规律，合理安排时间，减少不必要的手续，节约客人时间。（5）限时服务。对服务项目进行限时，加快服务速度，提高服务效率。（6）延时服务。由于客人太多，但在规定时间里完不成服务任务，就要特事特办，提前或延长服务时间，把所有的客人服务完毕。（7）适时服务。根据客人要求进行服务，不要在不恰当的时候去干扰客人。

6. 服务氛围

（1）设备设施。要注意设备的保养和维修，保证为客人提供的一切设备、设施运转良好，使客人得到方便、舒适的享受，尤其是桌椅、洗手间、电梯等设备设施一定要品质精良，状态良好。

（2）整洁卫生。餐饮服务首先要保证餐饮卫生，包括服务人员的衣着卫生、个人卫生、菜肴卫生、环境卫生等。服务操作过程中的清洁卫生是人们外出用餐时最为关心的问题。客人用餐过程中的方便和卫生也应在产品设计和服务时加以关注，提供相应条件。

（3）环境舒适。时常关注餐厅的灯光、空气、温度、湿度等，创造一种适合于客人用餐的环境。餐厅的气味特别要加以重视。环境的美化布置要美观、大方、得体。

（4）身心安全。注意防火、防毒，保证顾客人身安全；尊重客人的隐私权；让客人在使用餐具、进食菜点时有安全感。

（二）宴会服务质量管控

（1）立规。服务规范是宴会服务所应达到的规格、程序和标准。根据本酒店的档次和宴会目标市场，制定出适合本酒店的宴会服务各岗位，如迎宾、引座、点菜、传菜、酒水服务等全套的服务程序与规范。规定每个环节服务人员的动作、语言、姿态、时间要求、用具、手续、意外处理、临时要求等。

（2）培训。员工上岗前，必须进行严格的基本功训练和业务知识培训，不允许未经职业技术培训、没有取得一定资格的人才上岗操作。在职员工也必须利用淡季和空闲时间进行继续培训，以提高业务技术，丰富业务知识。

（3）检查。服务质量检查要抓住重点，围绕服务规格、就餐环境、仪表仪容和工作纪律四大项内容寻找和发现问题，可制成相应表格，逐项进行检查。检查表既可作为常规管理的细则，又可将其数量化，作为竞赛评比或员工考核的标准。

（4）巡视。开餐期间，管理人员应始终站在第一线，不停地在宴会厅各处巡视，通过亲身观察、判断、监督、指挥员工按规范程序服务，发现偏差，及时纠正。巡视时要做到：腿勤、眼明（随处观察）、耳聪（因场地声音嘈杂）、脑思（边巡视边思考），边巡视边指挥控制。大型宴会最容易发生各种突发性事情，一旦出现一些需要短时间内果断解决而又超出服务员权限的事情的时候，现场指挥就应该马上做出决策。

（5）协调。宴会开始以后，所有宴会服务人员进入最紧张、最繁忙的时刻。大型宴会服务人员多，员工之间的工作协调需要现场指挥来完成。如协调不力，导致某个环节脱节，会影响整个宴会的失败，造成损失或遗憾。有团队精神，默契配合。当某一员工需要离开时，应给旁边的服务员打招呼，服务不能出现空当。两个服务员不能同时在一位客人两边为客人服务，以免令其为难。服务出现漏洞，要互相弥补。

（6）督导。加强对少数服务员不按规范、简化或改变服务规程的错误做法的督导监督，及时进行纠错。纠错的方法或提醒，或暗示，或批评，或用某种行为进行纠正，切不可粗暴批评或长时间说教，以免影响正常服务。

（7）调控。对上菜速度、宴会节奏、厨房与餐厅关系、意外事件的调控、人力资源安排等，这些都是现场指挥的主要内容。

（8）反馈。通过质量信息的反馈，找出服务工作在准备阶段和执行阶段的不足，采取相应措施调整下一餐或从此以后的工作管理，以提高服务质量，使顾客更加满意。每餐结束后，应召开简短的总结会，以及时收集相关信息，完善服务质量控制。

任务三　宴会安全管理

（一）宴会卫生管理

质量、卫生和服务是餐饮业的三个基本要素，工商、卫生防疫等部门对此都有"硬性"要求，所以，酒店首先要达到政府相关部门的基本要求。

1. 食品卫生安全管理

（1）严格执行《中华人民共和国食品安全法》。① 对食品原材料、半成品及成品的卫生和安全实行"四不制度"。采购员不买腐烂变质的原料，保管验收员不收腐烂变质的原料，加工人员（厨师）不用腐烂变质的原料，营业员（服务员）不卖腐烂变质的食品。② 保证食品安全卫生的"四隔离"。生熟隔离，成品与半成品隔离，食品与杂物、药物隔离，食品与天然冰隔离。③ 食品安全"五措施"。一要保持清洁。餐前便后要洗手，洗净双手再下厨。饮食用具勤清洗，昆虫老鼠要驱除。二要生熟分开。生熟食品要分开，切莫混杂共保存。刀砧容器各归各，避免污染惹病生。三要烧熟煮透。肉禽蛋类要煮透，贪吃生鲜是糊涂。虫卵病菌需杀尽，再度加热也要足。四要妥善保存。熟食常温难久藏，食毕及时进冰箱。食前仍需加温煮，冰箱不是保险箱。五要材料安全。饮食用水要达标，菜果新鲜仔细挑。过保质期不再吃，莫为省钱把病招。

（2）严把"四个关口"。① 把好选料关。食品应无毒无害，但有时因进货渠道不正，可能会购进有毒、有害食品，影响顾客的生命安全。因此，加强进货渠道的管理，严防不合格的食品进入酒店，杜绝有毒有害食品端上宴席。决不选用国家明文规定的受法律保护或严令禁用的动、植物原料，如穿山甲、河豚等品种。选用无污染的绿色原料，保证原料绝对安全，无毒、无病虫害、无农药残留，严禁使用腐败变质的物品；食品、饮料确保在保质期内，过期食品坚决禁止供应。采购符合卫生标准的食品原料，最好能在定点生产或经销单位购买，有严格的检查和验收制度。厨师在选用原料时，对不符合卫生要求的原料坚决拒用。② 把好制作关。在储存、加工、烹制过程中，不仅其操作方式、生产环境要符合卫生、安全要求，生产过程中的程序、规范也要防止对食品造成不洁或物品对食品造成污染。对生产设备、工具、容器严格消毒，加强环境（包括厨房、餐厅、储藏室、冰箱等）卫生和员工个人卫生的控制。原料的腌制、添加剂的运用不能超标、超时，控制烟熏、反复油炸或烧烤的食品。烹饪加工烧透烹熟；制作凉拌、冷菜时要将原料洗净消毒并科学配制。尤其是菜点在熟制之后的加工过程中，如切配改刀、装盘围边、菜肴造型等，一定要生熟分开，严防交叉污染。③ 把好销售关。餐饮各类食品、成品、菜肴、点心、酒水等，其销售环境、销售方式、售卖用具、服务员个人卫生等因素也可能造成售卖过程当中的事故出现，因此，同样必须加强对这方面的卫生和安全管理。④ 把好服务关。由聚餐制向分餐制、自选式的各吃转化，一人一份，卫生方便，有助于缩短用餐时间，也有利于服务员实行规范化服务，提高服务档次等。

2. 宴会环境卫生管理

（1）制度。搞好环境卫生必须做到"四定"：定人、定时间、定区域（定包干区域）、定质量（定期检查）。划片分工、包干负责，做到处处有人清洁，勤检查，保证时时清洁。

（2）要求。① 厅内。要做到"凡是客人看得见的地方都要一尘不染"，做到"三光"（玻璃窗、玻璃台面、器具光亮）、"四洁"（桌子、椅子、四壁、陈设清洁），餐厅整洁雅净，空气清新，无蚊无蝇。最容易被人遗忘的卫生死角，要定期擦拭和清洗，不可疏忽马虎。② 地面。地面无论采用何种材料都应保持洁净。大理石地面要天天清扫，定期打蜡上光；木地板地面除经常清扫、用干布擦外，还要定期除去旧蜡、上新蜡并磨光；地毯应每天吸尘，发现有汤汁造成污渍时，应立即用擦布沾上洗涤剂和清水反复擦拭，直至干净为止。③ 墙壁。墙壁无尘、无污染，要定期除尘，壁纸要定期用清水擦拭，保证清洁美观。④ 门窗。窗明几净，每周应擦拭一次，使其无灰尘、污点，保持洁净明亮。⑤ 陈设。灯具、挂画、装饰品保持洁净。⑥ 餐桌。餐桌、餐椅整齐干净，每餐用完后要及时清理，保持转盘干净明亮，无灰尘油腻。桌布要一餐一换，保持洁净。⑦ 宴会厅休息室、配套卫生间。应高度重视，有专人定期清扫，保持洁净，特别保持盥洗室的清洁卫生与雅致。⑧ 工作场所。保持员工工作地点的室内外及四周环境清洁卫生，包括厨房、备餐室、储藏室卫生及室外的日常卫生。⑨ 公共场所。保持前厅、走道、公共卫生间、绿化带、停车场等场所的清洁卫生。

3．餐具用品卫生管理

（1）餐具安全。为保证餐器具安全卫生，配备专门的消毒设备，确保餐具件件消毒；餐具完整安全，不能有缺口破损，以免损伤客人；要有数量足够的可供周转的餐具。餐具消毒方法如表9-10所示。

表9-10　餐具消毒方法

方　　法	要　　求
煮沸消毒法	先把餐具用温水洗净后装好筐，放入开水中煮沸15～30分钟，将筐提起，然后将餐具放在清洁的碗柜里保存备用
蒸汽消毒法	先将餐具冲洗干净，后放置在密封的蒸锅里蒸15～30分钟即可取出
高锰酸钾溶液消毒法	此方法只适用于消毒玻璃器皿和不耐热的餐具及部分水果。取高锰酸钾5克放入5千克水中，调成1‰的溶液，将餐具置于其中浸泡5～10分钟即可，然后冲洗干净
漂白粉溶液消毒法	用5克漂白粉溶化在10千克水中，把冲洗过的餐具浸泡5～10分钟后，用清水冲去漂白粉味道即可
红外线消毒法	要求箱内温度达到120℃，持续30分钟消毒
"84消毒液"消毒法	最常用的消毒效果最佳的方法。将餐具残渣去净洗刷后，置于5‰的溶液中浸泡5分钟，再用清水洗净

（2）餐具卫生。一洗、二刷、三冲、四消毒（或一刮、二洗、三过、四消毒）。保证餐具无油腻、无污渍、无水迹、无细菌。所有餐具消毒以后，都应放进卫生洁净的保洁柜中存放，以防二次污染。未经消毒或消毒不合格的餐具不可混放在一起，以免交叉污染。柜门必须封闭严密，开启灵活，内部光滑洁净，不可藏污垢。保洁柜材质最好为不锈钢制品。注意员工操作卫生。取拿餐具不可因手不干净或其他用品不干净而导致餐具受到二次污染。

【案例9-13】麦当劳的洗手与随时清洁观念

麦当劳规定：工作人员必须每小时至少彻底洗一次手、杀一次菌。麦当劳制定了规范的洗手方法：先用肥皂和刷子将指甲缝中的污垢刷去，再将肥皂一直涂至手腕，手心和手指反复揉擦，将污垢彻底清除。将手洗净并用水将肥皂洗涤干净后，撮取一小剂麦当劳特制的清洁消毒剂，放在手心，双手揉擦20秒，然后再用清水冲净。

服务员经常相互提醒：你不是刚刚做了清洁打扫工作，手洗干净了吗？你刚刚把炸薯条从地上捡起来，赶快去洗个手；洗过抹布后，请记住洗手；请不要用手触摸头发，快去洗手……"只要离开过厨房，回来一定要先洗手消毒。"厨师们也是随时执行清理的观念。煎炉厨师每煎完一批肉饼，都不会忘记将炉边清洗一遍，抹去附在锯口上的碎肉屑，清洗飞溅到四周的肉汁，还要至少每小时把附近的地板擦拭一次。

4. 员工个人卫生管理

（1）执行制度。必须严格遵守国家及酒店制定的各项卫生制度，不打折扣，更不能马马虎虎；要始终坚持如一，不能忽冷忽热。做到人前人后一个样，检查不检查一个样，忙与闲时一个样。

（2）安全上岗。就业前必须通过体格检查，在岗人员也要定期进行体格检查。只有持有"健康证"的服务员，才能从事宴会服务工作。若患上传染病或皮肤病要暂离一线服务岗位，或改做不与食品、顾客接触的工作，直到病愈方可恢复原来的工作。

（3）个人卫生。保持个人清洁卫生，做到"四勤"：勤洗手剪指甲、勤洗澡理发、勤洗衣服被褥、勤换工作服。上班操作时要穿工作服、戴工作帽，做到衣冠勤洗勤换，保持挺括整洁。工作前、大小便后、接触有病顾客或沾染污物后必须认真洗手消毒；每星期剪指甲1~2次。上班前不能吃有刺激味的食物，保持口腔卫生。

（4）行为规范。不许正面对着食品或顾客咳嗽、讲话，禁止随地吐痰；工作中不准口叼香烟，用手抹汗、挖鼻孔、擦鼻涕、抓头发、搔头皮、抠耳朵等，打喷嚏时要用手巾纸或手帕捂口。服务时要拿盘子的边沿、玻璃杯底部和餐具的把柄，手指不可接触食品。用消毒过的抹布擦餐桌和服务柜台，不可把餐巾、小毛巾当抹布用。掉落在地上的餐具必须重新更换清洁的餐具。

（二）宴会安全管理

【案例9-14】安全防患于未然[①]

安港大酒店地处合肥市中心，人来人往、车流滚滚。某周六中午王先生的儿子将在酒店举行婚宴，早上10点就将鞭炮摆到门口，准备庆祝热闹一番。当天有好几拨婚宴，放爆竹太多。酒店安保部门建议王先生注意安全，少放一些，王先生声称不差钱，必须要多放。在保障安全前提下为了让客人满意高兴，保安部员工协助客人摆放鞭炮，并把两台灭火器放在放鞭炮区域的边缘，以备应急。此时发现有3辆前一天晚上用餐未开走的车辆离放炮区域较近，为防止爆竹蹦到车上，保安部员工又拿来了灭火毯将车辆前部遮挡住，同时又拿了两个灭火器放在旁边。当燃放爆竹时，保安部人员手持灭火器，站在旁边时刻关注爆竹燃放情况，以防突发事件发生。燃放结束，王先生对酒店保安人员工作表示感谢，称赞酒店安保措施到位，庆祝气氛浓厚，也保障了车辆及人身安全。

---

① 资料来源：安徽安港大酒店餐饮部

（1）设施设备安全。餐厅在建筑装潢过程中，使用绿色安全建材。吊灯与餐厅悬挂物要牢固，不会掉下来；地砖不能打滑，以免引起摔跤，餐具要完整，避免破损划伤客人的手、口。酒店要加强餐厅建筑装饰质量管理，对装修不合格的工程要坚决返修，决不能勉强使用；要经常对餐厅各种设施、设备进行检查维修，发现隐患及时处理。严防由于疏忽或偷工减料而带来如天花板松脱掉落、灯具下坠、座椅不牢固、地板凹凸不平等安全隐患，一旦引发事故，其后果不堪设想。

（2）消防安全。防火是酒店的头等大事，"责任重于泰山"。酒店是消防事故的多发部门，煤气、柴油、酒精等易燃物品和各种电器设备，都是容易引起火灾的不安全因素。饭店建筑要使用阻燃材料，要有完善的消防安全器材和保安措施，房门与过道要有安全通道示意图，要备有紧急安全通道；酒店要有消防预警机制，员工要懂得消防器材的使用和失火时疏散的消防常识，进行消防培训演习；必须加强各种易燃物品的使用和保管，防止电线老化、安装不合格、超负荷用电等引起的事故发生等。

（3）顾客人身财物安全。要保障客人的人身财物安全，防范财物被盗、人身被打等事件。通道处、人员集散处要有摄像头，一天 24 小时地进行监视；要有贵重物品保管制度。员工要有防范意识，做到外松内紧。顾客参加宴会，有时将随身携带的钱包、提包、手机、衣帽、文件等物置于座椅上或餐桌旁，酒醉醺醺之后起身离席将物品遗失，或因赴宴者人多手杂，偶尔有顺手牵羊者窃走他人财物。因此，酒店有义务看护、提醒顾客的物品。当服务员清场时发现有顾客遗留的物品，应及时上交有关部门处理。

【案例 9-15】危险的安全通道[①]

中央电视台《夕阳红》栏目多彩生活版原主持人沈旭华在某酒店赴宴不幸遇难。据沈旭华家人介绍，8 月 1 日沈旭华与朋友在北京某酒店吃饭，并订了 2 楼 12 号包间，包间紧邻消防通道仅 2m。晚 8 时左右，沈旭华的手机响起，包间较嘈杂，她边接电话边走出包间，来到了消防通道门旁，并推门进去。不料尚未完工消防通道不仅没有灯，而且没有栏杆，沈旭华在走了一步之后就从二楼直接摔到了一楼，在医院抢救多日后一直没有苏醒，不久便离开人世。沈旭华坠楼后约一小时才被一个走错路的送装修材料的工人发现并报了警。

（4）服务安全。加强服务员的业务技能培训和心理素质训练，努力提高服务人员的业务水平。在餐桌之间过道上行走时，应从其他工作人员的右边走过去。在端托盘超越其他员工时，应小声提醒对方注意。推门前要特别小心，以免碰撞他人。为防止滑倒，服务员应穿矮跟的橡胶底鞋。食品或饮料撒泼到地上后要立即除掉，如来不及清除应先在此放一把椅子提醒他人。行走时要留心客人放在过道上的手提包、公文箱，有可能时

---

① 资料来源：陈觉. 餐饮服务要点及案例评析[M]. 沈阳：辽宁科学技术出版社，2004.

帮助客人放置妥当。托盘上菜时，如遇客人正准备起身或做其他动作时或谈兴正浓时，应轻声招呼"对不起"，以免被客人碰翻托盘。装托盘时要合理，不要过满，高的、后用的物品在靠身的里档，矮的、先用的放在外挡，壶嘴和把柄要放在托盘的边沿之内。防止与杜绝员工由于不小心或技能不娴熟，在宴会服务过程中烫伤顾客、弄脏顾客衣物等事故发生。

【思考训练】

（一）研讨分析

【案例9-16】湖南建立"湘菜烹调技术基本操作规范"

湖南省餐饮行业协会和省食品质量监督检测所主持召开湘菜地方标准审定会，审定《湘菜烹调技术基本操作规范》，区分含糊不清的烹调方法和烹调技法，对湘菜的22个术语、11种预加工方法、24种烹调方法等进行了基本标准化，同时对湘式菜肴之"四菜一汤"进行了标准化描述。例如，辣椒炒肉中辣椒和肉的比例为3∶5，剁椒鱼头之鱼头呈蝴蝶形状，毛氏红烧肉要以宁乡猪的五花肉为原料，剁椒鱼头要用湖南产的辣椒调味，龟羊汤要以洞庭湖的野乌龟、浏阳黑山羊为主料……湖南省质检局表示将不遗余力地支持湘菜标准化、产业化发展，计划3~5年完成全部湘菜标准，并编辑出书，以方便百姓阅读。

湘菜中的"4菜1汤"颁布标准后，网友对此并不买账，尤其对原料规定提出质疑，认为存在原料垄断。此外，标准中对菜肴原料的比例、摆放形状等所作的细致要求，也被网友认为太过苛刻，"比例太过绝对化没有必要，另外形状对味道并没有影响，也不应太过严格。"

对此，湖南省餐协回应称，湘菜标准只是一个推荐性标准，并不强制实施，也不会影响酒店的自有特色。制定这样一个标准是出于多层面的考虑，如可以统一湘菜理论教学教材，给喜欢湘菜的人提供参照物，促进湘菜原材料产业链的发展。制定标准可以进一步提升湘菜文化，赋予湘菜个性，因为越有个性的餐饮就越有市场份额。

研讨：你对湖南建立"湘菜烹调技术基本操作规范"如何认识？中式烹饪能够进行标准化管理吗？如何处理中式菜点的标准化与艺术化的辩证关系？

（二）操作实训

1. 情境演习：进行电话预订、面洽预订、预订变更、预订取消等情境模拟演习，掌

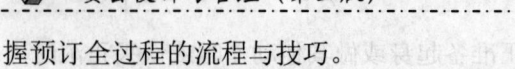

握预订全过程的流程与技巧。

2．实战演习：登门拜访一个客户，推销某个宴会产品，然后交流心得体会。

3．通过对酒店宴会客人分析，研讨如何对客史档案进行收集、管理与使用。

4．聘请酒店餐饮经理或行政总厨介绍酒店控制宴会成本的措施、保证宴会出品质量的措施与提高服务质量的措施。

5．收集某家酒店宴会销售管理、成本管理与出品管理的各种制度与表格。

6．收集不同类型、规模的酒店的组织机构、岗位设计与规章制度、操作流程的案例，研讨其理论依据。

7．收集酒店管理的案例，研讨严爱结合的理论与方法。

项目十

宴会文化概述

学习目标:

知识目标: 1. 认知饮食文化基础知识与中国饮食文化的特征与特色。

2. 认知中国菜系流派的特点。

3. 认知中国宴会现存弊端与宴会改革创新的发展趋势。

4. 认知中国各地区、各节庆的饮食习俗。

5. 认知中、西式宴会礼仪。

能力目标: 1. 能灵活运用宴饮习俗知识来设计宴会环境、宴会摆台、菜
品品质与为客服务。

2. 遵循中、西式宴饮礼仪,能正确规范宴会进餐行为。

【导入案例】

中国国宴的变迁

1949年10月1日，在首都北京天安门举行了隆重的新中国开国大典。当晚，中央人民政府在北京饭店举行新中国"开国第一宴"。第一次盛大国宴菜品质朴、清鲜、醇和，风格以淮扬菜为主，包括7个冷菜（4荤3素）、6个热菜（4荤2素）、1个汤，甜食是八宝饭，酒水是茅台和黄酒，烟为中华烟。中外宾客对菜点给予了高度评价。"开国第一宴"为国宴的精炼简约定下了基调，国宴规格为1组冷菜、6菜1汤、3点心、1主食加1水果，菜式精炼，口味以南北适宜的淮扬菜为主，根据出席对象的不同，进行适当调整。

建国初期，为展现出新中国的大国气派，我国欢迎来访国宾的宴会常筵席五十多桌，除邀请来访国宾一行外，还邀请外国驻华使节夫妇、外交团等二十多桌，加上中方陪客，齐聚一堂；而每年例行的国庆招待会多达三五千人。1959年人民大会堂建成以后，国宴通常在人民大会堂宴会厅或钓鱼台国宾馆举行。宴会举办时间通常在国宾抵京日的当晚或次日晚上6点50分或7点。席上，宾主双方都发表讲话，讲话稿要译成英、法、俄3种文字。菜点基本上都是清淡爽口的淮扬菜，冷菜6道、热菜4道；每位客人面前各摆大中小酒杯5个，用酒主要是中国茅台酒及其他名牌酒等，桌上还摆放着橘子水、矿泉水等。

1972年尼克松访华时说的一句玩笑话"中国很大，但缺少葡萄酒和时尚女性"引起了国人的反思。参照多数国家的做法，中国国宴开始进行改革。1978年9月后，外国国家元首、政府首脑访华，中方不再通知各国驻华使节参加迎送；为来访国举行的国宴，只邀请来访国驻华使节和使馆部分外交人员出席，宴席规模几乎缩小了一半。1979年中粮酒业长城葡萄酒自主研发酿造出了中国第一瓶干白葡萄酒，1984年酿出第一瓶干红葡萄酒，中国葡萄酒逐渐出现在国宴的餐桌上。2008年的奥运国宴上，配餐的正是长城桑干酒庄酒，它和那些中西合璧的菜式成了完美的搭配。

从1984年开始，外交部根据中央有关领导的指示，对国宴的改革作了明确规定。国宴标准是：总书记、国家主席、委员长、总理、军委主席、政协主席等正国级的领导人举办的宴会，每位宾客的用餐标准为50～60元，如果宴请少数重要外宾，则掌握在80元以内；一般宴会标准为40～50元。菜点为：中餐4菜1汤，西餐2菜1汤，最多为3菜1汤；酒水一律不再使用如茅台、汾酒等烈性酒，根据客人的习惯上啤酒、葡萄酒或其他饮料；同时要求宴请外宾的次数不宜过多。

现在，国家进行了礼宾改革，国宴菜式改为 1 组冷菜、4 菜 1 汤、2 中点、1 西点、1 主食加 1 水果的规格，有的宴请国宾菜品只用 3 菜 1 汤或 2 菜 1 汤，这既节省经费、物资，又节约时间、人力。国宴规模通常为 7 桌或 8 桌，一般只邀请国宾随行人员出席，同时邀请来访国驻华使节及该使馆主要外交官，中方除非特别需要，其他陪客一律不请。如果所有出席者不超过 50 人，筵席餐台使用长条桌或马蹄形桌。国宴全程时间为 1 小时之内，而过去的国宴则通常要花 2~3 个小时。实行分餐制，既减少浪费又卫生方便，也便于服务员实行规范化的服务。餐具为筷子，如果来访宾客不方便使用，则可以用筵席上的备用刀叉。

"国宴体现的是一个国家的姿态和信心"。对于那些远方来的客人来说，在餐桌上，已经感受到了完全不同的改革开放后的新中国。

模块一　中国宴饮文化

任务一　源远流长　博大精深

（一）饮食文化内涵[①]

1. 饮食文化的含义

饮食文化是人们在长期的饮食实践活动中创造出来的物质财富和精神财富的总和。从物质文化角度讲，是指食物原料的生产、加工和进食的方式；从精神文化角度讲，是指在食物原料的生产、加工和进食过程中的社会分工及其组织形式、价值观念、分配制度、道德风貌、风俗习惯、艺术形式等内容。

2. 饮食文化的流派

（1）两大时期。因为人类的饮食文化是自人类诞生之时就创造出的文化，而烹饪文化是人类的"熟食"文化，因此，饮食文化也可用"生食文化"和"熟食文化"（或烹饪文化）来概括。熟食文化可分为使用天然火和学会人工取火两大阶段，又可分为陶烹阶段、金属烹饪阶段及现代烹饪三大阶段，烹饪方法可分为直接熟烹法（如烤烙、石燔、包烧、炕煮、塘煨）和使用介质熟烹法两种。

（2）三大流派。现在通常把世界饮食流派分为东方（以中国饮食流派为代表）、西方（以法国饮食流派为代表）和阿拉伯（以土耳其饮食流派为代表）三大流派，然而饮

---

① 资料来源：华国梁，马健鹰. 中国烹饪文化[M]. 长沙：湖南科学技术出版社，2004.

食文化的外延大于饮食流派。作家陆文夫先生说："饮食是一种文化，而且是一种大文化。所谓大文化是因为饮食和地理、历史、物产、种族、习俗和社会科学、自然科学的各方面都有关联。我们简直可以从饮食着手来研究人类社会经济与文明的发展。"教育家蔡元培先生说："我认为烹饪属于文化范畴，饮食是一种文明，可以说是饮食文化。烹饪既是一门科学，又是一种艺术。"

（二）中国饮食文化的特色

1．中国饮食文化的特征

（1）源远流长、历史悠久。中国饮食文化是与中华民族的历史联系在一起的，中国饮食文化发端于 180 万年前的中国古人类，经过生食期、熟食期和现代烹饪期。中华民族在中国大地上世代繁衍生息，没有中断某个环节，中华民族 5000 年的文明史就是中国饮食文化史，我国的饮食文化传承环节连续，文化积淀深厚。

（2）博大精深、世无伦比。中国饮食文化内容涵盖面相当大，涉猎领域广阔，内涵博大精深，层面丰富多彩。

（3）兼收并蓄，海纳百川。中国宴饮文化具有极强的融合力与旺盛的生命力。历史上，中原饮食文化一直处在同周边"胡""番""蒙""满"等饮食文化的相互影响与吸收中。直到现在，中国饮食融合世界各民族饮食于一炉，善于学习借鉴外来饮食文化并加入中餐特色，广取博收，取精纳粹，古为今用，洋为中用，不断发展壮大自己。

（4）特色鲜明、流派纷呈。中国 56 个民族在饮食习惯、习俗等形成的饮食文化差异大于地域、食材差异，形成了 56 种风味流派，一起构成了中华民族的饮食文化，以其独特的风格屹立于世界饮食文化之林，为其他国家与民族所赞扬欣赏。

（5）敢于创新，勇于开拓。在历史上，周边民族的饮食文化影响了中原，中原的饮食文化也影响了周边民族，在相互鉴赏学习基础上融合创新。

（6）稳定性强，生命力旺。由于民族基础庞大、延续历史长久、民族特点突出，所以饮食文化的结构体系稳定，发展持续，生命力旺盛。

上述特征，使中国饮食文化成为世界饮食文化宝库中一颗璀璨的明珠。中国饮食是一座取之不尽、用之不竭的宝藏，中国被世界誉为"烹饪王国"，中国烹饪术被孙中山先生在《建国方略》中誉为"中国在世界上最可骄傲之术"。

2．中国饮食文化的特色

李曦先生《中国烹饪概论》中提出中国饮食文化可以归纳为重食、重养、重味、重利和重理五个方面。笔者在李曦先生的观点基础上提出了"八重"特色。

（1）重食。古人曰"民以食为天"，足见饮食对国人的重要。吃的广泛：天上飞的、地上爬的、河里游的、地里长的，什么都吃。吃法多样：烧、煮、烘、焖、炸、烤、烩、爆、蒸、炖、煨。吃的繁荣：菜系林立、风味饮食小吃上千种，各地食风食味之独特与多样化。吃的艺术：美食、美味辅之以美器，追求三者的和谐统一，浑然一体。调味之精益，肴器之华贵，膳食之繁盛，烹饪技艺之巧妙，堪称举世无双，独树一帜。吃的典雅：御宴排场之豪华，宫廷筵席礼仪之庄重，礼制和礼仪等级之森严，各式宴会氛围之典雅。吃的效益：官场之交接，人际关系之沟通，食疗之精道，延年益寿之成效，解渴充饥、益神健体之功能。吃的奇异：边疆塞外，民族众多，风俗奇异，民族食艺、食风、食味，别具情调，系少数民族文化之奇葩。

（2）重味。食以味之本，味为食之魂。中国人以味作为衡量食品质量的第一标准。古代将烹饪风味流派称为"帮口"，口者，就是口味，这是区别不同饮食风味流派的重要标志，构成了各种菜系的基础。就人的低级的生存需求而论，有食不必有味；但就饮食高级的生活要求而言，重味必出美食。中国文化讲究"和"，饮食文化中的"五味调和百味香"就是调制美味的过程，不同滋味的巧妙结合，使烹调出的食品具有"口弗能言，志弗能喻"的滋味，即无法用语言表达的"精妙微纤"的变化。品味，是一门审美艺术，不但要品食品之味，而且还要品环境、人事之味，也就是我们常说的"味外之味"。

（3）重养。医食同源，注重养生。以五谷为养、五果为助、五畜为益、五菜为充的古代养生理论为依据来保养人体"六脏"。它以植物型原料为主体，以动物型原料为辅佐，符合现代营养学的基本膳食结构要求。中国的食养理论体系，中医的"药补不如食补"的亦食亦药的吃法是非常有功效的。

（4）重利。国人求福避祸的心态从菜肴的命名就可以反映出重利取向。春节酒席上，江西奉新大狱岭一带的农家必上两道菜，一道是"长吉"，即白糖拌柑橘；一道叫"有余"，即油炸鲤鱼。扬州人过年时必吃"安豆"（豌豆苗），寓意"平平安安"；"路路通"（水芹菜），寓意"心想事成，万事如意"。江西农村称猪头为"神户"、猪舌头为"招财"、猪耳朵为"顺风"。又如"子孙饽饽""长寿面""消灾饼""发糕"等米面食品的名称无不流露出老百姓祈福禳灾的心理。

（5）重礼。中国饮食讲究礼，《礼记·礼运》曰："夫礼之初，始诸饮食"。根据文献记载，周代已形成一套相当完善的饮食礼仪制度，在迎送客人、座席方向、席位排座、箸匙排列、上菜摆菜、敬酒派菜、进食就餐等方面有着完整的、严格的程序与规范。古人强调："设宴待嘉宾，无礼不成席"。这些礼仪在社会实践中不断得到丰富完善，对社会产生着重要影响。

（6）重情。中华民族是讲究人伦亲情的民族，中国人待人接物做事情的法则是"情—理—法"，以情为先，所重在理，法是底线。情从"心（好心意思）"、从"青（美好意思）"，为"心之美者"。情是靠社交活动来表现、增强的，人际关系互动在中国最好的方式是吃喝。

（7）重理。中华饮食之所以具有"抒情"功能，是因为"饮德食和、万邦同乐""声一无听，色一无文，味一无果"（《国语·郑语》）、"和如羹焉"（《左传》）的哲学思想和由此而出现的具有民族特点的饮食方式。饮食文化的价值体系包括了在饮食消费中所产生的价值观念与行为准则，是社会的政治、经济及思想意识的反映。无论是滕王阁"胜友如云""高朋满座"的盛筵伟馔，还是王羲之的兰亭聚会、欧阳修的醉翁亭宴、苏东坡游于赤壁之下的舟中之宴等，都竭力追求物质与精神、生理与心理等方面的完美统一，体现了与宴者的价值观念与审美情趣。

（8）重政。从某种意义上说，吃喝是改变历史的一种力量。历史上，一朝之始往往能休养生息、节俭尚廉，等到日子好过了，奢华之风便愈演愈烈。当然，奢华的讲究总离不开吃，虐食之风盛行，像鱼须汤、鱼唇宴、雀舌羹、燕子腿、猩猩唇、黑豹胎都曾登上饭桌。美食多属庙堂豪门，摆在普通百姓饭碗里的永远只是最普通的食物。饥饿使百姓常常饥不择食，使他们揭竿而起，一呼百应——其实所要的不过是一餐饭而已。因此，每到此时，一个王朝也就走到了尽头。吃饭，看似轻松平常，却承载着历史的重量。老子在《道德经》里说：治大国如烹小鲜。古往今来，宴会更是与政治密切相关，饭桌传奇地改变了历史，筷子诡秘地涂改了史书，见之于廿四史中的风雨硝烟往往都是在宴会上得以解决，项目一的历史文化名宴也证实了宴会在中国历史上承担了太多的社会政治功能。

【案例10-1】"爱国让你想起了什么？"

据香港《南华早报》网站报道，2013年国庆期间，中央电视台推出街头系列采访"爱国让你想起了什么？"的节目。央视记者询问了社会各界两千余人对爱国的看法。除了普通百姓凡夫俗子，也采访了一些名人，作家王蒙、冯骥才等人也接受了采访。王蒙回答了爱国的缘由："第一我们喜欢唐诗宋词，第二我们喜欢中华料理。唐诗宋词代表中国心，中华料理代表中国腹，我们对祖国的感情是心腹的感情。"

（三）中国菜系流派

1．中国菜系

（1）菜系。菜系是一个地区的饮食经过漫长历史的演变而形成的一整套的、独特的烹调体系，它以有别于其他地区的独特的烹饪手法、特殊的调味品和调味手段、众多的烹饪原料为重要标志。

（2）菜系形成的因素。菜系形成的因素包括：丰富多彩的物产食材，悠久的烹饪文化历史传统和饮食习俗，大批具有匠心、精于烹饪的技术人才，具有特色的精湛烹饪技术极其广泛的普及，有一定数量和规模的本菜系的风味餐馆。

2. 中国菜系主要流派、特点及名菜

(1)山东菜系。简称鲁菜或齐鲁风味,是我国烹饪技术的发源地之一。鲁菜受儒家学派膳食观念的影响较深,具有官府菜的饮馔美学风格。① 济南菜。北起德州,南到泰安,东到淄博等地。菜肴讲究清鲜、脆嫩和纯正的口味,以咸鲜为主,具葱香蒜味及麻酱风味等,精于制汤菜。传统名菜:芙蓉鸡片、锅塌豆腐、油爆双脆、九转大肠、糖醋黄河鲤鱼、拔丝金枣和蜜汁三果等。② 胶东菜。福山、烟台和青岛等地。这些地方多产海鲜,菜肴讲究原汁原味、清淡鲜嫩,精于清蒸、烤、葱烧、扒、爆、炸、熘和挂霜等。传统名菜:清蒸加吉鱼、绣球干贝、烤大虾、葱烤海参、扒原壳鲍鱼、油爆海螺片、软炸鲜贝、炸熘贻贝和挂霜丸子(香蕉)等。③ 孔府菜。孔子家乡曲阜的菜肴,体现了孔子"食不厌精,脍不厌细"的食道精神,以历代帝王祭祀孔子所沿用的菜肴为主。传统名菜:孔府一品锅、诗礼银杏、带子上朝、玉带虾仁、怀抱鲤、御笔猴头、武溜肉片和冬菇烧蹄筋等。

(2)四川菜系。简称川菜或巴蜀风味,特点是"尚滋味,好辛香"。川菜以小煎、小炒、干烧、干煸见长,以味多、味广、味厚著称。调味多用三椒(辣椒、胡椒、花椒)和鲜姜,味重麻、辣、酸、香,有"一菜一格、百菜百味"之誉。① 成都菜(上河帮)。历史上曾是蜀地的中心,口味突出麻味,精于小炒和小烤等。传统名菜:麻婆豆腐、樟茶鸭子、夫妻肺片、锅巴肉片、宫保鸡丁、回锅肉和赖汤圆等。② 重庆菜(下河帮)。历史上曾是巴地的中心,口味偏辣,精于小炒、干烧和干煸等。传统名菜:鱼香肉丝、干烧岩鱼、干煸牛肉丝、毛肚火锅、清蒸江团和枸杞牛鞭汤等。③ 自贡菜(小河帮)。川西北的少数民族聚居地,口味以麻辣并重,精于小煎、白煮和小炒等。传统名菜:小煎鸡米、水煮牛肉和坨坨肉等。

(3)江苏菜系。简称苏菜、淮扬菜或苏扬风味,是华东地区肴馔的典型代表,具有清鲜平和,咸甜适中,口味淡雅等特点;以刀法精妙而闻名,在烹调上擅长炖、焖、煨、焐和烤等烹调法。① 淮扬菜。以扬州为中心的淮河流域。扬州素以"三把刀"而闻名,而菜刀为最有名。菜肴中有远近闻名的"扬州三头",既蟹粉狮子头、拆烩鱼头和扒猪头等。水产品丰富,口味以醇厚为主,精于吊汤和火工。传统名菜:蟹粉狮子头、醋熘桂鱼、三套鸭、大煮干丝、炒软兜长鱼(鳝)、炝虎尾和蛤蜊汤(天下第一鲜)等。② 南京菜。南京地区,口味以醇和为主,精于烹制鸭子(盐水桂花鸭、板鸭和叉烧鸭)和焖、炖、烤等烹调法。传统名菜:桂花虾饼、炸虾球、凤尾虾、松鼠桂鱼和蛋烧麦等。③ 苏锡菜。苏州和无锡,口味以咸甜为主,精于烹河鲜、湖(阳澄湖)大闸蟹,精于炸、熘、蒸和烧等烹调法。传统名菜:碧螺虾仁、雪花蟹斗、香脆太湖银鱼和镜箱豆腐等。④ 徐海菜。徐州至连云港,口味以鲜咸为主,精于炖、爆、烧、熘、炸和蒸等。传统名菜:

霸王别姬、爆乌花、红烧沙光鱼、彭城鱼丸和沛公狗肉等。

（4）广东菜系。简称粤菜或岭南风味，是华东南区肴馔的典型代表，讲究五滋（清、香、脆、酥和浓）六味（鲜、咸、甜、酸、苦和辣）。① 广州菜。珠江三角洲平原和部分沿海地带，口味特点是清新鲜醇，精于清蒸、软炒、烩、烤和焗等烹调法。传统名菜：香滑鲈鱼球、烤乳猪、烩蛇羹、菊花龙虎斗、鼎湖上素和脆皮鸡等。② 潮州菜。潮州、汕头等地的潮汕平原，口味以清醇、香浓、偏甜为主，喜用鱼露、沙茶酱和梅膏等调味料。传统名菜：烧雁鹅、豆酱鸡、红烧鲍鱼、葱姜焗肉蟹、明炉烧螺和太极素菜羹等。③ 东江菜。又称客家菜，包括梅县、东莞和惠州等地，口味以酥软香浓、偏咸重油为主，少海鲜、多野味，精于炖、煲、局和酿等。传统名菜：东江酿豆腐、东江盐焗鸡和什锦煲等。④ 港式粤菜。特点是鲜淡、清美，具有热带风情和滨海饮膳特色，同时吸收西方、东南亚饮食特色。

以上四种菜系合称为我国著名的"四大菜系"。

（5）湖南菜系。简称湘菜或潇湘风味，以水产和熏腊原料为主，品种丰富，味感鲜明而富有菜肴个性。刀工精妙，味形俱佳；擅长调味，以麻辣著称；烹调法多以煨烤为主等特点；受楚文化的熏陶很深，以"辣""腊"驰誉中华食坛。① 湘江流域菜。长沙、湘潭、衡阳等城市为中心的区域，口味以鲜香酥软为特色；擅长煨、炖、腊、炒和蒸等烹调法。传统名菜：红煨鲍鱼、清炖牛肉、腊味合蒸、麻辣子鸡和酱汁肘子等。② 洞庭湖区菜。洞庭湖地区菜肴，口味以清淡、鲜嫩为特色；擅长烹制湖鲜和水禽，多用煮、烧和蒸等烹调法。传统名菜：蒸钵菜（青龙戏珠）、冬笋野鸭、红烧甲鱼、冰糖湘莲和荷叶蒸鱼等。③ 湘西山区菜。湖南西部土家族和苗族聚集地区，口味以浓厚乡土气息为特色；擅长烹制山珍野味和各种腌腊制品，多用烧、焖、炒等烹调法。传统名菜：红烧寒菌、油辣冬笋尖、板栗烧菜心、湘西酸肉等。

（6）浙江菜系。简称浙菜或钱塘风味，特点是鲜特精细的选料，清新鲜嫩的口味和清雅细腻的形态；注重原味，鲜咸合一。擅长烹制海鲜湖蟹，烹调法主要有炒、炸、烩、溜、蒸和烧等近二十种。① 杭州菜。杭州及周围地区，口味以清鲜爽脆和淡雅细腻为特色；擅长烹制湖鲜家常菜，主要有烧、焖、溜、烩和炒等烹调法。传统名菜：东坡肉、油焖春笋、西湖醋鱼、宋嫂鱼羹、龙井虾仁和叫花童鸡等。② 宁波菜。宁波及周围地区。口味以咸鲜为主，兼具浓厚乡土气息；擅长烹制海鲜，主要有烧、烩、煮和蒸等烹调法。传统名菜：锅烧鳗、黄鱼羹、雪菜大汤黄鱼、三丝拌蛏和奉化摇蚶等。③ 绍兴菜。绍兴及周围地区，口味以咸鲜为主兼具乡村风味；擅长烹制河鲜家禽，主要有焖、溜、烧和煮等烹调法。传统名菜：雪菜干烧焖肉、糟熘虾仁、白鲞扣鸡和清汤鱼圆等。④ 温州菜。温州等浙南沿海地区。温州菜以海鲜入馔，口味清鲜，淡而不薄；以轻油、轻芡，重刀工的"二轻一重"为特色。传统名菜：三丝敲鱼、爆墨鱼花、马铃黄鱼、双味蛴蟹、橘络鱼脑和蒜子鱼皮等。

（7）福建菜系。简称闽菜或八闽风味。以烹制山珍海味而著称，其风味特点是清鲜、和醇、荤香、不腻，注重色美味鲜。烹调擅长于炒、溜、煎、煨、蒸、炸等，口味偏甜、酸、淡。闽菜特别讲究汤的制作，其汤路之广，种类之多，味道之妙，可谓一大特色，素有"一汤十变"之称。① 福州菜。起源于闽侯县，具有清鲜、淡爽和偏于甜酸等口味特点；讲究调汤，汤鲜、味美，汤菜品种多，擅长用红糟作配料制作的各式风味特色菜。主要名菜：佛跳墙、荔枝肉、醉糟鸡、糟汁川海蚌、炒西施舌和酸辣海鲜羹等以及锅边糊、肉蛎饼等小吃。② 闽南菜。厦门、漳州和泉州等地区的菜肴，以讲究作料、善用甜辣而著称。传统名菜：橘味加力鱼等。③ 闽西菜。闽西北山区。闽西菜口味咸辣和具有浓郁山区特色。传统名菜：东壁龙珠、爆炒地猴等。

（8）安徽菜系。简称皖菜、徽菜或皖徽风味，徽菜在烹调方法上擅长烧、炖、蒸，而爆、炒菜少，重油、重酱色、重火功。其特色的馄饨鸭、大血汤和煨海参等安徽菜式曾一度风靡上海滩。① 皖南菜。徽菜的主流菜系，起源于歙县（古徽州），包括黄山地区。以烹制山珍野味而著称，具有原汁原味、风味古朴典雅的特点，擅长烧、炖，讲究火功，喜用火腿佐味，冰糖提鲜。传统名菜：红烧头尾、清炖马蹄鳖、黄山炖乳鸽和腌鲜鳜鱼等。② 沿江菜。芜湖、安庆及巢湖等地区，具有酥嫩、鲜醇、清爽和浓香等口味特点；擅长红烧、清蒸和烟熏等烹调法，其中尤以烹调河鲜、家禽见长，其烟熏技术也别具一格。传统名菜：毛峰熏鲥鱼、清香砂焐鸡和无为熏鸭等。③ 沿淮菜。蚌埠、宿县和阜阳等地区的淮北平原，具有质朴、酥脆、咸鲜和爽口等口味特点；擅长烧、炸和熘等烹调法。传统名菜：符离集烧鸡、葡萄鱼、奶汁肥王鱼和香炸琵琶虾等。

除上述八大菜系外，其他著名的风味流派还有以下两个菜系。

（9）北京菜系。又称京菜或燕京风味，来源于宫廷菜、官府菜、清真菜和移植改造的山东菜。风味特色：选料考究，调配和谐，以爆、烤、涮、熘、扒见长，菜式门类齐全，酥脆鲜嫩，汤浓味足，形质并重，名实相符；市场广阔，品味高雅，服务上乘，以"烤鸭"和"仿膳菜"为代表，吸收了华夏饮食文化的精粹。传统名菜：北京烤鸭、涮羊肉、三元牛头、黄焖鱼翅、罗汉大虾、柴把鸭子、三不粘、白肉火锅等。

（10）湖北菜系。又称鄂菜或荆楚风味，由汉沔风味、荆南风味、襄郧风味和鄂东南风味四大流派构成。风味特色：水产为本，鱼菜为主；擅长蒸、煨、烧、炸、炒，习惯鸡、鸭、鱼、肉、蛋、奶、粮、豆合烹；氽鱼技术冠绝天下；菜肴汁浓芡亮，口鲜味醇，重本色，重质地，为四方人士所喜爱；受楚文化的影响较深，富于鱼米之乡的风情，反映出"九省通衢"的都市饮馔文化风格。传统名菜：清蒸武昌鱼、腊肉炒菜苔、红烧鳜鱼、冬瓜鳖裙羹、荆沙鱼糕、沔阳三蒸、瓦罐煨鸡汤、江陵千张肉等。

3．中国菜肴风味类别

（1）民间风味。俗称"家常菜"，是指具有浓郁乡土气息的菜肴，用料以家常普通原料为主，如家畜禽、蔬菜和经济海鲜等，烹调方法以炒、烧、蒸、煮和焖为主。名菜：回锅肉、东坡肉、麻婆豆腐、糖醋排骨和梅干菜扣肉等。

（2）市肆风味。俗称"餐馆菜"，是指在餐馆中长期流行的具有制作精细、用料讲究、烹调技法多样、风味独特等特点的菜肴。名菜：北京烤鸭、叫化童鸡、佛跳墙、宫保鸡丁、烤乳猪、扒熊掌和黄焖鱼翅等。中国近代名餐馆有全聚德、便宜坊和东顺来等百年老店。

（3）官府风味。俗称"官宴"，是指官僚、士大夫的家庭菜肴，由家厨制作，用料讲究，注重原汁原味和器具环境的美感享受。名菜有：孔府菜的一品豆腐、带子上朝和诗礼朝杏等，广东谭家菜的黄焖鱼翅、蚝油鱼肚、草菇蒸鸡和红烧鲍鱼等，随园菜的冬瓜燕窝、煨乌鱼蛋和鸡汤煨芋羹等。

（4）宫廷风味。俗称"御膳"，是指供皇帝皇妃食用的菜肴，由民间名厨烹制，原料多为各地进贡的珍品，烹调方法以北方为主，南方为辅，讲究营养搭配和养生之道。名菜：周宫的"周八珍"、清朝的"满汉全席"，如溜鸡脯、龙须驼峰和烧鹿筋等。

（5）寺院风味。俗称"素菜"，是指以道、佛和清真的宫观寺院庙烹制的以植物性原料为主的菜肴。我国的素食文化源远流长，历史悠久，别具一格，独树一帜。

① 三个特点。a. 禁用荤腥，清净用料。以五谷杂粮、豆制品、豆腐、蔬菜、菌类、干果等为原材料。b. 刀工精细，善于仿形，技法全面。c. 口味素净鲜香，清淡爽口。

② 两大方向。全素派与以荤托素派。

③ 三大流派。民间素菜、宫廷素菜与寺院素菜。

④ 五种形式。a. 卷制类，如素鸡、素鸭。b. 卤制类，如素什锦、香菇面筋。c. 炸制类，如香椿鱼、小松肉。d. 造型类，如整鸡、整鸭。e. 模仿类，如宫保鸡丁、糖醋鲤鱼等。

⑤ 名菜。罗汉斋、鼎湖上素、雪积银钟、混元大菜、三姑守节、魔芋豆腐等。

（6）清真风味。

① 历程。起源于唐代，发展于宋元，定型于明清，近代形成完整体系。中国清真菜与伊斯兰教各国的菜品有相似之处，但又具备中国饮食文化的基本特征。我国的回、维吾尔、哈萨克、塔塔尔、塔吉克、乌兹别克、柯尔克孜、撒拉、东乡、保安10个少数民族1 600多万人的肴馔都属于清真菜系列。

② 分支。a. 西路，含银川、乌鲁木齐、兰州、西安。b. 北路，含北京、天津、济

南、沈阳。c. 南路，含南京、武汉、重庆、广州。

③ 风味特色。a. 选料严谨。选料严守伊斯兰教规，南路选料用鸡、鸭、蔬、果；西路和北路选料用牛、羊、粮、豆。b. 工艺精细，菜式多样。擅长煎炸、爆熘、煨煮和烤炙；本味为主，清鲜脆嫩与肥浓香醇并重；讲究菜形和配色，餐具多为淡绿彩瓷；生熟严格分开，甜咸互不干扰。

④ 代表菜。葱爆羊肉、清水爆肚、焦熘肉片、黄焖牛肉、手抓羊肉条、麻辣羊羔肉、烤全羊、烤羊肉串、全羊大菜、砂锅羊头、羊蹄哈尔巴、炸羊尾、羊肝排叉、白扒鸡肚羊、瓢馅牛尾、袈裟牛肉、一品芙蓉虾、奶汤银丝等。

（7）仿古风味，是指以古代记载的一些菜肴为依据重新创作或挖掘的菜肴体系，如西安的仿唐膳、松江和苏州的仿红楼宴席等。名菜：驼蹄羹、遍地锦装鳖、老蚌怀珠、鱼翅烩蛏干和乌龙戏珠等。

（8）食养风味。俗称"药膳"，是指突出营养保健的食养机理的菜肴，其烹调多以炖、煨、清蒸、煮和炒为主。名菜：① 补阴虚的有：清蒸甲鱼、冰糖燕窝、冬虫夏草全鸡和海参扣肉等。② 补阳虚的有：十全大补汤、虫草老鸭汤、海马童子鸡、双鞭壮阳汤、人参焖鹿尾、青虾炒韭菜等。③ 润肺的有：川贝雪梨炖猪肺、冰糖银耳等。

（资料来源：刘敬贤，邵建华. 新编厨师培训教材[M]. 沈阳：辽宁科学技术出版社，1994；周晓燕. 烹饪工艺学[M]. 长沙：湖南科学技术出版社，2004；华国梁，马健鹰. 中国烹饪文化[M]. 长沙：湖南科学技术出版社，2004.）

（四）中国宴会文化的构成[①]

1. 宴会文化的技术体系

宴会文化技术体系是指中华民族在长期的饮食生活实践中形成的技术的、器物的、非人格的、客观的文化成就。

（1）烹饪原料广博。中国先民早在 9000 年前就成功种出了粟（小米）、黎（黄米）、稻等谷物，至于小麦，则晚了三四千年才出现。早在西周时期，有文字记载的可食用植物种类已达到 130 多种；明代弘治年间食谱上的食物多达 1 300 种，仅香料一项就有 28 种；到清朝见于各种书籍中的烹饪食材接近 3 000 多种；发展至今，中国菜所用原料有上万种，从粮食作物、蔬菜水果到动物性食物，从陆地到山区，从地上到天上，从河里到海里，应有尽有。但"粮多肉少"的局面奠定了中国人主辅食相结合的饮食结构。选料博采广取，用料品种繁多，而且深入开掘、细料入味，物尽其用。调味品有多种味料和调味方法。最早注意的滋味是咸与酸，春秋时期齐国就设置了"煮盐官"。魏晋南北朝时用粮食发酵而成的酱油、醋和豉（现代的酱）是中国美食史上的第一次跨越。

[①] 资料来源：华国梁、马健鹰. 中国烹饪文化[M]. 长沙：湖南科学技术出版社，2004.

（2）宴会餐具精美。经考古发现，我国的餐具早在新石器时代已基本齐备。商周时期，出现了青铜器餐具。春秋战国时期，餐具从祭祀中分割开来。秦汉以后，由于制造技术的发展和铜器、漆器的大量使用，器具制作的技术更加先进，器具工艺更加精细，各种图案纹饰更加形象逼真、色彩艳丽，器物向轻薄的漆器为主的方向发展。唐代出现了矮条桌和交椅，铺桌帷、垫椅单，开始使用瓷器餐具。明清的筵席餐具强调配套成龙，常是一桌席面用一种花色的器皿。雕琢精美的红木家具八仙桌、大圆桌、太师椅、圆鼓凳，都被利用到筵席上来，主宾背后放雕漆或螺钿屏风，主宾斜对面摆穿衣镜，以示尊重。台布椅套缝制讲究，不少还用丝绸锦缎刺绣而成。在台面装饰上，已由摆设装饰物发展成看席。隆重的还有吃席与看席并列。美食美器，相映生辉，更显高雅。

（3）烹饪工艺精湛。刀功精细，刀法多样。刀法有批、切、锲、斩等，原料成形有丝、片、块、段、条、茸、末、荔枝花、麦穗花等，提高了成菜的观赏性和艺术性。精于火候，技法多样。现代烹法有百种之多，如炒、炸、爆、熘、煎、烹、烧、焖、煮、摊、涮等；爆又可分为酱爆、油爆和莞爆；甜菜烹制还有拔丝、挂霜和蜜汁。烹调是一种技术，更是一种文化，它超越了维持生存的作用，不仅果腹、维持生命，更满足了人的精神追求，成为中华文明中与美术、音乐、舞蹈、戏曲、文学等同等重要的一朵艺术奇葩。

（4）饮食出品纷繁。我国的食谱庞大而精致、严整而瑰丽，菜点成千上万、数不胜数，以独特精美的色、香、味、形闻名于世。不同菜点组合上席，使筵席成为"菜品的组合艺术"。这些饮食出品可用多、精、美、奇、妙五个字来概括。

（5）风味流派众多。北宋开始形成四大饮食风味流派，至清代成形。除地域风味外，民族、素食、市肆、寺观、民间等风味也完全形成。保健、养生的食疗也成为体系。中国林林总总的民族、地域等风味流派及其饮食风俗，使中国的饮食文化成为世界文化画卷中最具魅力的一页。

2. 宴会文化的价值体系

宴会文化价值体系是指中华民族在长期的饮食生活实践中形成的规范的、精神的、人格的、主观的文化成就。

（1）宴会内容博大精深。中华宴饮文化有着漫长的发展历程、深厚的文化积淀和稳定的结构体系，是一部源远流长、起伏有致、环节完整、从未间断的历史。宴会是精神文明和物质文明的重要表现形式，蕴含着文化、科学、艺术与技能，是饮食文化的集中体现。宴会文化内容涵盖物产原料、烹调技术、烹调原理、营养卫生、食疗理论、饮食美学、饮食心理以及历史典故、民情习俗、宗教信仰、文学艺术等。这些要素相互结合、相互作用，构成物质文化、技术文化和精神文化三个层次的饮食文化系统。

（2）宴会形式多种多样。从古至今出现了举不胜举的各种主题、各种形式的宴会。

（3）宴会礼仪严整完备。从宴请方到赴宴方、从设宴开始到宴会结束的全过程、从就坐到进餐等方方面面形成了一套完备而严整的宴会礼仪。

（4）宴会审美自成体系。宴会消费追求良辰、美景、可人、韵事、美食五大客观条件，形成宴会审美与情趣的核心部分，而且宴会审美在一些情况下变为其他审美的从属部分。

（5）宴会理论贴切深透。中国宴饮文化涉猎学科门类繁多，内容丰富精深，既兼容又特别，历代相传又推陈出新，堪称独秀于世。从西汉到清末，烹饪专著书籍几百部，其中影响较大的有《居家必用事类全集》《易牙遗意》《宋氏养生部》《遵生八笺》《饮馔服食笺》《调鼎集》《食宪鸿秘》等，元代御医忽思慧的《饮膳正要》集食疗理论之大成，清代袁枚的《随园食单》作最后总结，集烹调经验、各地各种风味及具体操作方法于一体，其理论浅近、贴切而深透，许多观点至今仍然适用，该书还被翻译后流传到国外。

【案例10-2】道教名宴——天师八卦宴

天师八卦宴是道教名山江西龙虎山历代"天师"宴请宾客、举行道教活动时的名席。八卦宴使用的桌子必须是八仙桌，并按乾、坤、坎、离、震、艮、巽、兑设定八个席位。宾客按身份尊卑依次入座。八仙桌中央摆放最具道家饮食特色的八宝饭，周围是小巧精致的冷菜，组成一幅形似八卦的图形。冷菜为本地特产，有寿星饼、百子糕、南瓜子、冬瓜糖、南瓜干、榨菜干、茄子干、柚子皮等，酸、甜、苦、辣、咸五味俱全。上菜讲究方位和顺序，必须按设定的八个方位轮番而上。先上八冷，之后八热，热菜为天师板栗烧鸭、八卦豆腐、天师豆腐、泸溪鳜鱼、芙蓉蛋白等。热菜体现出浓郁的道教文化色彩和别具一格的地方特色。此外，还有八道大菜，分别用猪、鸡、猴（猴头菇）、兔（用白色果品精雕而成）、龙（用被称为乌龙的海参代替）、虎（本地特产虎斑鳜鱼）、蛇、马（名贵中药海马）等食材精制而成。

（资料来源：饶勇．现代饭店营销创新500例[M]．广东旅游出版社．2000.）

任务二　改革创新　发展趋势

（一）中式宴会现存弊端

1. 中国传统饮食观念的八个消极面

中国传统的饮食观念也有其落后消极的一面，主要是：① 以筵席丰盛、排场阔绰为体面的排场观念；② 以丰盛为尊敬、以简朴为不礼的尊卑观念；③ 物以稀为贵、不惜暴殄天物的消费观念；④ 过分讲等级、排座次的伦理观念；⑤ 过分讲顺序、重结构的宴会格局观念；⑥ 墨守成规、只重经验、不讲科学的保守观念；⑦ 只重传统、不重借鉴的派系观念；⑧ 只顾兜售、不管浪费的经营观念等，这些积淀久远的饮食和宴会观念与习俗是如今宴会弊端的历史思想根源。

2. 宴会现存"八失"弊端

（1）数量失俭。由于受"食有余"观念的影响，国人宴请以丰为敬，贪多求丰，笑穷不笑奢。宴会食品数量过多，浪费惊人。一桌筵席冷盘、热炒、大菜、汤羹、点心、主食、甜品、水果等一样不少，食品道数达到两位数，各种菜肴的主、辅原料有几十种之多，大大超过赴宴者的进食量。而宴会上菜的规矩往往是大菜垫后，所以绝大多数宴会，尤其是公款宴会在散席时，席上满盘满碗的鸡鸭鱼肉基本未动，只能作泔水丢弃。宴会重"宴"不重"会"，以菜肴、酒水的贵贱和多少来衡量办宴者的情感之深浅，如有会而无宴或筵席不够水准，被讥之为小气、抠门；满席佳肴即使吃不完倒掉也不为耻；若碗盘朝天，认为不敬，甚至遭到嘲讽，办宴者感到有欠大方，赴宴者也觉有失斯文。

（2）食材失常。竭力追求菜肴名贵而丰盛，场面奢华而气派，菜肴原料以搜奇猎异、暴殄天物为贵，片面追求奇珍异馔。上自"周代八珍"，中至唐代"烧尾宴"，下至清代"满汉全席"，及至现代一些商家推出的"豪门宴"，所用原料稀少珍贵、稀奇古怪。如"烧尾宴"中的"凤凰胎"（烧鱼白）、"升平炙"（羊舌鹿舌合烤）；"满汉全席"中的"虎丹""豹胎""狮乳"；现代"豪门宴"中的"黄金鱼翅"（用足金黄金研末做菜）等。一些店家为了招徕某些用公款吃喝的"遍食客"，想方设法，绞尽脑汁，什么东西稀罕就做什么，什么东西古怪就用什么，把中国宴会推到追奇猎异的歧途。

（3）结构失调。菜品结构存在"四重四轻"的不科学倾向：重酒品、轻食品；重菜肴、轻主食；重荤菜、轻素菜；重奇珍异馔、轻日常食品。菜肴原料以珍为盛、以稀为贵、以荤为主，满席都是山珍海味、鸡鸭鱼肉，素菜与蔬菜极少，仅取其形、色，美化筵席而已。大凡宴会，往往只饮酒、吃菜，不进主食，即使进主食，也是象征性的吃一点。客人暴饮、暴食、酗酒、斗酒等不文明的饮食行为，也严重影响膳食结构的平衡。

（4）营养失衡。"过剩的营养摄取，贫瘠的膳食知识"，这是中国国民膳食的两个极端。筵席菜点结构失调必然导致就餐者所摄取的脂肪、蛋白质、糖类的实际量大大超过人体所需量，而人体所必需的维生素、矿物质又严重缺乏，从而形成人体所需的各种营养素比例严重失调，使很多人患上如高血脂、高血糖、高血压等"富贵"疾病。医学家们还发现，常吃筵席的人往往出现头晕、头痛、血压偏高、厌食、消化不良、腹泻等症状，这种被医学家称为"宴会综合征"的病症近年来日趋增多，这种现象与顾客只重口感，厨师不懂营养搭配密切相关。

（5）程序失简。宴会排场奢侈，礼仪程序繁复。饮食无休，时间冗长，少则一两小时，多则三四小时，宝贵时间尽耗于杯盏之间。既不利于身体健康，也不符合"时间就是金钱，效率就是生命"的新时尚。

（6）共食失洁。聚餐制的就食方式虽然体现了"同夹一盘菜，共舀一碗汤"的情谊，但十筷齐下、搅于一盘，你一瓢、我一匙，不管有无传染病，互不忌讳；就餐时高谈阔论，菜渣四溅，唾沫横飞，结果是菌毒汇流，很不卫生，然而人们照吃不误、照饮不止。

（7）陋习失礼。① 敬肴无节。主人为表殷勤好客，常用自己的筷子"热情"为别人夹菜，客人若推辞谢绝，被认为不领情。殊不知主人认为好吃的菜点，客人并不一定喜欢吃，结果客人吃不完，感到很尴尬。既造成浪费，也不卫生，又使客人失去选择的自由。② 强劝饮酒、强行灌酒。"感情深，一口闷；感情浅，慢慢舔""关系铁，不怕胃出血"的劝酒辞令勃然而兴；猜拳罚酒，强迫硬灌，更近野蛮。席上各种酒醉失态事端频生，轻则谵言妄语，洋相尽出，举席哄笑；重则呕吐醉倒，扔杯砸盏，动起拳脚，不欢而散；更有甚者，诱发疾病或暴病猝倒，乐极生悲；酒驾、醉驾导致交通事故频发，家破人亡。

（8）消费失度。① 大吃大喝、铺张浪费。舌尖上的浪费触目惊心，讲排场、摆阔气、大手大脚、奢侈浪费的现象时有发生，相互攀比的"高消费"与公款消费的不正之风越演越烈。宴会结束，餐桌上的剩余菜品成为"厨余"垃圾，盛宴变成"剩宴"。前几年统计数据显示，中国人每年在餐桌上浪费的食品价值高达 2 000 亿元，被倒掉的食物相当于 2 亿人口一年的口粮。② 公款宴请、极度奢靡。舌尖上的腐败更是令人心痛。公款吃喝、豪宴盛席造成的奢侈风气是引起人民群众强烈不满的腐败现象的焦点之一，人们对这种"公费一席宴，农家一年粮"的骄奢，对这种摆"土豪阔气"的挥霍，已经到了怨声载道和不能容忍的地步。党的十八大以后，中央严令禁止公款吃喝，取得了显著效果。

【案例 10-3】山东大厦频出高招　引导婚宴绿色消费①

目前，婚宴规格越来越高，红包越来越厚，浪费现象也愈演愈烈。婚宴浪费成了宴会最大的浪费。在客人传统的消费观念中，婚宴往往要有整鸡、整鱼、四喜丸子和肘子。鸡代表大吉大利，鱼是鱼跃龙门和年年有余，四喜丸子是事事如意。宴会结束，整桌菜有一半几乎没人动过，且鲜有客人打包，婚宴成了"剩宴"。尽管酒店里挂了"光盘行动，浪费可耻"的牌子，但婚宴餐桌上的浪费还是屡见不鲜，甚至成为常态。不过，北方与南方的浪费略有不同。北方是浪费在桌面上，南方则是浪费在厨房里。南方一只乳猪两千多元，却只上几片肉，片皮鸭也只上几片，剩下的食材都直接倒掉了。婚宴浪费不仅是在城市，在县城、农村，浪费的量也很大，且别人不好干预。婚宴铺张浪费主要是炫富、攀比的好面子心理在作祟。"中国人结婚爱面子，觉得场面越大，面子越大。菜吃不了，桌上剩很多，我就有面子。桌上最后没菜了，就没面子。"作为酒店方也曾尝试与顾

---

① 资料来源：郭旗、王哲《中国旅游报》2013 年 10 月 16 日

客商谈能否菜量少一点、能否分餐，但效果不佳。"结婚是百年好合的事，分餐能行吗？连自助餐都不接受！年轻人结婚，主要还是父母操办，父母的传统观念很难接受长条桌分餐，圆桌分餐也不行。不剩也不行，不剩显得菜量不足。来宾们都出了份子钱，光盘了，人家会说主人太小气。"当然，客人吃起来不方便也是浪费的一个原因。"整鸡，谁好意思吃？两条腿，一个头，没法下手，怎么吃？"

山东大厦出高招引导婚宴绿色消费。让顾客参与菜单设计，并安排婚宴试吃，减少浪费。根据年轻人、老人、女孩子、男孩子在每桌上的分布不同，山东大厦也会据此增减饭菜的分量。饭菜品质很重要，要少剩，必须做得好吃，吃起来方便。整鸡看起来是整只的，实际上都已切好，夹起来很方便；肘子也如此。山东大厦与婚庆公司合作，向顾客提供新型婚宴服务，设计户外婚礼，在公园、森林、湖边、峡谷摆自助餐婚宴，或是宴会与自助餐相结合，圆桌旁边摆两排自助餐，3个头菜（螃蟹、大虾与海参）上筵席，其余凉菜、热菜、面点和水果自己取。既让主人有面子，也避免浪费。酒店还把婚宴搬到顾客家里去办，派厨师上门做饭；根据顾客的要求搞冷餐会、西餐、烧烤等，做到既节俭又能给客人留下美好的回忆。

（二）中华饮食发展趋势

1. 人类饮食发展历程

（1）三次饮食革命。人类有史以来发生了三次产业革命，同时也引发了三次餐饮革命。第一次是农业革命，带来了以中国为中心的"烹饪文明"时代；第二次是工业革命，带来了以美国为中心的"快餐文明"时代；第三次是信息革命，将引发全球餐饮革命。随着网络时代的到来，餐饮将进入到数字化智能时代，特征是个性化、生态化、多样化、养生化。

（2）四段心路历程。笔者认为人类饮食心理历程经历了四个发展阶段，用形象的语言概括为：第一阶段用"肚子"吃，饮食的目的是果腹、填饱肚子；饮食的方式是茹毛饮血、生吞活剥；第二阶段用"嘴巴"吃，发现了火与调味品，饮食的目的是品味，满足口福；第三阶段用"眼睛"吃，通过多种感官全面享受美食，饮食进入审美心理；第四阶段用"脑子"吃，讲究膳食平衡、营养合理，达到健康长寿的目的。

（3）当代人对餐饮的新要求。营养上的全面平衡，卫生方面的高标准、严要求，原料的生猛鲜活和服务的规范化与个性化。

【案例10-4】 一道菜一个故事，"故事宴"沪上首现[①]

孔祥熙当年的别墅——孔家花园推出首场"故事宴"，吸引了许多食客的眼球。台前

[①] 资料来源：张谷微《新闻晨报》2014年5月8日

说故事的是上海滑稽剧团的"清口"演员,席上每上一道菜,就有演员说上一段"清口",菜是见所未见,故事也是闻所未闻。10 道美食配上 10 段独家故事,听听吃吃,静静地享受了两个多小时的美食文化。一道"马家沟芹菜拼赛熊掌"的前菜,说的是一段与其相得益彰的宋美龄与"民国黑官膳"的奇闻;另一道"红娘自配",用的食材是大明虾与辽参,讲的则是西太后与名厨梁会厅的清宫轶事;最后上双拼点心"牛乳莲子羹"和"黄鱼春卷"时,演员则说了长年高血压却享年 88 岁的孔祥熙的"食疗养生经"。孔家古法菜,一菜一故事,实际上由来已久。为了让食客更好地享受这个博大精深的餐饮文化,他们采用每人一份的上菜方式,每道菜从选材、制作到搭配、装盘,精心设计和考量。与此同时,邀请上海人喜欢的滑稽演员编写故事脚本,从选编到讲演,精心策划。15 分钟一道菜,整场宴会吃上两个多小时,这是许多都市里人向往的"慢生活"节奏。

2. 宴会发展"八化"趋势

(1)安全化。① 食品安全。绿色消费、绿色餐厅与绿色产品这是宴会设计与管理的头等大事。人们对绿色食品、绿色原料情有独钟,用餐时的安全意识大有提高。酒店要从饮食观念上,餐饮管理与服务上,食品原材料的采购、运输、储藏上,菜点的加工、烹调与销售等环节上,加大食品安全管理,保证提供给客人的产品必须是绝对安全的。② 进餐方式安全卫生。宴会进餐方式由共餐趋向分餐,采用"各客式""自选式"的分食方式,既卫生又高雅。

【案例 10-5】上海首推饭店食材原料追溯①

上海餐饮企业正在推行食品安全追溯系统。一道看似再普通不过的梅干菜扣肉,其主料、辅料甚至到调料都有着明确的"出身"。饭店烧制所需的食材究竟从何而来?用量多少?是否符合食品安全? 这些问题今后顾客在点菜时通过自助终端就能一一查悉。在可追溯餐厅用餐,市民点餐时通过触摸屏、电子菜谱可以随时查询到菜品原料、食品的"身世",包括栽培食材的厂家、资质证书、加工工厂的精确地址,乃至沿途采用的运输方式,都能凭借可追溯系统一一揭秘。有了这个追溯系统,顾客如果发现菜味不对可向饭店及时反映投诉,而如果菜品发生质量问题,饭店也可迅速反应,追溯源头终止原料供应。据悉,上海市餐饮烹饪协会已经在绍兴饭店率先试点,以后将逐步向两千多家品牌餐饮企业推广应用这一有利于餐饮原料食品安全控制的餐饮软件。

(2)营养化。健康是 21 世纪人类必然面临的时代要求和永恒主题。让身体变得更健康轻盈,是良好生活品质的体现。人在基本生活得到满足以后,将更重视疾病预防、增进营养、保证健康。近年来,国际上流行一种"轻食主义",强调简单、适量、健康和均匀的饮食。"轻食"一词源于欧洲。在法国,午餐的 Lunch 就有轻食的意思,此外,常

---

① 资料来源:陈里予《新闻晨报》2013 年 12 月 10 日

被解释为快速、简单食物的 Snack 也是轻食的代表词之一。轻食就是少油、少盐、少糖、高纤维及高钙，不给身体造成负担的饮食方法。果腹、止渴、分量不多则是轻食的奉行的准则。轻食注重健康概念，崇尚清淡、均匀、自然、健康、无负担的饮食，提倡吃七八分饱，远离刺激性食物，多用一些天然型食材。轻食另一个含义是指简单，不用花太多的时间就能吃饱的食物。少食多餐、少食多滋味，都属于健康的轻食态度。因此，宴会的饮食结构也将向健美化、轻食化、营养化发展。宴会食品必须是健美食品（预防肥胖以及胆固醇升高、保持人体生态平衡的食品）、绿色食品（安全、无害、受污染少、绝对新鲜的食品）与营养食品（能补充人体所缺乏的各种微量元素，具有增强体力和开发智力的产品），宴会的饮食方式也应是吃七八分饱的无负担饮食。

（3）生态化。① 绿色环保，低碳节能。饭店餐饮业近年来十分注重环保节能与绿色低碳，国家旅游局制定的《绿色旅游饭店评定》行业标准以及 2010 版《饭店星级评定标准》对环保节能起了极大的促进作用，国务院《关于加快发展旅游业的意见》明确提出要推进节能环保，支持饭店积极利用新能源、新材料，广泛运用节能、节水、减排技术，实行合同能源管理，实施高效照明改造，减少温室气体排放，积极发展循环经济，创建绿色环保企业。② 绿色消费，厉行节约。宴会反映着一个民族的文化素质，未来绿色宴会新风将蔚然成风。党中央、国务院提出了"八项规定""六项纪律"、反对"四风"的要求："大力弘扬中华民族勤俭节约的优秀传统，大力宣传节约光荣、浪费可耻的思想观念，努力使厉行节约、反对浪费在全社会蔚然成风"，必须警惕餐饮中"舌尖上的浪费"。为此，餐饮业要积极响应和主动参与文明餐桌行动，可从消费者环节、接待服务环节、加工环节、用餐环节等减少、杜绝浪费，营造"珍惜食品、适量点菜，剩余打包、杜绝浪费"的文明用餐氛围。如在点菜过程中通过服务员提醒、设立提示牌等形式，引导客人合理消费，文明就餐，适量点菜，够吃即可，不要误导客人超量点菜。服务接待时，推出数量、菜量适度，品种单纯，选料普通的各类菜单；推行公筷公勺，不使用一次性餐具。装盆可按客人就餐人数分为例盆与小盆，提供小份或半份菜品销售，规格从俭，去繁求简，讲究实惠。采用分餐制服务方式，一人一份，控制菜量，卫生方便，不用互相礼让，有助于缩短用餐时间，也便于实行规范化服务；提供环保的剩菜打包服务。此外，要把"少而精"、菜品特色作为评定名菜、名师、名店的重要标准之一。

【案例 10-6】联合国请吃环保宴会①

法新社报道，为 2015 年年底在巴黎举行的联合国气候大会造势，呼吁现代饮食注重节俭理念，9 月 27 日在联合国总部招待各国领导人的午餐上，出现的全部菜肴的原材料均采用被丢进垃圾桶的"废料"。"吃的不是牛肉，而是喂牛的玉米"。午餐菜单中有一款

---

① 资料来源：刘曦《新闻晨报》2015 年 9 月 29 日

蔬菜汉堡，它的食材是榨取蔬菜汁后所剩的残渣。与汉堡搭配的是玉米粉制成的薯条，而这种玉米粉通常是被用作动物饲料。烹饪这顿午餐的是美国著名厨师巴伯和卡斯。巴伯拥有自己的餐厅，卡斯是白宫御用厨师。正是获悉联合国气候大会信息后，卡斯想出了把"垃圾"变午餐的点子。他说："大家虽然一致同意大会的环保理念。但除了一小部分环保人士，厨余垃圾中的可食用部分却不会被讨论。"因此，这两名厨师决定用这些食材烹制这顿午餐，以期凸显现代餐饮中的严重浪费现象及其对气候变化的影响。联合国秘书长潘基文在午餐后对记者说，这一餐提醒大家，食物制作过程中产生的废弃物"经常是气候变化问题中被忽视的一个方面"。巴伯希望为领导人烹制的这种午餐能够逐渐发展成为一种饮食文化。"我们并没有通过一种空洞的演讲来宣传，而是为世界领导人提供一顿可口佳肴让他们向本国民众传达这一信息。"

（4）特色化。没有特色的宴会不能吸引顾客上门，更没有市场竞争力；没有文化内涵的宴会很难给顾客留下美好的印象，也不能显示出宴会的档次及民族风格。宴会应有地方风情和民族特色，酒店要根据本地区及酒店的特点精心设计、潜心打造具有主题独特、风味别具的宴饮产品。宴会食品向经济实惠、营养保健、丰富多彩、边吃边看、方便食用方向发展；宴会专用菜肴、点心、饮料、茶果将逐步出现并入席；民族菜、会议菜、旅游菜、疗养菜、太空菜、航海菜、军旅菜、健美菜、防老菜、药膳菜以及特殊工种的保健菜和处在高低海拔地区人群的特需菜，都将在宴会中争得一席之地。白酒的用量会逐步减少，取而代之的将是葡萄酒的流行。科学合理的就餐方式和服务方式使就餐与服务更文明、更人性化，分食制的各吃方式逐步得到弘扬。新的宴会形式和各种创新宴会伴随着社会经济的发展将不断出现，中外结合的宴会和仿制国外宴会已经出现，中餐西吃等菜式将会越来越受欢迎，历史名宴被有组织的仿制，茶话会形式普遍被采纳等。

【案例 10-7】西安唐华宾馆推出富硒茶宴[①]

西安唐华宾馆为了让市民游客品尝到营养健康的陕西养生菜品，也希望诠释中国茶文化、吃茶文化，继"丝路主题宴"后又打造了"陕西富硒茶宴"，成为酒店宴会主打新品。富硒茶宴将资阳富硒茶的营养成分融入陕菜中，开发出的绿茶土豆筋、富硒河上鲜、茶皇蒜香鸡、汉江小河虾、红茶麻食、富硒酱面等菜品，让各种食材充分发挥养生进补的功效。

（5）精致化。促进中国宴饮文化深化发展的关键是形成精品文化。一般来说，物质消费是有止境的，而文化消费是无止境的。客人在宴饮中的生理需求将减少，而社会意义、心理成分显得越来越突出。世界旅游城市联合会专家委员会魏小安先生提出了"饮食精品文化十六字"的理念。他认为烹调四要素（即原料、调料、刀工、火候）是从生

[①] 资料来源：晁瑞《中国旅游报》2016 年 9 月 16 日

产者角度提出的基本要求，与此相对应的（观）色、（品）香、（尝）味、（赏）形四个字是从消费者角度提出的基本要求，但是从饮食文化的极致性要求来看，已经远远不够了。因此，他提出了"饮食精品文化十六字"，具体为：① 色：色是菜品之肤。菜肴色彩既可诱人食欲，又能愉悦心理，还能活跃气氛。② 香：香是菜品之气。菜品香气力求纯正持久，浓淡适宜，诱发食欲，给人快感。③ 味：味是菜品之魂，味到极端则上升为道，所以才称味道。味，由口和未字组合而成，表明味是无穷的。④ 形：形是菜品之姿。菜肴的形态为筵席增添欢乐气氛。⑤ 滋：滋是菜品之骨。菜肴质地能给口腔内的触觉器官带来各种不同口感从而产生快感。⑥ 养：营养是菜品之本。药膳和各种养生菜谱的市场化发展就是证明。⑦ 温：温是菜品之脉。温度是对应烹调四要素中火候的要求，也是餐饮中的关键因素。"趁热吃"强调的就是温度。⑧ 度：是对菜点品种和数量的把握。⑨ 声：声是菜品之音。一指菜品的声音，菜肴有菜名，有的菜品要发声响；二指环境的声音，该闹要闹、该静要静，设置合适的背景音乐等。⑩ 名：一是连锁经营；二是名店号、名厨师、名菜品的一致性；三是要形成品牌筵席；四是菜单设计，讲求独特的风格；五是要名实结合，名实相符。⑪ 器：器是菜品之衣，要讲究器皿的文化性、方便性和器械的专用性。⑫ 饮：酒水。饮的重要性怎么强调都不过分，所以餐饮二字形成联合词组，饮食两字都是饮字在先。在西餐中，点酒的功夫比点菜还有学问。中国古人在酒水方面也比今人讲究许多。⑬ 境：环境干净，宁静，以及人性化的尊敬；进一步是指境界，指环境洁静精微。⑭ 服：服务。有文化的服务是锦上添花，少文化的服务败人食兴。⑮ 和：和是餐饮的境界，是品味的高端。以上各个方面的综合，达到和谐、和美、和合。⑯ 续：售后服务或后续服务。后续服务既是饮食经营的延伸，也是饮食文化的延伸，营造了一种亲切的朋友气氛或温馨的家庭气氛。①

【案例 10-8】国宴如何变家宴？①

上海东湖集团旗下的 6 家国宾馆将"国"字的四周去掉，拆掉了"高大上"餐饮围墙之后，变成了寻常百姓都可以品尝的"玉"。西郊宾馆把国宾宴改良成名人宴，把特色餐饮复制出来、环境再现出来，把希望探究国宴秘密的中高端食客请进国宾馆，品尝还原国宴氛围的"名人宴"，一年餐饮营收高达 1 个亿。锦江饭店内的"甫府"总共 100 多餐位、9 间包房，年营收达 3 600 万元，创下中国单体餐厅最高纪录。其高利润的秘诀就是质量+品牌，它兼承产业化经营，工匠化制作，品牌化发展的理念。上海东郊宾馆接待过的海外贵宾仅名册就有一大摞，品牌价值不言而喻。东郊宾馆利用东郊品牌，走大众消费路线，采用生鲜、健康、特色的食材，推出了与"菌"相约系列，用菌菇食材主打健康料理；夏天又推出了"盛虾"美味。秋天卖起了小龙虾，引来了众多的年轻白领。

---

① 资料来源：丁宁《中国旅游报》2016 年 9 月 16 日

在酒店的"护城河"搞起了"捕捞节"，半小时累计捞起500斤鱼，半小时内全部卖完。中秋节自制的6 000个"鲜花月饼"5天卖光。西郊宾馆推出"皇家下午茶"；瑞金宾馆推出"蚝门盛宴"；虹桥迎宾馆的"清凉一夏"；东湖宾馆的"老上海味道"主打海派文化牌。

（6）美境化。① 宴会环境自然化。宴会的意境和气氛在宴会中显得越来越重要。现代宴会已不拘室内，走向室外，向大自然靠拢，在湖边、草地上、树林里举办草地宴会、广场宴会、湖边宴会、树林等宴会，营造与大自然相接近的浪漫氛围，让人们感受大自然的温馨，满足回归自然的渴望。② 餐厅氛围高雅化。创导绿色、文明、礼貌、典雅的新型宴会格调，餐厅将由重装修转为重装饰，注重高雅情调，要求布置更多的绿植、花卉来体现、感受大自然的温馨，满足人们对回归自然的渴望，给宾客以生态美的艺术享受。

【案例10-9】空中餐厅吃饭有点美，有点晕[①]

上海浦东四季酒店推出悬挂在50米的高空享用8 888元一位的晚宴轰动了上海滩。整个餐桌是一个金属平台，通过钢索与后方一台巨大的起重机连接。据介绍，整套设施是从比利时空运过来。餐桌共有22个座位，每个座椅可左右180度旋转，大餐厅可360度旋转，桌椅参照赛车座椅标准设计，兼顾到了安全性和舒适性。客人采取实名制就餐，由专职人员负责给食客系上四点式安全带。被"绑定"座位后，除了手脚、头可以自由活动外，躯干部分基本活动受限。除了22名食客外，还有2名大厨，他们站立在中间，同样系上安全带。一切就绪，一声令下，餐桌缓缓上升，2分钟的上升过程非常平稳，几乎感觉不到上升。到达50米最高点静止下来。整个餐厅只有一个透明的顶盖，四周空荡荡的，斜风吹在身上。此时，厨师为大家烹调、上菜。如果视线集中在眼前美食，那和普通餐厅没啥两样。不过往后或往下看，都是虚空一片，会有些眩晕的感觉。就餐时要特别注意不能让身前的物品滑出餐桌，任何一件东西从50米高空坠下，杀伤力不可小觑。空中餐厅卖点是边看边吃，滨江美景近在眼前，脚下世纪大道川流不息，高楼鳞次栉比。晚上还能看到东方明珠、上海中心的灯光秀以及陆家嘴的都市夜景。菜单包括1 888元的下午茶、3 888元的午餐和8 888元的晚宴。所有菜用电磁炉烹制。晚宴菜单是9道菜，具体为：深海鱼籽酱配花菜泥和蔼海虾汤、深海蟹肉卷加白萝卜配热情果、法国黑松露配各式迷你时令蔬菜、海鲜鲈鱼搭配裹荷拌青柠汁、香煎冰岛黑鳕鱼配西瓜和香草时蔬、法式肥鸭肝配草莓大黄酱和黑醋、嫩煎伊比利亚猪肉配甜洋葱和番茄、法式荔枝马卡龙配焦糖杏子和树莓酱、巧克力炸弹配鲜红浆果和香草沙司。

[①] 资料来源：殷立勤《新闻晨报》2014年6月28日

（7）食趣化。

① 质地美。美食，首先表现为菜品纯净，营养合理（提供多种营养素的合理搭配），安全卫生（保证食品无生物污染和环境污染）。

② 感觉美。一是味美，即原料成熟和调味后的甜、酸、咸及复合味等味觉美感。二是触觉美，即接触烹饪成品时的软、滑、嫩、酥、脆等触觉美感。三是嗅觉美，即熟肉香、熟菜香、调料香、酒香等嗅觉美感。四是视觉美（形美和色美），即原料经过切配、烹调后的色彩、光泽、形状的视觉美感。感觉美的诸多因素中，以味美为主。

③ 意境美。意境美是由美器、环境等烹饪出品本身以外的因素引起饮食者心理上的美好反应，是美食的较高层次追求。新时代的宴会文化由饮食环境、饮食器皿、社交礼节、上菜程序以及音乐演奏等因素相结合形成的意境和韵味美，使饮食者产生愉快、欢乐的情绪和久久不忘的美好记忆。

【案例 10-10】5D 美食音乐喜剧《公主的盛宴》饕餮开席[①]

2013 年 10 月，被称为"史上最好吃的舞台剧"的《公主的盛宴》在具有浓郁老上海气息的"共舞台 ET 聚场"正式开席，成为上海的一个文化旅游新品。《公主的盛宴》讲述的是一个用爱来唤醒味蕾的故事。从小失去母亲的公主尝尽天下美食都还是食不知味，却因为一道平淡无奇的家常料理找回了味觉，因为它是爱的味道。

《公主的盛宴》将流行文化与戏剧表演完美融合，并通过独一无二的美食互动打造融"视、听、嗅、触、尝"于一体的 5D 新概念，现场观众用眼看表演、用耳听音乐、用手触食物、用鼻闻芳香、用嘴尝美食，建立了国内前所未有的剧场体验方式。"这部作品最大的特点就是将幻想和舞台上的现实合而为一。"《公主的盛宴》舞美设计曾这样向记者描述。演出现场，剧中多处 3D 投影技术的应用，让人体会到了人画互动的趣味。舞台中央演员正在潜心烹饪，缓缓垂落于前方的纱幕上，通过 3D 技术展现出了御膳房内各式各样的食材，演员与纱幕上的投影融为一体，而纱幕上呈现出的图案也随着演员的动作进行着各种互动，两个与真人同比大小的人像被投影到纱幕上，真假之间天衣无缝的配合使这出烹饪秀更添魔幻气息。全新的 ET 聚场是国内首个电视主题剧场，作为开幕大戏的《公主的盛宴》也将电视内容资源嫁接到了现场演出中，如剧中比"厨"招亲的海选片段，就巧妙地运用了《百里挑一》中脍炙人口的主题曲，把公主选驸马的场景通过本地观众熟知又不失新鲜感的方式幽默表达，引得在场观众连连爆笑。剧中神厨们向来宾施展了独具特色的刀工比拼，这些精湛的"厨艺"并非通过简单的锅碗瓢盆来演绎，而是运用武术、街舞、杂技、Beatbox 等多种形式，通过夸张的动作和动感的口技将美食制作过程传神地表达出来，带给观众耳目一新的感受。同时，舞台剧引入了"食物香氛系

[①] 资料来源：高磊《新闻晨报》2013 年 10 月 10 日

统"，剧场内，似乎随处都飘着食物的香味，让"视、听、嗅、触、尝"融于一体。剧场大堂设有"美食集市"，届时，集市将会供应各式各样的西式甜点，以及具有老上海特色的零食糕点，所有吃货们不仅可以参与新奇好玩的美食活动，并且能够在演出开始前便过足嘴瘾。演出中，观众即使只是坐在台下，各色小食也会端到你的眼前。

（8）休闲化。①　慢生活。在追求时效和经济效益的"快"时代，人们享受到了"快"所带来的高效和便利，但快节奏的生活给人们的身体和心理造成了一定的健康问题。现代人社会生活节奏愈来愈快、竞争愈来愈激烈、工作压力愈来愈大、人际关系愈来愈纷繁，使人们精神紧张、"亚历（压力）山大"，心理空间越来越狭小。在快节奏的生活状态下，人们提出了回归自然、享受生活的"慢生活"理念。慢理念的核心是：以适当的节奏做事情，改变对时间的态度并加以利用，追求生活品质而非数量，人们放慢节奏，放松心情，享受休闲生活。慢生活催生出了一种新的时代商机——"慢经济"，如慢阅读、慢餐饮、慢运动和慢旅游等。②　慢餐饮。1986年，一位叫 Garlo Petrini 的意大利人，为了反对麦当劳在罗马开业，创立了"慢食"来对抗快餐，并渐渐成为一个世界性的运动，成为一种生活方式或生活哲学。其基本哲学是捍卫传统烹饪方法，并在食品、供应等方面回归传统，包括支持地方食品，提倡有机种植，维持食物生产和生态之间的和谐。慢餐或者称为休闲式餐饮，不再仅仅是为了填饱肚子，更重要的，它是一种重要的休闲的方式、交流的载体、文化体验的路径。在国际上，慢餐运动提倡者不仅有自己的组织，还有自己的宣言，他们将"6M"作为基本原则。所谓 6M，即 Meal（美食）、Menu（菜单）、Music（音乐）、Manner（礼仪）、Mood（气氛/格调）、Meeting（聚会/交流）。不难看出，慢餐其实是在强调一种放慢脚步、慢慢品味食物美味的优质生活方式。

【案例 10-11】美国开始流行"慢餐"饮食

中国几位旅游者前往美国旧金山旅游，恰巧遇到了当地举办的"慢餐节"活动。一进会场去，看见一位中年女士在台上发表演说，她是"慢餐节"发起人之一、加州伯克利"帕尼斯餐馆"老板艾丽丝·沃特斯。沃特斯和其他几个人一起，曾组织万名网友在一份请愿书上签名，共同呼吁奥巴马把白宫一块草坪改造成菜园，让"第一家庭"种植有机食物，供"第一厨房"和当地其他厨房使用。报纸上曾刊登过"第一夫人"米歇尔带领一群小学生在白宫南草坪"动土"的照片，原来这是沃特斯女士的倡议。

会场热闹非凡，人们可以随意品尝来自美国南部和西南地区的健康食品，听知名作家谈论"慢餐"饮食，看烹饪高手现场演示切肉、做菜方法，还可以与其他参与者讨论如何在家庭预算范围内合理安排饮食支出。最有趣的是，市政厅门前有一大块空地，据说是新开辟的"胜利菜园"，我们几个忍不住拿起锄头，做了一小会儿农夫。"慢餐节"上出售的商品价格都比较高，如一种巧克力，每千克约为 110 美元，至少是超市价格的两三倍。难道"慢餐"只是"有钱有闲"人士的特权？原来"慢餐"食品定义为味道可口、未经精加工、品质新鲜和种植方式不破坏环境的食品。由于种植周期长，要求手工烹制，选料不能使用罐头食品，也不能使用转基因食品，所以价格要高一些。但这类食品更健康、更符合生活本质。

"慢餐"不仅是简单的细嚼慢咽，不在于追捧名厨或高级餐馆，而是让人们在享受餐桌乐趣的同时，不忘保护环境和生物多样性。当游客在一家餐厅落座，斜靠在椅背上，品尝正宗的手磨咖啡时，放慢了饮食速度，静心享受每一道美食。这是一种和平常习惯了的以速溶咖啡和快餐为代表的快节奏生活截然不同的体验，感觉好极了。

餐厅的墙上绘着一只大大的、微笑的蜗牛，这是国际慢餐协会的标志。把慢餐的英文拼写"slow food"中的字母"O"夸张成一只蜗牛的形状。以蜗牛为形象代言人，其实就是希望人们用蜗牛的速度去享受美食，以慢餐引导那些被物欲横流的大潮裹挟着的人们放慢脚步，在快节奏的现代社会中学会寻找生活的乐趣，像蜗牛一样放慢脚步，悠闲、优雅地生活。

模块二　宴会习俗礼仪

任务一　中国饮食习俗

（一）中国内地各地区饮食习俗

1. 中国内地各地区的口味特点

《全国口味歌》："安徽甜、湖北咸，福建浙江咸又甜，宁夏、河南、陕甘青，又辣又麻外加咸，山西醋、山东盐，东北三省咸加酸，黔赣两湘辣子酸，又辣又麻数四川，广东鲜、江苏淡，少数民族不一般。" 还有"南甜北咸、东辣西酸、东淡西浓；南爱米、北爱面；沿海城市多海鲜；辣味广为接受，麻辣独钟四川；劳力者肥厚、劳心者清淡；少者香脆刺激、老者巴嫩松软；秋冬偏于浓厚，春夏偏于清淡"。港澳及广东人口味清淡，喜咸鲜、脆嫩的菜肴；京津客人喜稍咸味浓菜肴；四川、湖南喜辣，江浙喜甜，西北喜酸，华北喜咸的口味嗜好分野，大体表明了各地的口味特点。

2. 中国内地各地区饮食习俗

（1）东北地区。主食大米。口味喜咸辣。爱喝白酒，以祛风寒。夏秋季蔬菜较多，冬天以大白菜为主。白菜炖猪肉、松花江的鲤鱼是当地人最爱吃的佳肴。

（2）京津地区。主食面食。饮食特点是"肥冬素夏"：冬天寒冷干燥，爱食味道浓厚的菜肴，以滋补身体；夏天喜食清淡、素净的菜肴，凉菜、汤菜较受欢迎。当地人爱吃羊肉及鱼、虾等海味。

（3）鲁冀地区。主食面食，最爱吃饺子，有"好吃不过饺子"的说法。口味重、略咸辣，爱吃大蒜、大葱。青岛、烟台人爱吃海味。

（4）陕甘宁晋地区。主食面食。山西的面条、陕西的烙饼最为出名，有"一面百吃"之誉和"烙饼像锅盖"之称。爱吃羊肉。山西人爱吃带醋味的菜肴，"无酸不下饭"，山西老醋闻名全国；还爱食带辣的菜肴，把红辣椒用油炸成油辣子，几乎每日必食，形成了酸辣的口味特点。

（5）湘赣地区。以大米、糯米为主食，偶尔也食面食，但有"吃面吃不饱"的心理。爱食鱼虾，不爱吃海味。爱食辣椒，用以调味、开胃。爱在菜里放豆豉以助味，爱吃豆腐和熏腊肉类。

（6）苏锡沪常地区。以米饭为主食。东海有海鲜，江湖有河鲜，阳澄湖大闸蟹驰名全国，四季蔬菜常有。苏州、无锡人口味偏甜。上海人口味追求时鲜，适应性较强，乐于接受不同口味、原料、烹饪方法的菜肴，但要求制作精细，质量上乘。

（7）浙江宁绍地区。以米饭为主食。爱吃鱼、虾、海鲜与风干腌制的海味，形成了咸中带鲜的口味特色。爱吃新鲜时蔬，喜欢喝汤。

（8）闽粤地区。以米饭为主食。福建人有吃"面线"的爱好，其面细如棉线，颇为爽口，是当地特色食品。喜爱河鱼、海鲜。广东人爱吃野味，口味清淡，菜肴要求生脆、爽口，不爱食油腻、辛辣、炖烂的食品；有饮茶习惯，早上起来先喝茶，饭前、饭后也要喝茶。

（9）安徽地区。米食、面食兼吃。口味甜咸适中，并稍带辣味。皖南爱好食鱼。冬天爱吃牛、羊肉，春秋季爱吃猪肉，夏天爱吃冷面。有吃饭前爱喝汤的习惯。以酿酒闻名，男子大都爱喝酒，特别是淮北地区。

（10）四川地区。爱吃米饭，也食面条，如担担面。爱好鱼、肉等荤菜。泡菜是家常必备之物。喜食辣椒，因其有除湿去寒、促进血液循环的功能。

（二）中国港澳台地区饮食习俗

（1）香港。俗话说"食在香港"说明香港的美食非常出名。香港的食肆有酒楼、茶楼、餐厅、茶室、快餐店、自助餐厅、冰室、粥面店、大排档、甜品店、凉茶铺等。菜式有西菜、日菜、东南亚各式菜。香港厨师，擅吸收各家之长，融会贯通，推陈出新，遂使粤菜为主的烹饪发扬光大。饮茶是富有特色的早餐方式。上班之前先到酒楼、茶楼饮茶，边喝茶边吃点心。有些人喜欢到餐室饮"西茶"。餐室的"套餐"早餐，一般都很"抵食"，以吸引熟客。午餐比较简单，就近小饭馆、快餐店买个盒饭回来，免动火爨。

午餐很少招待客人，宁愿请你出去饮午茶。晚餐比较讲究，绝大多数都恪守粤式传统饮食方式，偶然添加些半中半西的菜式，如牛扒、沙律，但用筷子而不用刀叉。宵夜是晚上的小食，近来甜品已不太流行了。

（2）澳门。港澳饮食习俗很相似，若有不同的话，澳门有一些葡萄牙人由于信奉天主教或基督教，因而饮食习俗受天主教或基督教的影响。

（3）台湾。高山族菜流传在台湾有一千余年历史。以大米为主食。日常饮食简单，而节日喜庆时，多用鸡鸭等丰盛的酒菜宴请客人。春夏之交，秋冬之际，多以中药炖煮动物性食品提神补身。喜爱饮酒，祭祀神明、宴请客人必备良酒。菜肴多用味精、砂糖等调味。街头巷尾有各种各样的点心摊，多是乡土饭菜，酒楼饭店经营川、粤、京、津、苏、浙、湘、闽等地风味饭菜。食料取自本岛所产的动植物，技法有蒸、烤、煮、腌、拌等。口味偏好酸、香、肥、糯，饮食带有热带风情。名菜有三元及第、芥菜长年、香烤墨鱼、萝卜缨菜、干贝烘蛋、芋头肉羹、南瓜汤、发家鸡、蒜薹熬鱼、黄笋猪脚、金玉满堂、土豆烧肉等。

（三）中国传统节日饮食习俗

中国传统节日约有 150 个。除去地区性、行业性节日及已经衰落或转化成平日的节日外，全国各地区、各民族至今仍然盛行的主要传统节日及饮食习俗有以下几种。

（1）春节。春节是历史最悠久、形式最隆重的传统节日。汉族俗称过年。农历腊月二十三日（有些地区是二十四日）就拉开过年的序幕，各家用麦芽糖等物祭送灶神，称为祭灶或过小年。此后各家打扫房屋、购买年货、准备节日新衣和食品等。"年三十"因旧岁至此夕而除，故又称为"除夕"，在这天全家团聚，吃年夜饭，饮分岁酒。年夜饭中都会有鱼，寓意年年有余。晚辈要向长辈行礼辞岁，长辈则给晚辈压岁钱。人们彻夜不眠，谈笑娱乐，欢度良宵，叫作"守岁"。北方人吃饺子，需在守岁时包，辞岁时吃。有些地方吃年糕，因为年糕谐音"年高"，预祝新的一年步步高，有大吉大利之意。南方人吃汤圆。饺子和汤圆中有的包有硬币等物，谁吃到谁就会有好运。初一燃放鞭炮、拜年，初二探亲访友，初五迎财神。

（2）元宵节。农历正月十五日，是一年中第一个月圆之夜，称为"元宵"。此节是一个以游乐为主题的节日，可视为中国的狂欢节。特定的食品是吃汤圆（南方叫汤团，北方叫元宵），象征着家人团圆和睦、生活幸福美满。

（3）清明节。农历三月、公历 4 月 5 日前后，这是一个由古代寒食节民俗发展而来的传统节日。寒食节在清明前一天或两天，民众于此日禁火、吃冷食，并插柳于门，以纪念春秋时期晋国人物介子推。清明节吃冷食，如苏沪一带人们吃用糯米粉、豆沙馅做成的青团子，晋南万荣一带人吃凉面、凉粉、凉糕，即为寒食之遗意。

（4）端午节。农历五月初五为端午节。此节起源有纪念屈原之说。端午包粽子、饮雄黄酒（雄黄古为中药材，含有对人体有害的砷，今人已不再饮）。遍及南北各地的活动是驱邪避瘟，如以雄黄酒洒墙壁、地面，涂于儿童耳鼻面额，在室内焚烧白芷等，以草药煮水浴身。南方滨水之处，还在此节行龙舟竞渡。

（5）中秋节。农历八月十五日为中秋节。中秋是团圆的象征，特定食品是月饼。月饼的形式如圆月，图案也与月相关，如嫦娥奔月、银河明月、犀牛斗月、吴刚伐桂、白兔捣药等。月饼品种很多，以广式、京式、苏式、宁式、潮式最为著名。中秋之夜各家在月下陈列月饼、瓜果等物祭月拜月，祭拜完毕，全家人团聚饮宴，按人数将月饼分切成块，边吃边观赏圆月。

（6）重阳节。农历九月初九为重阳节。人们有赏菊之举，插茱萸或簪菊、饮茱萸酒或菊花酒，以辟恶气、御初寒，延年益寿。还在此节吃重阳糕，"糕"谐音"高"，寓意步步登高。

（资料来源：吴忠军. 中外民俗[M]. 大连：东北财经大学出版社，2007.）

任务二　中外宴会礼仪

（一）中国宴会礼仪

1．中国古代宴会礼仪

《周礼》云："以飨燕宴之礼，亲四方之朋"。"燕（通宴）礼"属西周五礼中嘉礼之一。"嘉"为美、善之意，即加强人际关系、沟通联络感情的礼仪。

（1）迎送礼仪。《礼记·礼运》："夫礼之初，始诸饮食"。古人强调"设宴待嘉宾，无礼不成席"。宴会礼仪程序是：主人折柬相邀，到期迎客于门外；客到，相互问候，请入客厅小坐，敬以茶点；导客入席，坐北向南，面向大门。中国古代以左为尊。席中座次，以左为上首座，客左主右；相对者为二坐，首坐之下为三坐，二坐之下为四坐。二席相向陈设，左席为上、右席为下。以长幼、辈分、职位来安排席位。即使不太讲究的宴席，也要将重要客人安排于面对正厅门的席位，农村则以向南正中者为首坐。客人坐定，由主人敬酒让菜，客人以礼相谢。宴会结束，导客入客厅小坐，上茶，直至辞别。

（2）摆台礼仪。菜肴、器皿摆放。重点菜肴的位置、食器饮器的摆放有规定。如饭食放在用餐者左方，肉羹则放在右方，脍炙等肉食放在稍外处，带骨肉的菜放在净肉左边，醯酱调味品则放在靠近面前的位置；酒浆也要放在近旁，葱末之类可放远一点；如有肉脯之类，还要注意摆放的方向，左右不能颠倒。这些规定都是从用餐实际出发，方便取食。酒壶酒樽摆放，要将壶嘴面向贵客；端菜上席不能面向客人和菜肴大口喘气，与客人说话必须将脸侧向一边，避免呼气和唾沫溅到盘中或客人脸上。端菜姿势、上菜顺序。上菜时"鸡不献头、鸭不献掌、鱼不献脊"。上整鱼时，要鱼尾指向客人，因为鲜鱼肉由尾部易与骨刺剥离；上干鱼则正好相反，要将鱼头对着客人，干鱼由头端更易于剥离；冬天的鱼腹部肥美，摆放时鱼腹向右，便于取食；夏天则背鳍部较肥，所以将鱼背朝右。

（3）待客之礼。主客共餐，主人要待客宴饮，引导陪伴。客人坐定后，主人必敬酒，客必起立承之，也有客人回敬之礼。陪伴长者饮酒，酌酒时须起立，离开座席，面向长者拜而受之。长者表示不必如此，少者才返还入座而饮。如果长者举杯一饮未尽，少者不得先干。长者如有酒食赐予少者，少者不必辞谢。发展到现代，斟酒由宾客右侧进行，先主宾，后主人，先女宾，后男宾。酒斟八分，不得过满。每上一道菜，主人必殷勤让菜，表示待客恭敬。宾客餐毕起身，复让至客厅小坐，上茶，寒暄告别。

（4）三爵之礼。详见案例 1-6 先秦酬酢宴的内容。

（5）进食之礼。进食礼仪，先秦时就有了非常严格的要求。"虚坐尽后"，要坐得比尊者、长者靠后一些，以示谦恭；"食坐尽前"，进食时要尽量坐得靠前一些，靠近食案，以免不慎掉落的食物弄脏了座席。"食至起，上客起，让食不唾。"宴会开始，菜肴端上来时，客人要起立；在有贵客到来时，其他客人都要起立，以示恭敬。主人让食，要热情取用，不可置之不理。"客若降等，执食兴辞。主人兴辞于客，然后客坐。"如果来宾地位低于主人，必须双手端起食物面向主人道谢，等主人寒暄完毕之后，客人方可入席落座。"主人延客祭，祭食，祭所先进，殽之序，遍祭之。"进食之前，等菜肴摆好之后，主人引导客人行祭。食祭于案，酒祭于地，先吃什么就先用什么行祭，按进食的顺序遍祭。"三饭，主人延客食，然后辨殽，客不虚口。""三饭"指客人吃三小碗饭后便说饱了，须主人劝让才开始吃肉。宴饮将近结束，主人不能先吃完而撤下客人，要等客人食毕才停止进食。如果主人进食未毕，"客不虚口"，"虚口"指以酒浆荡口，主人尚在进食而客自虚口，便是不恭。"卒食，客自前跪，彻饭齐以授相者。主人兴辞于客，然后客坐。"宴饮完毕，客人自己须跪立在食案前，整理好自己所用的餐具及剩下的食物，交给主人的仆从。待主人说不必客人亲自动手，客人才住手，复又坐下。"共食不饱"，同别人一起进食，不能吃得过饱，要注意谦让。"共饭不泽手"指同器食饭，不可用手，食饭一般用匙。

2. 中国现代宴会礼仪

（1）赴宴礼仪。接受主人宴请，要准时到达。注意服饰的整洁和仪容仪表的端庄。按宴席的规定寻找自己座位就座。餐桌上的第一道毛巾是擦手用的，不要擦脸；最后一道毛巾是擦嘴的。餐巾用来擦嘴部与手部，勿用餐巾擦汗和擦餐具。就餐时，取菜不要太多。自己不爱吃的菜也不要拒绝，可取少量。吃东西把嘴闭上，喝汤不要出声。如汤太烫，不要用嘴吹。嘴上塞满食物不要与他人说话。吃剩的菜、骨头、鱼刺、用过的餐具都应放在盘内。吃鱼时吃完一面不能把鱼翻过去。饮酒时即使不喝也应将杯口在嘴边碰一碰。吃水果削皮时刀口朝里，不要大口啃，切忌边吃边吐。用水盂时，沾湿手指轻轻洗刷。牙签剔牙时用手掩住。不可中途退席。忌敲筷、掷筷、叉筷、插筷、舞筷，筷子不指向他人。主人说宴会结束，客人才可离席。告别时向主人表示感谢，过一两天后再电话感谢。

（2）中西宴会礼仪的交流融合。近代引进西餐宴会礼仪，使中餐礼仪更加科学合理。座次借西方礼仪以右为尊的法则，第一主宾就座于主人右侧，第二主宾在主人左侧或第二主人右侧；服务方式、斟酒上菜也从宾客右侧进行，先主宾，后主人，然后按顺时针方向依次进行。上菜顺序依然保持传统，先冷后热，先炒菜后大菜，点心穿插其中，最后上甜品。热菜应从主宾对面席位的左侧上；上每人份菜、派菜、席间小点和小吃应先宾后主上菜；上全鸡、全鸭、全鱼等整形菜，不能将头尾朝向正主人。宴会开始时，主人必敬酒，客人必起立承之。宴会服务中引入分菜、换碟、上汤、敬酒等方式，如各吃、派菜、整鱼、整鸡、整鸭的席面分割；酒斟八分，红葡萄酒斟五分满，白葡萄酒斟六分满。这些程序不仅可以使整个宴饮过程和谐有序，更使主客身份和情感得以体现和交流。

（资料来源：华国梁，马健鹰. 中国烹饪文化[M]. 长沙：湖南科学技术出版社，2004.）

（二）西式宴会礼仪

1. 参加西式宴请礼仪

（1）抵达。① 服饰。西式宴会一般安排在夜晚，有严格的格式与程序，对出席人员的服装、化妆、行为举止有严格的要求。② 准时。欧美国家时间观念很强，各种活动都按预定时间开始，迟到是很不礼貌的。③ 礼品。欧美人有礼尚往来的习惯，但忌讳接受过于贵重的礼物，一则是欧美人不看重礼品本身的价值，二来法律禁止送礼过重。客人从家乡带去的工艺品、艺术品、名酒等是欧美人喜欢的礼物。除节假日外，应邀参加宴会一般不必送礼。公务宴会在饭店、俱乐部进行，关系密切的亲朋好友才邀请到家中赴宴，参加家宴时可向女主人赠送少量的鲜花。吃完饭后，客人应向主人，特别是女主人表示特别感谢。④ 接挂衣帽。抵达宴请地点后，先到衣帽间脱下大衣和帽子，然后前往主人迎宾处，主动向主人问好。

（2）入座。① 进店后，由领座员引领。听从主人安排，端庄就座。如宴会桌数较多，应在进入宴会厅前，先了解自己的桌次。入座时看清桌上的席位卡和自己的名字，不可随便乱坐。如邻座是长者或妇女，应主动协助他们坐下。② 就座要端正，背部紧贴椅背，将餐巾放在膝上，不可将两手放在餐桌子上等菜，也不可将随身携带的物品，如皮包等放在餐桌上。不可在餐桌前化妆、擤鼻涕、打嗝。③ 餐前勿用餐巾或餐纸擦餐具，

将餐巾展开放在膝上。餐纸仅在进餐时擦嘴。餐后应放在盘子的右边。

（3）西餐上菜程序。第一道菜是汤，先喝汤可以开胃。接着上色拉，即生菜什锦，有卷心菜、白菜、红萝卜、西红柿等。主菜是肉类、鱼类或鸡等。点肉类菜，要说明半熟的、适中的还是熟透的。炸马铃薯常和主菜一齐上，由客人自主决定是否食用。主菜用完之后，吃甜点心，然后吃水果。有时餐后加冰淇淋。最后是喝咖啡，牛奶、糖放在桌上，还会端上面包和黄油，不另收费，吃完可再要。菜肴从左边上，饮料从右边上。

（4）刀、叉的使用。① 西餐餐具有刀、叉、匙、杯、盘等。宴请外宾吃中餐时，一般以中餐西吃为多，碗筷和刀叉均摆。② 吃西餐正餐时，刀叉数目与菜的道数相等，按上菜顺序由外至里排列，刀口向内。摆好餐具不可任意移动，刀叉不可相互撞击而发出声响。用餐时按顺序由外向里取用。③ 右手用刀，左手用叉；用刀时，刀刃不可向外。用刀将食物切成小块，然后用叉送入口中。用刀时，应将刀柄的顶端置于手掌之中，以拇指抵住刀柄的一侧，食指按在刀柄背上，其余三指顺势弯曲，握住刀柄。叉齿应该向下。刀除了切割食品外，还用来帮助将食物拨到叉齿上。通常，取食主菜时刀叉并用。但有些食品也可用刀把它拨到叉上进食。④ 叉可单独用于进食或取食。不用刀而只用叉时，才可右手用叉；吃饭用叉，可右手拿。吃肉类和吃色拉可共用一把叉。吃面条不可用叉挑，要用叉卷起来送到嘴里，不可以用嘴吸。⑤ 未吃完菜中途放下刀叉时，应呈"八"字形分别或交叉放在盘子上，刀刃必须朝向内。每道菜吃完后，将刀叉并拢平排放盘内，以示吃完。切菜时，不要撞击盘子而发出声响。自己用过的刀叉，不能叉别人的食物。⑥ 持匙用右手，持法与叉相同，但手指务必持在匙柄上端。叉、匙并用取食时，叉的指法和刀叉并用时相同，叉齿向下。除喝汤外，不要用匙进食。

（5）进餐。① 取菜时，盘中食物不要盛得太多，吃完后可再取。如有服务员分菜，需增添时，待服务员送上再取。如遇本人不能吃或不爱吃的菜肴，当服务员派菜或主人夹菜时，不要拒绝，可取少量放在盘中，并说"谢谢！够了"。对不合口味的菜，切勿显露厌恶的表情。② 吃肉时，用刀叉把肉切一块吃一口，吃完再切，切勿一次切好；肉块不能切得太大，以可以入口的尺寸为宜，并剔除所有的骨头。③ 吃鸡、龙虾时，不可用手拿着吃，必须用刀将骨头去掉后一块块地切了吃。经主人示意，才可用手撕开吃。欧美人以鸡胸脯肉为贵，不能以中国人习惯以鸡腿敬客，以免失礼。④ 吃鱼时，必须用刀叉把鱼刺清理干净，没有鱼刺才能进口。鱼不可翻过来吃，吃完上层后，用刀叉把鱼骨去掉再吃下层。已经进口的肉骨和鱼刺，不可直接吐入盘中，要先用叉接住后轻轻放入盘中。水果核则应先吐在手心中，再放入盘中。⑤ 喝汤只能用汤匙舀着喝，不要啜，不能端起汤碗喝。如汤太烫，待凉后再吃，切勿用嘴吹。⑥ 汤上来后，可取面包吃。面包一般用手掰成小块送入口中，不可拿整块咬。抹黄油与果酱也要先将面包掰成小块。⑦ 进餐时要注意风度，要闭嘴咀嚼，不要舔嘴唇或发出声响。不能狼吞虎咽，也不要一点不吃。当主人劝客再添菜时，如有胃口，添菜不算失礼。⑧ 进餐要控制好食量，不吃得过饱，进餐打嗝是最大的禁忌，如打嗝后应立即向周围人道歉。⑨ 未吃完的菜、用过的餐具、牙签都应放在盘内，切忌放在桌上。剔牙时，用手或餐巾遮口。⑩ 用餐不可中途早早离席。⑪ 用餐时不可抽烟，倒上咖啡表示用餐结束后方可抽烟。现在法律规定公共场所不许抽烟。

（6）交谈。① 吃饭时是交流感情的好机会，但咀嚼时不要讲话，无论是主人、客人或陪客都应主动与同桌人交谈，特别是左右邻座。不要只同熟人或少数几人说话。邻座如不相识，可先自我介绍。② 谈话时应轻声避免高声喧哗，更不允许猜拳行令。③ 在别人讲话时插话是很不礼貌的。④ 谈话话题广泛，既可深奥严肃，也可轻松愉快，切忌低级下流。

（7）祝酒。① 正式宴会都会祝酒，客人要事先了解为何人何事祝酒，以便做好应对准备。② 在主人、主宾致辞与祝酒时，其他人要暂停交谈和用餐，注意倾听。③ 碰杯时，先在主人和主宾之间进行，人多时可以同时举杯示意，不必逐一举杯。碰杯时要目视对方致意。④ 宴会上相互敬酒表示友好，也可活跃气氛。但切记饮酒过量，饮酒过量易失言失态，必须控制自己的酒量。⑤ 当有人为你斟酒或提议碰杯时，不要随意拒绝，即使不能喝，也应有所表示，将杯在唇上碰一碰，以示敬意。

（8）饮茶、喝咖啡。通常均有专用器皿盛放牛奶和白糖，如愿加可自取放入杯中，用小茶匙搅拌后，仍将茶匙放回小碟内。喝时右手拿杯把，左手端小碟。

（9）吃水果。① 一般宴会水果都以去核削皮切成小块，可用叉或牙签取食，吃一块取一块，不可连取多块同吃。② 如是整只水果，不要拿着整个水果咬，应先用水果刀切成四、六瓣，再用刀去皮、核，然后用手拿着吃。

（10）用水盂。① 吃带有腥味或怪味的食品，如鱼、虾、野味等，均配有柠檬，可用手将汁挤出滴在食品上，以去腥味。② 遇有上鸡、龙虾或水果时，有时会送上一小水盂，水上漂有玫瑰花瓣或柠檬片，供洗手用。洗时，两手轮流沾湿指头，轻轻地涮洗，然后用餐巾或小毛巾擦干。

（11）纪念品。① 有的主人为每位出席宴会的客人准备纪念品，当宴会结束时，由主人分发给客人，客人应略表谢意，但不必郑重表示感谢。② 除此以外，各种招待用品（如糖、水果、烟等）都不要拿走。

（12）打包。零点吃剩下的菜，可"吃不了兜着走"，对侍者说："给狗食袋，装狗食"。侍者拿来了食品袋，剩菜都被装进去带回家。剩菜名为"狗食"，其实并不给狗吃，更多的人是留给自己吃。就连有些百万富翁，也都这样做。

（13）宽衣。① 在社交场合，无论气温多高，也不能当众解开纽扣，敞开外衣。② 在小型便宴上，如主人请客人宽衣，男宾可脱下外衣，搭在椅背上。

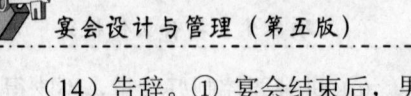
（14）告辞。① 宴会结束后，男主人务必将客人送至大门口，客人应对主人的盛情款待表示感谢。② 在出席私人宴请后往往以便函或名片表示感谢。致谢信最后第二天即发出。一般致谢信写给女主人。但若男女主人都是你的挚友，则致谢信写给两人。如男女主人收到一封以夫妇两人合写的致谢信，会看作是特别礼貌表示而铭记心中。

（15）冷餐会、酒会取菜。① 宾客待服务员上好菜后，再依次轮流去取菜，或等送到本人面前时再拿。② 在周围客人未取到第一份菜时，自己不要急于去取同样的第二份。③ 不要围堵在菜桌旁，取完即退去，以便让别人来取。

（16）意外处理。遇到意外情况，应沉着应对，不必惊慌。如餐具碰出声音，可轻轻向主人或邻座婉言道歉；餐具摔落请服务员另配一副；酒水打翻溅到邻座身上，应表示歉意，协助擦干；如对方是女士，只将干净的餐巾或手帕递上，由她自己擦干即可。

2．西式宴饮进餐禁忌

吃西餐要做到十忌：一忌"指点江山"。不要手握刀叉随意乱指，或向空中挥动餐巾。二忌"捣糨糊"。不要在尚未品尝第一口菜肴之前，就加调味料进去，尤其是到别人家里做客，或厨师就站在餐桌旁的时候，这样做是很不礼貌的。三忌"乱刀斩"。需要切割盘中食物时，只要切下适合一口的分量及大小即可，不要等切割完整盘食物后再吃。四忌"饭泡粥"。不要把食物泡在汤里。五忌"纤毫毕露"。不要张着嘴巴咀嚼食物，或边吃东西边说话。六忌"脚高脚低"。不要把椅脚悬空翘起来。七忌"事不关己"。当你不准备再用盘中食物时，只要把餐具叉齿向上、刀口向己，略微与桌面平行地摆在餐盘上，待侍者收走即可。不要把餐盘推开或把椅子往后靠。八忌"油光满面"。吃面包时，先把适量的奶油放在面包盘上，剥下刚好一口大小的面包，将奶油涂在那口面包上食用。不要直接涂满整片面包。九忌"搭进搭出"。一旦从桌上拿起某样餐具，就不该让这一餐具再接触桌面。暂时不用时，只要略微平行地放在餐盘边缘即可。不要一端靠在盘上，另一端靠在桌面上。十忌"雾里看花"。即使坐在吸烟区，也不要在进餐中间点烟；更不可以把餐盘当作烟灰缸使用。

（资料来源：陆永庆．旅游交际礼仪[M]．第3版．大连：东北财经大学出版社，2006．）

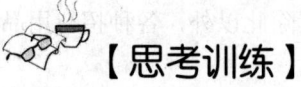

【思考训练】

（一）研讨分析

请阅读下列素材后回答：（1）这些材料涉及哪些方面的禁忌？（2）宴会餐台插花的运用要点。

【案例 10-14】

在印度和欧洲国家，玫瑰和白色百合花是送死者的虔诚悼念品。

日本人讨厌莲花，忌讳荷花。日本人只能送有 15 片花瓣的菊花，因为只有皇室帽徽上才有 16 个花瓣的菊花。

拉丁美洲人将菊花看作一种"妖花"，只有人死了才会送一束菊花。

墨西哥人和法国人忌讳黄色的花。

德国人视郁金香为"无情之花"，送此花给他们代表绝交。另外，也不要把红玫瑰送给德国客人的妻子，因为红玫瑰代表爱情，会使他们误会。

意大利、西班牙、德国、法国、比利时等国，菊花象征着悲哀和痛苦，绝不能作为礼物相送。

在巴西，绛紫色的花主要是用于葬礼；看望病人时，不要送那些有浓烈香气的花。

俄罗斯人认为黄蔷薇意味着不吉利与绝交。送花给俄罗斯、南斯拉夫等国家的客人，一定要送单数，因双数被视为不吉祥。

法国人认为桃花是不祥之兆，白菊花只能用于丧葬礼。在法国，黄色的花是不忠诚的表示。

百合花在英国人和加拿大人眼中代表着死亡，绝不能送。

（二）操作实训

1．调查研究：通过资料、访谈了解不同地区的宴饮习俗，掌握饮食喜忌习俗。

2．小品表演：扮演中国客人赴中式宴会，扮演中国客人赴西式宴会。

3．知识竞赛：内容为：菜系知识，菜品风味知识，中国传统节日饮食习俗知识，中西进餐礼仪知识。

参 考 文 献

1. 刘敬贤，邵建华. 新编厨师培训教材[M]. 沈阳：辽宁科学技术出版社，1994.
2. 宋锦曦. 筵席知识[M]. 北京：中国商业出版社，1995.
3. 陈光新. 中国筵席宴会大典[M]. 青岛：青岛出版社，1995.
4. 蒋一骥. 酒店服务 180 例[M]. 上海：东方出版中心，1996.
5. 方爱平. 宴会设计与管理[M]. 武汉：武汉大学出版社，1999.
6. 张永宁. 饭店服务教育案例[M]. 北京：中国旅游出版社，1999.
7. 李任芷. 旅游饭店经营管理服务案例[M]. 北京：中华工商联合出版社，2000.
8. 邵万宽. 美食节策划与运作[M]. 沈阳：辽宁科学技术出版社，2000.
9. 饶勇. 现代饭店营销创新 500 例[M]. 广州：广东旅游出版社，2000.
10. 苏伟伦. 宴会设计与餐饮管理[M]. 北京：中国纺织出版社，2001.
11. 徐顺旺. 宴会管理——理论与实务[M]. 长沙：湖南科学技术出版社，2001.
12. 陈金标. 宴会设计[M]. 北京：中国轻工业出版社，2002.
13. （美）布纳德·斯布拉瓦尔. 宴会设计实务[M]. 大连：大连理工大学出版社，2002.
14. 周宇. 宴席设计实务[M]. 北京：高等教育出版社，2003.
15. 王晓晓. 酒水知识与操作服务教程[M]. 沈阳：辽宁科学技术出版社，2003.
16. 马开良. 餐饮管理与实务[M]. 北京：高等教育出版社，2003.
17. 侣海岩. 饭店与物业服务案例解析[M]. 北京：旅游教育出版社，2003.
18. 张纯渝. 巴国布衣中餐操作手册——装修[M]. 成都：四川大学出版社，2003.
19. 国家旅游局劳动人事司. 导游知识专题[M]. 北京：中国旅游出版社，2004.
20. 鞠志中，叶伯平. 宴会设计[M]. 长沙：湖南科学技术出版社，2004.
21. 周明扬. 餐饮美学[M]. 长沙：湖南科学技术出版社，2004.
22. 周晓燕. 烹饪工艺学[M]. 长沙：湖南科学技术出版社，2004.
23. 华国梁，马健鹰. 中国烹饪文化[M]. 长沙：湖南科学技术出版社，2004.
24. 朱水根. 烹饪原料学[M]. 长沙：湖南科学技术出版社，2004.
25. 陈觉. 餐饮服务要点及案例评析[M]. 沈阳：辽宁科学技术出版社，2004.
26. 邵万宽. 现代餐饮经营创新[M]. 沈阳：辽宁科学技术出版社，2004.
27. 叶伯平. 职业点菜师[M]. 北京：中国轻工业出版社，2006.

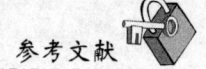

28. 陆永庆. 旅游交际礼仪[M]. 第 3 版. 大连：东北财经大学出版社，2006.

29. 吴忠军. 中外民俗[M]. 大连：东北财经大学出版社，2007.

30. 国家民委政策法规司. 少数民族风俗与禁忌[M]. 北京：民族出版社，2007.

31. 国家民委政策法规司. 少数民族宗教信仰与禁忌[M]. 北京：民族出版社，2007.

32. 王大悟. 饭店管理 180 个案例品析[M]. 北京：中国旅游出版社，2007.

33. 陈文生. 酒店经营管理案例精选[M]. 北京：旅游教育出版社，2007.

34. 丁应林. 宴会设计与管理[M]. 北京：中国纺织出版社，2008.

35. 周妙林. 宴会设计与运作管理[M]. 南京：东南大学出版社，2009.

36. 周妙林. 菜单与宴席设计[M]. 北京：旅游教育出版社，2009.

37. 杜建华. 酒店餐饮服务技能实训[M]. 北京：清华大学出版社，2009

38. 叶伯平. 旅游心理学[M]. 北京：清华大学出版社，2009.

39. 甘华蓉. 餐饮管理与实务[M]. 北京：对外经济贸易大学出版社，2009.

40. 贺习耀. 宴席设计理论与实务[M]. 北京：旅游教育出版社，2010.

41. 李勇平. 餐饮服务与管理[M]. 第 4 版. 大连：东北财经大学出版社，2010.

42. 马开良. 现代厨政管理[M]. 北京：高等教育出版社，2010.

43. 叶伯平. 餐饮企业人力资源管理[M]. 北京：高等教育出版社，2010.

44. 李勇平，叶伯平. 餐饮企业流程管理 [M]. 北京：高等教育出版社，2010.

45. 汪志君. 餐饮食品安全 [M]. 北京：高等教育出版社，2010.

46. 王美萍. 餐饮成本核算与控制 [M]. 北京：高等教育出版社，2010.

47. 罗旭华，王文惠. 餐饮企业品牌经营 [M]. 北京：高等教育出版社，2010.

48. 杨欣. 餐饮企业信息管理应用实务 [M]. 北京：高等教育出版社，2010.

49. 沈涛，彭涛. 菜单设计[M]. 北京：科学出版社，2010.

50. 罗旭东. 酒店管理论语[M]. 深圳：海天出版社[M]，2012.

51. 马开良，叶伯平. 酒店餐饮管理[M]. 北京：清华大学出版社，2013.

52. 王秋明. 主题宴会设计与管理实务[M]. 北京：清华大学出版社，2013.

53. 朱承强. 饭店管理实证研究[M]. 上海：上海交通大学出版社，2013.

54. 罗旭东. 火爆餐饮[M]. 深圳：海天出版社[M]，2013.

55. 叶伯平. 宴会设计与管理[M]. 第 4 版. 北京：清华大学出版社，2013.

56. 王志民，叶伯平. 餐饮服务与管理实务[M]. 第 2 版. 南京：东南大学出版社，2014.

57. 国家旅游局人事司. 导游知识专题（修订版）. [M]. 北京：中国旅游出版社，2014.

58. 叶伯平. 宴会概论[M]. 北京：清华大学出版社，2015.